普通高等院校环境科学与工程类系列规划教材

环境工程学

主 编 梁吉艳 崔 丽 王 新

中国建材工业出版社

图书在版编目(CIP)数据

环境工程学/梁吉艳，崔丽，王新主编．—北京：中国建材工业出版社，2014.10

普通高等院校环境科学与工程类系列规划教材

ISBN 978-7-5160-0968-0

Ⅰ.①环… Ⅱ.①梁… ②崔… ③王… Ⅲ.①环境工程学-高等学校-教材 Ⅳ.①X5

中国版本图书馆CIP数据核字（2014）第213814号

内 容 简 介

全书首先通过绪论介绍环境工程学的定义、历史及研究内容，接下来共分为4篇，第1篇为水污染控制工程，包括水质与水体自净、污水的物理处理方法、污水的生物化学处理方法、污水的化学及物理化学处理、污水的生态处理以及水处理厂污泥的处理技术；第2篇为大气污染控制工程，包括大气污染概述、大气污染及全球控制、颗粒污染物的控制、气态型污染物的控制和城市机动车污染控制；第3篇为固体废弃物处理与处置工程，包括固体废弃物的污染概述、城市垃圾的处理、危险废物的处理、固体废物的资源利用及最终处置；第4篇为噪声及其他物理性污染控制，包括噪声污染控制、电磁辐射污染及防护、放射性污染及防护和其他物理性污染及防治技术。

本书可作为普通高等院校环境科学与工程类专业教材，也可供有关专业技术人员学习参考。

环境工程学

梁吉艳　崔　丽　王　新　主编

出版发行：中国建材工业出版社

地　　址：北京市海淀区三里河路1号

邮　　编：100044

经　　销：全国各地新华书店

印　　刷：北京雁林吉兆印刷有限公司

开　　本：787mm×1092mm　1/16

印　　张：20.5

字　　数：510千字

版　　次：2014年10月第1版

印　　次：2014年10月第1次

定　　价：52.80元

本社网址：www.jccbs.com.cn　微信公众号：zgjcgycbs

本书如出现印装质量问题，由我社市场营销部负责调换。联系电话：（010）88386906

前言

国务院总理李克强于2014年3月5日在十二届全国人大二次会议上作政府工作报告时强调，要努力建设生态文明的美好家园。雾霾天气范围扩大，环境污染矛盾突出，是大自然向粗放发展方式亮起的红灯。国家必须加强生态环境保护，下决心用硬措施完成硬任务。环境工程学是一门以工程科学知识和方法为基础的技术性学科，也是一门交叉性的工程科学学科。它是一门研究运用工程技术和有关学科的原理和方法，保护和合理利用自然资源，防治环境污染，以改善环境质量的学科。

进入21世纪以来，随着科学技术的迅猛发展和经济规模的空前壮大，人类在征服和改造自然的过程中取得了巨大的成就，但是，在人类充分利用环境的同时，环境问题和环境危机也日益突出。环境工程学主要是运用本学科的基本原理和工程技术方法，研究保护和合理利用自然资源、防治环境污染、改善环境质量，保护人类健康，是实现经济和环境走可持续发展的道路的理论基础和实践手段之一。

本书以高等学校普及环境教育为出发点，力求做到章节层次分明、内容重点突出、概念理论清晰、应用实例丰富，同时配有相关的电子课件，力争使各专业学生在研读本书后，不仅对资源和环境保护有深刻的认识，而且能在以后的生产、管理、设计及研究等工作中自觉地把环境保护放在重要地位，增强环境意识，具备可持续发展观，因此本书具有相当的实用性。本书系统阐述了环境工程的基础理论，重点介绍了水污染控制工程、大气污染控制工程、固体废物的处理处置及利用、噪声污染控制工程，用有限的篇幅尽可能全面地反映环境工程学的基本内容，使读者在短时间内对环境工程有深入的了解。

全书共分为4篇，绪论及第1篇水污染控制工程由崔丽、陈一新编写；第2篇大气污染控制工程由梁吉艳、崔春玲编写；第3篇固体废弃物的处理与处置工程、第4篇噪声及其他物理性污染控制由王新、刘丽编写，全书由梁吉艳统编。本书在编写的过程中注重数据及标准的更新，以及新方法的使用。

本书不仅可以供环境科学与工程类各有关专业学生使用，也可供有关专业技术人员学习参考。在本书的编写过程中，参阅并引用了大量的国内外有关文献和资料，在此向所引用的参考文献的作者致以谢意，并向为本书的出版付出辛勤劳动的编辑、工作人员表示衷心的谢意。

由于本书内容涉及领域广泛，编者水平有限，难免有疏漏和错误之处，恳请读者给予批评、指正。

编者

2014.8

目录

第3篇 固体废弃物的处理与处置工程

绪　论

环境科学是研究人与环境大系统之间的相互关系及相互作用规律的综合性学科，也是一门探索人类生存环境质量，寻求保护和改善人类生存环境的途径与方法的科学。作为一门综合性学科，其分支学科有以下三类：第一类，基础环境学，包括环境物理学、环境化学、环境地学、环境生物学等，是物理、化学、生物等基础自然科学在环境科学系统中的具体运用；第二类，应用环境学，包括环境法学、环境经济学、环境工程学、环境管理学，分别研究有关环境保护的法律、经济和管理等问题；第三类，环境学，包括理论环境学、综合环境学和部门环境学，具有综合性、战略性和方向性特点，是本学科的核心内容。当前，基于整体观念剖析环境问题，加强全球性合作研究，提高环境监测效率，注意生命维持系统以及扩大生态学原理的应用范围等是本学科的主要发展趋势。

环境工程学作为环境科学的一门分支学科，主要研究如何运用工程技术及相关基础科学的理论和方法，保护和合理利用自然资源、防治环境污染、改善环境质量，使人类的生产、生活与生态环境形成协调而持续的良性发展。

1. 环境工程学的定义

环境工程学是运用工程学的基础知识和方法，结合环境科学的理论，研究保护自然环境所应采取的具体工程措施，开发和设计去除各种污染物的设施和设备，实现保护并改善环境的目标。环境工程学是环境科学理论和研究成果的实施者。

2. 环境工程学的历史

环境工程学是随着环境污染问题的出现和发展，为保护和改善人类生存环境而形成和发展起来的，其主要以土木工程、公共卫生工程及有关的工业技术等学科为形成和发展的基础。

从开发和保护水源来说，早在公元前 2300 年前后，中国就有人发明了凿井技术，促进了村落和集市的形成。给水排水工程作为土木工程中的一项重要研究内容，是解决和防治水污染的主要技术措施和途径。中国在公元前 2000 多年就出现了用陶土管修建了地下排水道；在明朝以前就开始用明矾净水；古代罗马大约在公元前 6 世纪开始修建地下排水道；英国在 19 世纪初开始使用砂滤法净化自来水；19 世纪中叶，英国开始建造污水处理厂，在 19 世纪末采用漂白粉消毒，20 世纪初开始采用活性污泥法污水处理工艺并沿用至今。1894 年，自英国伦敦发生 Broad 街井水污染而导致霍乱病流行开始，水污染的控制就成为公共卫生工程研究的主要对象之一。20 世纪中叶以来，随着一系列环境污染公害事件在世界各地的相继发生并夺去成千上万人的生命，环境污染控制成为人们高度关心的问题，由此推动了环境工程学科的形成。

此外，自产业革命以来，世界各地的污染问题由水体污染逐步向大气污染、固体废弃物污染及城市噪声公害污染等多方向发展。为了消除工业生产造成的粉尘污染，人们开始对大气污染进行控制研究。1885 年美国首先发明了离心除尘器。进入 20 世纪以后，除尘、空气调节、燃烧装置改造、工业气体净化等工程技术逐渐得到推广应用。在固体废物处理方面，历史更为悠久。公元前 3000～公元前 1000 年，古希腊即开始对城市垃圾采用了填埋的处置方法。20世纪，固体废物处理和利用的研究工作不断取得成就，出现了利用工业废渣制造建筑材料等工程技术。中国和欧洲一些国家的古建筑中，墙壁和门窗位置的安排都考虑到了隔声的问题。在20世纪，人们对控制噪声问题进行了广泛的研究。从20世纪50年代起，建立了噪声控制的基础理论，形成了环境声学。

20世纪以来，人们根据化学、物理学、生物学、地学、医学等基础科学理论，运用卫生工程、给排水工程、化学工程、机械工程等工程学相关技术原理和手段，解决废气、废水、固体废物、噪声污染等问题，使单项治理技术有了较大的发展，逐渐形成了治理技术的单元操作、单元过程以及某些水体和大气污染治理工艺系统。20世纪50年代末，中国提出了资源综合利用的观点。20世纪60年代中期，美国开始了技术评价活动，并在1969年的《国家环境政策法》中规定了环境影响评价的制度。至此，人们认识到控制环境污染不仅要采用单项治理技术，而且还要采取综合防治措施和对控制环境污染的措施进行综合的技术经济分析，以防止在采取局部措施时与整体发生矛盾而影响清除污染的效果。

在这种情况下，环境系统工程和环境污染综合防治的研究工作迅速发展起来。随后，陆续出现了环境工程学的专项著作，使其形成了一门新的学科。目前，我国已有300多所院校开设了环境工程专业，许多学校开设环境工程选修课程，标志着在我国环境工程已成为一门较为完善的学科。

3. 环境工程学研究内容

迄今为止，人们对环境工程学这门学科还存在着不同的认识。有人认为，环境工程学是研究环境污染防治技术原理和方法的学科，主要研究内容包括大气污染防治工程，水污染防治工程，固体废物的处理和利用，噪声控制，以及光、热、放射性和电磁辐射污染与防治等；有人则认为环境工程学除研究污染防治技术外还应包括环境系统工程、环境影响评价、环境工程经济和环境监测技术等方面的研究。

尽管对环境工程学的研究内容有不同的看法，但是从环境工程学发展的现状来看，其基本内容主要有大气污染防治工程、水污染防治工程、固体废物的处理和利用、环境污染综合防治、环境系统工程等几个方面。

（1）水污染控制工程

水是一切生物生存和发展不可缺少的。水体中所含的物质非常复杂，元素周期表中的元素几乎都可在水体中找到。人类生产和生活消费活动排出的废水，尤其是工业废水、城市污水等大量进入水体，造成水体污染。因此，研究预防和治理水体污染、保护和改善水环境质量、合理利用水资源以及提供不同用途和要求的用水工艺技术和工程措施是水污染防治工程的主要任务。

主要研究领域有：水体自净及利用；城市污水处理与利用；工业废水处理与利用；给水净化处理；城市区域和水系的水污染综合整治；水环境质量标准和废水排放标准。

（2）大气污染控制工程

每个人每天同大气进行气体交换是必不可少的。一名成年人一天内与大气之间的气体交换量约有10～12m^3。空气尤其是清洁的空气是人的生命中必不可少的。然而，自20世纪中叶以来，被排放进大气中的污染物的种类和数量不断增多，已经对大气造成污染的污染物以及可能对大气造成污染而引起人们注意的物质已有100种左右。其中，对环境危害严重、影响面广的污染物主要有硫氧化物、氮氧化物、氟化物、碳氢化合物、碳氧化物等，以及飘浮在大气中含有多种有害物质的颗粒物和气溶胶等。大气中的污染物有的来自自然界本身的物质运动和变化，有的则来自人类的生产和消费活动。因此，研究由人类消费活动中向大气排放的有害气态污染物的迁移转化规律，如何应用技术措施削减和去除各种污染物是大气污染控制工程的主要任务。其污染控制技术与一个国家或地区的能源使用结构和利用效率是密切相关的。

主要研究领域有：大气质量管理；烟尘治理技术；气体污染物治理技术；酸雨的成因和防治；城市区域大气污染物综合整治；大气质量标准和废气排放标准等。

(3) 固体废弃物处置与利用

人类在开发资源、制造产品和改善环境的过程中都会产生固体废物，而且任何产品经过消费也会变成废弃物质，最终排入环境中。随着人类生产的发展和生活水平的提高，固体废物的排放量日益增加，污染水体、土壤和大气。然而，固体废物具有两重性，对于某一生产或消费过程来说是废弃物，但对于另一过程来说往往是有使用价值的原料。因此，研究城市垃圾、工业废渣、放射性及其他有毒有害固体废弃物的减量化、资源化和处理处置的技术工艺措施是固体废弃物处置与利用的主要任务，它与城市的发展水平及人们的消费观念密切相关。

主要研究领域有：固体废弃物管理；固体废弃物无害化处理；固体废弃物的综合利用和资源化；放射性及其他有毒有害废物的处理。

(4) 噪声与振动控制工程及其他公害防治技术

近年来，我国城市噪声污染日趋严重，多数城市处于中等噪声污染水平，许多城市生活区噪声已高于60dB，成为我国现代城市的一大公害。据一些热点城市统计，目前噪声污染投诉事件约占到环境污染投诉总量的60%～70%，直接影响了社会的安定、和谐发展，其污染评估和治理工程也再次成为我国环保产业发展的热点。因此，研究声音、振动、电磁辐射等对人类的影响及消除这些影响的技术途径和控制措施是噪声与振动控制工程及其他公害防治技术的主要任务。

(5) 环境系统工程

环境问题往往具有区域性特点。以环境科学理论和环境工程的技术方法，综合运用系统论、控制论和信息论的理论以及现代管理的数学方法和计算机技术，对环境问题进行系统地分析、规划和管理，以谋求从整体上解决环境问题，优化环境与经济发展的关系。它主要包括环境系统的模式化和优化两个内容。如土地资源的合理利用和规划问题、城市生态工程的规划问题等，都是环境系统工程研究的重要内容和对象。

(6) 环境监测与环境质量评价

环境监测与环境质量评价的主要任务是研究环境中污染物的性质、成分、来源、含量和分布、状态、变化趋势以及对环境的影响，在此基础上，按一定的标准和方法对环境质量进行定量的判定、解释和预测。此外，它还研究某项工程建设或资源开发所引起的环境质量变化及对人类生活的影响。

习题与思考题

1. 环境工程学的定义是什么？它与其他学科之间的关系如何？
2. 什么叫作环境？目前人类所面临的环境污染包括哪几部分？
3. 试述环境工程学研究的主要内容。

第1篇　水污染控制工程

第1章　水质与水体自净

学习提示

本章要求学生了解水资源现状及水资源的自然循环与社会循环，通过几大水污染事件了解水污染控制工程的重要性，掌握水体自净作用机理及变化特征，各类水质标准，污水中污染物质的降解途径及污水的排放。

学习重点：水体自净作用。

学习难点：水体自净作用。

1.1　概述

水对我们的生命起着重要的作用，它是生命的源泉，是人类生存和发展不可缺少的重要物质资源之一。

在地球上，哪里有水，哪里就有生命。一切生命活动都起源于水。人体内的水分约占到体重的65%。没有水，食物中的养料不能被吸收，废物不能排出体外，药物不能到达起作用的部位。缺水1%～2%，感到渴；缺水5%，口干舌燥，皮肤起皱，意识不清，甚至幻视；缺水15%，往往甚于饥饿。没有食物，人可以活较长时间（有人估计为两个月），但如果没有水，顶多能活一周左右。

水是工农业生产和城市发展不可缺少的重要资源。在现代工业中，没有一个工业部门是不用水的，也没有一项工业不和水直接或间接发生关系。更多的工业是利用水来冷却设备或产品，例如钢铁厂等。水还常常用来作为洗涤剂，如漂洗原料或产品，清洗设备或地面，每个工厂都要利用水的各种作用来维护正常生产，几乎每一个生产环节都有水的参与。

所以，水作为大自然赋予人类的宝贵财富，早就被人们关注，已是人类的必需品。但是，随着人口的膨胀和经济的发展，水资源短缺现象正在很多地区相继出现，水污染更加剧了水资源的紧张，并对人类的健康产生威胁。切实防止水污染、保护水资源已成为当今人类的迫切任务。

地球，养育着我们的“蓝色星球”，其中70.8%的表面被水覆盖。美国地质调查局和伍兹霍尔海洋研究所的研究人员日前对地球水资源进行了统计，绘制出了一张地球水资源总量示意图。研究人员发现，如果把地球上所有的水——海水、河水、地下水、水蒸气甚至动物和人身体里的水都收集起来，将能形成一个直径为1385km的“水球”，这些水的体积将有13.86亿km^3。如果把地球比作篮球，那么水球的体积比乒乓球还要小，如图1-1-1所示。

这个蓝色“小球”中的水还有大部分无法直接饮用，如果将海水以及咸水湖等这些解不了近渴的“远水”抽走，只留下淡水（大约占地球水资源总量的 2.5%），那么这个水球将会变得更加“迷你”，其直径将缩小到 160km。在这些淡水中，68.6%的都是位于极地和高海拔地区的冰川和冰盖，另有 30.1% 为地下水，地表径流、湖泊以及其他淡水仅占到地球淡水资源总量的 1.3%。研究人员解释称，如此少的水能够满足地球上的生命所需，全部有赖于地球的水循环系统，这些水从一个地方到另一个地方，从一种形式到另一种形式，不停运动、积极参与到一系列物理、化学和生物过程，让地球成为一个生机勃勃的地方。虽然从理论上讲地球上水的总量不会发生太大的变化，但如发生较大程度的气候变化或严重的污染，仅有的淡水资源也将“覆水难收”。

图 1-1-1 地球水资源总量与地球大小的对比

我国的水资源形势可用“危机”两字形容，目前年用水总量已突破 6000 亿 m^3，人均水资源量只有 2500 m^3，仅为世界人均水平的 28%。全国年平均缺水量 500 多亿 m^3，三分之二的城市缺水，北方有 9 个省市人均占水量还不到 500 m^3，远不到国际规定的最低标准（1000 m^3），我国被列为世界贫水国之一。而且，随着人口的增多，对水资源需求的增加，以及水污染、水浪费等问题的存在，未来水资源形势会更加严峻。

我国的水资源时空分布状况较为不均。据 2012 年中国环境状况公报显示，2012 年全国平均降水量 669.3mm，较常年（629.9mm）偏多 6.3%，全年中 2 月、8 月和 10 月降水量较常年同期偏少，其他各月均偏多。从区域看，长江中下游及以南地区、云南西部和南部降水量 1200～2000mm；东北大部、华北中南部、西北东南部、黄淮东部和南部、江汉北部、西南大部及西藏东部降水量 500～1200mm；东北西北部、华北北部、西北中部及内蒙古大部、新疆北部、西藏中部降水量 100～500mm；新疆南部和西藏西北部降水量 50～100mm；局部地区降水量不到 50mm。

因此，人多水少、水资源时空分布不均是我国的基本国情和水情。而且当前我国水资源面临的日益突出的水资源短缺、水污染严重、水生态环境恶化等问题已成为制约经济社会可持续发展的主要瓶颈。

1.2 水循环

（1）水的自然循环

地球上的水圈是一个不停运转的动态系统。在太阳辐射和地球引力的推动下，水在水圈内各组成部分之间不停地运动着，并把各种水体连接起来，使得各种水体能够长期存在。海洋和陆地之间的水交换是这个循环的主线，在太阳能的作用下，海洋表面的水蒸发到大气中形成水汽，水汽随大气环流运动，一部分进入陆地上空，在一定条件下形成雨雪等降水；大气降水到达地面后转化为地下水、土壤水和地表径流，地下径流和地表径流最终又回到海洋，由此形成淡水的动态循环。这部分水容易被人类社会所利用，具有经济价值，正是我们所说的水资源。图 1-1-2 为水的自然循环示意图。

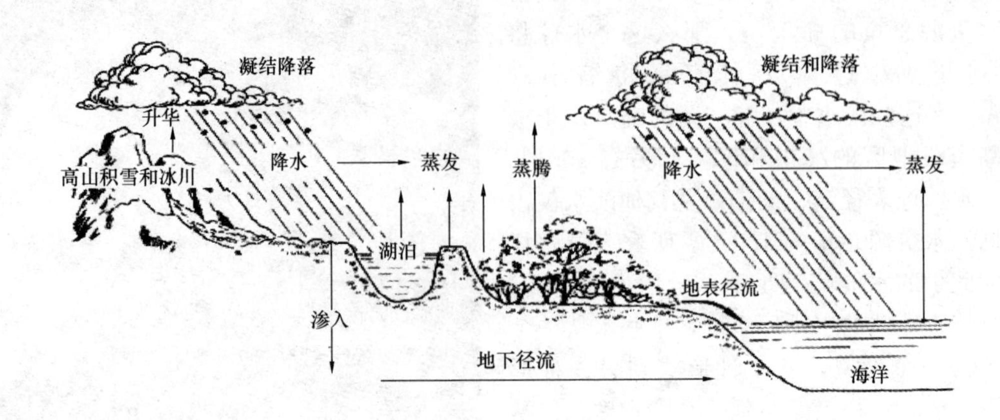

图 1-1-2　水的自然循环

水循环是联系地球各圈层和各种水体的“纽带”，是“调节器”，它调节了地球各圈层之间的能量，对冷暖气候变化起到了重要的因素。水循环是“雕塑家”，通过侵蚀、搬运和堆积，塑造了丰富多彩的地表形象。水循环是“传输带”，是地表物质迁移的强大动力和主要载体。更重要的是，通过水循环，海洋不断向陆地输送淡水，补充和更新陆地上的淡水资源，从而使水成为了可再生的资源。

(2) 水的社会循环

水的社会循环是由于人类的活动不断迁移转化而形成的，它直接为人类的生产生活服务。与水的自然循环不同的是，在水的社会循环中，水的性质在发生不断变化，生活污水和工业生产废水的排放，是形成水污染的主要根源，也是水污染防治的主要对象。例如人类取用的水中，只有很小一部分是用作饮用水或食物加工来满足生命对水的需求的，其余大部分则用于卫生用水，如洗涤、冲厕等。工业生产用水量很大，除了一部分水用作工业原料外，大部分水则用于洗涤、冷却或其他用途使用，使用后的水质会呈现出明显的变化，其污染程度随工业性质、用水性质及方式等因素而变。此外，随着农业生产中农药化肥使用量的日益增加，降雨后农田径流会夹带大量的化学物质流入地面或地下水体，形成所谓的“面污染”，这也是一项不可忽视的污染源。图 1-1-3 为水循环系统示意图，包括了水的自然循环和社会循环。

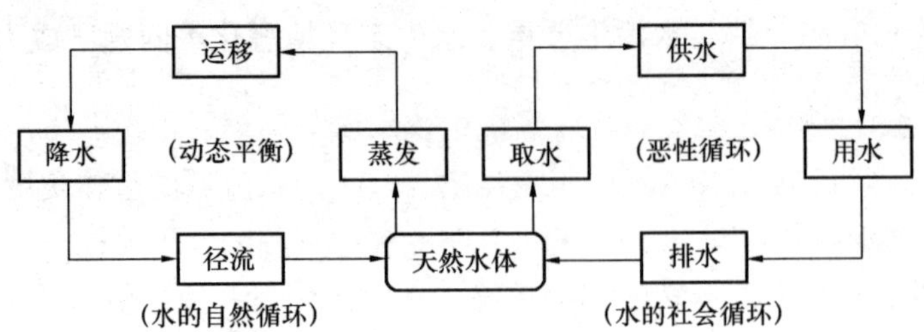

图 1-1-3　水循环系统

1.3　水体的自净作用

污染物进入水体后，水体能够在其环境容量的范围内，经过物理的、化学的与生物化学的作用，使污染物的浓度降低或总量减少，受污染的水体部分或完全恢复原状，这种现象称为水体自净或水体净化。水体所具备的这种能力称为水体自净能力或自净容量。

1.3.1　水环境容量

水环境容量是指在保持水功能用途的前提下，在一定的水质目标下，水体对于排放其中的污染物所具有的容纳能力，是满足水质标准的最大允许污染负荷。水环境容量反映了水体自身维持、调节水环境功能的能力，即水体的最大纳污量。

污水排入水体后，污染物浓度会因水体自净作用而降低。当排入水体的污染物浓度或数量低于水环境容量时，水环境质量会因自净作用而得以保持。但当排入水体的污染物浓度或数量超过水环境容量后，水环境质量就会恶化，造成水体污染。

水环境容量具备以下特征：

（1）资源性

水环境容量是一种资源，具有自然属性和社会属性，依附于一定的水体和社会，自然属性是社会属性的基础，社会属性是自然属性的社会化。水环境容量的自然属性是其与人类社会密切相关的基础，其社会属性表现在社会和经济的发展对水体的影响及人类对水环境目标的要求，是水环境容量的主要影响因素。水环境容量作为一种资源，其主要价值体现在对排入污染物的缓冲作用，即水体既能容纳一定量的污染物又能满足人类生产、生活及环境的需要。但是，水环境容量是有限的，一旦污染负荷超过水环境容量，其恢复将十分缓慢、困难。

（2）时空性

水环境容量具有明显的时空内涵。空间内涵体现在不同区域社会经济的发展水平、人口规模及水资源总量、生态、环境等方面的差异，使得资源总量在相同的情况下，不同区域的水体在同一时间段上的水环境容量不同。时间内涵则表现出的是在不同时间段同一水体的水环境容量是变化的，水环境容量的不同可能是由于水质环境目标、经济及技术水平等在不同时间存在差异而导致的。由于各区域的水文条件、经济、人口等因素的差异，不同区域在不同时段对污染物的净化能力存在差异，这导致了水环境容量具有明显的地域、时间差异的特征。

（3）系统性

水环境容量具有自然和社会属性，牵涉经济、社会、环境、资源等多个方面，各个方面彼此关联、相互影响。水环境是一个复杂多变的复合体，水环境容量的大小除受水生生态系统和人类活动的影响外还取决于社会发展需求的环境目标。因此，对其进行研究，不应仅仅限制在水环境容量本身，而应将其与经济、社会、环境等看作一个整体进行系统化研究。此外，河流、湖泊等水体一般处在大的流域系统中，水域与陆域、上游与下游等构成不同尺度的空间生态系统，在确定局部水体的水环境容量时，必须从流域的整体角度出发，合理协调流域内各水域水体的水环境容量，以期实现水环境容量资源的合理分配。

（4）动态发展性

水环境容量的影响因素分为内部因素和外部因素。内部因素主要包括水文条件、地理特征等，水生态系统是一个处于相对稳定的变化系统；外部因素涉及社会经济、环境目标、科学技术水平等诸多发展变化的量，从而使内部因素复杂多变。决定水环境容量的内外因素都是随社会发展变化的，故水环境容量应该是一个动态发展的概念，水环境容量动态性的本质即为人类活动的动态性。水环境容量不但反映流域的自然属性（水文特性），同时也反映人类对环境的需求（水质目标），水环境容量将随着水资源情况的变化和人们环境需求的提高而不断发生变化。

1.3.2 水污染

水污染是指排入水体中的污染物在数量上超过该物质在水体中的本底含量和水体的自净能力，从而导致水体的物理、化学及卫生性质发生变化，使水体的生态系统和水体功能受到破坏。

1. 水污染的分类

废水从不同角度有不同的分类方法。据不同来源分为生活废水和工业废水两大类；据污染物的化学类别又可分无机废水与有机废水；也有按工业部门或产生废水的生产工艺分类的，如焦化废水、冶金废水、制药废水、食品废水等。

污染物主要有：

(1) 未经处理而排放的工业废水；

(2) 未经处理而排放的生活污水；

(3) 大量使用化肥、农药、除草剂而造成的农田污水；

(4) 堆放在河边的工业废弃物和生活垃圾；

(5) 森林砍伐，水土流失；

(6) 因过度开采，产生矿山污水。

2. 水污染事件

(1) 水俣病事件

1956 年日本熊本县水俣镇一家氮肥公司排放的废水中含有汞，这些废水排入海湾后经过某些生物的转化，形成甲基汞。这些汞在海水、底泥和鱼类中富集，又经过食物链使人中毒。当时，最先发病的是爱吃鱼的猫。中毒后的猫发疯痉挛，纷纷跳海自杀。没有几年，水俣地区连猫的踪影都不见了。1956 年，出现了与猫的症状相似的病人。因为开始病因不清，所以用当地地名命名。1991 年，日本环境厅公布的中毒病人仍有 2248 人，其中 1004 人死亡。

(2) 骨痛病事件

日本富山县的一些铅锌矿在采矿和冶炼中排放废水，废水在河流中积累了重金属镉。人长期饮用这样的河水，食用浇灌含镉河水生产的稻谷，就会得“骨痛病”，病人骨骼严重畸形、剧痛，身长缩短，骨脆易折。

(3) 剧毒物污染莱茵河事件

1986 年 11 月 1 日，瑞士巴塞尔市桑多兹化工厂仓库失火，近 30t 剧毒的硫化物、磷化物与含有水银的化工产品随灭火剂和水流入莱茵河。顺流而下 150km 内，60 多万条鱼被毒死，500km 以内河岸两侧的井水不能饮用，靠近河边的自来水厂关闭，啤酒厂停产。有毒物沉积在河底，使莱茵河因此而“死亡”20 年。

(4) 油船事件

该事件 1967 年 3 月 18 日发生在英国西南七岩礁海域。该船满载 11.7 万吨原油在锡利群岛以东的七岩礁海域触礁，致使 8 万吨原油流入海中，留在船体内的原油被引爆，造成英国、法国海域原油污染，造成大量鱼类、贝类和海鸟死亡，赔偿金额达 720 万元美元。这一事件后，海洋污染成为海事的重要问题。

(5) 松花江重大水污染事件

2005 年 11 月 13 日，中石油吉林石化公司双苯厂苯胺车间发生爆炸事故。事故产生的约100吨苯、苯胺和硝基苯等有机污染物流入松花江。由于苯类污染物是对人体健康有危害的有机物，因而导致松花江发生重大水污染事件。哈尔滨市政府随即决定，于当年11月23日零时起关闭松花江哈尔滨段取水口停止向市区供水，哈尔滨市的各大超市无一例外地出现了抢购饮用水的场面。

（6）无锡太湖蓝藻暴发

2007年5月，太湖中蓝藻暴发导致水质恶化，无锡居民饮水受到严重影响，自来水开始出现变味、发臭等现象。对于无锡蓝藻的爆发，环保部门认为既有自然因素，也有人为因素。自然因素主要是当时太湖水位比往年偏低，同时，暖冬天气对蓝藻的生长有利。人为因素则是由于太湖污染严重，湖体中的氮磷浓度偏高，造成蓝藻生长迅速。

3. 主要污染源

水污染主要是由人类活动产生的污染物造成，它的主要污染源包括工业污染源、农业污染源和生活污染源三大部分。

工业废水是水域污染的重要污染源，具有量大、面积广、成分复杂、毒性大、不易净化、难处理等特点。农业污染源包括牲畜粪便、农药、化肥等。生活污染源主要是城市生活中使用的各种洗涤剂和污水、垃圾、粪便等，多为无毒的无机盐类，生活污水中含氮、磷、硫多，致病细菌多。表1-1-1为2012年我国废水中主要污染物排放量。

表1-1-1　2012年全国废水中主要污染物排放量

COD（万吨）					氨氮（万吨）				
总量	工业源	生活源	农业源	集中式	总量	工业源	生活源	农业源	集中式
2423.7	338.5	912.7	1153.8	18.7	253.6	26.4	144.7	80.6	1.9

全国所有受监测的1200多条河流中，有850多条受到污染，90%以上的城市水域也遭到污染，致使许多河段鱼虾绝迹，符合国家一级和二级水质标准的河流仅占32.2%。污染正由浅层向深层发展，地下水和近海域海水也正在受到污染，我们能够饮用和使用的水正在不知不觉地减少。

1.3.3　水体自净机制

污水排入水体后，一方面对水体产生污染，另一方面水体本身有一定的净化污水的能力，即经过水体的物理、化学与生物的作用，使污水中污染物的浓度得以降低，经过一段时间后，水体往往能恢复到受污染前的状态，这一过程称为水体的自净过程。

1. 水体自净方法分类

（1）物理净化：是指由于稀释、扩散、沉淀或挥发等作用而使水体中污染物浓度降低的过程，其中稀释作用是一项重要的物理净化过程。废水排入水体后，逐渐与水相混合，于是污染物质的浓度逐渐降低。稀释作用只有在废水随同水流经过一段距离后才能完成。

（2）化学净化：是指由于受到水体的氧化还原、酸碱反应、分解化合、吸附与凝聚作用，使水体污染物质的存在形态发生变化并使其浓度降低的过程。例如通过氧化作用而使一些难溶性的硫化物形成可溶解的硫酸盐；可溶性的二价铁和二价锰可氧化成几乎不溶解的三价铁和四价锰的氢氧化物或水合氧化物而沉淀于水底。

（3）生物净化：是指由于水体中生物的代谢活动，尤其是微生物对有机物氧化还原分解和藻类对营养物质吸收代谢的作用而引起污染物质浓度降低的过程。生物净化过程需要消耗氧，而消耗的氧由水面复氧和水体中水生植物光合作用产生的氧来补充。若消耗的氧得不到及时补充，生物净化过程就要停止，水体水质就要恶化。物理净化和化学净化，只能使污染物的存在场所与形态发生变化，从而使水体中的存在浓度降低，但并不能使污染物的总量减少。而生化作用可使水体中有机物无机化，降低污染物总量，做到水体的真正净化。

2. 水体自净过程

废水或污染物一旦进入水体后，就开始了自净过程。该过程由弱到强，直到趋于恒定，使水质逐渐恢复到正常水平。全过程具有如下特征：

(1) 进入水体中的污染物，在连续的自净过程中，其浓度总的趋势是逐渐下降的。

(2) 大多数有毒污染物经各种物理、化学和生物的作用，转变为低毒或无毒化合物。

(3) 重金属类污染物，从溶解状态被吸附或转变为不溶性化合物，沉淀后进入底泥。

(4) 碳水化合物，脂肪和蛋白质等有机物，不论在溶解氧富裕或缺氧条件下，都能被微生物利用和分解，先降解为较简单的有机物，再进一步分解为二氧化碳和水。

(5) 不稳定的污染物在自净过程中转变为稳定的化合物，如氨转变为亚硝酸盐，再氧化为硝酸盐。

(6) 在自净过程的初期，水中溶解氧含量急剧下降，到达最低点后又缓慢上升，逐渐恢复到正常水平。

(7) 进入水体的大量污染物，如果是有毒的，那么生物将不能栖息，水中生物种类和个体数量就要随之大量减少。随着自净过程的进行，有毒物质浓度或总量下降，生物种类和个体数量也逐渐随之回升，最终趋于正常的生物分布。

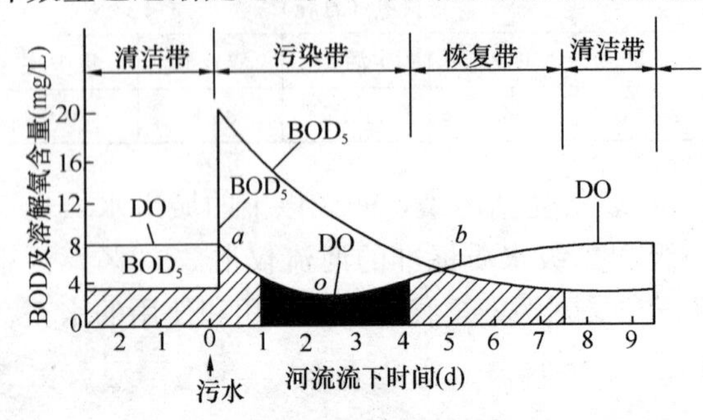

图 1-1-4 河流中 BOD 和 DO 的变化曲线

图 1-1-4 表示有机污染物的生物净化过程。此图是以某条受污染的小河为例。废水排入河流处定为起始点 0。假定河流以 30.5m/h 的速度流动，废水一进入河中便立即与河水混合，水温为 25℃。

生化需氧量（BOD）是用以度量水体中可降解有机物通过好氧微生物作用氧化时所需要的氧量。图中 BOD 曲线说明在上游未污染的水体中，由于水中没有过多的有机物，所以 BOD 值较低（约为 3mg/L）。而在 0 点（污水排入点），BOD 值突然增加到 20mg/L。随着排放的有机物逐渐被氧化，BOD 值从排放点向下游逐步降低，并慢慢恢复到废水注入前的水平。对于 DO 曲线，废水未注入前河水的 DO 水平很高，废水注入后因微生物分解有机物耗氧，DO 开始向下逐渐降低，并从流入的第一天起，含量即低于地表水最低允许含量 4mg/L，到流下 2.5 日时降至最低点，以后又回升，最后恢复至近于废水注入前的状态。这条曲线也称为"氧垂曲线"。它反映了废水排入河流后溶解氧的变化情况，表示出河流的自净过程以及最缺氧点距受污点的位置和溶解氧的含量，因此，"氧垂曲线"可作为控制河流污染的基本数据和制定治污方案的依据。

影响水体自净的因素很多，主要有受纳水体的地理、水文条件，微生物的种类与数量，水温，复氧能力以及水体和污染物的组成、污染物浓度等。

1.3.4 水体自净过程的特征变化

在水体的自净过程中，有机物浓度、溶解氧、微生物（细菌）的种类数量均呈现一定的变化规律。对细菌等微生物而言，当含有有机物的废水排入水体后，水体中以细菌为主的微生物吞噬有机物，并大量繁殖，数量大大增加。但随着微生物的增多，水体的溶解氧将减少，有机物降解殆尽引起的生存竞争将越发激烈，以及水生生物对微生物的吞噬导致水体中微生物数量经过一最高点后开始减少，最终恢复至初，如图 1-1-5 所示。

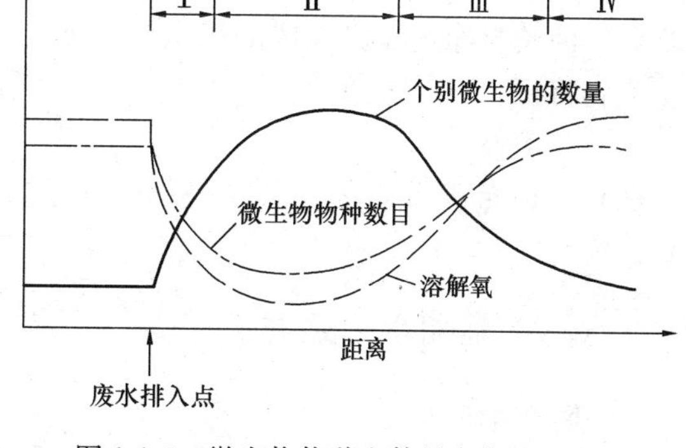

图 1-1-5　微生物物种和数量变化的示意图

按各河段微生物数量、种类和变化规律以及溶解氧、水质等状况将河段分为四个区：降解区、强分解区、恢复区和清洁区。

1. 降解区

外观特征：

（1）暗灰色，很浑浊，含大量有机物，BOD 高，溶解氧极低（或无），为厌氧状态。

（2）在有机物分解过程中，产生 H_2S、CO_2 和 CH_4 等臭味气体。

（3）水底沉积许多由有机和无机物形成的淤泥，水面上有气泡。

生物特征：

（1）种类很少，厌氧菌和兼性厌氧菌种类多，数量大，每毫升水含有几亿个细菌。有能分解复杂有机物的菌种，硫酸还原菌、产甲烷菌等。

（2）无显花植物，鱼类绝迹。河底淤泥中有大量寡毛类动物。

2. 强分解区

外观特征：

（1）水为灰色，溶解氧少为半厌氧状态，有机物量减少，BOD 下降。

（2）水面上有泡沫和浮泥，有 NH_3、氨基酸及 H_2S。有臭味。

生物特征：

（1）生物种类比多污带稍多。细菌数量较多，每毫升水约有几千万个。

（2）出现有蓝藻、裸藻、绿藻，原生动物有天蓝喇嘛虫、美观独缩虫、椎尾水轮虫及栉虾等。

（3）底泥已部分无机化，滋生了很多颤蚯蚓。

3. 恢复区

外观特征：

（1）有机物较少，BOD 和悬浮物含量低，溶解氧浓度升高。

（2）NH_3 和 H_2S 分别氧化为 NO_3^- 和 SO_4^{2-}，两者含量均减少。

生物特征：

（1）细菌数量减少，每毫升水只有几万个。

（2）藻类大量繁殖，水生植物出现。

（3）原生动物有固着型纤毛虫，如：独缩虫、聚缩虫等活跃，轮虫、浮游甲壳动物及昆虫出现。

4. 清洁区

外观特征：

（1）有机物全部无机化，BOD 和悬浮物含量极低，水的浑浊度底，溶解氧恢复到正常含量。

（2）H_2S消失。

（3）河流自净过程已完成的标志。

生物特征：

（1）细菌极少。

（2）出现鱼腥藻、硅藻、黄藻、钟虫、变形虫、旋轮虫、浮游甲壳动物、水生植物及鱼。

1.4 水质指标和水质标准

1.4.1 水质指标

水质即水的品质。自然界中没有绝对纯净的水，无论天然水还是各种污水、废水，都会有一定数量的杂质。杂质按其在水中存在状态可分为悬浮物质、溶解物质和胶体物质。悬浮物质是由颗粒组成的；溶解物质是由分子或离子组成的；胶体物质则介于悬浮物质与溶解物质之间。从理论上讲，通过化学分析，我们可以确定进入某个水体的污染物及其浓度，从而搞清该水体污染的原因和程度。但是，造成水体污染的物质太多了，除了重金属、一些有毒的有机化合物和其他必须单独分析出其浓度的污染物以外，一般不把水中的污染物分开测定，这就需要对水体污染物分类。可以有很多种分类方法，但最有用的是按污染物对水体或水体生态系统的危害特性进行的分类。水体污染物通常分为：耗氧有机物、难降解有机物、植物营养物、无机悬浮物、石油类、重金属、放射性污染物、酸碱盐类、病原体和热污染十个类别。对应于各类污染物，有许多用来表示水污染状况的指标。水质指标项目繁多，有上百种，按其性质可分为物理、化学和生物三大类。

（1）物理性水质指标

感官物理性状指标有温度、浊度、色度、嗅和味等。其中浊度是水中不溶性物质对光线透过时产生的阻碍程度。色度是一种感官性指标，水中悬浮物、胶体或溶解物质均可生色。水的颜色又分为表色和真色。其中表色是由水中悬浮物、胶体物质和溶解物质共同引起的颜色。真色则是除去水中悬浮物质后所呈现的颜色。

其他物理性状指标包括电导率、总固体、悬浮固体等。其中总固体是指一定温度下一定体积水样蒸发至干所残留的固体物质总量，单位mg/L。

（2）化学性水质指标

碱度、硬度、各种阳离子、各种阴离子、总含盐量、溶解氧（DO）、化学需氧量（COD）、生化需氧量（BOD）等均为化学性水质指标。

碱度一般来源于水样中氢氧根离子、碳酸根离子和碳酸氢根离子，关系到水的许多化学反应过程。硬度是由可溶性钙盐和镁盐组成，能够引起沉积和结垢现象。总含盐量则是水中各种溶解性矿物盐类的总称。化学需氧量（COD）是反应有机污染物浓度的指标。而水体通过微生物作用发生自然净化的能力标度，废水生物处理效果标度则用生物化学需氧量（BOD）来表示。总需氧量（TOD）的值是近于理论耗氧量。理论有机碳量值近似等于总有机碳（TOC）。

（3）生物学指标

细菌总数，该指标是对饮用水进行卫生学评价时的依据。

总大肠菌数，是水体被粪便污染程度的指标。

藻类，是水体营养状态指标。

各种病原细菌、病毒等。

在日常使用中最常用的水质指标则分别是浊度、色度、悬浮固体、碱度、硬度、BOD、COD、TOC、TOD、pH 值、大肠菌群数。

1.4.2　水质标准

水质标准是由国家或地方政府制定，并以文件形式颁布的关于用水水源或排放污水中水质成分容许含量的统一规定，包括条文规定和物理性质、化学特性等的水质参数容许值两部分。规定的水质参数值，随时期、地区和水的用途不同而异。水质标准是科学管理水质、执行水资源保护法规，从事水质规划、水质评价和水质预测等的依据。主要包括：饮用水水质标准、海水水质标准、农田灌溉水水质标准、工业锅炉水水质标准、渔业水质标准、游泳水水质标准、自来水水质标准、城市供水水质标准、中水水质标准、污水综合排放标准等。

1. 水质标准的制定依据

通常我们通过水质基准、经济技术的可行性及地区的差异性这三点来制定水质标准。

（1）水质基准

即关于水体中的某成分同特定对象（人、水生物或建筑物等）之间的浓度-效应关系的规定，以不产生危害或不产生不良影响的浓度作为水质基准，如卫生水质基准和渔业水质基准等。

（2）经济技术可行性

力求使制定出的标准，既能满足各种用途对供水水质的要求，又能使实现标准的经济力量和防治技术条件，在一定时期内能够达到。

（3）地区差异性

不同地区的水环境对污染物的净化能力不同，故在管理上对允许排污量的控制宽严程度也有差异；人群、生物群的生态特征、生理机能不一样，对水质差异的敏感程度也不同，高山地区同滨海地区，热带地区同寒带地区的人群之间和不同地质区的人群之间，对异地水质的反应不同，较为敏感。

2. 常用的水质标准和水质要求

（1）生活饮用水卫生标准

饮用水直接关系到人民日常生活和身体健康，因此供给居民以良质、足量的饮用水是最基本的卫生条件之一。我国 2006 年颁布的《生活饮用水卫生标准》（GB 5749—2006），规定了生活饮用水水质卫生要求、生活饮用水水源水质卫生要求、集中式供水单位卫生要求、二次供水卫生要求、涉及生活饮用水卫生安全产品卫生要求、水质监测和水质检验方法，适用于城乡各类集中式供水的生活饮用水，也适用于分散式供水的生活饮用水。表 1-1-2 是生活饮用水卫生标准中部分水质微生物和毒理等常规指标及限值。

表 1-1-2　水质常规指标及限值

指　标	限　值
1. 微生物指标①	
总大肠菌群（MPN/100mL 或 CFU/100mL）	不得检出
耐热大肠菌群（MPN/100mL 或 CFU/100mL）	不得检出
大肠埃希氏菌（MPN/100mL 或 CFU/100mL）	不得检出
菌落总数（CFU/mL）	100

续表

指　标	限　值
2. 毒理指标	
砷（mg/L）	0.01
镉（mg/L）	0.005
铬（六价，mg/L）	0.05
铅（mg/L）	0.01
汞（mg/L）	0.001
硒（mg/L）	0.01
氰化物（mg/L）	0.05
3. 感官性状和一般化学指标	
色度（铂钴色度单位）	15
浑浊度（NTU-散射浊度单位）	1 水源与净水技术条件限制时为 3
臭和味	无异臭、异味
肉眼可见物	无
pH（pH 单位）	不小于 6.5 且不大于 8.5
铝（mg/L）	0.2
耗氧量（COD_{Mn}法，以 O_2 计，mg/L）	3 水源限制，原水耗氧量>6mg/L 时为 5
挥发酚类（以苯酚计，mg/L）	0.002
阴离子合成洗涤剂（mg/L）	0.3
4. 放射性指标②	
总 α 放射性（Bq/L）	0.5
总 β 放射性（Bq/L）	1

① MPN 表示最可能数；CFU 表示菌落形成单位。当水样检出总大肠菌群时，应进一步检验大肠埃希氏菌或耐热大肠菌群；水样未检出总大肠菌群，不必检验大肠埃希氏菌或耐热大肠菌群；

② 放射性指标超过指导值，应进行核素分析和评价，判定能否饮用。

（2）地表水环境质量标准

保护地表水免受污染是整个环境污染保护工作的重要任务之一，它直接影响水资源的合理开发和有效利用。这就要求一方面制定水体的环境质量标准和废水的排放标准；另一方面要对必须排放的废水进行必要而适当的处理。

依照《地表水环境质量标准》（GB 3838—2002）中规定的地表水使用目的和保护目标，我国地表水分五大类：

Ⅰ类 主要适用于源头水、国家自然保护区；

Ⅱ类 主要适用于集中式生活饮用水、地表水源地一级保护区，珍稀水生生物栖息地，鱼虾类产卵场，仔稚幼鱼的索饵场等；

Ⅲ类 主要适用于集中式生活饮用水、地表水源地二级保护区，鱼虾类越冬、回游通道，水产养殖区等渔业水域及游泳区；

Ⅳ类 主要适用于一般工业用水区及人体非直接接触的娱乐用水区；

Ⅴ类 主要适用于农业用水区及一般景观要求水域。

水域兼有多类别的，依最高类别功能划分。表 1-1-3 为各类水域的部分水质标准。

表 1-1-3　地表水环境质量标准基本项目标准限值　　单位：mg/L

序号	项　目	Ⅰ类	Ⅱ类	Ⅲ类	Ⅳ类	Ⅴ类
1	水温（℃）	人为造成的环境水温变化应限制在： 周平均最大温升≤1 周平均最大降温≤2				
2	pH 值（无量纲）	6～9				
3	溶解氧　≥	饱和率 90%（或 7.5）	6	5	3	2
4	高锰酸盐指数　≤	2	4	6	10	15
5	化学需氧量（COD）　≤	15	15	20	30	40
6	五日生化需氧量（BOD_5）≤	3	3	4	6	10
7	氨氮（NH_3-N）　≤	0.15	0.5	1.0	1.5	2.0

（3）海水水质标准

按照海域的不同使用功能和保护目标，海水水质分为四类：

第一类　适用于海洋渔业水域，海上自然保护区和珍稀濒危海洋生物保护区。

第二类　适用于水产养殖区，海水浴场，人体直接接触海水的海上运动或娱乐区，以及与人类食用直接有关的工业用水区。

第三类　适用于一般工业用水区，滨海风景旅游区。

第四类　适用于海洋港口水域，海洋开发作业区。

表 1-1-4 列出了各类海水水质标准。

表 1-1-4　海水水质标准

序号	项目	第一类	第二类	第三类	第四类
1	漂浮物质	海面不得出现油膜、浮沫和其他漂浮物质			海面无明显油膜、浮沫和其他漂浮物质
2	色、臭、味	海水不得有异色、异臭、异味			海水不得有令人厌恶和感到不快的臭味
3	悬浮物质	人为增加的量≤10		人为增加的量≤100	人为增加的量≤150
4	大肠菌群≤（个/L）	10000 供人生食的贝类增养殖水质≤700			—
5	粪大肠菌群≤（个/L）	2000 供人生食的贝类增养殖水质≤140			—
6	病原体	供人生食的贝类养殖水质不得含有病原体			
7	水温（℃）	人为造成的海水温升　夏季不超过当时当地 1℃，其他季节不超过 2℃		人为造成的海水温升不超过当时当地 4℃	

续表

序号	项目	第一类	第二类	第三类	第四类
8	pH	7.8～8.5 同时不超出该海域正常变动范围的 0.2pH 单位		6.8～8.8 同时不超出该海域正常变动范围的 0.5pH 单位	
9	溶解氧>	6	5	4	3
10	化学需氧量≤(COD)	2	3	4	5
11	生化需氧量≤(BOD_5)	1	3	4	5

(4) 地下水质量标准

地下水质量分类

依据我国地下水水质现状、人体健康基准值及地下水质量保护目标，并参照了生活饮用水、工业、农业用水水质最低要求，将地下水质量划分为五类，它是地下水质量评价的基础。以地下水为水源的各类专门用水，在地下水质量分类管理基础上，可按有关专门用水标准进行管理。

Ⅰ类主要反映地下水化学组分的天然低背景含量。适用于各种用途。

Ⅱ类主要反映地下水化学组分的天然背景含量。适用于各种用途。

Ⅲ类以人体健康基准值为依据。主要适用于集中式生活饮用水水源及工、农业用水。

Ⅳ类以农业和工业用水要求为依据。除适用于农业和部分工业用水外，适当处理后可作生活饮用水。

Ⅴ类不宜饮用，其他用水可根据使用目的选用。

表 1-1-5 为地下水质量分类的部分水质指标。

表 1-1-5　地下水质量分类指标

项目序号	类别　标准值　项目	Ⅰ类	Ⅱ类	Ⅲ类	Ⅳ类	Ⅴ类
1	色（度）	≤5	≤5	≤15	≤25	>25
2	嗅和味	无	无	无	无	有
3	浑浊度（度）	≤3	≤3	≤3	≤10	>10
4	肉眼可见物	无	无	无	无	有
5	pH	6.5～8.5			5.5～6.5，8.5～9	<5.5，>9
6	总硬度（以 $CaCO_3$ 计）(mg/L)	≤150	≤300	≤450	≤550	>550
7	溶解性总固体（mg/L）	≤300	≤500	≤1000	≤2000	>2000
8	硫酸盐（mg/L）	≤50	≤150	≤250	≤350	>350
9	氯化物（mg/L）	≤50	≤150	≤250	≤350	>350
10	铁（Fe）(mg/L)	≤0.1	≤0.2	≤0.3	≤1.5	>1.5
11	锰（Mn）(mg/L)	≤0.05	≤0.05	≤0.1	≤1.0	>1.0

1.5　污水的水质

1.5.1　污水水质指标

我们通过污水的物理性质、化学性质和生物性质判断污水的水质。即通过温度、色度、嗅和味、固体物质等物理性质，BOD、COD、TOC、TOD，污水中的油类物质、酚类物质含量，pH 值，碱度，重金属含量，氮磷化合物等化学性质以及污水中细菌总数、大肠杆菌数等生物性质来判断污水水质。

1.5.2　主要污染物在水中的迁移转化

1. 需氧有机物

（1）需氧有机物的生物降解

需氧有机物进入水体会被微生物降解，其过程为：首先在细胞体外，经胞外水解酶的作用，复杂的大分子化合物分解成较简单的小分子化合物，然后小分子简单化合物再进入细胞内进一步分解，分解产物有两方面的作用，一是被合成为细胞材料，二是转换成能量供微生物维持生命活动。

①碳水化合物的生物降解

碳水化合物生物降解步骤和最终产物如图 1-1-6 所示。

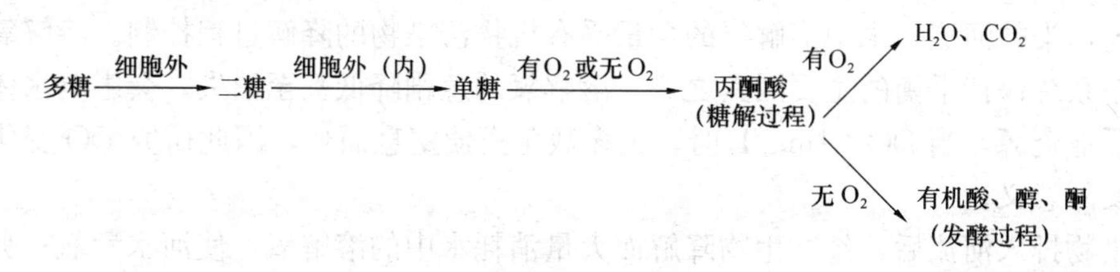

图 1-1-6　碳水化合物生物降解示意图

碳水化合物是 C、H、O 组成的不含氮的有机物，可分为多糖［$(C_6H_{10}O_5)_n$，如淀粉］、二糖（$C_{12}H_{22}O_{11}$，如乳糖）、单糖（$C_6H_{12}O_6$，如葡萄糖）。在不同酶的参与下，淀粉首先在细胞外水解成为乳糖，然后在细胞内或细胞外再水解成为葡萄糖。葡萄糖经过糖酵解过程转变为丙酮酸。在有氧条件下，丙酮酸完全氧化为水和二氧化碳。在无氧条件下，丙酮酸不完全氧化，最终产物是有机酸、醇、酮，这部分产物对水环境的影响较大。

②脂肪的生物降解

脂肪生物降解步骤和最终产物如图 1-1-7 所示。

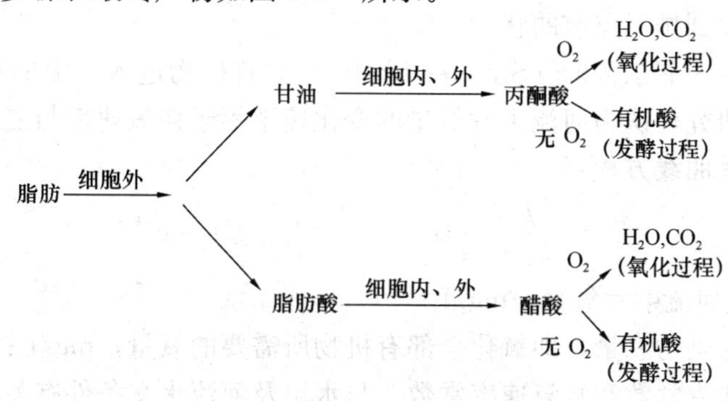

图 1-1-7　脂肪和油类的生物降解

脂肪的组成与碳水化合物相同，由 C、H、O 组成。脂肪的降解步骤和最终产物比碳水化合物更具多样性。至少首先在细胞外水解，生成甘油和相应的脂肪酸。然后上述物质再分别水解成丙酮酸和醋酸。在有氧条件下，丙酮酸和醋酸完全氧化，生成水和二氧化碳，在无氧条件下，完成发酵过程，生成各种有机酸。

③蛋白质的生物降解

蛋白质生物降解步骤和最终产物如图 1-1-8 所示。

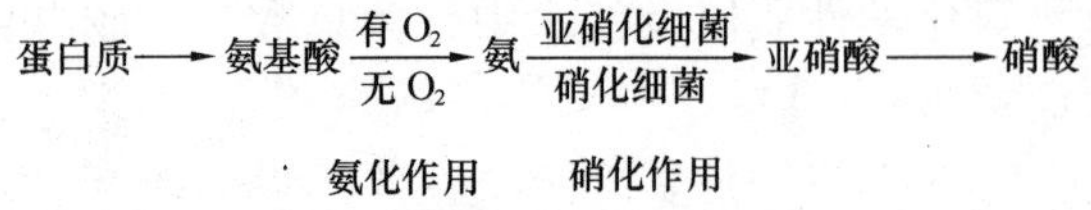

蛋白质 ⟶ 氨基酸 $\xrightarrow[\text{无}O_2]{\text{有}O_2}$ 氨 $\xrightarrow[\text{硝化细菌}]{\text{亚硝化细菌}}$ 亚硝酸 ⟶ 硝酸

氨化作用　　硝化作用

图 1-1-8　蛋白质的生物降解

蛋白质的组成与碳水化合物和脂肪油类不同，除含有 C、H、O 外，还含有 N。蛋白质是由各种氨基酸分子组成的复杂有机物，含有氨基和羧基，并由肽键连接起来。蛋白质的生物降解首先是在水解的作用下脱掉氨和羧基，形成氨基酸。氨基酸进一步分解脱氨基，生成氨，通过硝化作用形成亚硝酸，最后进一步氧化为硝酸。如果在缺氧水体中硝化作用不能进行，就会在反硝化细菌作用下发生反硝化作用。

一般来讲，含氮有机物的降解比不含氮的有机物难，而且降解产物污染性强，同时与不含氮的有机物的降解产物发生作用，从而影响整个降解过程。

(2) 需氧有机物的降解与溶解氧平衡

有机物排入河流后，在被微生物氧化分解的过程中要消耗水中的溶解氧（DO)。所以，受有机污染物污染的河流，水中溶解氧的含量受有机物污染物的降解过程控制。溶解氧含量是使河流生态系统保持平衡的主要因素之一。溶解氧的急剧降低甚至消失，会影响水体生态系统平衡和渔业资源，当 DO＜1mg/L 时，大多数鱼类便窒息而死，因此研究 DO 变化规律具有重要的实际意义。

有机污染物排入河流后，经微生物降解而大量消耗水中的溶解氧，使河水亏氧；另一方面，空气中的氧通过河流水面不断地溶入水中，又会使溶解氧逐步得到恢复，所以耗氧与复氧同时存在，河水中的 DO 与 BOD_5 浓度变化模式如图 1-1-9 所示。污水排入后，DO 曲线呈悬索状下垂，故称氧垂曲线；BOD_5 曲线呈逐步下降状，直至恢复到污水排入前的基值浓度。

氧垂曲线可分为三段：第一段 a～o 段，耗氧速率大于复氧速率，水中溶解氧含量大幅度下降，亏氧量增加，直至耗氧速率等于复氧速率。o 点处，溶解氧量最低，亏氧量最大，称为临界亏氧点或氧垂点；第二段 o～b 段，复氧速率开始超过耗氧速率，水中溶解氧量开始回升，亏氧量逐步减少，直至转折点 b；第三段 b 点以后，溶解氧含量继续回升，亏氧量继续减少，直至恢复到排污点前的状态。

美国学者斯蒂特·菲尔普斯（Streeter Phelps）对有机物进入河流的耗氧和复氧过程的动力学进行了分析研究，认为河流中亏氧量的变化速率等于耗氧速率与复氧速率之和，从而推导出了河流中氧垂曲线方程：

$$D_t = \frac{k_1 L_0}{k_2 - k_1}(e^{-k_1 t} - e^{-k_2 t}) + D_0 \cdot e^{-k_2 t} \tag{1-1-1}$$

式中　D_t——t 时刻河流中亏氧量，mg/L；

L_0——有机污染物总量，即氧化全部有机物所需要的氧量，mg/L；

k_1、k_2——耗氧速率常数和复氧速率常数，与水温及河流水文条件有关。

2. 植物营养物

植物营养物质主要指 N、P 等元素。它们进入水体的途径主要有雨、雪对大气的淋洗和径流对地表物质淋溶与冲刷以及农田施肥、农业生产的废弃物、城市生活污水和某些工业废水的带入。

(1) 含氮化合物的转化

含氮化合物在水体中的转化分为两步：第一步是含氮化合物如蛋白质、多肽、氨基酸和尿素等有机氮转化为无机氨；第二步是氨氮的亚硝化和硝化。这两步转化反应都是在微生物作用下进行。下面以蛋白质为例说明这一转化过程。

蛋白质是由多种氨基酸分子组成的复杂有机物，含有羧基和氨基，由肽键（R－CONH－R'）连接。蛋白质的降解首先是在细菌分泌的水解酶的催化作用下，水解断开肽键，脱除羧基和氨基而形成 NH_3，此过程称之为氨化。NH_3 进一步在细菌（亚硝化菌）的作用下，被氧化为亚硝酸，然后亚硝酸在硝化菌的作用下，进一步氧化为硝酸。

$$2NH_3 + 3O_2 \xrightarrow{\text{亚硝化菌}} 2HNO_2 + 2H_2O + 619.6\times10^3 J$$

$$2HNO_2 + O_2 \xrightarrow{\text{硝化菌}} 2HNO_3 + 200.97\times10^3 J$$

在缺氧的水体中，硝化反应不能进行，可在反硝化细菌的作用下，产生反硝化作用，过程如图 1-1-9 所示。

$$2HNO_3 \xrightarrow[-2H_2O]{+4H} 2HNO_2 \xrightarrow[-2H_2O]{+4H} (NOH)_2 \xrightarrow[-H_2O]{} N_2O \xrightarrow[-H_2O]{+2H} N_2$$

图 1-1-9　反硝化过程中氮形态的变化

从耗氧有机物在水体中的转化过程来看，有机氮 → NH_3 → NO_2^- → NO_3^- 可作为耗氧物质自净过程的判断标志。但从另一方面来考虑，这一过程又是耗氧有机物向植物型营养物污染的转化过程，也就是从一种污染方式向另一种污染方式转换，这一点是值得注意的。

（2）含磷化合物的转化

水体中的无机磷几乎都是以磷酸盐形式存在的，包括：磷酸根，偏、正磷酸盐（PO_4^{3+}，HPO_4^{2-}，$H_2PO_4^-$）；聚合磷酸盐（$P_2O_7^{4-}$，$P_3O_{10}^{5-}$）；有机磷则多以葡萄糖-6-磷酸，2-磷酸-甘油酸等形式存在。水体中的可溶性磷很容易与 Ca^{2+}、Fe^{3+}、Al^{3+} 等离子生成难溶性沉淀物而沉积于水体底泥中。沉积物中的磷，通过湍流扩散再度稀释到上层水体中，或者当沉积物的可溶性磷大大超过水体中磷的浓度时，则可能再次释放到水体中。

（3）氮磷污染与水体富营养化

富营养化是湖泊分类和演化的一种概念，是湖泊水体老化的一种自然现象。在自然界物质的正常循环过程中，湖泊将由贫营养湖发展为富营养湖，进一步又发展为沼泽地和旱地。但这一历程需时很长，在自然条件下，需时几万年甚至几十万年，但富营养化将大大地促进这一进程。

如果氮、磷等植物营养物质大量而连续的进入湖泊、水库以及海湾等缓流水体，将促进各种水生生物（主要是藻类）的活性，刺激它们异常增殖，这样就会造成一系列危害。

①藻类占据的空间越来越大，使鱼类活动的空间越来越小，衰死藻类将沉积塘底；

②藻类种类逐渐减少，并以硅藻和绿藻为主转为以蓝藻为主，蓝藻不是鱼类的良好饵料，而且增殖迅速，其中有一些是有毒的；

③藻类过度生长，将造成水中溶解氧的急剧变化，能在一定时期内使水体处于严重缺氧状态，使鱼类大量死亡。

湖泊水体的富营养化与水体中的氮磷含量有密切关系，据瑞典 46 个湖泊的调查资料证实，一般总磷和无机氮浓度分别为 0.02mg/L 和 0.3mg/L 时，就可以认为是水体处于富营养化状态。

近年来又有人认为，富营养化问题的关键不是水中营养物质的浓度，而是营养物质的负荷量。据研究，贫营养湖与富营养湖之间的临界负荷量为：总磷为 0.2～0.5mg/（L·a），总氮为5～10mg/（L·a）。

3. 石油类污染物质

石油中90%是各种烃的复杂混合物，它的基本组成元素为C、H、S、O和N。大部分石油含84%～86%的C，12%～14%的H，1%～3%的S、O和N。石油俗有“工业的血液”之称，其进入水体的途径是相当广泛的，但主要是通过工业废水。进入水体后会发生一系列复杂的迁移转化过程，主要包括扩展、挥发、溶解、乳化、光化学氧化、微生物降解、植物吸收和沉积等。

（1）扩展过程。油在海洋中的扩展形态由其排放途径决定。船舶正常行驶时需要排放废油，属于流动点源的连续扩展；油从污染源（搁浅、触礁的船或陆地污染源）缓慢流出，属于点源连续扩展；船舶和贮油容器损坏时，油立刻全部流出，属于点源瞬时扩展。扩展过程包括重力惯性扩展、重力黏滞扩展、表面张力扩展和停止扩展四个阶段。重力惯性扩展在1h内就可以完成；重力黏滞扩展大约需要10h；而表面张力扩展要持续100h。扩展作用与油类的性质有关，同时受到水文和气象等因素的影响。扩展作用的结果，一方面扩大污染范围，另一方面使油-气、油-水接触面积增大，使更多的油污通过挥发、溶解、乳化作用进入大气和水体中，从而加强了油类的降解过程。

（2）挥发过程。挥发的速度取决于石油中各种烃的组分、起始浓度、面积大小和厚度以及气象状况等。挥发模拟实验结果表明：石油中低于C_{15}的所有烃类（例如石油醚、汽油、煤油等），在水体表面很快全部挥发掉；C_{15}～C_{25}的烃类（例如柴油、润滑油、凡士林等），在水中挥发较少；大于C_{25}的烃类，在水中极少挥发。挥发作用是水体中油类污染物质自然消失的途径之一，它可去除污染海洋面积约50%的烃类。

（3）溶解过程。与挥发过程相似，溶解过程取决于烃类中碳数目的多少。石油在水中的溶解度实验表明，在蒸馏水中的一般规律是：烃类中每增加2个碳，溶解度下降10倍。在海水中也服从此规律，但其溶解度比在蒸馏水中低12%～30%。溶解过程虽然可以减少水体表面的油膜，但却加重了水体的污染。

（4）乳化过程。油-水通过机械振动（海流、潮汐、风浪等），形成微粒互相分散在对方介质中，共同组成一个相对稳定的分散体系。乳化过程包括水包油和油包水两种乳化作用。顾名思义，水包油乳化是把油膜冲击成很小的涓滴分布水中。而油包水乳化是含沥青较多的原油将水吸收形成一种褐色的黏滞的半固体物质。乳化过程可以进一步促进生物对油类的降解作用。

（5）光化学氧化过程。主要指石油中的烃类在阳光（特别是紫外线）照射下，迅速发生光化学反应，先离解生成自由基，接着转变为过氧化物，然后在转变为醇等物质。该过程有利于消除油膜，减少海洋水面污染。

（6）微生物降解过程。与需氧有机物相比，石油的生物降解较困难，但比化学氧化作用快10倍。微生物降解石油的主要过程有：烷烃的降解，最终产物为二氧化碳和水，烯烃的降解，最终产物为脂肪酸；芳烃的降解，最终产物为琥珀酸或丙酮酸和CH_3CHO；环己烷的降解，最终产物为己二酸。石油物资的降解速度受油的种类、微生物群落、环境条件的控制。同时，水体中的溶解氧含量对其降解也有很大的影响。

（7）生物吸收过程。浮游生物和藻类可直接从海水中吸收溶解的石油烃类，而海洋动物则通过吞食、呼吸、饮水等途径将石油颗粒带入体内或直接吸附于其体表。生物吸收石油的数量与水中石油的浓度有关，而进入体内各组织的浓度还与脂肪含量密切相关。石油烃在动物体内的停留时间取决于石油烃的性质。

(8) 沉积过程。沉积过程包括两方面，一是石油烃中较轻的组分被挥发、溶解，较重的组分便被进一步氧化成致密颗粒而沉降到水底。二是分散状态存在于水体中的石油，也可能被无机悬浮物吸附而沉积。这种吸附作用与物质的粒径有关，同时也受盐度和温度的影响，即随盐度的增加而增加，随温度升高而降低。沉积过程可以减轻水中的石油污染，沉入水底的油类物质，可能被进一步降解，但也可能在水流和波浪作用下重新悬浮于水面造成二次污染。

4. 重金属

重金属是地球上最为普遍，具有潜在生态危害的一类污染物。与其他污染物相比，重金属不但不能被微生物分解，反而能够富集于生物体内，并转化为毒性更强的重金属有机化合物。

(1) 重金属在环境中的行为和主要影响

① 重金属是构成地壳的元素，在自然界分布非常广泛，它遍布于土壤、大气、水体和生物体中。

② 重金属作为有色金属，在人类的生产和生活中有着广泛的应用，各种各样的重金属污染源由此而存在于环境中。

③ 重金属大多数属于过渡性元素，在自然环境中具有不同的价态、活性和毒性效应。通过水解反应，重金属易生成沉淀物。重金属还可以与无机、有机配位体反应，生成络合物或螯合物。

④ 重金属对生物体和人体的危害特点在于：第一，毒性效应；第二，生物不能降解，却能将某些重金属转化为毒性更强的金属有机化合物；第三，食物链的生物富集放大作用；第四，通过多种途径进入人体，并积蓄在某些器官中，造成慢性中毒。

(2) 重金属在水体中的迁移转化

重金属迁移转化指重金属在自然环境中空间位置的移动和存在形态的转化，以及由此引起的富集与分散问题。

重金属在环境中的迁移，按照物质运动的形式，可分为机械迁移、物理化学迁移和生物迁移三种基本类型。

机械迁移是使重金属离子以溶解态或颗粒态的形式被水流机械搬运。迁移过程服从水力学原理。

物理化学迁移是指重金属以简单离子、络离子和可溶性分子的形式，在环境中通过一系列物理化学作用（水解、氧化、还原、沉淀、溶解、络合、螯合、吸附作用等）所实现的迁移与转化过程。这是重金属在水环境中的重要迁移转化形式。这种迁移转化的结果决定了重金属在水环境中的存在形式、富集状况和潜在生态危害程度。

重金属在水环境中的物理化学迁移包括下述几种作用：

沉淀作用：重金属在水中可经过水解反应生成氢氧化物，也可以同相应的阴离子生成硫化物和碳酸盐。这些化合物的溶解度都很小，容易生成沉淀物。沉淀作用的结果，使重金属污染物在水体中的扩散速度和范围受到限制，从水质自净方面看这是有利的，但大量重金属沉积于排污口附近的底泥中，当环境条件发生变化时有可能重新释放出来，成为二次污染源。

吸附作用：天然水体中的悬浮物和底泥中含有丰富的无机胶体和有机胶体。由于胶体有巨大的比表面、表面能和带大量的电荷，因此能强烈地吸附各种分子和离子。无机胶体主要包括各种黏土矿物和各种水合金属氧化物，其吸附作用主要分为表面吸附、离子交换吸附和专属吸附。有机胶体主要是腐殖质。胶体的吸附作用对重金属离子在水环境中的迁移有很大影响，是使许多重金属离子从不饱和的溶液中转入固相的主要途径。

络合作用：天然水体中存在着许多天然和人工合成的无机与有机配位体，它们能与重金属离子形成稳定度不同的络合物和螯合物。无机配位体主要有 Cl^- 、OH^- 、CO_3^{2-} 、SO_4^{2-} 、HCO_3^- 、F^- 、S^{2-} 等。有机配位体是腐殖质。腐殖质起络合作用的是各种含氧官能团，如—COOH、—OH、—C=O、—NH_2 等。各种无机、有机配位体与重金属生成的络合物和螯合物可使重金属在水中的溶解度增大，导致沉淀物中重金属重新释放。重金属的次生污染在很大程度上与此有关。

氧化还原作用：氧化还原作用在天然水体中有较重要的地位。由于氧化还原作用的结果，使得重金属在不同条件下的水体中以不同的价态存在，而价态不同，其活性与毒性也不同。

生物迁移：指重金属通过生物体的新陈代谢、生长、死亡等过程所进行的迁移。这种迁移过程比较复杂，它既是物理化学问题，也服从生物学规律。所有重金属都能通过生物体迁移，并由此在某些有机体中富集起来，经食物链的放大作用，对人体构成危害。

1.5.3 污水的排放及其回用

为防止污染环境，污水在排放前应根据具体情况进行适当处理。污水的最终出路有：①排放水体；②工农业利用；③处理后回用。

1. 排放水体及其限制

排放水体是污水的传统出路。从河里取用的水，回到河里是很自然的。污水排入水体应以不破坏该水体的原有功能为前提。由于污水排入水体后需要有一个逐步稀释、降解的净化过程，所以一般污水排放口均建在取水口的下游，以免污染取水口的水质。

水体接纳污水受到其使用功能的约束。《中华人民共和国水污染防治法》规定在饮用水水源保护区内，禁止设置排污口。在风景名胜区水体、重要渔业水体和其他具有特殊经济文化价值的水体的保护区内，不得新建排污口。在保护区附近新建排污口，应当保证保护区水体不受污染。禁止企业事业单位利用渗井、渗坑、裂隙和溶洞排放、倾倒含有毒污染物的废水和含病原体的污水。向水体排放含热废水，应当采取必要措施，保证水体的水温符合环境质量标准，防止热污染危害。排放含病原体的污水，必须经过消毒处理，符合国家有关标准后方准排放。向农田灌溉渠道排放工业废水和城市污水，应当保证其下游最近的灌溉取水点的水质符合农田灌溉水质标准。利用工业废水和城市污水进行灌溉，应当防止污染土壤、地下水和农产品。

2. 污水回用

水资源缺乏是全球性问题。经过处理的城市污水被看作为水资源而回用于城市或再用于农业和工业等领域。随着科学技术的发展，水质净化手段增多，城市污水再生利用的数量和领域也逐渐扩大。总之，城市污水应作为淡水资源积极利用，但必须十分谨慎，以免造成患害。

污水回用应满足下列要求：①对人体健康不应产生不良影响；②对环境质量和生态系统不应产生不良影响；③对产品质量不应产生不良影响；④应符合应用对象对水质的要求或标准；⑤应为使用者和公众所接受；⑥回用系统在技术上可行、操作简便；⑦价格应比自来水低廉；⑧应有安全使用的保障。

城市污水回用领域有以下几个方面：

（1）城市生活用水和市政用水

①供水　此类回用水易与人直接接触，对细菌指标和感官性指标要求较高。为防止供水管道堵塞，要求回用水除磷脱氮。

②城市绿地灌溉　用于灌溉草地、树木等绿地，要求消毒。

③市政与建筑用水　用于洒浇道路、消防用水和建筑用水（配置混凝土、洗料、磨石子等）。

④城市景观　用于园林和娱乐设施的池塘、湖泊、河流、水上运动场的补充水。

（2）农业、林业、渔业和畜牧业

用于农作物、森林和牧草的灌溉用水，这类水对重金属和有毒物质要严格控制，要求满足《农田灌溉水质标准》（GB 5084—2005）的要求。当用于渔业生产时，应符合国家《渔业水质标准》（GB 11807—1989）。

（3）工业

①工艺生产用水　水在生产中被作为原料和介质使用。作原料时，水为产品的组成部分或中间组成部分。作介质时，主要作为输送载体（水力输送）、洗涤用水等。不同的工业对水质的要求不尽相同，有的差别很大，对回用水的水质要求应根据不同的工艺要求而定。

②冷却用水　冷却水的作用是作为热的载体将热量从热交换器上带走。回用水的冷却水系统易发生结垢、腐蚀、生物生长等现象。作为冷却水的回用水应去除有机物、营养元素N和P，控制冷却水的循环次数。

③锅炉补充水　回用于锅炉补充水时对水质的要求较高。若汽压高，需再经软化或离子交换处理。

④其他杂用水　用于车间场地冲洗、清洗汽车等。

（4）地下水回灌

用于地下水回灌时，应考虑到地下水一旦污染，恢复将很困难。用于防止地面沉降的回灌水，应不引起地下水质的恶化。

（5）其他方面

主要回用于湿地、滩涂和野生动物栖息地，维持其生态系统的所需水。要求水中不含对回用对象的生态系统有毒有害的物质。

习题与思考题

1. 水的循环分哪几部分？
2. 简述水体自净的作用。
3. 简述水环境容量所具备的特征。
4. 简述水污染的分类。
5. 简述水体自净工程特征变化。
6. 简述水质标准制定依据。
7. 如何判断污水水质？
8. 通常所说的水质标准和水质要求有什么区别？

第 2 章　污水的物理处理方法

学 习 提 示

本章要求学生了解污水物理处理的工序，掌握污水物理处理方法，熟悉各方法中的相关参数。

学习重点：格栅和筛网的分类及格栅清渣方式，沉淀的四大类型，自由沉淀规律，隔油池的构造，初沉池运行的影响因素及其日常管理及维护。

学习难点：格栅的设计计算，理想沉淀池，平流式沉砂池及曝气沉砂池的设计计算，平流式隔油池和斜板隔油池的设计计算，初沉池的设计计算。

2.1　概述

污水中含有各种有毒、有害物质，如不加处理任意排放，会污染环境，造成公害，所以，在排放前必须先处理。污水处理的实质是，利用各种方法将污水中所含的污染物质分离出来或将其转化为无害的物质，使污水得到净化。污水处理方法按照作用的原理分有，物理法、化学法、生物化学法和物理化学法。

物理法是利用物理作用来分离废水中呈悬浮状态的污染物质，在处理过程中不改变污染物的化学性质。在一级处理、二级处理和深度处理中，一级处理主要采用物理处理方法，像格栅、沉砂池、初次沉淀池等，去除对象为污水中的悬浮物，一般可以去除 50％左右的悬浮物和 25％～30％的 BOD_5。

本章主要介绍格栅、筛网、沉砂池、隔油池、初沉池的原理及结构。

2.2　格栅和筛网

采用格栅与筛网去除废水中粗大的漂浮物与悬浮物，以保护系统设备的正常运行及减轻后续处理的负荷。

2.2.1　格栅

格栅是由一组（或多组）平行的金属栅条制成的框架，倾斜架设在废水处理构筑物前，或泵站集水池进口处的渠道中，用以拦截水中粗大的悬浮物及其他杂质，以防堵塞构筑物的孔、洞、闸门和管道，造成堵塞、损坏水泵等机械设备（图 1-2-1）。

1. 平面格栅

平面格栅主要由栅条和框架组成，筛网呈平面。

根据栅条间距可分为，细格栅，间距为 3～10mm；中格栅，间距为 10～40mm；粗格栅，间距为 40mm 以上。安装角度根据污水处理厂进水情况设置，一般倾斜角为 60°、75°、90°。

2. 曲面格栅

曲面格栅分为固定曲面格栅和旋转鼓式格栅。曲面格栅应用较少，且多为细格栅。

一般污水处理厂应设中、细两道格栅。粗格栅应根据水质情况设置，也可不设。同时，

图 1-2-1　格栅

为了防止格栅前渠道出现阻流回水现象，一般在设置格栅的渠道与栅前渠道的联结部，应有一展开角为20°的渐扩部位。

3. 人工清渣格栅

人工清渣格栅一般只适合渣量小的小型污水处理装置。格栅按倾斜50°～60°设置，这可以增加格栅有效面积40％～80％，也便于清洗和防止因阻塞而造成过高的水头损失。格栅前渠道内的水流速度一般为0.4～0.9m/s，过栅速度为0.6～1.0m/s。栅前渠道内的流速若小于0.4m/s，则废水中粒径较大的砂粒有可能在栅前沉积。

4. 机械清渣格栅

格栅清污的劳动强度很大，工作环境恶劣，加之有值班疏忽的可能，目前，格栅均采用机械清渣，以提高格栅运行的安全度。机械清渣的格栅，倾角一般为60°～70°，有时为90°。机械清渣格栅过水面积一般应不小于进水管渠的有效面积的1.2倍。图1-2-2为固定式清渣机。

固定式清渣机的宽度与格栅宽度相等。电机1通过变速箱2、3，带动轱辘4，牵动钢丝绳14、滑块6及齿耙7，使导轨5上下滑动清渣。被刮的栅渣沿溜板9，经刮板11刮入渣箱13，8为栅条，10为导板，12为挡板。

2.2.2　格栅的设计

1. 设计参数及其规定

(1) 水泵前格栅栅条间隙，应根据水泵要求确定。

(2) 污水处理系统前格栅栅条间隙，应符合：(a) 人工清除25～40mm；(b) 机械清除16～25mm；(c) 最大间隙40mm。污水处理厂亦可设置粗细两道格栅，粗格栅栅条间隙50～150mm。

(3) 如水泵前格栅间隙不大于25mm，污水处理系统前可不再设置格栅。

(4) 栅渣量与地区的特点、格栅的间隙大小、污水流量以及下水道系统的类型等因素有关。在无当地运行资料时，可采用：(a) 格栅间隙16～25mm，0.10～0.05$m^3/10^3m^3$（栅渣/污水）；(b) 格栅间隙30～50mm，0.03～0.01$m^3/10^3m^3$（栅渣/污水）。栅渣的含水率一般为80％，容重约为960kg/m^3。

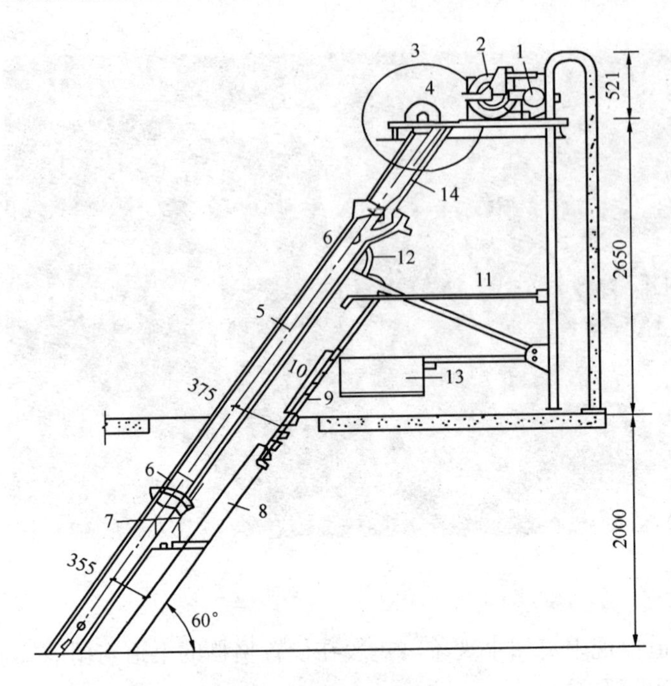

图 1-2-2　固定式清渣机

（5）大型污水处理厂或泵站前的大型格栅（每日栅渣量大于 0.2m³），机械清渣。

（6）机械格栅不宜少于 2 台，如为 1 台时，应设人工清除格栅备用。

（7）过栅流速一般采用 0.6～1.0m/s。

（8）格栅前渠道内水流速度一般采用 0.4～0.9m/s。

（9）格栅倾角一般采用 45°～75°，国内一般采用 60 °～70 °。

（10）通过格栅水头损失一般采用 0.08～0.15m。

（11）格栅间须设置工作台，高出栅前最高设计水位 0.5m，并设安全、冲洗设施。

（12）格栅间工作台两侧过道宽度不应小于 0.7m。工作台正面过道宽度：（a）人工清除不应小于 1.2m；（b）机械清除不应小于 1.5m。

（13）机械格栅的动力装置一般宜设在室内，或采取其他保护设备的措施。

（14）设置格栅装置的构筑物，必须考虑设有良好的通风设施。

（15）格栅间内应安设吊运设备，以进行格栅及其他设备的检修和栅渣的日常清除。

2. 格栅计算

（1）格栅的间隙数

$$n=\frac{Q\sqrt{\sin\alpha}}{Nbhv} \tag{1-2-1}$$

式中　n——格栅栅条间隙数，个；

Q——设计流量，m^3/s；

α——格栅倾角；

N——设计的格栅组数，组；

b——格栅栅条间隙，m；

h——格栅栅前水深，m；

v——格栅过栅流速，m/s。

（2）格栅槽宽度

$$B=S\ (n-1)+bn \tag{1-2-2}$$

式中　B——格栅槽宽度，m；

S——每根格栅条的宽度，m。

（3）通过格栅的水头损失

$$h_1=k\beta\left(\frac{S}{b}\right)^{\frac{4}{3}}\frac{v^2}{2g}\sin\alpha \tag{1-2-3}$$

式中　h_1——水头损失，m；

β——格栅条的阻力系数，查表 β=1.67～2.42；

k——格栅受污物堵塞时的水头损失增大系数，一般采用 k=3。

（4）栅后明渠的总高度

$$H=h+h_1+h_2 \tag{1-2-4}$$

式中　H——栅后明渠的总高度，m；

h_2——明渠超高，一般采用 0.3～0.5m。

（5）每日栅渣量

$$W=\frac{86400\overline{Q}W_1}{1000} \tag{1-2-5}$$

式中　W——每日栅渣量，m^3/d；

W_1——每日每 10^3m^3 污水的栅渣量，m^3。

2.2.3　筛网

一些工业废水（如毛纺厂废水、造纸厂废水、化纤厂废水等）中含大量纤维类杂物，这种悬浮状的细小纤维，不能用前述的格栅加以去除，也难以用沉淀法截留。有效的处理方法是采用筛网。该装置可用于给水处理、污水预处理，也可用于回用水的深度处理。

选择不同尺寸的筛网，能除去和回收不同类的悬浮物。筛网通常用金属丝或化学纤维编制而成。它具有简单、高效、不加化学药剂、运行费用低、占地面积小及维修方便等优点。

筛网过滤装置有转筒式筛网、水力回转筛网、振动式筛网等。不论何种形式都要求既能截留悬浮物，又能自动清理筛面。下面仅介绍水力回转筛网。

水力回转筛网由运动筛网和固定筛网组成，如图 1-2-3 所示。运动筛网水平放置，呈截顶圆锥形。进水端在运动筛网小端，污水在从小端到大端流动过程中，纤维等杂质被筛网截留，杂质沿倾斜面卸到固定筛以进一步脱水。水力筛网的动力来自进水水流的冲击力和重力。水力筛网应用较广。

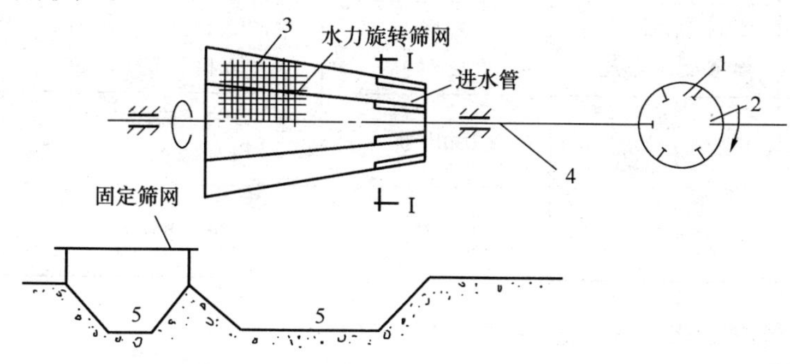

图 1-2-3　水力筛网

1—进水方向；2—导水叶片；3—筛网；4—转动轴；5—水沟

2.3 沉砂池

2.3.1 沉淀法

1. 沉淀原理

沉淀就是液体中的固体或悬浮物因自身质量和密度的关系沉积到容器底部，从液相中产生一个可分离的固相的过程，或是从过饱和溶液中析出难溶物质的过程。

2. 沉淀类型

按照水中悬浮颗粒的浓度、性质及絮凝性能的不同，沉淀可分为四种类型。

第一类为自由沉淀。当悬浮物质浓度不高时，在沉淀的过程中，颗粒之间互不碰撞，呈单颗粒状态，各自独立完成沉淀过程。典型例子是砂粒在沉砂池中的沉淀以及悬浮物浓度较低的废水在初沉池中的沉淀过程。

第二类为絮凝沉淀。一般发生在水中悬浮颗粒的浓度不高，但在沉淀过程中各悬浮颗粒之间产生互相聚合作用，颗粒之间相互聚集增大，加快沉降，沉淀的轨迹呈曲线形状。在整个沉淀过程中，颗粒的密度与形状以及沉速也随之变化。活性污泥法中二沉池初期沉淀过程即属于絮凝沉淀。

第三类为区域沉淀（或称成层沉淀，拥挤沉淀）。当悬浮物质浓度大于500mg/L时，在沉淀过程中，相邻颗粒之间互相妨碍、干扰，沉速大的颗粒也无法超越沉速小的颗粒，各自保持相对位置不变，并在聚合力的作用下，颗粒群结合成一个整体向下沉淀，与澄清水之间形成清晰的液固界面。沉淀显示为界面下沉。典型例子是二沉池下部的沉淀过程及浓缩池开始阶段。

第四类为压缩沉淀。一般发生在高浓度的悬浮颗粒的沉降过程中，由于悬浮颗粒的浓度很高，颗粒相互之间已挤集成团块状结构，互相接触，互相支承，沉降过程只是这种团块状结构的进一步压缩，下层颗粒间的液体是由于受到上层呈团块状颗粒的重力作用下才被挤出界面，固体颗粒被浓缩。活性污泥在二沉池污泥斗中的浓缩过程以及在浓缩池中污泥的浓缩过程即属于这一类。

四种沉淀类型的沉淀性质见表1-2-1。

表1-2-1 四种沉淀性质

种类	悬浮物浓度	固体颗粒	沉淀过程特征	应用
自由沉淀	低	不碰撞，不具有絮凝特征	不改变尺寸形状、不互相干扰	沉砂池，初沉池前期沉淀过程特征
絮凝沉淀	不高 50～500mg/L	碰撞，有凝聚特征	改变尺寸形状、互相干扰	初沉池中后期
区域沉淀	高 ＞500mg/L	互相干扰	匀速下降，颗粒分层	二沉池后期
压缩沉淀	很高	互相接触支承	上压，下承	二沉池池底，污泥浓缩池

3. 颗粒自由沉淀规律与Stokes公式

水中的悬浮颗粒，都因两种力的作用而发生运动：悬浮颗粒受到的重力，水对悬浮颗粒的浮力。重力大于浮力时，下沉；两力相等时，相对静止；重力小于浮力时，上浮。为分析简便起见，假定：(1) 颗粒为球形，不可压缩，也无凝聚性，沉淀过程中其大小、形状、质量等不变；(2) 水处于静止状态；(3) 颗粒只存在重力和水的阻力作用，不受器壁和其他颗粒影响。

静水中悬浮颗粒开始沉淀时，因受重力作用产生加速运动，经过很短的时间后，颗粒的重力与水对其产生的阻力平衡时颗粒即呈等速下沉。

如以 F_1、F_2 分别表示颗粒的重力和水对颗粒的浮力，则颗粒在水中的有效质量为：

$$F_1 - F_2 = \frac{1}{6}\pi d^3 \rho_s g - \frac{1}{6}\pi d^3 \rho g = \frac{1}{6}\pi d^3 (\rho_s - \rho) g \tag{1-2-6}$$

式中　d——球体颗粒的直径；

ρ_s、ρ——分别表示颗粒及水的密度；

g——重力加速度。

如以 F_3 表示水对颗粒沉淀的摩擦阻力，则

$$F_3 = \lambda \rho A \frac{u^2}{2} \tag{1-2-7}$$

式中　A——颗粒在沉淀方向上的投影面积，对球形颗粒，$A = \frac{1}{4}\pi d^2$；

u——颗粒沉速；

λ——阻力系数，它是雷诺数（$Re=\rho ud/\mu$）和颗粒形状的函数。

Stokes 式：　$Re < 1$，　$\lambda = \frac{24}{Re}$

Fair 式：　$1 < Re < 10^3$，　$\lambda = \frac{24}{Re} + \frac{3}{\sqrt{Re}} + 0.34$

Newton 式：　$10^3 < Re < 10^5$，　$\lambda = 0.44$

将阻力系数公式代入上式得到相应流态下的沉速计算式。

在等速沉淀情况下，$F_1 - F_2 = F_3$，即

$$\frac{1}{6}\pi d^3 (\rho_s - \rho) g = \frac{1}{8}\lambda \pi d^2 \rho u^2 \tag{1-2-8}$$

$$u = \sqrt{\frac{4gd(\rho_s - \rho)}{3\lambda\rho}} \tag{1-2-9}$$

对于层流，在 $Re<1$ 时，

$$u = \frac{g(\rho_s - \rho)}{18\mu} d^2 \tag{1-2-10}$$

这就是 Stokes 公式，式中 μ 为水的黏度。该式表明：(1) 颗粒与水的密度差（$\rho_s - \rho$）越大，沉速越大，成正比关系。当 $\rho_s > \rho$ 时，$u>0$，颗粒下沉；当 $\rho_s < \rho$ 时，$u<0$，颗粒上浮；当 $\rho_s = \rho$ 时，$u=0$ 时，颗粒既不上浮又不下沉。(2) 颗粒直径越大，沉速越快，成平方关系。一般地，沉淀只能去除 $d>20\mu m$ 的颗粒。通过混凝处理可以增大颗粒粒径。(3) 水的黏度 μ 越小，沉速越快，成反比关系。因黏度与水温成反比，故提高水温有利于加速

沉淀。

在实际应用中，由于悬浮颗粒在形状、大小以及密度等方面有很大差异，因此不能直接用公式进行工艺设计，但公式有助于理解沉淀规律。

2.3.2 沉砂池

沉砂池主要是从水中分离密度较大的无机颗粒，如砂等。一般设置于泵和沉淀池之前，这样既能保护后面的设备和管道免受磨损，减轻沉淀池的负荷，又能使无机颗粒与有机颗粒分离。

沉砂池有四种形式：平流式、竖流式、曝气式和涡流式。下面仅简单介绍几种。

1. 平流式沉砂池

如图 1-2-4 所示，它是最常采用的一种形式，具有构造简单、工作稳定、处理效果较好、易于排除沉砂等优点。平流式沉砂池的水流部分，实际上是一个两端设有闸板、加深加宽了的明渠。在池的底部设 1～2 个贮砂斗。

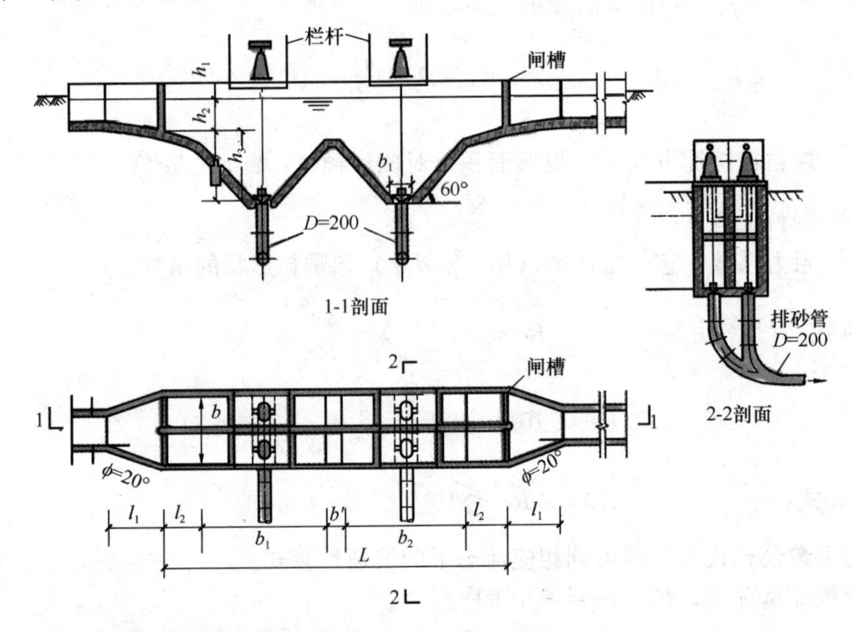

图 1-2-4 平流式沉砂池

平流式沉砂池的运行管理：矩形，其宽度一般大于 0.6m，有效水深一般小于 1.2m。

(1) 工艺原理：污水进入后，沿水平方向流至末端后经堰板流出沉砂池；

(2) 工艺参数：水平流速和停留时间；具体的控制过程是，通过控制污水在池内的水平流速来核算停留时间。

①水平流速：决定沉砂池能去除的砂粒的粒径大小，一般控制在 0.15～0.30m/s。越小的砂粒需越低的水平流速去除。但是，水平流速不能太低，否则本应在沉淀池去除的一些有机污泥也将在沉砂池沉淀下来，使沉砂池的排出物极易腐败，难以处置。具体控制多少，取决于沉砂砂粒的粒径大小，运行人员应在实践中摸索出既能有效除砂又不致使有机物大量下沉的最佳流速范围。

水平流速可以用以下公式估算：

$$v = \frac{Q}{BHn} \tag{1-2-11}$$

式中　Q——污水流量，m^3/s；

B——沉砂池宽度，m；

H——沉砂池有效水深，m；

n——投入运转的池数。

②水力停留时间：污水在池内的停留时间决定砂粒去除效率，水力停留时间一般控制在30～60s。水力停留时间越长，砂粒去除效率越高；停留时间太长，会导致有机污泥大量沉淀。

水力停留时间可以用以下公式估算：

$$T=\frac{BHIn}{Q}=\frac{L}{v} \tag{1-2-12}$$

式中　L——沉砂池长，m；

B、H、n、Q 的意义与式（1-2-11）相同。

2. 曝气沉砂池

一般沉砂池去除的无机颗粒物中难免夹杂有机物。利用曝气沉砂池基本可解决这一问题。它是一个长形渠道，池的一侧设有曝气装置通入空气，池底设有集砂斗，如图 1-2-5 所示。由于空气的作用，使污水在池中以螺旋状向前流动，使有机颗粒经常处于悬浮状态，使砂粒相互摩擦去除砂粒表面附着的有机物，所以该池排除的沉渣一般只含约 5%的有机物。此外，该池可通过调节曝气量，使除砂效率稳定；受污水流量变化的影响较小；同时对污水起到了预曝气的作用，有利于进一步的生化处理。

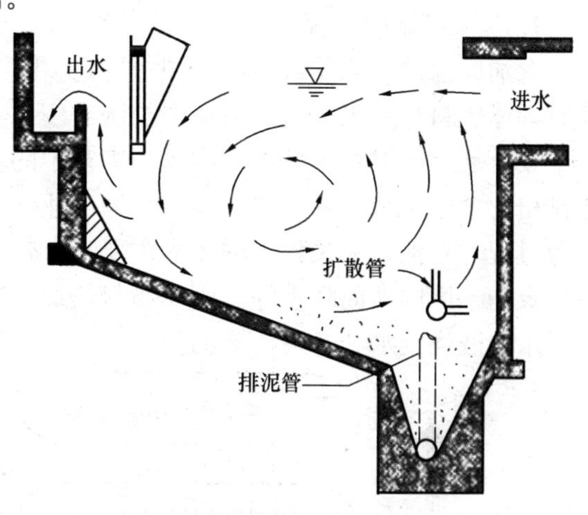

图 1-2-5　曝气沉砂池

1）曝气沉砂池工艺参数

（1）曝气强度：曝气强度是最重要的工艺控制参数，有三种表达方式：

①单位污水量的曝气量：一般控制在每立方米污水 0.1～0.3m^3空气；

②单位池容的曝气量：一般控制在每立方米池容每小时 2～5m^3空气；

③单位池长的曝气量：一般控制在每米池长每小时 16～28m^3空气。

（2）停留时间：一般为 1～3min；

（3）水平流速：一般控制在 0.06～0.12m/s；

（4）旋流速度及旋转圈数：旋流速度和旋转圈数直接决定砂粒沉降，这两个参数在实际生产中不易测定，但是，了解它对指导运行有重要意义。

2）曝气沉砂池工艺控制

（1）旋流速度：与沉砂池的几何尺寸、扩散器的安装位置和曝气强度等因素有关。在实际运行过程中，可以通过调节曝气强度，改变污水在池内的旋流速度。粒径越小的砂粒要沉淀，需要较大的旋流速度；但旋流速度不能太大，否则沉下去的砂粒将重新泛起。运行管理中，主要通过调解曝气强度来改变旋流速度，使大于某一粒径的砂粒得以沉淀下来。

(2) 旋转圈数：与曝气强度及污水在池内的水平流速有关。曝气强度越大，旋转圈数越多，沉砂效率越高。水平流速越大，旋转圈数越少，沉砂效率越低。沉砂池的进水水量增大时，水平流速也增大，此时应增大曝气强度，保证足够的旋转圈数，使沉砂效率不降低。运行人员应根据入流污水中砂粒的主要粒径分布及沉砂池的具体情况，在运转实践中摸索出曝气强度与水平流速之间的关系，以方便运行调度。

(3) 配水与气量分配：确保每座沉砂池的进水均匀，使每座池子均处于同一工作液位，才有可能实现配气均匀。原因：曝气沉砂池往往几条池子共用一根空气干管，分至各池的支管相对比较短，池子之间的液位稍有不同，就有可能导致各池的气量分配严重不均，致使有的池子曝气过量，有的则曝气不足，使总的除砂效率降低。

2.4 隔油池

2.4.1 含油废水的来源、油的状态及含油废水对环境的危害

1. 含油废水的来源

含油废水的来源非常广泛（图 1-2-6），除了石油开采及加工工业排出大量含油废水外，还有固体燃料热加工、纺织工业中的洗毛废水、轻工业中的制革废水、铁路及交通运输业、屠宰及食品加工以及机械工业中车削工艺中的乳化液等。其中石油工业及固体燃料热加工工业排出的含油废水为其主要来源。石油工业含油废水主要来自石油开采、石油炼制及石油化工等过程。石油开采过程中的废水主要来自带水原油的分离水、钻井提钻时的设备冲洗水、井场及油罐区的地面降水等。固体燃料热加工工业排出的焦化含油废水，主要来自焦炉气的冷凝水、洗煤气水和各种贮罐的排水等。

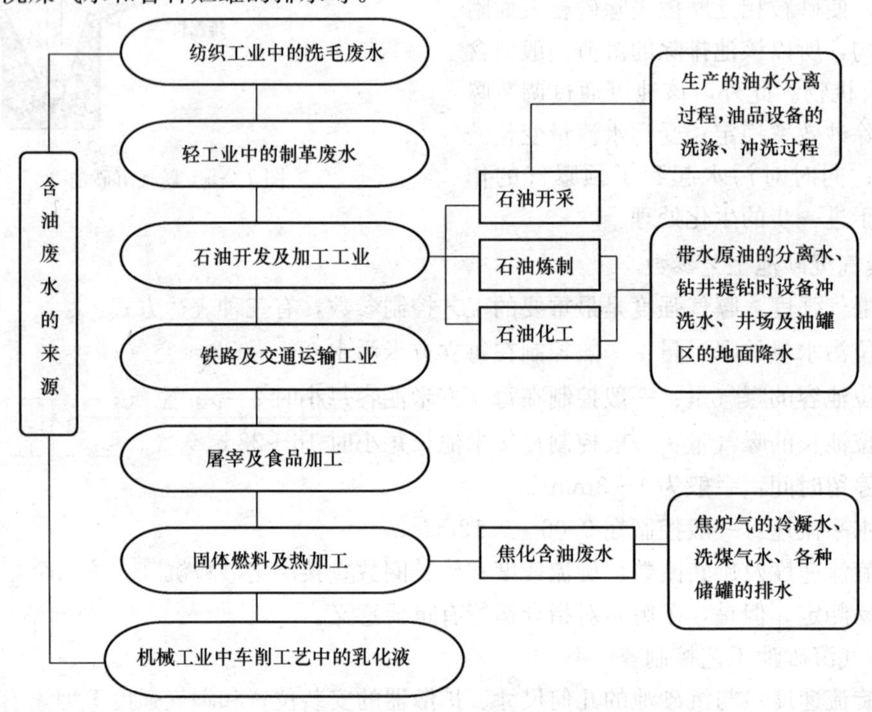

图 1-2-6　含油废水来源

2. 含油废水中油类物质的状态

含油废水中的油类污染物，其密度一般都小于 1，但焦化厂或煤气发生站排出的重质焦

油的密度可高达 1.1。

油通常有三种状态：

（1）呈悬浮状态的可浮油。如把含油废水放在桶中静沉，有些油滴就会慢慢浮升到水面上，这些油滴的粒径较大，可以依靠油水密度差而从水中分离出来，对于石油炼厂废水而言，这种状态的油一般占废水中含油量的 60%～80%。

（2）呈乳化状态的乳化油。非常细小的油滴，即使静沉几小时，甚至更长时间，仍然悬浮在水中。这种状态的油滴不能用静沉法从废水中分离出来，这是由于乳化油油滴表面上有一层由乳化剂形成的稳定薄膜，阻碍油滴合并。如果能消除乳化剂的作用，乳化油即可转化为可浮油，这叫破乳。乳化油经过破乳之后，就能用沉淀法来分离。

（3）呈溶解状态的溶解油。这种油品在水中的溶解度非常低，通常只有几个毫克每升。

3. 含油废水对环境的危害

油污染的危害主要表现在对生态系统、植物、土壤、水体的严重影响。含油废水浸入土壤孔隙间形成油膜，产生堵塞作用，致使空气、水分及肥料均不能渗入土中，破坏土层结构，不利于农作物的生长，甚至使农作物枯死。有资料表明，向水面排放 1t 油品，即可形成 $5\times10^6 m^2$ 的油膜。排入城市沟道，会对沟道、附属设备及城市污水处理厂造成不良影响，采用生物处理法时，一般规定石油和焦油的含量不超过 50mg/L。为此，我国在 2005 年新颁布的《农田灌溉水质标准》规定，石油类含量在一类灌区的水质的要求不得大于 5mg/L，在二类灌区则不得大于 10mg/L。

4. 隔油池的工作原理

可浮油粒径较大，可以利用油水密度差从水中分离，废水从池的一端流入，以较小的流速流经池体，在流动过程中，密度小于水的油粒上升至水面，水从池的另一端流出。在池体上部设置集油管，收集浮油并将其导出池外。乳化油不能直接静沉去除，需先破乳，将其转化为可浮油才能去除。溶解油在水中呈溶解状态，不能用隔油池去除。

2.4.2　平流式隔油池

1. 平流式隔油池的结构

图 1-2-7 为典型的平流式隔油池。从图中可以看出，它与平流式沉淀池在构造上基本相同。按表面负荷设计时，一般采用 $1.2m^3/(m^2\cdot h)$；按停留时间设计时，一般采用 2h。

废水从池子的一端流入池子，以较低的水平流速（2～5mm/s）流经池子，流动过程中，密度小于水的油粒上升到水面，密度大于水的颗粒杂质沉于池底，水从池子的另一端流出。在隔油池的出水端设置集油管。集油管一般用直径 200～300mm 的钢管制成，沿长度在管壁的一侧开弧宽为 60°或 90°的槽口。集油管可以绕轴线转动。排油时将集油管的开槽方向转向水平面以下以收集浮油，并将浮油导出池外。为了能及时排油及排除底泥，在大型隔油池还设置由钢丝绳或链条牵引的刮油刮泥设备。刮油刮泥机的刮板移动速度一般应与池中流速相

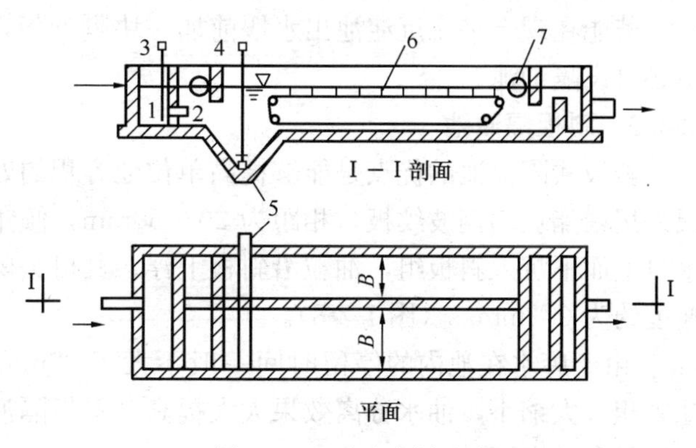

图 1-2-7　平流式隔油池

1—布水间；2—进水孔；3—进水间；4—排渣阀；5—排渣管；6—刮油刮泥机；7—集油管

近，以减少对水流的影响。收集在排泥斗中的污泥由设在池底的排泥管借助静水压力排走，排泥管直径一般为200mm。隔油池的池底构造与沉淀池相同。

平流式隔油池表面一般设置盖板，除了能够便于冬季保持浮渣的温度，从而保持它的流动性外，同时还可以防火与防雨。在寒冷地区还应在池内设置加温管，以便必要时加温。

平流式隔油池的特点是构造简单、便于运行管理、油水分离效果稳定，但池体庞大，占地面积大。有资料表明，平流式隔油池可以去除的最小油滴直径为100～150μm，相应的上升速度不高于0.9mm/s。

2. 隔油池设计原理

隔油池设计基本参数是油粒的上浮速度 u。该参数由实验测得，一般在沉降柱中进行。测定方法类似于悬浮物沉降速度的测定，只不过油粒运动方向向上。

隔油池的表面积：

$$A = \alpha \frac{Q}{u} \tag{1-2-13}$$

式中 A——隔油池的表面积，m^2；

Q——废水设计流量，m^3/h；

u——油粒上浮速度，m/h；

α——修正常数，与隔油池容积利用率及水流湍动状况有关，表1-2-2列举了 α 值与速比 v/u（v 为水流速度）的关系。

表1-2-2 α 值与速比 v/u 的关系

速比 v/u	20	15	10	6	3
α 值	1.74	1.64	1.44	1.37	1.28

隔油池的过水断面面积 F（m^2）由下式计算：

$$F = \frac{Q}{v} \tag{1-2-14}$$

式中 v——废水在池内的水平流速，m/h，一般取 $v \leqslant 15u$，但不宜大于54m/h。

池深 h 一般不应小于2m，单池长宽比不小于4。

若能在现有平流沉淀池出水堰前加一块隔油板，则该池成为平流式沉淀、隔油两用池，不必另设隔油池。

2.4.3 斜板隔油池

斜板式隔油池的优点是能够提高单位池容积的处理能力，隔油池采用斜板形式，池内斜板采用聚酯玻璃钢波纹板，相距为20～50mm，倾角不小于45°。斜板采用异向流形式，污水自上而下沉入斜板组，油粒沿斜板上浮。其可去除的最小油滴直径为60μm，相应的上升速度约为0.2mm/s（图1-2-8）。

由于废水在池内的停留时间一般不大于30min，为平流式隔油池的1/4～1/2。因此，池容积大大缩小，油水分离效果大大提高。斜板隔油池已经工厂化生产，只需提供废水性质及流量参数即可。

隔油池的浮渣以油为主，也含有水分和一些固体杂质。对石油工业废水，含水率有时可高达50%，其他杂质一般在1%～20%。仅仅依靠油滴与水的密度差产生上浮而进行油、水

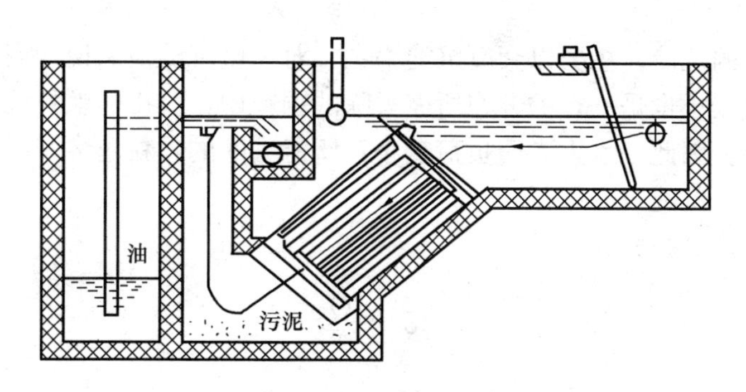

图 1-2-8 波纹斜板隔油

分离，油的去除效率一般为 70%～80%，隔油池的出水仍含有一定数量的乳化油和附着在悬浮固体上的油分，一般较难降到排放标准以下。

气浮法分离油、水的效果较好，出水中含油量一般可小于 20mg/L。

对于铁路运输、化工等行业使用的小型隔油池，其撇油装置是依靠水与油的密度差形成液位差而达到自动撇油的目的。

2.5 初沉池

初沉池可除去废水中的可沉物和漂浮物。废水经初沉后，约可去除可沉物、油脂和漂浮物的 50%、BOD 的 20%，按去除单位质量 BOD 或固体物计算，初沉池是经济上最为节省的净化步骤，对于生活污水和悬浮物较高的工业污水均易采用初沉池预处理。

初沉池主要具有如下作用：

（1）去除可沉物和漂浮物，减轻后续处理设施的负荷。

（2）使细小的固体絮凝成较大的颗粒，强化了固液分离效果。

（3）对胶体物质具有一定的吸附去除作用。

（4）一定程度上，初沉池可起到调节池的作用，对水质起到一定程度的均质效果，减缓水质变化对后续生化系统的冲击。

（5）有些废水处理工艺系统将部分二沉池污泥回流至初沉池，发挥二沉池污泥的生物絮凝作用，可吸附更多的溶解性和胶体态有机物，提高初沉池的去除效率。

（6）还可在初沉池前投加含铁混凝剂，强化除磷效果。含铁的初沉池污泥进入污泥消化系统后，还可提高产甲烷细菌的活性，降低沼气中硫化的含量，从而既可增加沼气产量，又可节省沼气脱硫成本。

2.5.1 初沉池的分类

按照流态及结构形式初沉池可分为，平流式沉淀池、竖流式沉淀池和辐流式沉淀池等。其中，平流式沉淀池和辐流式沉淀池应用比较广泛，适用于各种规模的污水处理厂，而竖流式沉淀池一般只用于小型污水处理厂。

（1）平流沉淀池：矩形，污水从池端进入，水平推进，污泥靠重力下沉，污水从另一端流出。

（2）辐流沉淀池：圆形，分为中心进水周边出水、周边进水中心出水及周边进水周边出水。使用最广泛的是中心进水周边出水形式。

2.5.2 初沉池设计工艺参数

1. 水力表面负荷（单位沉淀池面积在单位时间内所能处理的污水量）

初沉池内发生的沉淀，主要以絮凝沉淀为主。对一座沉淀池来说，当进水量一定时，它所能去除的颗粒的大小也是一定的。在所能去除的颗粒中，最小的颗粒沉速正好等于该沉淀池的水力表面负荷。因此，水力表面负荷越小，所能去除的颗粒越多，沉淀效率越高；反之水力表面负荷越大，沉淀效率越低。

水力表面负荷计算公式：

$$q=\frac{Q}{A} \tag{1-2-15}$$

（1）平流式初沉池

$$q=\frac{Q}{A}=\frac{Q}{B\cdot L} \tag{1-2-16}$$

式中　Q——初沉池入流流量，m^3/h；

B、L——沉淀池的宽和长，m。

（2）辐流式初沉池

$$q=\frac{Q}{A}=\frac{4Q}{\pi D^2} \tag{1-2-17}$$

式中　D——沉淀池的直径，m。

初沉池的水力表面负荷一般在1～2m^3/（m^2·h）。当后续处理工艺为活性污泥法时，一般控制在1.3～1.7m^3/（m^2·h）；当后续处理工艺为生物滤池等生物膜法时，一般控制在0.85～1.2m^3/（m^2·h）。

2. 水力停留时间

水力停留时间是重要的运行参数，只有足够的停留时间，才能保证良好的絮凝效果，获得较高的沉淀效率。一般控制在1.5～2.0h。

水力停留时间的计算公式：

$$T=\frac{V}{Q} \tag{1-2-18}$$

式中　V——有效体积。

（1）平流式初沉池

$$T=\frac{V}{Q}=\frac{B\cdot L\cdot H}{Q} \tag{1-2-19}$$

式中　Q——初沉池入流流量，m^3/h；

B、L、H——沉淀池的宽、长和有效水深，m。

（2）辐流式初沉池

$$T=\frac{V}{Q}=\frac{\pi D^2\cdot H}{4Q} \tag{1-2-20}$$

式中　D——沉淀池的直径，m；

H——有效水深，m。

3. 水平推进流速（辐流式为径向的推进速度）

水平推进流速对沉淀效果影响不大，但应注意不得超过冲刷速度。冲刷速度是足以将已经沉下的污泥重新冲刷起来的流速，初沉池的冲刷速度很大，一般为 50mm/s，一般运行正常的初沉池很难达到这个速度，但在下雨时应注意核算。

计算公式：

$$v = \frac{Q}{B \cdot H} \tag{1-2-21}$$

4. 出水堰板的溢流负荷（单位堰板长度在单位时间内所能溢流出来的污水量）

该参数能够控制污水在出水端保持均匀而稳定的流态，防止污泥及浮渣的流失。一般控制在小于 $10m^3/(m \cdot h)$。

计算公式：

$$q' = \frac{Q}{l} \tag{1-2-22}$$

式中　Q——总溢流污水量，m^3/h；

　　l——堰板总长度，m。

2.5.3　影响因素

（1）表面负荷

表面负荷增加，可影响悬浮物的有效沉降，使悬浮物的去除率下降，水力负荷率一般取 $0.6 \sim 1.2m^3/(m^2 \cdot h)$ 为宜。

（2）废水性质

①新鲜程度

新鲜的污水沉淀后去除率较高，废水新鲜程度又取决于污水管道的长短、泵站级数等，此外缺氧的高浓度工业废水易于腐败变质。

②固体物颗粒大小、形状和密度

废水中的固体物颗粒大、形状规则、相对密度大时沉降较快。

③温度

废水温度降低、水中悬浮物黏滞度增加，例如悬浮物在 27℃时比 10℃时沉降快 50%。然而水温高也会加速污水的腐败、厌氧发酵，出液的密度差减少，不利于颗粒物下沉，从而降低悬浮物的沉降性能。故应综合这两个因素并结合污水网管系统具体状况一起分析。

（3）操作因素

前道工序如格栅井或沉砂池的运行状况可直接影响初沉池的运行。若前道工序运行不好会加重初沉池的负荷，并降低去除效果。

（4）污泥进入状态

在二沉池污泥和污泥消化池的消化污泥进入初沉池的处理系统中，应特别注意使污泥均匀、稳定地进入。切忌间隙、冲击式投加，否则会使初沉池超负荷运行，腐化污泥数量亦大大增加，影响到固体的去除，并对环境产生不良影响。

2.5.4　运行管理

1. 工艺控制

通过控制水力表面负荷核算水力停留时间、堰板的溢流负荷和水平流速是否超出所要求的范围，将初沉池的工艺参数控制在要求的范围内。

水停留时间一般不能小于 1.5h，堰板溢流负荷一般不应大于 $10m^3/(m \cdot h)$，水平流速不能大于冲刷流速 50mm/s。发现任何参数超出范围，都应进行工艺调节。

主要采用投入运行的池数进行调节，投运池数的计算公式如下：

$$n = \frac{Q}{q \cdot B \cdot L} \tag{1-2-23}$$

式中 n——投运池数；

q——要控制的水力表面负荷，$m^3/(m^2 \cdot h)$；

Q——入厂流量，m^3/h；

B、L——池宽和池长，m。

注意：

(1) 同样水量，同样处理效果，夏季投运的池数可以比冬季少；反之，投运同样的池子，夏季处理量较冬季多。

(2) 初沉池的运转中，堰板溢流负荷会经常超负荷，应注意核算；水平流速一般不会超过或接近冲刷流速，可不必经常核算。

2. 刮泥与排泥操作

(1) 刮泥

①刮泥。污泥在排出初沉池之前必须先被收集到污泥斗，这一操作叫作刮泥。刮泥的操作方式分为连续式刮泥和间歇式刮泥。具体采用哪种操作方式，取决于初沉池的形式和刮泥设备。例如，平流式初沉池，采用行车式刮泥机，只能间歇刮泥。如果刮泥周期为 2h，实际上只有 1h 在刮泥，刮泥机从末端运行至首端后，刮泥机可停车 0.5h，也可不停，继续回车。采用链条式刮泥机，则既可间歇刮泥，也可连续刮泥（取决于泥量和泥质）。

辐流式初沉池，一般应采用连续刮泥方式，因为周边的污泥需要很长时间才能被刮至池中心的泥斗。连续刮泥易于控制，但设备磨损（链条和刮板）较严重。

②刮泥周期的确定。刮泥周期的长短取决于泥量和泥质，泥量较大时，应缩短周期；污水和污泥腐败时，也应缩短刮泥周期，将腐败的污泥尽快刮至泥斗。

③注意事项。缩短刮泥周期时，应注意不要超过刮板行走的极限速度，防止扰动已沉下的污泥。

(2) 排泥

①排泥，排泥是初沉池运行中最重要也是最难控制的一个操作，排泥的主要方式有两种，分别是连续排泥和间歇排泥（注意刮泥周期与排泥周期必须一致，刮泥与排泥协同操作）。例如，平流式初沉池采用行车式刮泥机时，只能采用间歇排泥方式，因为在一个刮泥周期内只有当污泥被刮至泥斗以后，才能排泥，否则排出的将是污水。

②排泥时间的确定。排泥时间的长短，取决于污泥量、排泥泵的容量和浓缩池要求的进泥浓度。

③排泥的控制方式。有人工控制（适用于小处理厂，池数较少）和自动控制（大处理厂一般采用）。

3. 排浮渣操作

用刮泥机上的刮板将浮渣刮至浮渣槽或浮渣斗内是目前我国采用的排浮渣的主要方式。但是该方法也存在着许多问题，如刮板与浮渣槽的配合常出现问题，浮渣进不了浮渣槽；浮渣槽内必须设水冲，否则浮渣流不到浮渣井；在北方冬季，浮渣槽内浮渣如不及时清理，会结冰；油脂类物质形成的乳状浮渣却很难进入，漂在水面影响卫生。

链条式刮泥机作为一种较为先进的操作方式，它的刮板可将乳状浮渣刮至池端，在池端安装一根带缺口的圆管，转动圆管，部分污水由缺口流入圆管内，顺便将乳状浮渣也冲进圆管内排走，这种排渣方式也可用液位计自动控制，当浮渣在圆管周围积累时，液位会稍有上升，此时圆管自动转动，将浮渣冲走，液位降至原来的水位以后，圆管又自动回到原来的位置。操作起来简单易行，运行方便，且排渣彻底。

2.5.5　初沉池与其他处理单元的综合运行调度

初沉池在整个预处理系统中处于核心位置，与上游单元和后续单元的关系非常密切。因此，在运行管理中应注意初沉池运转与其他处理单元的协同调度。

(1) 当格栅或沉砂池运行不正常时，应注意砂在初沉池内的沉积，采取措施防止砂或渣堵塞泥管。

(2) 当浓缩池或消化池运行不正常时，泥区分离液的含固量会增多，应相应增大初沉池的排泥量。它有时还会导致初沉池内污泥或污水腐败。

(3) 当初沉池排出泥颜色或气味异常时，应注意检查是否含有有毒物质。如果发现工业废水带入有毒物质，应将污泥跨越消化池直接脱水，以免消化池内的微生物中毒，造成消化池运行失败。

(4) 当初沉池 SS 去除率下降时，二级处理的负荷会增大。应注意增大回流或增加曝气量。另外，油脂类物质形成的浮渣如进入曝气池，会使曝气效率降低。

(5) 当初沉池泄空时，大量易腐败污泥进入污水提升泵房的集水池，会产生 H_2S 等有害气体。泵房应适当增加抽升量，将排空水抽走。

(6) 如果二沉池发生污泥膨胀，应暂停向初沉池排放剩余污泥；如果二级处理系统处于硝化状态，也最好不向初沉池排放剩余污泥，否则会导致初沉污泥上浮，SS 去除率下降，并反过来影响二级处理的运行。

(7) 不管是泥区的分离液，还是二级处理的剩余污泥，都应注意均匀稳定地排放。突发性地间断排放将使初沉形成严重的密度流，SS 去除率下降。

(8) 运行记录。排泥次数、排泥时间、排浮渣次数、浮渣量、温度和 pH 值、刮泥机及泥泵的运转情况、工艺调控记录，应计算每班出泥量、水力表面负荷、停留时间和堰板激流负荷等参数。

(9) 异常问题的分析与排出。

①SS 去除率低。a. 工艺控制不合理：水力负荷太大；水力停留时间太短。b. 短流：堰板溢流负荷太大；堰板不平整；池内尺寸不合理，有死区；入流温度变化太大，形成密度流；入流 SS 变化太大，形成密度流；进水整流栅板损坏或设置不合理；风力影响。c. 排泥不及时：刮泥机故障（设备本身故障，池内积砂或浮渣太大）；排泥泵故障（设备本身故障，进泥管路堵塞）；泥斗及排砂管堵塞（砂沉积，栅渣太多）；排泥周期太长，排泥时间太短。d. 入流污水严重腐败，不易沉淀：入流污水中耗氧物质太多；污水在管网内停留时间太长；污水在管网内有污泥沉积。

②浮渣从堰板溢流的原因。浮渣刮板与浮渣槽不密合；浮渣刮板损坏；浮渣刮板浸没深度不够；入流废水油脂太多；清渣不及时。

③排泥浓度下降。排泥时间太长；各池排泥不均匀；积泥斗严重积砂，有效容积减少；刮泥和排泥步调不一致，SS 去除率太低。

习题与思考题

1. 试说明沉淀有哪几种类型？各有何特点？
2. 设置沉砂池的目的是什么？曝气沉砂池的工作原理与平流式沉砂池有何区别？
3. 水的沉淀法处理的基本原理是什么？
4. 如何改进及提高沉淀或气浮分离效果？
5. 加压溶气气浮的基本原理是什么？有哪几种基本流程与溶气方式？各有何特点？

第3章 污水的生物化学处理方法

学 习 提 示

本章要求学生了解污水的生化处理方法，掌握污水生化处理方法的工艺及各工艺的主要特征、优缺点，熟悉各工艺的工艺参数。

学习重点：活性污泥法净化机理，活性污泥法工艺类型及其系统的运行管理，好氧生物膜法机理及其特征，脱氮技术及生物脱氮工艺，除磷技术及生物除磷工艺。

学习难点：污泥龄的定义及计算，活性污泥的增长计算，同步脱氮除磷工艺类型及机理。

3.1 概述

水的生物处理是利用微生物具有氧化分解有机物的功能，采取一定的人工措施，创造有利于微生物生长繁殖的环境，使其大量增殖，以提高氧化分解有机物效率的一种水处理方法。在自然界存在着大量依靠有机物生活的微生物，它们不但能氧化分解一般的有机物，而且能氧化分解有毒的有机物（如酚、醛、腈等）和构成微生物营养元素的无机毒物（如氰化物、硫化物等）。根据生物处理过程中微生物对氧需求情况，生物处理一般分为好氧生物处理和厌氧生物处理。好氧生物处理是指在有氧条件下进行生物处理，污染物最终被分解成 CO_2 和 H_2O，好氧生物处理方法主要有活性污泥法和生物膜法，此外氧化塘也基本属于此类。厌氧生物处理则需保证无氧的环境，污染物最终被分解为 CH_4、CO_2、H_2S、有机酸和醇等。

生物处理法因具有高效、经济等优点在城市污水和工业废水处理中得到广泛的应用。

3.2 好氧活性污泥法

3.2.1 活性污泥法

1. 活性污泥法的基本概念

在污水处理中，活性污泥法占有重要位置。所谓“活性污泥”，通常是指经过专门培养驯化的好氧性微生物群体，其外形常为呈褐色的絮状泥粒，置于显微镜下观察活性污泥，可以见到大量的细菌、真菌、原生动物和后生动物，它们组成了一个特有的微生物生态系统，这些微生物（主要是细菌）以污水中的有机物为食料进行代谢和繁殖，因而降低了污水中有机物的含量。同时，活性污泥易于沉淀分离，使污水得到澄清。概括地讲，活性污泥就是由微生物与悬浮物质、胶体物质混杂在一起所形成的具有很强吸附分解有机物的能力和良好的沉降性能的絮状体颗粒。

活性污泥法是利用活性污泥与被处理污水进行混合，使微生物与污水中有机物在溶解氧浓度充足的环境下发生反应，从而使污水中的有机物污染得到去除。

2. 活性污泥法的基本流程

活性污泥法是目前污水处理技术领域中应用最为广泛的技术之一。活性污泥处理系统主要由活性污泥反应器即曝气池、二沉池、污泥回流系统和曝气及空气扩散系统等组成，图1-3-1所示为活性污泥处理系统的基本流程。

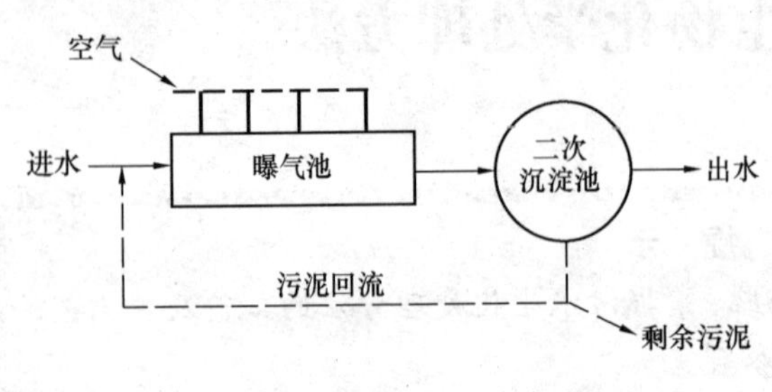

图1-3-1　活性污泥法基本流程

来自初次沉淀池或其他预处理装置的污水从曝气池的一端进入，从二次沉淀池连续回流的活性污泥，与此同步进入曝气池；从空压机站送来的压缩空气，通过敷设在曝气池底部的空气扩散装置，以细小气泡的形式进入污水中，其作用除向污水充氧外，还使曝气池内的污水、活性污泥处于剧烈搅动的状态，形成混合液。活性污泥与污水互相混合，与污染物充分接触，使活性污泥反应得以正常进行。活性污泥反应进行的结果是，污水中有机污染物得到降解而被去除，活性污泥本身得以繁衍增长，污水则得以净化处理。经过活性污泥净化作用后的混合液，由曝气池的另一端流出并进入二次沉淀池，活性污泥通过沉淀与污水分离，澄清后的污水作为处理水排出系统。经过沉淀浓缩的污泥从沉淀池底部排出，其中一部分作为接种污泥回流曝气池，多余的一部分则作为剩余污泥排出系统。剩余污泥与在曝气池内增长的污泥，在数量上应保持平衡，使曝气池内的污泥浓度相对地保持在一个较为恒定的范围内。

3.2.2　活性污泥法的净化机理

活性污泥法的主要去除对象是呈溶解态和胶体态的有机污染物。另外，还包括含氮化合物、含磷化合物等。参与净化的微生物，按照生理特性可分为四类：利用含碳有机物进行生长繁殖的好氧型异养微生物（包括细菌、原生动物和后生动物）；将氨氮氧化为亚硝酸盐、硝酸盐的好氧型自养菌；在缺氧条件下，进行硝酸性呼吸或亚硝酸性呼吸的异养型厌氧微生物（称为脱氮菌）；厌氧和好氧交替条件下的异养型聚磷菌。在活性污泥法中，应创造适宜的条件使上述四类微生物各自发挥最佳处理能力。

活性污泥法的净化机理包括活性污泥对有机物的吸附、被吸附有机物的氧化和同化、活性污泥絮体的沉淀和分离。

1. 活性污泥对有机物的初期吸附去除阶段

在该阶段，污水和污泥在刚开始接触的5～10min内就出现了很高的BOD去除率，通常30min内完成，污水中的有机物被大量去除，这主要是由于活性污泥的物理吸附和生物吸附作用共同作用的结果。

活性污泥法初期的吸附去除的主要特点包括以下几点：

（1）初期的吸附去除完成时间短，去除量大；

（2）去除的有机物对象主要是胶体和悬浮性有机物；

（3）活性污泥的性质与初期的吸附去除关系密切，一般处于内源呼吸期的活性污泥微生物吸附能力强，而氧化过度的活性污泥微生物初期吸附的效果不好；

（4）初期吸附有机物的效果与生物反应池的混合及传质效果密切相关；

（5）被吸附的有机物没有从根本上被矿化，通过数小时的曝气后，在胞外酶的作用下，被分解为小分子有机物后才可能被微生物酶转化。

2. 被吸附有机物的氧化和同化

微生物以被活性污泥吸附的有机物作为营养源，进行氧化分解和同化合成。微生物为了获得合成细胞和维持生命活动所需的能量，将吸附的有机物进行分解，释放能量，这个过程即氧化。同化是指微生物利用氧化所获得的能量，将有机物合成为新的细胞物质。

3. 活性污泥絮体的沉淀分离

无论氧化分解还是合成代谢，都能去除有机污染物，但是产物却不同，分解代谢的产物是二氧化碳和水，而合成代谢的产物则是新的细胞，并以剩余污泥的方式排出活性污泥系统。

沉淀是混合液中固相活性污泥颗粒同废水分离的过程。固液分离的好坏，直接影响出水水质。如果处理水挟带生物体，出水 BOD 和 SS 将增大。所以，活性污泥法的处理效率，同其他生物处理方法一样，应包括二次沉淀池的效率，即用曝气池及二沉池的总效率表示，除了重力沉淀外，也可用气浮法进行固液分离。

活性污泥的吸附凝聚和沉淀性能的好坏与活性污泥中微生物所处的增长期有关。微生物的增长过程可分为停滞期（适应期）、对数增长期、减速增殖期（平衡期）和内源呼吸期（衰老期）。对数增长期营养充分，污泥以最快的速度分解有机物，但此时污泥的絮凝、沉淀性能差，出水水质不佳；减速增长期微生物的吸附降解能力和絮凝沉淀性能都较好，所以普通活性污泥法主要利用减速增长期的微生物。

3.2.3 活性污泥的性能指标

性能良好的活性污泥是活性污泥系统正常工作的关键，活性污泥性能直接反映在凝聚和沉降性能上。良好的絮凝结构，将形成巨大的表面吸附能力，提高有机物的去除能力；良好的沉降性能，将提高二次沉淀池的分离效果。活性污泥的这些性能可以用下面几项指标来表示。

1. 污泥沉降比（SV）

污泥沉降比是指一定量的曝气池混合液，静置沉淀 30min 后，沉淀污泥与原混合液的体积比，以百分数表示，计为 SV，即

$$SV=\frac{\text{混合液经 30min 静置沉淀后的污泥体积}}{\text{混合液体积}}\times 100(\%) \tag{1-3-1}$$

活性污泥系统中曝气池混合液的 SV 值为 15%～30%，超过正常范围，若污泥浓度过大，则要排放剩余污泥；若沉降性能较差，则要结合污泥指数等指标查找原因，采取措施。

2. 污泥体积指数（SVI）

污泥的体积指数是指曝气池出口处的混合液在静置 30min 后，每克干污泥所形成的沉淀污泥所占的容积，以 mL/g 计。SVI 的计算式为：

$$SVI=\frac{\text{混合液(1L)30min 静置沉淀形成的污泥体积(mL)}}{\text{混合液(1L) 中悬浮固体的干重(g)}}=\frac{SV(\text{mL/L})}{MLSS(\text{g/L})} \tag{1-3-2}$$

例如，某曝气池污泥沉降比 $SV=30\%$，混合液悬浮固体浓度为 $X=2500\text{mg/L}$，则

$$SVI=\frac{SV(\text{mL/L})}{MLSS(\text{g/L})}=\frac{30\times 10}{\frac{2500}{1000}}(\text{mL/g})=120(\text{mL/g}) \tag{1-3-3}$$

污泥指数也是表示活性污泥的凝聚沉降和浓缩性能的指标。SVI 低时，沉降性能好，但吸附性能差；SVI 高时，沉降性能不好，即使有良好的吸附性能，也不能很好地控制泥水分离。一般认为：

$SVI<100$，污泥的沉降性能好；

$100<SVI<200$，污泥的沉降性能一般；

$SVI>200$，污泥的沉降性能不好；

正常情况下，SVI 值在 50～150 为宜。

3. 混合液悬浮固体浓度（$MLSS$）

混合液悬浮固体浓度（$MLSS$）又称混合液污泥浓度，它表示在曝气池单位容积混合液内所含有的活性污泥固体物的总质量，即

$$MLSS = M_{\alpha} + M_{\varepsilon} + M_{i} + M_{ii} \tag{1-3-4}$$

混合液挥发性悬浮固体浓度（$MLVSS$）表示在曝气池单位容积混合液内所含有的活性污泥有机固体物的总质量，即

$$MLVSS = M_{\alpha} + M_{\varepsilon} + M_{i} \tag{1-3-5}$$

由于 $MLVSS$ 中不包括活性污泥组成中的无机部分，因而更能反映活性污泥的活性。一般正常情况下，活性污泥中活性生物所占悬浮固体量的比例是相对稳定的，对于生活污水，$\dfrac{MLVSS}{MLSS} = 0.75$ 左右。

4. 污泥龄

每日排出系统外的活性污泥量包括作为剩余污泥排出的和随处理水流出的，表达式为：

$$\Delta X = Q_{w}X_{\gamma} + (Q - Q_{w})X_{\varepsilon} \tag{1-3-6}$$

式中 ΔX ——曝气池内每日增长的活性污泥量，即应排出系统外的活性污泥量；

Q_{w} ——作为剩余污泥排放的污泥量；

X_{γ} ——剩余污泥浓度；

Q ——废水流量；

X_{ε} ——排放处理水中的悬浮固体浓度。

曝气池内活性污泥总量（VX）与每日排放污泥量（ΔX）之比，称之为污泥龄（θ_{c}），即活性污泥在曝气池内的平均停留时间，因此又称为生物固体平均停留时间，即

$$\theta_{c} = \frac{VX}{\Delta X} = \frac{VX}{Q_{w}X_{\gamma} + (Q - Q_{w})X_{\varepsilon}} \tag{1-3-7}$$

在一般条件下，X_{ε} 值极低可忽略不计，上式可简化为：

$$\theta_{c} = \frac{VX}{Q_{w}X_{\gamma}} \tag{1-3-8}$$

污泥龄的大小决定了曝气池中微生物的状况，世代时间长于污泥龄的微生物在曝气池内不可能成为优势菌种，如硝化菌在 20℃时，其世代时间为 3d，当 $\theta_{c}<3d$ 时，硝化菌不能在曝气池内大量繁殖，就不能产生硝化反应。

5. 有机物降解与活性污泥增长

曝气池内，在活性污泥微生物的代谢作用下，污水中的有机物得到降解、去除，与此同时产生的是活性污泥微生物本身的增殖和随之而来的活性污泥的增长。

活性污泥微生物量的增加是同化合成和内源分解共同作用的结果，而活性污泥的净增殖量是这两项活动的差值。每天曝气池污泥净增量为

$$\Delta X_{\upsilon} = Y(S_{0} - S_{\varepsilon})Q - K_{d} \cdot V \cdot X_{\upsilon} = Y \cdot QS_{r} - K_{d} \cdot V \cdot X_{\upsilon} \tag{1-3-9}$$

式中 ΔX_{υ} ——每日增长（排放）的挥发性污泥量（VSS），kg/d；

QS_{r} ——每日有机物降解量，kg/d；

$V \cdot X_{\upsilon}$ ——曝气池内混合液中挥发性悬浮固体总量，kg；

Y ——微生物产率系数，即去除单位质量的 BOD 所增殖的微生物量，kg/kg，一

般为0.35～0.8；

K_d——活性污泥微生物自身氧化率，每千克*MLVSS*每日自身氧化的千克数，kg/(kg·d)，一般为0.05～0.1d^{-1}。

将上式各项除以$X_v \cdot V$，则变为

$$\frac{\Delta X_v}{X_v V} = Y \cdot \frac{QS_r}{X_v V} - K_d \tag{1-3-10}$$

即

$$\frac{1}{\theta_c} = Y \cdot L_\gamma - K_d$$

式中 L_γ——BOD污泥去除负荷。

3.2.4 影响活性污泥性能的环境因素

（1）溶解氧

生化处理的基本要素为营养物、活性微生物、溶解氧。所以要使生化处理正常运行，供氧是重要因素。一般来说，溶解氧浓度以不低于2mg/L为宜（2～4mg/L）。

（2）水温

维持在15～25℃，低于5℃微生物生长缓慢。

（3）营养

细菌的化学组成式为$C_5H_7O_2N$，霉菌为$C_{10}H_{17}O_6$，原生动物为$C_7H_{14}O_3N$，所以在培养微生物时，可按菌体的主要成分比例供给营养。微生物赖以生活的主要外界营养为碳和氮，此外，还需要微量的钾、镁、铁、维生素等。

碳源——异养菌利用有机碳源，自养菌利用无机碳源。

氮源——无机氮（NH_3及NH_4^+）和有机氮（尿素、氨基酸、蛋白质等）。

一般比例关系：BOD∶N∶P=100∶5∶1；

好氧生物处理：BOD_5=200～1000mg/L。

（4）有毒物质

主要毒物有重金属离子（如锌、铜、镍、铅、铬等）和一些非金属化合物（如酚、醛、氰化物、硫化物等）。

3.2.5 活性污泥法的工艺类型

活性污泥法经过近百年的发展，已成为污水处理中应用最广泛的技术。而技术本身也经历了曝气方式和运行方式的变革。以传统活性污泥法为起点，演变出了渐减曝气、阶段曝气、吸附再生、完全混合、延时曝气和纯氧活性污泥法等众多活性污泥法的变形。

（1）传统活性污泥法

①工艺流程

传统活性污泥法的工艺流程是：经过初次沉淀池去除粗大悬浮物的废水，在曝气池与污泥混合，呈推流方式从池首向池尾流动，活性污泥微生物在此过程中连续完成吸附和代谢过程。曝气池混合液在二沉池去除活性污泥混合固体后，澄清液作为净化液出流。沉淀的污泥一部分以回流的形式返回曝气池，再起到净化作用，一部分作为剩余污泥排出。

②曝气池及曝气设备

曝气池为推流式，有单廊道和多廊道形式，当廊道为单数时，污水进出口分别位于曝气池的两端；当廊道数为双数时，则位于同侧。曝气池的进水和进泥口均采用淹没式，由进水闸板控制，以免形成短流。出水可采用溢流堰或出水孔，通过出水孔的流速要小些，以免破

坏污泥絮状体。廊道长一般在 50～70m，最长可达 100m，有效水深多为 4～6m，宽深比为 1～2，长宽比一般为 5～10。鼓风曝气池中的曝气设备，通常安置在曝气池廊道的一侧。

③活性污泥法系统运行时的控制参数

主要控制参数包括：曝气池内的溶解氧、回流污泥量和剩余污泥排放量。

④传统活性污泥法的特点

优点：工艺相对成熟、积累运行经验多、运行稳定；有机物去除效率高，BOD_5 的去除率通常为 90%～95%；适用于处理进水水质比较稳定而处理程度要求高的大型城市污水处理厂；

缺点：需氧与供氧矛盾大，池首端供氧不足，池末端供氧大于需氧，造成浪费；传统活性污泥法曝气池停留时间较长，曝气池容积大、占地面积大、基建费用高，电耗大；脱氧除磷效率低，通常只有 10%～30%。

（2）阶段曝气法（多点进水法）

针对普通活性污泥法的 BOD 负荷在池首过高的缺点，将废水沿曝气池长分数处注入，即形成阶段曝气法，它与渐减曝气法类似，只是将进水按流程分若干点进入曝气池，使有机物分配较为均匀，解决曝气池进口端供氧不足的现象，使池内需氧与供氧较为平衡。

主要特点为：①有机污染物在池内分配均匀，缩小了供氧与需氧的矛盾；②供气的利用率高，节约能源；③系统耐负荷冲击的能力高于传统活性污泥法；④曝气池内混合液中污泥浓度沿池长逐步降低，流入二沉池的混合液中的污泥浓度较低，可提高二沉池的固液分离效果，对二沉池的工作有利。

（3）吸附再生活性污泥法（接触稳定法）

污水与活性很强（饥饿状态）的活性污泥同步进入吸附池，并充分接触 30～60min，吸附去除水中有机物后，混合液进入二沉池进行泥水分离，澄清水排放，污泥则从沉淀池底部排出，一部分作为剩余污泥排出系统，另一部分回流至再生池，停留 3～6h，进行第二阶段的分解与合成代谢，即活性污泥对所吸附的大量有机底物进行“消化”，活性污泥微生物进入内源呼吸期，活性污泥的活性得到恢复。与传统活性污泥法比较，吸附再生法具有以下特征：

①优点：污水与活性污泥在吸附池内停留时间短，使吸附池的容积减小。再生池接纳的是排除了剩余污泥的污泥，因此，再生池的容积也较小。经过再生的活性污泥处于饥饿状态，因而吸附活性高。吸附和代谢分开进行，对冲击负荷的适应性较强，构筑物体积小于传统的活性污泥法。再生池的污泥微生物处于内源呼吸期，丝状菌不适应这样的环境，所以繁殖受到抑制，因而有利于防止污泥膨胀。

②缺点：处理效果低于传统法，不宜用于处理溶解性有机物含量为主的污水，处理后的出水水质也较传统活性污泥法的差。

（4）完全混合式活性污泥法

完全混合法应用完全混合式曝气池，它与推流式的工况截然不同，有机污染物进入完全混合式曝气池后立即与混合液充分混合，池中的污泥负荷相同，它的运行工况点位于活性污泥的增长曲线的某一点上，完全混合式活性污泥法系统有曝气池与沉淀池合建及分建两种类型，曝气装置可以采用鼓风曝气装置或机械表面曝气装置。本方法的特点如下：

①进入曝气池的污水很快被池内已存在的混合液稀释、均化，因此，该工艺对冲击负荷有较强的适应能力，适用于处理工业废水，特别是高浓度的工业废水。

②污水和活性污泥在曝气池中分布均匀，污泥负荷相同，微生物群体组成和数量一致，即工况相同。因此，有可能通过对污泥负荷的调控，将整个曝气池工况控制在最佳点，使活性污泥的净化功能得到充分发挥，在相同处理效果下，其负荷率低于推流式曝气池。

③池内需氧均匀，动力消耗低于传统的活性污泥法。

④该法比较适合小型的污水处理厂。

⑤该工艺较易产生污泥膨胀，其处理的水质一般不如推流式。

(5) 氧化沟活性污泥法

氧化沟又名氧化渠，因其构筑物呈封闭的环形沟渠而得名。它是活性污泥法的一种变型。因为污水和活性污泥在曝气渠道中不断循环流动，因此有人称其为“循环曝气池”、“无终端曝气池”。氧化沟的水力停留时间长，有机负荷低，其本质上属于延时曝气系统。

氧化沟一般由沟体、曝气设备、进出水装置、导流和混合设备组成，沟体的平面形状一般呈环形，也可以是长方形、L 形、圆形或其他形状，沟端面形状多为矩形和梯形。

氧化沟法由于具有较长的水力停留时间、较低的有机负荷和较长的污泥龄，因此相比传统活性污泥法，可以省略调节池、初沉池、污泥消化池，有的还可以省略二沉池。氧化沟能保证较好的处理效果，这主要是因为巧妙结合了连续环式反应池（CLR）形式和曝气装置特定的定位布置，使氧化沟具有独特水力学特征和工作特性。

(6) SBR 工艺的发展类型及其应用特性

序批式活性污泥法（SBR）是由美国 Irvine 在 20 世纪 70 年代初开发的，80 年代初出现了连续进水的 ICEAS 工艺，随之 Goranzy 教授开发了 CASS 和 CAST 工艺，90 年代比利时的 SEGHERS 公司又开发了 UNITANK 系统，把经典 SBR 的时间推流与连续系统的空间推流结合了起来。我国也于 20 世纪 80 年代中期开始对 SBR 进行研究，目前应用已比较广泛。

SBR 工艺特点是通过在时间上的交替来实现传统活性污泥法的整个运行过程，它在流程上只有一个基本单元，将调节池、曝气池和二沉池的功能集于一池，进行水质水量调节、微生物降解有机物和固液分离等。

经典 SBR 反应器的运行过程为：进水→曝气→沉淀→滗水→待机。由于 SBR 工艺在时间和空间上的特点形成了其运行操作上的灵活性，故相继开发了 ICEAS、CASS、UNITANK 等新型工艺。

3.2.6 活性污泥法系统的运行管理

1. 活性污泥的培养与驯化

(1) 活性污泥的培养

①引生活污水调节 BOD_5 至 200～300mg/L，在曝气池内进行连续曝气，一般在 15～20℃下经一周，出现活性污泥絮体，掌握换水和排放剩余污泥，以补充营养和排除代谢产物。当出现大量絮体时停止曝气，静止沉淀 1～1.5h，排放约占总体积 60%～70%，调节生活污水进水量，继续曝气，当沉降比接近 30%时，说明池中混合液污泥浓度已满足要求。从引水—曝气—污泥成熟—具良好凝聚和沉降性，一般 7～10d 为周期，BOD_5 去除率达 95%左右。

②扩大培养。连续换水—曝气—投入使用，回流 50%，两周成熟，投入正常运行。

(2) 活性污泥的驯化

如果进行工业废水处理，则在培养成熟的活性污泥中逐渐增加工业废水的比例，直到满负荷，活性污泥正常运行为止。

2. 活性污泥运行中常见的问题

（1）污泥膨胀

正常的活性污泥沉降性能好，其 *SVI* 约为 50～150 为正常。当 *SVI*＞200 并继续上升时，称为污泥膨胀。

污泥膨胀通常是污泥中丝状菌过度增长繁殖的结果，丝状菌作为菌胶团的骨架，细菌分泌的外酶通过丝状菌的架桥作用将千万个细菌凝结成菌胶团吸附有机物形成活性污泥的生态系统。但当丝状菌大量生长繁殖，活性菌胶团结构受到破坏，形成大量絮体而漂浮于水面，难于沉降。这种现象称为丝状菌繁殖膨胀。

（2）污泥上浮

①污泥脱氮上浮。污水在二沉池中经过长时间造成缺氧（DO 在 0.5mg/L 以下），则反硝化菌会使硝酸盐转化成氨和氮气，在氨和氮逸出时，污泥吸附氨和氮而上浮使污泥沉降性降低。减少在二沉池中的停留时间，及时排泥，增加回流比，能够解决污泥脱氮上浮问题。

②污泥腐化上浮。在沉淀池内污泥由于缺氧而引起厌氧分解，产生甲烷及二氧化碳气体，污泥吸附气体上浮。加大曝气池供氧量，提高出水溶解氧，减少污泥在二沉池中的停留时间，及时排走剩余污泥，能够解决污泥腐化上浮问题。

3.3 好氧生物膜法

3.3.1 概述

生物膜法是使微生物附着在载体表面上，污水在流经载体表面过程中，污水中的有机污染物作为营养物，为生物膜上的微生物所吸附和转化，污水得到净化，微生物自身也得以繁衍增殖。迄今为止，属于生物膜处理法的工艺有生物滤池（普通生物滤池、高负荷生物滤池、塔式生物滤池）、生物转盘、生物接触氧化设备和生物流化床等。目前，生物膜法已不仅是一种好氧处理技术，还相继出现了厌氧滤池、厌氧生物流化床等，而且在反应器形式、膜的载体结构和材料种类等方面都有较大的发展。

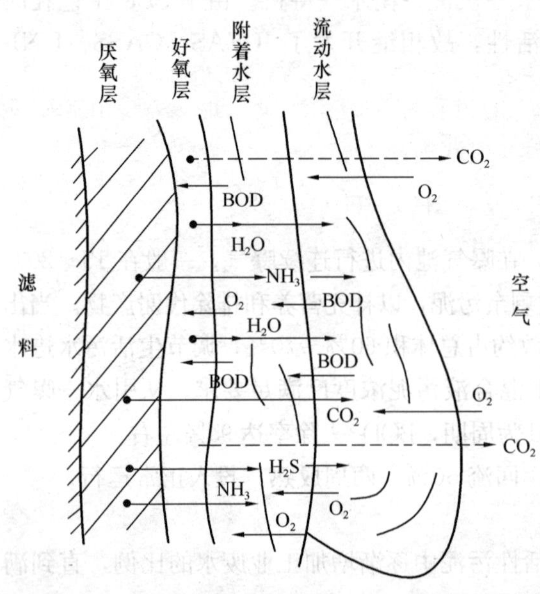

图 1-3-2　附着在生物滤池滤料上的生物膜的构造

3.3.2 生物膜法净化机理

污水的生物膜处理法是与活性污泥法并列的一种污水好氧生物处理技术，其实质是使细菌和真菌一类的微生物和原生动物、后生动物一类的微型动物附着在滤料或某些载体上生长繁育，并在其上形成膜状生物污泥——生物膜。污水与生物膜接触时，其中的有机污染物作为营养物质，为生物膜上的微生物所摄取，污水得到净化，微生物自身也得到繁衍增殖。

在生物膜内、外，生物膜与水层之间进行着多种物质的传递过程（图 1-3-2）。空气中的氧溶解于流动的水层中，从那里通过附着水层传递给生物膜，供微生物用于呼吸；污水中的有机污染物则由流动水层传递给附着水层，然后进入生物膜，并通过细菌的代谢活动而被降解，使污水在其流动过程中逐步得到净化；微生物的代谢产物如 H_2O 等则通过附着水层进入流动水层，并随其排走，而 CO_2 及厌氧层分解产物如 H_2S、NH_3 以及 CH_4 等气态代谢产物则从水层逸出进入气流中。在正常运行情况下，整个反应系统中的生物膜各个部分总是交替脱落的，系统内活性生物膜数量相对稳定，净化效果良好。

由于生物膜法比活性污泥法具有生物密度大、抗负荷冲击能力强、动力消耗低、不需要污泥回流、不存在污泥膨胀、运转管理容易等突出优点，在石油化工、印染、制革、造纸、食品、医药、农药、化纤等工业废水的处理中已得到广泛应用。

3.4　污水中氮、磷的去除

3.4.1　脱氮

污水中的氮主要是以氨氮或有机氮的形式存在的，在生物处理过程中，大部分有机氮转化成氨氮或其他无机氮，因此在二级处理水中，氮则是以氨态氮、亚硝酸氮和硝酸氮形式存在的。二级处理技术中氮的去除率比较低，它仅为微生物的生理功能所用。

脱氮的常用方法包括空气吹脱法、折点加氯法、选择离子交换法和生物脱氮法四种处理技术。前三种主要用于工厂内部废水的处理，对于城市污水处理厂通常采用生物脱氮法。

1. 生物脱氮原理

污水生物脱氮处理过程中氮的转化包括氨化、同化、硝化和反硝化作用，生物脱氮是含氮化合物经过氨化与硝化、反硝化过程后，转变为 N_2 而被去除。

① 氨化反应

有机氮化合物在氨化细菌的作用下，进行脱氨基作用，分解转化为氨态氮。以氨基酸为例，反应式为：

$$RCHNH_2COOH+O_2 \longrightarrow RCOOH+CO_2+NH_3。$$

② 同化反应

生物处理过程中，污水中的一部分氮（氨氮或有机氮）被同化成微生物细胞的组成部分，并以剩余活性污泥的形式得以从污水中去除。一般认为，同化作用去除的氮只占生物脱氮过程中所去除氮的很小一部分。但一些研究表明，同化作用有时是去除氮的主要途径。

③ 硝化反应

在好氧条件下，$NH_4{}^+$ 氧化成 $NO_3{}^-$ 和 $NO_2{}^-$ 的过程称为硝化反应。此反应是由亚硝酸菌和硝酸菌两种化能自养型微生物共同完成，其反应式为：

$$NH_4^+ +2O_2 \xrightarrow{\text{硝化细菌}} NO_3^- +2H^+ +H_2O$$

从上述反应式可知，硝化反应要在有氧条件下进行，理论硝化需氧量为 4.57g O_2/g。

$NH_4{}^+$-N、HNO_3 的产生使环境酸性增强，需投加一定的碱，维持 pH 在 8～9 为宜；由于自养硝化菌在大量有机物存在的条件下，对氧气和营养物的竞争不如好氧异养菌，从而使硝化菌得不到优势，降低硝化速率，一般认为 BOD_5 小于 20mg/L 时，硝化反应才能完成。

④ 反硝化反应

在无分子态氧存在的条件下，反硝化菌将 $NO_3{}^-$ 和 $NO_2{}^-$ 还原为 N_2 或 N_2O 过程，称为反硝化反应。它是由一群异养型微生物完成。其反应式为：

$$6NO_3^- +5CH_3OH \xrightarrow{\text{反硝化细菌}} 5CO_2+3N_2+7H_2O+6OH^-$$

反硝化反应一般以有机物为碳源和电子供体，一般当$BOD_5/TKN>3\sim5$时，可认为碳源充足，否则需投加外加碳源。

影响反硝化反应的因素主要包括以下几个方面：

碳源：一是原废水中的有机物；二是外加碳源，多采用甲醇；

pH值：适宜的pH值是6.5～7.5，pH值高于8或低于6，反硝化速率将大大下降；

溶解氧：反硝化菌适于在缺氧条件下发生反硝化反应，但另一方面，其某些酶系统只有在有氧条件下才能合成，所以反硝化反应宜于在缺氧、好氧交替的条件下进行，溶解氧应控制在0.5mg/L以下；

温度：最适宜温度为20～40℃，低于15℃其反应速率将大为降低。

2. 生物脱氮工艺

根据污水处理系统的类别不同可将生物脱氮系统分为活性污泥脱氮系统和生物膜系统。其分别采用活性污泥法反应器与生物膜反应器作为好氧/缺氧反应器，实现硝化反硝化以达到脱氮目的。下面就目前国内常用的几种生物脱氮工艺分别作以介绍：

(1) 传统的生物脱氮工艺

①A/O工艺

A/O工艺是一种前置反硝化工艺，1973年由Barnard为改进Barth传统三级生物脱氮工艺而提出的，是目前国内外在新厂建设和老厂改造方面普遍采用的城市污水生物脱氮工艺，具有较好的代表性。其工艺特点是将缺氧池置于曝气池前面，并将曝气池的硝化液和二沉池的污泥回流至缺氧池，如图1-3-3所示。

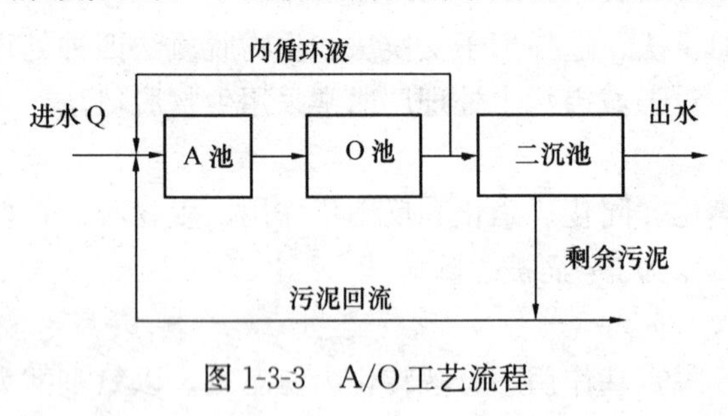

图1-3-3　A/O工艺流程

反硝化段中的反硝化菌在无氧和低氧条件下，直接利用进水中的有机碳源，以回流硝化池中的硝酸盐氮中的氧为电子受体，将NO_3^-还原为N_2。不需外加碳源，并可减轻硝化时的有机物负荷，减少水力停留时间，节省曝气量；反硝化过程中产生的碱度可为硝化段用，节约碱的投加量。同时缺氧池前置，还具有生物选择器的作用，可改善活性污泥的沉降性能，有利于控制污泥膨胀。该工艺不足之处主要是工艺的处理水含有一定浓度的硝态氮，如运行不当，在沉淀池中可能进行反硝化反应，使污泥上浮，影响出水水质。

此外，由混合液回流比r与最大可能脱氮率R的关系式$R=r/(1+r)$可知，在一定程度上增大回流比可以提高脱氮效果，但其缺点是增加了动力消耗，同时，内循环液带入大量溶解氧，使反硝化段难于保持理想的缺氧状态，影响反硝化速率。故我们应从提供缺氧段硝酸盐和反硝化速率两方面综合考虑，根据处理的目标选择合适的回流比。

②SBR工艺

SBR可以通过闲置曝气或半限制曝气等运行方式在时间上实现缺氧/好氧的组合，并对每一部分的时间比例作合适的控制，以达到脱氮的目的。相对于A/O系统，能省去混合液和污泥回流，大大降低了运行费用。

③氧化沟工艺

氧化沟工艺的基本特征是曝气池呈封闭的沟渠型，污水和活性污泥的混合液在其中不停地循环流动，兼有完全混合式和推流式的特点。水力停留时间长达10～40h，泥龄一般大于20d。通过控制适宜的条件，使溶解氧浓度在沟内同时形成好氧区和缺氧区，可以实现良好的脱氮去除率。邯郸市东大型城市污水处理厂采用三沟式氧化沟处理城市污水，在有效去除有机物同时对氨氮的去除率达 95%。有研究表明，通过调节转刷的充氧能力可使氧化沟内形成好氧段和缺氧段，当缺氧段的容积占总容积的 45%～55%时，TN 去除率达 90%。并且 DO、缺氧与好氧的容积比、温度对脱氮效果均有一定影响。

（2）生物脱氮新工艺

生物脱氮技术的发展具体体现在两个方面：一是对传统生物脱氮工艺进行强化技术改进，提高原有有机物和脱氮去除能力。另一方面，开发了一些新型生物脱氮技术，如全程自养脱氮、短程硝化反硝化脱氮工艺、厌氧氨氧化脱氮工艺等，从而为高浓度氨氮废水的高效生物脱氮提供了可能的途径。

①同步硝化反硝化工艺（SND）

同步硝化反硝化生物脱氮是利用硝化菌和反硝化菌在同一反应器中同时实现硝化和反硝化得以脱氮。国内外目前对其机理已初步形成三种解释：a. 宏观解释。由于生物反应器的混合形态不均，如充氧装置的不同，可在生物反应器内形成缺氧/厌氧段，此为生物反应器的大环境，即宏观环境；b. 微环境解释。由于氧扩散的限制，在微生物絮体内产生 DO 梯度，使实现 SND 的缺氧/厌氧环境可在菌胶团内部形成。目前该说法已被广泛认同。c. 生物学解释。近几年好氧反硝化菌和异样硝化菌的发现，使得 SND 更具有实质意义，它能使异养硝化和好氧反硝化同时进行，从而实现低碳源条件下的高效脱氮。

SND 为降低投资成本，简化生物脱氮技术提供了可能，在荷兰、德国已有利用同步硝化反硝化脱氮工艺的污水处理厂在运行，但影响 SND 工艺因素很多，如何确定合理的工艺运行参数仍有待进一步研究。

②全程自养脱氮技术（OLAND）

该技术又称为氧限制自养硝化反硝化技术。A. Hippen 等于 1997 年在德国 Mechernich 地区的垃圾渗滤水处理厂就发现在限制溶解氧下（1.0mg/L 左右）有超过 60%的氨氮在生物转盘反应器中转化成 N_2 而得到去除，整个氨氮去除过程全部由自养菌完成，其能耗仅为常规硝化反硝化脱氮能耗的 1/3。该技术的关键是控制溶解氧，使硝化过程仅进行到 NH_4^+ 氧化为 NO_2^- 阶段，产生的 NO_2^- 反硝化生成 N_2。对处理高氨氮含量和低 C/N 的废水，全程自养脱氮这一新型脱氮技术，较常规硝化反硝化污泥技术可大大降低氧耗，并无需外加有机碳源，因此具有很好的应用前景。

③短程硝化反硝化脱氮技术（SHARON）

早在 1975 年 Voet 就发现在硝化过程中 HNO_2 积累的现象并首次提出了短程硝化反硝化脱氮，随后国内外许多学者对此进行了试验研究，其基本原理是将氨氮氧化控制在亚硝化阶段，然后进行反硝化。与传统硝化反硝化生物脱氮工艺相比，该工艺具有以下优势：a. 可节省 25%的能耗；b. 节省反硝化所需碳源的 40%，在 C/N 比一定的情况下可提高 TN 的去除率；c. 减少污泥生成量可达 50%；d. 减少投碱量；e. 缩短反应时间，相应反应器的容积减少。

实现短程硝化反硝化的关键是寻求抑制硝化细菌而不抑制亚硝化细菌活性的合适条件，以防止生成的亚硝酸盐氧化成硝酸盐。国内外的研究结果表明，通过控制环境的温度、pH、溶解氧、游离氨浓度等因素，实现硝化型硝化是可能的，但是还不成熟，到目前为止，经 NO_2^- 途径实现生物脱氮成功应用的报道还不多见，具有代表性的工艺为 1997 年由荷兰 Delf 科技大学开发的 SHARON 工艺。该工艺采用的是 CSTR 反应器（Complete Stirred

Tank Reactor)，适合于处理高浓度含氮废水（>0.5gN/L)，其成功之处在于利用了硝酸菌在较高温度下（30～40℃）生长速率明显低于亚硝酸菌的特点，通过控制温度和HRT就可以自然淘汰掉硝酸菌，使反应器中的亚硝酸菌占绝对优势，从而使氨氧化控制在亚硝酸盐阶段，并通过间歇曝气便可达到反硝化的目的。利用此专利工艺的两座废水生物脱氮处理厂已在荷兰建成，证明了短程硝化反硝化的可行性。

④厌氧氨氧化技术（ANAMMOX)

厌氧氨氧化是指在厌氧条件下，微生物直接以 NH_4^+ 为电子供体，以 NO_3^- 或 NO_2^- 为受体，将 NO_3^- 或 NO_2^- 转变为 N_2 的生物转化氧化过程。1990年，荷兰 Delf 技术大学 Kluyver 生物技术试验室开发出 ANAMMOX 工艺。Straous 等人实验发现将 ANAMMOX 工艺应用于固定床反应器处理氨氮和 NO_2^- 的浓度在70～840 mg/L的废水，可以达到88%的去除率。与传统生物脱氮工艺相比，这种工艺具有以下优点：a. 氨作为电子供体，免除了外源有机物，节省了运行费用，也防止了二次污染；b. 曝气能耗下降，氧也得到了有效利用；c. 理论上由于部分氨未经硝化而直接参与厌氧氨氧化反应，产酸量下降，产碱量为零。该工艺最适于处理高氨氮、低COD的污水，如污泥消化液或填埋场垃圾渗滤液。

3.4.2 除磷

污水中的磷主要有三个来源：粪便、洗涤剂和某些工业废水。污水中磷的存在形式取决于废水的类型，常见的存在形态一般有磷酸盐（$H_2PO_4^-$、HPO_4^{2-}、PO_4^{3-})、聚磷酸盐和有机磷，并具有以固体形态和溶解形态互相循环转化的性能。污水的除磷技术就是以磷的这种性能为基础而开发的，包括物理、化学和生物方法。生物除磷是利用微生物增殖过程需要吸收磷，并将磷转化为有机体，成为活性污泥的组成部分，随活性污泥一起沉降下来，与污水分离，实现生物除磷目的。通常活性污泥中微生物需磷量小，需要通过厌氧环境选择性培养聚磷菌等高需磷微生物，提高生物除磷效果。

1. 生物除磷原理

生物除磷主要是利用活性污泥的生物超量去除磷的技术，活性污泥中的聚磷菌一类的微生物，能吸收超过其正常生长所需要的磷量，并将磷以聚合的形式贮藏在体内，形成高磷污泥，排出系统。这种技术因具有较高的除磷效果而被广泛应用。

①聚磷菌的过量摄取磷

好氧条件下，聚磷菌利用废水中的 BOD_5 或体内贮存的聚β-羟基丁酸的氧化分解所释放的能量来摄取废水中的磷，一部分磷被用来合成ATP，另外绝大部分的磷则被合成为聚磷酸盐而贮存在细胞体内。

②聚磷菌的磷释放

在厌氧条件下，聚磷菌能分解体内的聚磷酸盐而产生ATP，并利用ATP将废水中的有机物摄入细胞内，以聚β-羟基丁酸等有机颗粒的形式贮存于细胞内，同时还将分解聚磷酸盐所产生的磷酸排出体外。

③富磷污泥的排放

在好氧条件下所摄取的磷比在厌氧条件下所释放的磷多，废水生物除磷工艺是利用聚磷菌的这一过程，将多余剩余污泥排出系统而达到除磷的目的。

2. 生物除磷过程的影响因素

①溶解氧

在聚磷菌释放磷的厌氧反应器内，应保持绝对的厌氧条件，即使是 NO_3^- 等一类的化合态氧也不允许存在；在聚磷菌吸收磷的好氧反应器内，则应保持充足的溶解氧。

②污泥龄

生物除磷主要是通过排除剩余污泥而去除磷的，因此剩余污泥的多少对脱磷效果有很大影响，一般污泥龄短的系统产生的剩余污泥多，可以取得较好的除磷效果；有报道称：污泥龄为30d，除磷率为40%；污泥龄为17d，除磷率为50%；而污泥龄为5d时，除磷率高达87%。

③温度

在5～30℃的范围内，都可以取得较好的除磷效果。

④ pH值

除磷过程的适宜的pH值为6～8。

⑤ BOD_5 负荷

一般认为，较高的BOD负荷可取得较好的除磷效果，进行生物除磷的低限是BOD/TP＝20；有机基质的不同也会对除磷有影响，一般小分子易降解的有机物诱导磷的释放的能力更强；磷的释放越充分，磷的摄取量也越大。

⑥硝酸盐氮和亚硝酸盐氮

硝酸盐的浓度应小于2mg/L；当COD/TKN＞10，硝酸盐对生物除磷的影响就减弱了。

⑦氧化还原电位

好氧区的ORP应维持在＋40～50mV之间；缺氧区的最佳ORP为－160～±5mV之间。

3. 生物除磷工艺

①厌氧-好氧生物除磷工艺（A/O工艺）

A/O工艺由厌氧池和好氧池组成，可同时从污水中去除磷和有机碳。其工艺流程如图1-3-4所示。

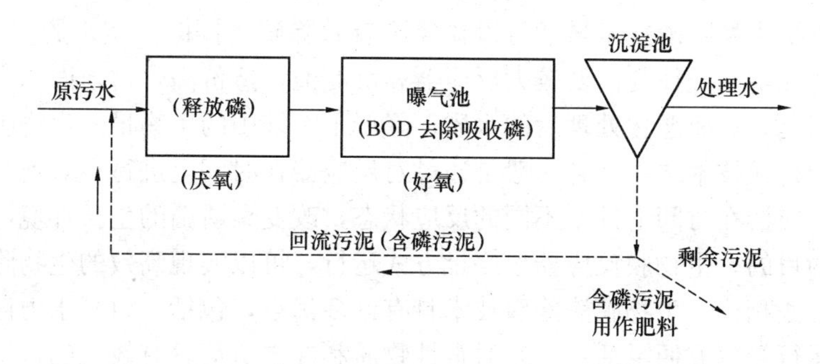

图1-3-4　厌氧-好氧除磷工艺流程

从上图可知，A/O系统由活性污泥反应池和二沉池构成，污水和污泥顺次经厌氧、好氧交替环境，循环流动。不仅有利于抑制丝状菌的生长，防止污泥膨胀，而且厌氧状态有利于聚磷菌的选择性增殖，污泥的含磷量可达到干重的6%。

A/O生物除磷工艺流程简单，不设内循环，也不投药，因此建设费和运行费都较低，厌氧池内能够保持良好的厌氧状态。根据试验及实际运行情况，本工艺存在如下问题：一是因为微生物对磷的吸收有一定限度，故除磷率难以进一步提高（特别是当进水BOD值不高或沸水中含磷量高的情况下）。对于含磷浓度较高的废水，还应以其他更有效的除磷工艺为主。二是在沉淀池易于产生磷的释放现象，应及时排泥和回流。

② Phostrip 侧流除磷工艺

Phostrip 侧流除磷工艺是在常规的活性污泥工艺的基础上，在回流污泥过程中增设厌氧磷释放池和化学反应沉淀池，将来自常规生物处理工艺的一部分回流污泥转移到一个厌氧磷释放池，磷释放池内释放的磷随上层清液流到磷化学反应沉淀池，“富”磷上层清液中的磷在反应沉淀池内被石灰或其他沉淀剂沉淀，然后进入初沉池或一个单独的絮凝/沉淀池进行固液分离，最终磷以化学沉淀物的形式从系统中去除。具体流程如图 1-3-5 所示。

Phostrip 工艺具有以下特点：

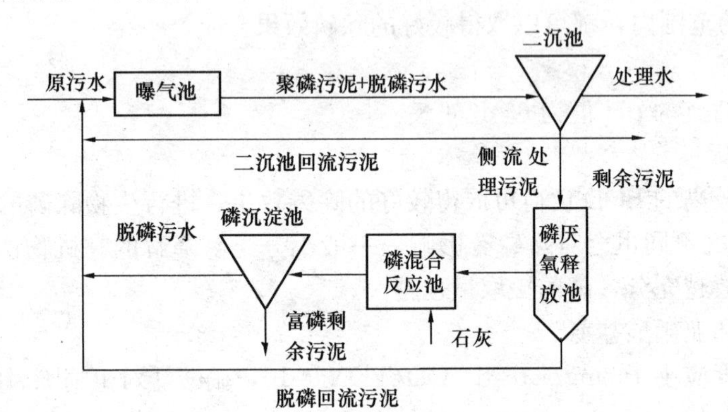

图 1-3-5　Phostrip 侧流除磷工艺流程

a. 该工艺和污泥回流系统的恰当设计，可保证磷出水值在 1mg/L 以下；

b. 化学沉淀所需的石灰用量低，介于 21～31.8mg $Ca(OH)_2/m^3$ 污水之间；

c. 最终排出的污泥中磷含量可高达 2.1%～7.1%，污泥肥效高；

d. 污泥容积指数 *SVI* 值一般低于 100mL/g，污泥不膨胀，易于沉淀浓缩、脱水；

e. 根据 BOD/TP 比值可调节回流污泥与化学混凝污泥量的比例。

以上几种传统生物除磷技术虽然可以在经济有效除磷的同时，实现脱氮和降解有机物。但是，活性污泥除磷系统往往需要较大反应器和沉淀池，造价高，占地面积大；而且，容易发生污泥膨胀问题，从而恶化处理后的水质，降低了系统中的生物量。生物膜法除磷作为活性污泥法除磷的替代技术之一，它一般是通过对反应器在时间上进行有效地交换和控制，从而可以使同一反应器在时间上处于不同的反应状态，改变聚磷菌的生长环境，达到生物除磷甚至同步脱氮的目的。生物膜反应器按序批方式运行，可以实现高效的生物除磷效果。

与活性污泥法相比，生物膜法除磷技术具有许多优点，包括：(1) 水力停留时间短，反应器体积小，运行管理方便灵活；(2) 对毒性物质和冲击负荷具有较强的抵抗性；(3) 提供了在同一反应器中同时固定不同微生物的可能性；(4) 污泥沉降性能好，避免了污泥膨胀问题；(5) 污泥产量低，干污泥中磷的含量较高；(6) 可以有效地防止在沉淀池中磷的二次释放，提高除磷效率等。目前国内外对生物膜法除磷技术的研究尚处在实验阶段，但受到越来越多的关注。

3.4.3　同步脱氮除磷技术

随着对水质处理程度要求的加强，以及工艺在应用过程中遇到的诸多问题，使单纯的脱氮技术或单纯的除磷技术在应用中受到一定的限制。因此，寻找新的工艺方案，改良工艺技术，在一个处理系统中同时去除氮、磷，因而开发出一系列的同步脱氮除磷的处理技术。

1. 厌氧-缺氧-好氧（A^2/O）工艺

（1）A^2/O 工艺过程

A^2/O 工艺是 Anaerobic/Anoxic/Oxic 的简称，是目前较为常见的 A^2/O 同步脱氮除磷工艺。A^2/O 生物脱氮除磷工艺是活性污泥工艺，在进行去除 BOD、COD、SS 的同时可生物脱氮除磷，其工艺流程如图 1-3-6 所示。

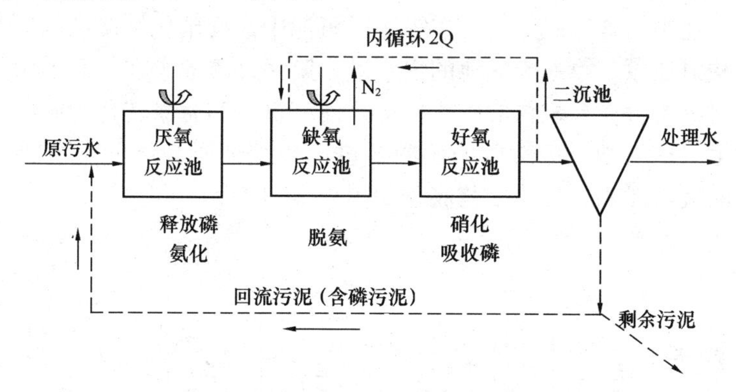

图 1-3-6　A^2/O 同步脱氮除磷工艺流程

在好氧段，硝化细菌将入流污水中的氨氮及由有机氮氨化成的氨氮，通过生物硝化作用，转化成硝酸盐；在缺氧段，反硝化细菌将内回流带入的硝酸盐通过生物反硝化作用，转化成氮气逸入大气中，从而达到脱氮的目的；在厌氧段，聚磷菌释放磷，并吸收低级脂肪酸等易降解的有机物；而在好氧段，聚磷菌超量吸收磷，并通过剩余污泥的排放，将磷去除。以上三类细菌均具有去除 BOD_5 的作用，但 BOD_5 的去除实际上以反硝化细菌为主。

图 1-3-7 为 A^2/O 工艺的特性曲线。原污水及从二沉池回流的部分含磷污泥首先进入厌氧池，其主要功能为释放磷，使污水中磷浓度升高，溶解性有机物被微生物细胞吸收而使污水中 BOD 浓度下降；在缺氧池中，反硝化细菌利用污水中的有机物作碳源，将回流混合液中带入的大量 NO_3^-—N 和 NO_2^-—N 还原为 N_2 释放到空气中，因此 BOD_5 浓度下降，NO_3^-—N 浓度大幅度下降；在好氧池中，有机物被微生物生化降解，浓度继续下降，有机氮被氨化继而被硝化，使 NH_4—N 浓度显著下降，但随着硝化过程使 NO_3^-—N 浓度增加，磷随着聚磷菌的过量摄取，也以较快地速度下降。好氧池完成氨氮的硝化过程，缺氧池则完成脱氮功能，厌氧池和好氧池联合完成除磷功能。

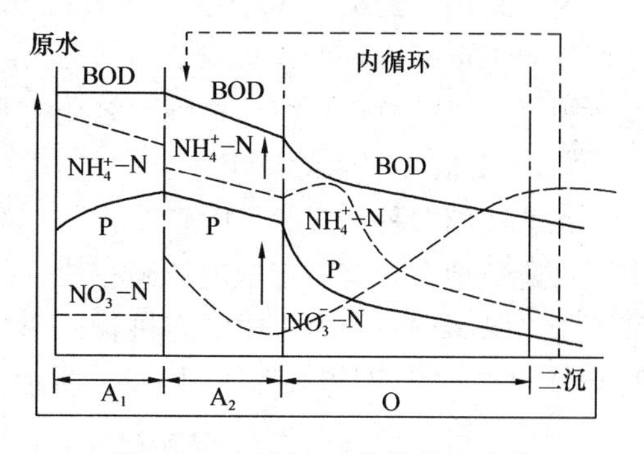

图 1-3-7　A^2/O 工艺的特性曲线

（2）A^2/O 工艺特点

①厌氧、缺氧、好氧三种不同的环境条件和不同种类的微生物菌群的有机配合，能同时具有去除有机物、脱氮除磷功能；

②在同步脱氮除磷去除有机物的工艺中，该工艺流程最为简单，总的水力停留时间也少于同类其他工艺，好氧段为 3.5～6.0h，厌氧段、缺氧段分别为 0.5h 和 1.0h。

③在厌氧-缺氧-好氧交替运行下，丝状菌不会大量繁殖，*SVI* 一般小于 100，不会发生污泥膨胀。

④污泥中含磷量高，一般为 2.5%以上。

⑤不需要外加碳源，厌氧段与缺氧段只需进行缓慢搅拌，运行费用较低。

2. Bardenpho 同步脱氮除磷工艺

Bardenpho 工艺采用两级 A/O 工艺组成，共有 4 个反应池。由于污泥回流的影响，第一个厌氧池和好氧池中均含有硝酸氮。在第一厌氧池中，反硝化细菌利用原水中有机碳将回流混合液中的硝酸氮还原。第一厌氧池的出水进入第一好氧池，在好氧池中发生含碳有机物的氧化降解，同时进行含氮有机物的硝化反应，使有机氮和氨氮转化为硝酸氮。第一好氧池的处理出水进入第二厌氧池，废水中的硝酸氮进一步被还原为氮气，降低了出水中的总氮量，提高了污泥的沉降性能。具体工艺流程如图 1-3-8 所示。

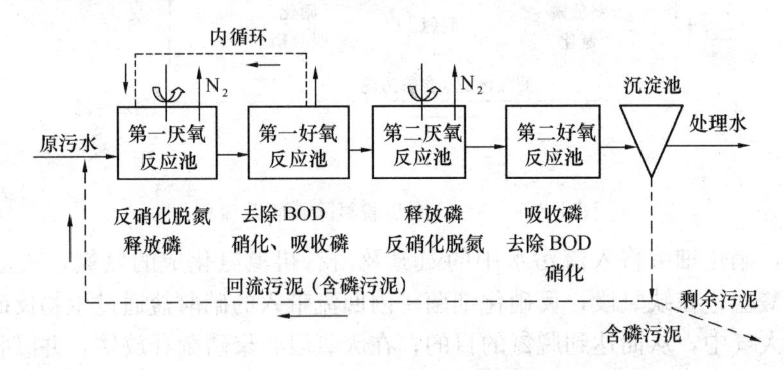

图 1-3-8　Bardenpho 同步脱氮除磷工艺流程

由于采用了两级 A/O 工艺，Bardenpho 工艺的脱氮效率可达 90%～95%。其工艺特点：各项反应都反复进行两次以上，各反应单元都有其首要功能，同时又兼有二、三项辅助功能；脱氮除磷的效果良好。这种工艺在南非、美国及加拿大有着广泛的应用。

3. UCT 同步脱氮除磷工艺

在前述的两种同步脱氮除磷工艺中，都是将回流污泥直接回流到工艺前端的厌氧池，其中不可避免地会含有一定浓度的硝酸盐，因此会在第一级厌氧池中引起反硝化作用，反硝化细菌将与除磷菌争夺废水中的有机物而影响除磷效果，因此提出 UCT（Univercity of Cape Town）工艺，其工艺流程如图 1-3-9 所示。

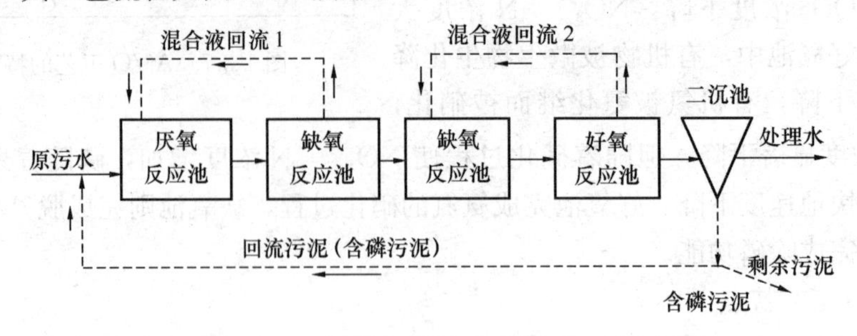

图 1-3-9　UCT 同步脱氮除磷工艺流程

UCT 工艺将二沉池的回流污泥回流到缺氧池，使污泥中的硝酸盐在缺氧池中进行反硝化脱氮，同时，为弥补厌氧池中污泥的流失以及除磷效果的降低，增设从缺氧池到厌氧池的污泥回流，这样厌氧池就可以免受回流污泥中硝酸盐的干扰。UCT 工艺较适用于原污水的 BOD_5/TP 较低的情况。

4. Phoredox 同步脱氮除磷工艺

Phoredox（五段）工艺流程如图 1-3-10 所示。

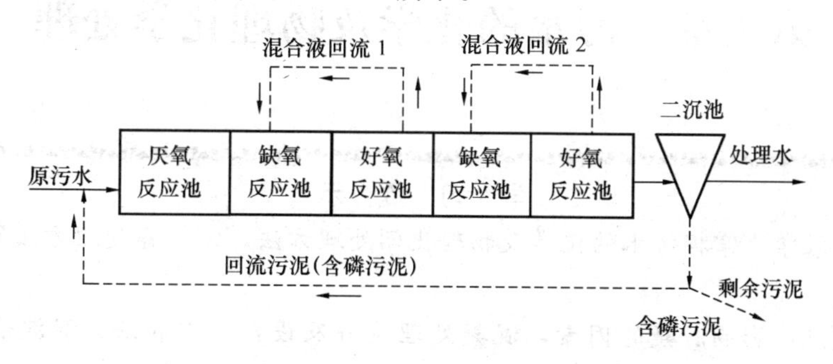

图 1-3-10　Phoredox 同步脱氮除磷工艺流程

该五段系统有厌氧、缺氧、好氧三个池子用于除磷、脱氮和碳氧化，第二个缺氧段主要用于进一步的反硝化。利用好氧段所产生的硝酸盐作为电子受体，有机碳作为电子供体。混合液两次从好氧区回流到缺氧区。该工艺的泥龄长（约 30～40 d），增加了碳氧化的能力。

习题与思考题

1. 活性污泥法的基本概念和基本流程是什么？

2. 好氧生物膜法的基本原理是什么？

3. 简述城镇污水生物脱氮过程的基本步骤。

4. 生物脱氮、除磷的环境条件要求和主要影响因素是什么？说明主要生物脱氮、除磷工艺的特点。

第 4 章　污水的化学及物理化学处理

学　习　提　示

本章要求学生掌握污水的化学及物理化学处理方法，掌握各处理方法的处理原理及优缺点。

学习重点：影响混凝的因素，混凝处理流程及设备，中和法、沉淀法机理及类型，电化学法的原理及设备应用，高级氧化技术，气浮法、吸附法、离子交换法。

学习难点：混凝的原理，Fenton 法原理。

4.1　化学混凝法

化学混凝是向废水中投加一定量的化学药剂，经过脱稳、架桥等反应过程，使水中的污染物凝聚并沉降。混凝的处理对象主要是水中的微小悬浮物和胶体物质。大颗粒的悬浮物受重力作用而下沉，可以用沉淀等方法处理，而对于具有“稳定性”的微小粒径的悬浮物和胶体，则常经混凝法处理后再沉淀去除。

在水污染控制中，脱稳过程称为“凝聚”，而脱稳胶体的黏结称为“絮凝”。也把凝聚和絮凝合称“化学混凝”或“混凝”。

1. 混凝原理

(1) 胶体的稳定性及双电层结构

胶体颗粒具有稳定性的主要原因，有以下三个方面。

①胶体颗粒间的静电斥力

胶体具有双电层结构，其结构如图 1-4-1 所示。胶体中心是胶核，在其表面有一层电位离子，它决定了胶粒的电荷多少和符号，构成了双电层的内层。由于静电引力，在电位离子的周围又吸引了众多的异号离子，形成了反离子层，构成了双电层的外层。其中紧靠电位离子的反离子层被牢固地吸引，随胶核一起运动，称之为吸附层，它和点位离子层组成胶团的固定层。固定层以外的反离子由于热运动和液体溶剂化作用而向外扩散，其受电位离子的引力较弱，不随胶粒一起运动，形成扩散层。固定层与扩散层之间的交界面称为滑动面，滑动面以内的部分称为胶粒，它是带胶粒与扩散层一起构成了电中性的胶团。

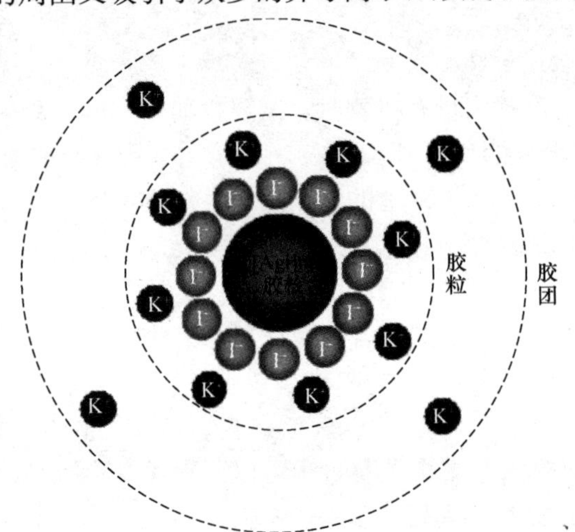

图 1-4-1　胶体结构及其双电层

当胶粒运动时，扩散层中的大部分反离子会脱离胶团，向溶液主体扩散，其结果必然使胶粒表面产生剩余电荷，使胶粒与扩散层之间形成一个电位差，称之为电动电位，用 ε 表示。即滑动面与溶液主体间的电位差，它与粒子电荷和扩散层厚度有关。而胶核表面的电位离子与溶液主体间的电位差则称为总电位，用 φ 表示。在总电位一定时，扩散层厚度越大，ε 电位愈高，斥力越大。

②颗粒表面的溶剂化作用

使胶体微粒不能相互凝结的另一个因素是水化作用。由于胶粒带电，将极性水分子吸引到它的周围，形成一层水化膜，可阻止胶粒间相互接触。水化膜同样是伴随着胶粒带电而产生的，随胶粒体的 ε 电位减弱而减弱。

③微粒的布朗运动

微粒的无规则运动，使其很难在重力作用下下沉。

（2）影响混凝效果的因素

混凝过程的主要作用是将水中呈分散状态的微粒杂质聚集成较粗的絮凝体，从而通过沉淀、过滤等过程将其从水中分离。影响混凝效果的因素较复杂，其中重要的有以下几个方面。

①水温

水温对混凝效果有明显的影响。无机盐类混凝剂的水解是吸热反应，水温低时，水解困难。特别是硫酸铝，当水温低于 5℃时，水解速率非常缓慢。且水量低，黏度大，不利于脱稳胶粒相互絮凝，影响絮凝体的结大，进而影响后续的沉淀处理的效果。

改善的办法是投加高分子助凝剂或是用气浮法代替沉淀法作为后续处理。

② pH 值

水的 pH 值对混凝的影响程度视混凝剂的品种而异。用硫酸铝去除水中浊度时，最佳 pH 值范围在 5～6.5；用于除色时，pH 值在 4.5～5。用三价铁盐时，最佳 pH 值范围在 6.0～8.4，比硫酸铝为宽。如用硫酸亚铁，只有在 pH>8.5 和水中有足够溶解氧时，才能迅速形成 Fe^{3+}，这就使设备和操作较复杂。为此，常采用加氯氧化的方法。

高分子混凝剂尤其是有机高分子混凝剂，混凝的效果受 pH 值的影响较小。从铝盐和铁盐的水解反应式可以看出，水解过程中不断产生 H^+ 必将使水的 pH 值下降。要使 pH 值保持在最佳的范围内，应有碱性物质与其中和。当原水中碱度充分时还不致影响混凝效果；但当原水中碱度不足或混凝剂投量较大时，水的 pH 值将大幅度下降，影响混凝效果。此时，应投加石灰或重碳酸钠等。

③水中杂质的成分性质和浓度

水中杂质的成分、性质和浓度都对混凝效果有明显的影响。例如，天然水中含黏土类杂质为主，需要投加的混凝剂的量较少；而污水中含有大量有机物时，需要投加较多的混凝剂才有混凝效果，其投量可达 $10\sim10^3$mg/L，但影响的因素比较复杂，理论上只限于作些定性推断和估计。在生产和实用上，主要靠混凝试验来选择合适的混凝剂和最佳投量。

在城市污水处理方面，过去很少采用化学混凝的方法。近年来，化学混凝剂的品种和质量都有较大的发展，使化学混凝法处理城市污水（特别在发展中国家）有一定的竞争力。实践表明，对某些浓度不高的城市污水，投加 20～80mg/L 的聚合硫酸铁与 0.3～0.5mg/L 左右的阴离子聚丙烯酰胺，就可去除 COD70％左右，悬浮物和总磷 90％以上。

④水力条件

混凝过程中的水力条件对絮凝体的形成影响极大。整个混凝过程可以分为两个阶段：混合和反应。水力条件的配合对这两个阶段非常重要。

混合阶段的要求是使药剂迅速均匀地扩散到全部水中以创造良好的水解和聚合条件，使胶体脱稳并借颗粒的布朗运动和紊动水流进行凝聚。在此阶段并不要求形成大的絮凝体。混合要求快速和剧烈搅拌，在几秒钟或一分钟内完成。对于高分子混凝剂，由于它们在水中的形态不像无机盐混凝剂那样受时间的影响，混合的作用主要是使药剂在水中均匀分散，混合反应可以在很短的时间内完成，而且不宜进行过分剧烈的搅拌。

反应阶段的要求是使混凝剂的微粒通过絮凝形成大的具有良好沉淀性能的絮凝体。反应阶段的搅拌强度或水流速度应随着絮凝体的结大而逐渐降低，以免结大的絮凝体被打碎。如果在化学混凝以后不经沉淀处理而直接进行接触过滤或是进行气浮处理，反应阶段可以省略。

(3) 混凝处理流程及设备

①混凝沉淀处理流程

混凝处理包括混凝剂的配制与投加、混合、反应及矾花分离几个部分，其流程如图 1-4-2 所示。混凝设备由混凝剂投配设备、混合搅拌设备和反应设备组成。

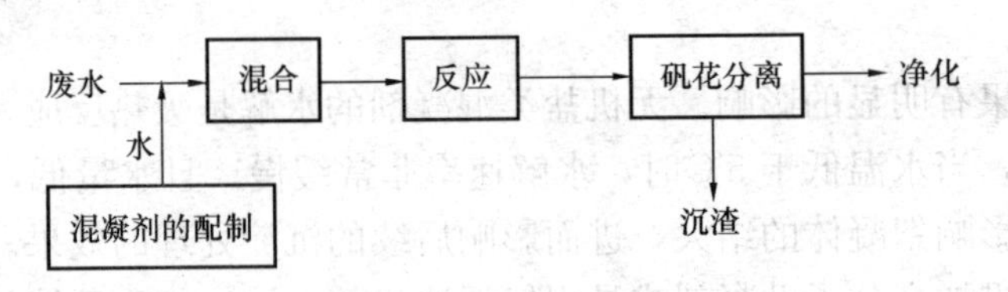

图 1-4-2 混凝沉淀处理流程

a. 混凝剂的配制与投加

混凝剂的投配方法有干投法和湿投法。干投法就是将固体混凝剂（如硫酸铝）破碎成粉末后定量地投入待处理水中。此法对混凝剂的粒度要求较严，投量控制较难，对机械设备的要求较高，劳动条件也较差，目前国内使用较少。湿投法是将混凝剂和助凝剂先溶解配成一定浓度的溶液，然后按处理水量大小定量投加。此法应用较多。

b. 混合

混合的作用是将药剂迅速均匀地扩散到废水中，达到充分混合，以确保混凝剂的水解与聚合，使胶体颗粒脱稳，并相互聚集成细小的矾花，混合阶段需要剧烈短促的搅拌，混合时间要短，在 10～30s 内完成，一般不得超过 2min。

c. 反应

水与药剂混合后即进入反应池进行反应。反应阶段的作用是促使混合阶段所形成的细小矾花，在一定时间内继续形成大的、具有良好沉淀性能的絮凝体（可见的矾花），以使其在后续的沉淀池内下沉。所以反应阶段需要有适当的紊流程度及较长的时间，通常反应时间需 20～30min。

d. 矾花分离

进行混凝处理的废水经过投药混合反应生成絮凝体后，要进入矾花分离设备使生成的絮凝体与水分离，最终达到净化的目的。

②混凝设备

混凝处理的常用设备为混合反应池。混合反应池应具有适当的水力状态，以满足凝聚和絮凝的不同要求。混合时要急剧搅动，在 10～30s 内完成，至多不超过 2min。反应阶段是使凝聚微粒形成絮凝体，随着絮凝体的增大，搅拌强度或水流速度应逐渐降低，以免絮凝体破碎。

混凝设备包括加药、混合和絮凝设备。

a. 加药设备。混凝剂可直接以粉状物投入水流，所用设备称干式加药机。但一般则将混凝剂配成溶液后再投入水流。溶液的流量可以用水头固定的孔口或堰口控制，也可以用定量泵控制，因此加药量比干式加药机容易控制。

b. 混合设备。大多采用机械混合混凝剂和原水。可以在进水泵前将混凝剂或其溶液投入水流，借泵的叶轮进行快速混合。也可设置专用的水池，池中设搅拌器，水流在池中的停留时间约 1min。混合反应设备型式很多，如多孔隔板式混合槽、桨板式机械混合池、平流式与竖流式隔板反应池、旋流反应池、涡流式反应池、机械反应池等（图 1-4-3）。进行废水的混凝处理时，应根据水质、水量等具体情况选用。

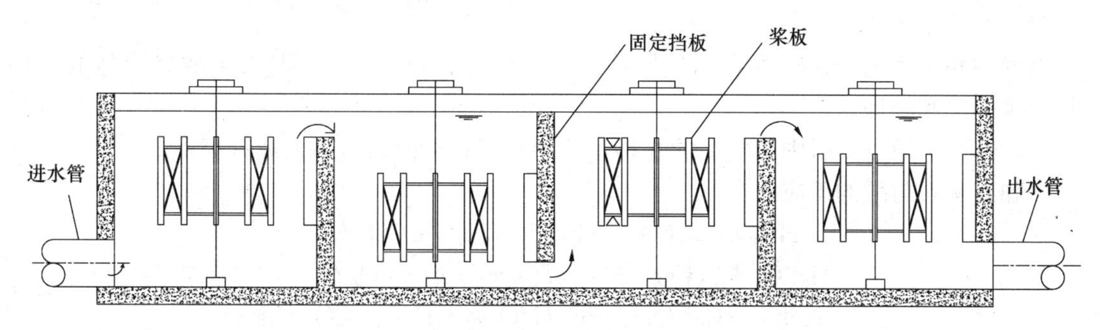

图 1-4-3　垂直轴式机械混合反应池

c. 絮凝池。也称反应池。水流中的颗粒借水流的紊动，在水池中进行絮凝。水流的紊动可以借助于提高水流动能或缓慢的机械搅拌。前者适用于中小型设备，如隔板絮凝池和罐形絮凝池；后者适用于大中型设备。絮凝池中设置隔板，水流在隔板间流行，过水断面较小，流速得以提高。改变板的间距可以使水流的平均流速从 0.4m/s 左右渐下降至 0.2m/s 左右，以适应絮体形成的需要。罐形池可以做成倒锥形，入口设在锥尖，入口流速常采用 0.7m/s；也可以做成圆柱形，入口设在底部，入流管与池壁相切，入口流速常采用 2～3m/s。

4.2　中和法

1. 中和法概述

酸和碱作用生成盐和水的反应称为中和。处理含酸污水时以碱作为中和剂，而处理碱性污水时则以酸作为中和剂，被处理的酸和碱主要是无机酸或无机碱。对于中和处理，首先应当考虑以废治废的原则，例如将酸性污水与碱性污水互相中和，或者利用废碱渣（电石渣、碳酸钙碱渣等）中和酸性污水。在没有这些条件时，才能采用药剂（中和剂）中和处理法。

酸、碱污水中和处理可以连续进行，也可以间歇进行。采用何种方式主要根据被处理的污水流量而定，连续式一般在流量较大时采用。

2. 酸性污水中和法处理

酸性废水的中和法可分为三类：酸性废水与碱性废水混合、投药中和及过滤中和。利用水体的缓冲能力也能够中和酸、碱污水。

（1）酸、碱性废水中和法

这种中和方法是将酸性废水和碱性废水共同引入中和池中，并在池内进行混合搅拌。中和结果，应该使废水呈中性或弱碱性。根据质量守恒原理计算酸、碱废水的混合比例或流量，并且实际需要量略大于计算量。

当酸、碱废水的流量和浓度经常变化，而且波动很大时，应该设调节池加以调节，中和反应则在中和池进行，其容积应按1.5～2.0h的废水量考虑。

（2）投药中和法

酸性废水中和处理采用的中和剂有石灰、石灰石、白云石、氢氧化钠、碳酸钠等。其中碳酸钠因价格较贵，一般较少采用。石灰来源广泛，价格便宜，所以使用较广。用石灰作中和剂能够处理任何浓度的酸性废水。最常采用的是石灰乳法。氢氧化钙对废水杂质具有混聚作用，因此它适用于含杂质多的酸性废水。计算中和药剂的投量时，应增加与重金属化合产生沉淀的药量。

（3）过滤中和法

过滤中和法适用于含硫酸浓度不大于2～3g/L的硫酸污水和可与碱生成易溶盐的各种酸性废水的中和处理。

使酸性废水通过具有中和能力的滤料，例如石灰石、白云石、大理石等，即产生中和反应。例如石灰石与酸的反应：

$$2HCl + CaCO_3 \longrightarrow CaCl_2 + H_2O + CO_2\uparrow$$

$$H_2SO_4 + CaCO_3 \longrightarrow CaSO_4 + H_2O + CO_2\uparrow$$

$$2HNO_3 + CaCO_3 \longrightarrow Ca(NO_3)_2 + H_2O + CO_2\uparrow$$

白云石与硫酸的反应：

$$2H_2SO_4 + CaCO_3 \cdot MgCO_3 \longrightarrow CaSO_4\downarrow + MgSO_4 + 2H_2O + 2CO_2\uparrow$$

采用白云石为中和滤料时，由于$MgSO_4$的溶解度很大，不致造成中和的困难，而产生的石膏量仅为石灰石反应生成物的一半，因此进水的硫酸允许浓度可以提高；不过白云石的缺点是反应速度比石灰石慢。

过滤中和时，废水中不宜有浓度过高的重金属离子或惰性物质，要求重金属离子含量小于50mg/L，以免在滤料表面生成覆盖物，使滤料失效。含HF的废水中和过滤时，因CaF_2溶解度很小，要求HF浓度小于300mg/L。如浓度超过限值，宜采用石灰乳进行中和。

过滤中和法的优点是操作管理简单，出水pH值较稳定，不影响环境卫生，沉渣少，一般少于废水体积的0.1%；缺点是进水酸的浓度受到限制。

3. 碱性污水中和法处理

碱性废水的中和处理法有用酸性废水中和、投酸中和和烟道气中和三种。

在采用投酸中和法时，由于价格上的原因，通常多使用93%～96%的工业浓硫酸。在处理水量较小的情况下，或有方便的废酸可利用时，也有利用盐酸中和法的。在投加酸之前，一般先将酸稀释成10%左右的浓度，然后按设计要求的投量经计量泵计量后加到中和池。

由于酸的稀释过程中大量放热，而且在热的条件下酸的腐蚀性大大增强，所以不能采用将酸直接加到管道中的做法，否则管道很快将被腐蚀。一般应该设计混凝土结构的中和池，并保证一定的容积，通常可按3～5min的停留时间考虑。如果采用其他材料制作中和池或中和槽时，则应该充分考虑到防腐及耐热性能的要求。

烟道气中含有CO_2和SO_2，溶于水中形成H_2CO_3和H_2SO_3，能够用来使碱性废水得到中和。用烟道气中和的方法有两种，一是将碱性废水作为湿式降尘器的喷淋水，另一种是使烟道气通过碱性废水。这种用烟道气中和的方法效果良好，其缺点是会使处理后的废水中悬浮物含量增加，硫化物和色度也都有所增加，需要进行进一步处理。

4. 中和处理装置

根据不同的中和方法，采用不同的处理装置。常用的废水中和处理装置包括中和池、药剂中和处理系统、中和滤池等。

（1）中和池

中和池的作用类似于水质调节池，适用于酸、碱废水相互中和的情况。当水质水量变化较小或后续处理对 pH 值要求不高时，可在集水井（或管道、混合槽）内进行连续中和反应。当水质水量变化不大或后续处理对 pH 值要求高时，可设置连续流中和池。中和时间视水质水量变化情况而定，一般采用 1～2h。当水质水量变化较大、水量较小，连续流无法保证出水 pH 值要求时，可采用间歇式中和池，其有效容积可按废水排放周期的废水量计算。

中和池至少设置两座（格）交替使用，在池内完成混合、反应、沉淀和排泥等程序。

（2）药剂中和处理系统

酸性废水的药剂中和处理通常采用如图 1-4-4 所示流程。

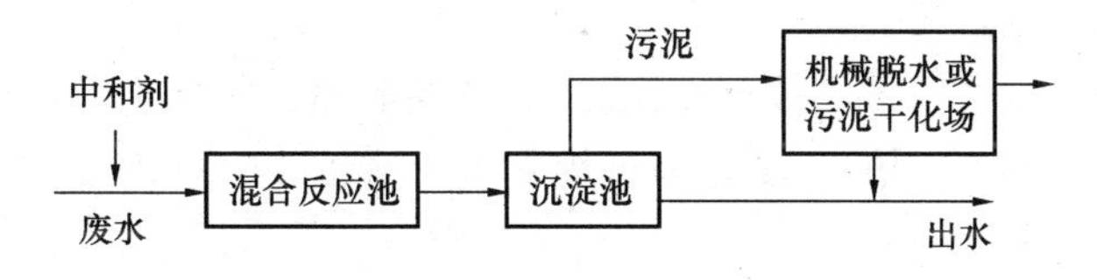

图 1-4-4　药剂中和处理系统流程

（3）中和滤池

中和滤池仅用于酸性废水的中和处理。酸性废水流过碱性滤料时与滤料进行中和反应。碱性滤料主要有石灰石、大理石、白云石等。中和滤池分三类：普通中和滤池、升流式膨胀中和滤池和过滤中和滚筒。

4.3　化学沉淀法

1. 化学沉淀法原理

化学沉淀法就是向被污染的水中投加含某种离子的化学物质，使它与污水中的溶解物质发生互换反应，生成难溶于水的沉淀物，以降低污水中溶解物质的方法。这种处理法常用于含重金属、氰化物等工业生产污水的处理和硬度超标的水的软化。

按无机化学原理进行化学沉淀的必要条件是能生成难溶盐。根据溶度积原理，在一定温度下，对所有难溶盐 M_mN_n（固体）的饱和溶液都存在溶度积常数 K_{sp}，沉淀和溶解的反应如下：

$$M_mN_n \longleftrightarrow mM^{n+} + nN^{m-}$$

$$K_{sp} = [M^{n+}]^m \cdot [N^{m-}]^n$$

若 $[M^{n+}]^m \cdot [N^{m-}]^n \geqslant K_{sp}$，则有沉淀析出，若要去除废水的 M^{n+}，则可投加适量的使 M^{n+} 生成沉淀的 N^{m-}，使 $[M^{n+}]^m \cdot [N^{m-}]^n > K_{sp}$，从而形成沉淀，达到去除 M^{n+} 的目的。在实际应用中，考虑到化学沉淀受诸多因素影响，沉淀剂的实际投加量通常要比理论投加量多，最好做实验确定投加量的适宜值。

2. 化学沉淀法类型

根据使用的沉淀剂，化学沉淀可分为氢氧化物沉淀法、硫化物沉淀法和钡盐沉淀法等。

（1）氢氧化物沉淀法

氢氧化物沉淀法也称中和沉淀法，是从废水中除去重金属的有效而经济的方法。氢氧化物沉淀法分一次通过式反应和晶种循环反应，前者沉淀物不回流，后者可以使部分沉淀物回流作为晶核以促进沉淀物形成并改善沉淀物的处理状况。这种方法所用的沉淀剂有碳酸钙、氧化钙、氢氧化钙，有时也用氢氧化钠。

（2）硫化物沉淀法

金属硫化物的溶度积比金属氢氧化物的溶度积小得多。因此，这种方法能更有效地处理含金属的废水，特别是对于经过氢氧化物沉淀法处理后仍不能达到排放标准的含汞、含镉废水。此法所用的沉淀剂主要是硫化氢和硫化钠等。硫化钠过量，易于产生可溶性金属络离子；pH值太高，可能生成氢氧化物。

硫化物沉淀法去除重金属效率高，沉淀物体积小，而且便于处理和回收金属。但以硫化钠作沉淀剂价格昂贵，采用硫化氢作沉淀剂则容易从废水中逸出，反应剩余的 S^{2-} 需要处理。

（3）钡盐沉淀法

电镀含铬废水常用钡盐沉淀法处理。沉淀剂用碳酸钡、氯化钡等。钡盐沉淀法可以将电镀含铬有毒废水净化到能回用的程度，但沉淀量多且有毒，处理困难。

4.4 电化学法

1. 电化学法的基本原理

电解质溶液在电流的作用下，发生电化学反应的过程称为电解。与电源负极相连的电极从电源接受电子，称为电解槽的阴极，与电源正极相连的电极把电子转给电源，称为电解槽的阳极。在电解过程中，阴极放出电子，使废水中某些阳离子因得到电子而被还原，阴极起还原剂的作用；阳极得到电子，使废水中某些阴离子因失去电子而被氧化，阳极起氧化剂的作用。

废水进行电解反应时，废水中的有毒物质在阳极和阴极分别进行氧化还原反应，产生新物质。这些新物质在电解过程中或沉积于电极表面，或沉淀下来，或生成气体从水中逸出，从而降低了废水中有毒物质的浓度。像这样利用电解的原理来处理废水中有毒物质的方法称为电解法。

2. 电化学法处理功能

电化学法作为一种对各种污水处理适应性强、高效、无二次污染的处理方法，其电解槽中的废水在电流作用下除发生电极的氧化还原外，还有其他反应，电解法处理废水具有多种功能，主要有以下几个方面。

（1）氧化作用

电解过程中的氧化作用可以分为直接氧化和间接氧化，直接氧化即污染物直接在阳极失去电子而发生氧化；间接氧化利用溶液中的电极电势较低的阴离子，例如 OH^-、Cl^- 在阳极失去电子生成新的较强的氧化剂的活性物质［O］、Cl_2 等，利用这些活性物质使污染物失去电子，起氧化分解作用，以降低原液中的 BOD_5、CODcr、NH_3—N 等。

（2）还原作用

电解过程中的还原作用亦可分作两类。一类是直接还原，即污染物直接在阴极上得到电子而发生还原作用。另一类是间接还原，污染物中的阳离子首先在阴极得到电子，使得电解质中高价或低价金属阳离子在阴极上得到电子直接被还原为低价阳离子或金属沉淀。

（3）凝聚作用

可溶性阳极例如铁、铝等阳极，通以直流电后，阳极失去电子后，形成金属阳离子 Fe^{2+}、Al^{3+}，与溶液中的 OH^- 生成金属氢氧化物胶体絮凝剂，吸附能力极强，将废水中的污染物质吸附共沉而去除。

（4）气浮作用

电气浮法是对废水进行电解，当电压达到水的分解电压时，在阴极和阳极上分别析出氢气和氧气。气泡尺寸很小，分散度高，作为载体黏附水中的悬浮固体而上浮，这样很容易将污染物质去除。电气浮既可以去除废水中的疏水性污染物，也可以去除亲水性污染物。

3. 电解设备及应用

电解槽的形式多采用矩形，极板多采用普通钢板制成。极板取适当间距，以保证电能消耗较少而又便于安装、运行和维修。电解槽按极板连接电源方式分单极性和双极性两种。双极性电极电解槽的特点是中间电极靠静电感应产生双极性。这种电解槽较单极性电极电解槽的电极连接简单，运行安全，耗电量显著减少。阳极与整流器阳极相连接，阴极与整流器阴极相连接。通电后，在外电场作用下，阳极失去电子发生氧化反应，阴极获得电子发生还原反应。废水流经电解槽，作为电解液，在阳极和阴极分别发生氧化和还原反应，有害物质被去除。这种直接在电极上的氧化或还原反应称为初级反应。废水电解处理法流程如图 1-4-5 所示。以含氰废水为例，它在阳极表面上的电化学氧化过程为：

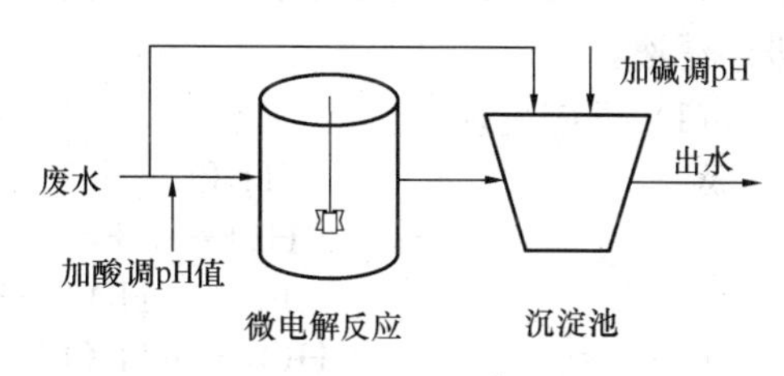

图 1-4-5　废水电解处理法

$$CN^- + 2OH^- - 2e \longrightarrow CNO^- + H_2O$$

$$2CNO^- + 4OH^- - 6e \longrightarrow 2CO_2\uparrow + N_2\uparrow + 2H_2O$$

氰被转化为无毒而稳定的无机物。

电解要求直流电源的整流设备应根据电解所需的总电流和总电压来进行选择，而电源的总电流和总电压的确定与电解槽的极板电路有关。

4.5　高级氧化技术

高级氧化（Advanced Oxidation Processes，简称 AOP）指的是通过产生具有强氧化能力的羟基自由基（HO·）进行氧化反应去除或降解水中污染物的方法。高级氧化法主要用于将大分子难降解有机物氧化降解成低毒或无毒小分子物质的水处理场合，而这些难降解有机物采用常规氧化剂如氧气、臭氧或氯等不能氧化。羟基自由基与其他常见氧化剂氧化能力的比较见表 1-4-1。

表 1-4-1　不同氧化剂氧化还原电位的比较

氧化剂	F_2	HO·	O·	O_3	H_2O_2	HOCl	Cl_2	ClO_2	O_2
E^0（V）	3.06	2.80	2.42	2.07	1.78	1.49	1.36	1.27	1.23

由表 1-4-1 可知，除了氟以外，羟基自由基的氧化能力最强，可诱发一系列反应使溶解性有机物最终矿化。自由基氧化有机物有如下特点：（1）HO·是高级氧化过程的中间产物，作为引发剂诱发后面的链式反应发生，通过链式反应降解污染物；（2）HO·选择性

小，几乎可以氧化废水中所有还原性物质，直接将其氧化为二氧化碳、水或盐，不产生二次污染；（3）反应速度快，氧化速率常数一般在 $10^6 \sim 10^9 m^{-1} \cdot s^{-1}$ 之间；（4）反应条件温和，一般不需要高温、高压、强酸或强碱等条件。

根据产生自由基的方式和反应条件的不同，可将高级氧化技术分为 Fenton 氧化、光化学氧化、臭氧氧化、催化湿式氧化、声化学氧化等。下面介绍几种氧化法。

1. Fenton 氧化法

Fenton 法是在 pH 为 2～5 的条件下利用 Fe^{2+} 催化分解 H_2O_2 产生的 HO· 降解污染物，且生成的 Fe^{3+} 发生混凝沉淀去除有机物，因此 Fenton 试剂在水处理中具有氧化和混凝两种作用，特别适用于生物难降解或一般化学氧化难以奏效的有机废水如垃圾渗滤液的氧化处理。但是由于 H_2O_2 价格昂贵，Fenton 法单独使用成本高，通常是和其他生物、混凝、吸附等处理技术联用，将其作为生化处理的预处理或深度处理，以提高处理效果和降低成本。Fenton 法主要处理对象为酚类化合物、多氯联苯、硝基苯、二硝基氯化苯、印染及垃圾渗滤液。

（1）反应机理

$$H_2O_2 + Fe^{2+} \longrightarrow Fe^{3+} + OH^- + HO\cdot$$
$$HO\cdot + Fe^{2+} \longrightarrow Fe^{3+} + OH^-$$
$$Fe^{3+} + H_2O_2 \longrightarrow Fe^{2+} + HO_2\cdot + H^+$$
$$HO_2\cdot + H_2O_2 \longrightarrow O_2 + H_2O + HO\cdot$$
$$RH + HO\cdot \longrightarrow H_2O + R\cdot$$
$$R\cdot + Fe^{3+} \longrightarrow Fe^{2+} + R^+$$
$$R\cdot + O_2 \longrightarrow ROO + \cdots\cdots \rightarrow CO_2 + H_2O$$

（2）Fenton 法的发展

近年来人们开始考虑使用光辐射（如紫外光和可见光）、电和微波等协同 Fenton 法处理制药废水、垃圾渗滤液等，以提高 Fenton 试剂的氧化活性，减少 Fenton 试剂用量和 Fe^{2+} 污染，这类技术被统称为类 Fenton 法。表 1-4-2 对传统 Fenton 法和类 Fenton 法进行了比较。此外，Fenton 法可与活性炭协同处理垃圾渗滤液，活性炭在 Fenton 反应中同时具有吸附和催化作用。

表 1-4-2　Fenton 法和类 Fenton 法的比较

方法	反应机理	优　点	缺　点
Fenton 法	Fe^{2+} 催化分解 H_2O_2 产生 HO· 降解污染物	反应条件温和、设备投资省、操作方便、成本较低	Fe^{2+} 用量大、H_2O_2 的利用率不高，不能充分矿化有机物
光-Fenton 法	UV 和 Fe^{2+} 对 H_2O_2 催化分解存在协同效应	有机物降解速率快、矿化程度高、Fe^{2+} 用量减少、H_2O_2 的利用率提高	光能利用率低，能耗较大，设备和运行费用高，只适宜于处理中低浓度的废水
电-Fenton 法	利用电化学法产生的 H_2O_2 和 Fe^{2+} 作为 Fenton 试剂	有机物矿化程度高，降解有机物的因素多：HO· 氧化、阳极氧化和电吸附，适于处理高浓度且有毒性的有机物废水	电流效率较低、能耗大、设备和运行费用高
微波-Fenton 法	Fe^{2+} 和微波协同催化分解 H_2O_2	反应速率高、污染物降解程度高，Fenton 试剂用量减少，而且微波辐射可促进溶液中胶体的絮凝	能耗大、运行费用高、出水温度高

Fenton 法的催化剂难以分离和重复使用，反应 pH 低，会生成大量含铁污泥，出水中含有大量 Fe^{2+} 会造成二次污染，增加了后续处理的难度和成本。近年来，国内外学者开始研究将 Fe^{2+} 固定在离子交换膜、离子交换树脂、氧化铝、分子筛、膨润土、黏土等载体上，或以铁的氧化物、复合物代替 Fe^{2+}，以减少 Fe^{2+} 的溶出，提高催化剂的回收利用率，扩宽 pH 的适宜范围。

2. 光催化氧化法

光催化氧化（Photocatalytic Oxidation，简称 PCO）是在有催化剂的条件下的光化学降解，分为均相和非均相两种类型。均相光催化降解是以 Fe^{2+} 或 Fe^{3+} 及 H_2O_2 为介质，通过光助 Fenton 反应产生羟基自由基使污染物得到降解。非均相催化降解是向水中投加一定量的光敏半导体材料，如 TiO_2、WO_3、ZnO、CdS、SnO_2 等，同时结合光辐射，使光敏半导体在光的照射下激发产生电子空穴对，吸附在半导体上的溶解氧、水分子等与电子空穴作用，产生氧化能力极强的自由基，达到高效氧化水中有机污染物的目的。其中 TiO_2 因其化学稳定性高、催化活性强、廉价无毒、耐光腐蚀而受到广泛的关注。

应用领域：

（1）可去除染料废水、高浓度有机废水中的有机污染物；

（2）可去除饮用水深度处理阶段中难降解的内分泌干扰物、表面活性剂和消毒副产物等微污染物质；

（3）可去除水中的 Cu^{2+}、Pb^{2+} 和 Hg^{2+}，亚硫酸盐、硝酸盐等无机离子；

（4）因具有良好的消毒效果，能抑制和杀灭大肠杆菌、绿脓杆菌、黄色葡萄球菌和癌细胞等病菌。

早期的光催化氧化法是以 TiO_2 粉末作为催化剂，存在催化剂易流失、难回收、费用高等缺点，使该技术的实际应用受到一定限制。TiO_2 的固定化成为光催化研究的重点，学者开始研究以 TiO_2 薄膜或复合催化薄膜取代 TiO_2 粉末。TiO_2/GeO_2 复合溶胶喷涂于铝片上制成复合膜光催化降解经臭氧氧化处理的活性蓝染料废水，均获得较好的降解效果。此外，将光催化技术与膜分离技术耦合的光催化膜反应器可有效截留悬浮态催化剂，为催化剂的分离回收提高了新的思路。

3. 臭氧高级氧化法

臭氧高级氧化技术指通过化学和物理化学的方法使臭氧分解产生羟基自由基，通过羟基自由基将污水中的污染物转化成低毒的易生物降解的中间产物，或将其直接矿化成无机物。

臭氧是一种强氧化剂，与有机物反应时速度快，使用方便，不产生二次污染，用于污水处理可有效地消毒、除色、除臭、去除有机物和降低 COD 等。但单独的臭氧氧化法造价高、处理成本昂贵，且其氧化反应具有选择性，对某些卤代烃及农药等氧化效果比较差。近年来发展了 UV/O_3、H_2O_2/O_3、$UV/H_2O_2/O_3$、$TiO_2/UV/O_3$ 等组合技术，其反应速率和处理效果都优于单独的 O_3 氧化，且能氧化 O_3 单独作用时难以降解的有机物，扩大了该技术处理污染物的范围。

4. 湿式氧化法

湿式氧化法（Wet Air Oxidation，简称 WAO）是在高温（150～350℃）、高压（0.5～20MPa）条件下，在液相中用氧作为氧化剂将其中的有机物氧化为二氧化碳和水的一种处理方法。

湿式氧化法适用于处理 COD 浓度为 20～200g/L 之间的高浓度、难生物降解以及有毒的废水和污泥。国外已成功地将湿式氧化技术应用于城市污泥和丙烯腈、焦化、印染工业废水及含酚、有机磷、有机硫化合物的农药废水的处理。

由于 WAO 法在高温、高压下进行，要求设备材质耐高温高压、耐腐蚀，设备一次性投资大，运行费用高，仅适用于小流量、高浓度废水及污泥处理等特殊场合。

在湿式氧化法中引入催化剂，称之为催化湿式氧化法（Catalytic Wet Air Oxidation，简称 CWAO）。利用催化湿式氧化法可明显降低反应温度和压力，缩短处理时间，降低设备的耐压要求，减缓设备腐蚀，从而减少设备投资和处理费用。应用较多的催化剂为 Cu、Fe、Ni、Co、Mn、V 等过渡金属氧化物及其盐类。

4.6 气浮法

气浮法是固液分离或液液分离的一种技术。利用高度分散的微小气泡作为载体黏附于废水中的悬浮污染物，使其浮力大于重力和阻力，从而使污染物上浮至水面，形成泡沫，然后用刮渣设备自水面刮除泡沫，实现固液或液液分离的过程称为气浮。气浮分离的对象是乳化油及疏水性悬浮物等颗粒性杂质固体，包括相对密度小于 1 的悬浮物、油类和脂肪，并用于污泥的浓缩。

1. 气浮原理

（1）带气絮粒的上浮和气浮表面负荷的关系

黏附气泡的絮粒在水中上浮时，在宏观上将受到重力 G 和浮力 F 等外力的影响。带气絮粒上浮时的速度由牛顿第二定律可导出，上浮速度取决于水和带气絮粒的密度差，带气絮粒的直径（或特征直径）以及水的温度、流态。如果带气絮粒中气泡所占比例越大则带气絮粒的密度就越小；而其特征直径则相应增大，两者的这种变化可使上浮速度大大提高。

然而实际水流中，带气絮粒大小不一，而引起的阻力也不断变化，同时在气浮中外力还发生变化，从而气泡形成体和上浮速度也在不断变化。具体上浮速度可按照实验测定。根据测定的上浮速度值可以确定气浮的表面负荷。而上浮速度的确定需根据出水的要求确定。

（2）水中絮粒向气泡黏附

如前所述，气浮处理法对水中污染物的主要分离对象，大体有两种类型即混凝反应的絮凝体和颗粒单体。气浮过程中气泡对混凝絮体和颗粒单体的结合可以有三种方式，即气泡顶托、气泡裹携和气粒吸附。显然，它们之间的裹携和粘附力的强弱，即气、粒（包括絮废体）结合的牢固程度与否，不仅与颗粒、絮凝体的形状有关，更重要的受水、气、粒三相界面性质的影响。水中活性剂的含量，水中的硬度，悬浮物的浓度，都和气泡的粘浮强度有着密切的联系。气浮运行的好坏和此有根本的关联，在实际应用中则需调整水质。

2. 气浮工艺设备

按产生细微气泡方式的不同，分为分散空气气浮法、溶气泵气浮法、电解凝聚气浮法、生物及化学气浮法等。

（1）分散空气气浮法

分散空气气浮法又可分为转子碎气法（也称为涡凹气浮或旋切气浮，如图 1-4-6 所示）和微孔布气法 2 种。前者依靠高速转子的离心力所造成的负压而将空气吸入，并与提升上来的废水充分混合后，在水的剪切力的作用下，气体破碎成微气泡而扩散于水中；后者则是使空气通过微孔材料或喷头中的小孔被分割成小气泡而分布于水中。

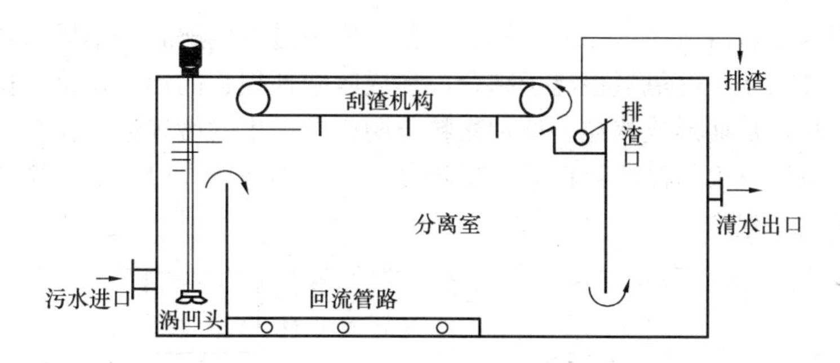

图 1-4-6　涡凹气浮工艺原理

该法设备简单，但产生的气泡较大，且水中易产生大气泡。大气泡在水中具有较快的上升速度。巨大的惯性力不仅不能使气泡很好地黏附于絮凝体上，相反会造成水体的严重紊流而撞碎絮凝体。所以涡凹气浮要严格控制进气量。气泡的产生依赖于叶轮的高速切割，以及在无压体系中的自然释放，气泡直径大、动力消耗高，尤其对于高水温污水的气浮处理，处理效果难如人意。由于产生的气泡大，更适合处理一些稠油废水，由于大气泡在上浮过程易破裂，建议设计时污水在分离室的停留时间不要超过 20min，时间越长气泡破裂得越多，可能导致絮凝体重新沉淀到池底。

分散空气气浮法产生的气泡直径均较大，微孔板也易受堵，但在能源消耗方面较为节约，多用于矿物浮选和含油脂、羊毛等废水的初级处理及含有大量表面活性剂废水的泡沫浮选处理。

(2) 溶气泵气浮法。溶气泵采用涡流泵或气液多相泵，其原理是在泵的入口处空气与水一起进入泵壳内，高速转动的叶轮将吸入的空气多次切割成小气泡，小气泡在泵内的高压环境下迅速溶解于水中，形成溶气水然后进入气浮池完成气浮过程。溶气泵产生的气泡直径一般在 20～40μm，吸入空气最大溶解度达到 100%，溶气水中最大含气量达到 30%，泵的性能在流量变化和气量波动时十分稳定，为泵的调节和气浮工艺的控制提供了极好的操作条件(图 1-4-7)。

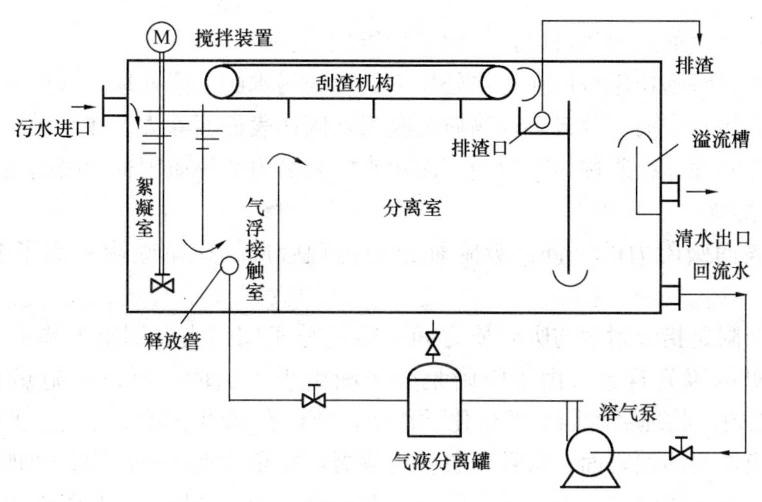

图 1-4-7　溶气泵气浮工作原理

(3) 电解凝聚气浮法，如图 1-4-8 所示。这种方法是将正负相间的多组电极安插在废水中，当通过直流电时，会产生电解、颗粒的极化、电泳、氧化还原以及电解产物间和废水间的相互作用。当采用可溶电极（一般为铝铁）作为阳极进行电解时，阳极的金属将溶解出铝和铁的阳离子，并与水中的氢氧根离子结合，形成吸附性很强的铝、铁氢氧化物以吸附、凝聚水中的杂质颗粒，从而形成絮粒。这种絮粒与阴极上产生的微气泡（氢气）黏附，得以实现气浮分离。但电解凝聚气浮法存在耗电量较多，金属消耗量大以及电极易钝化等问题，因此，较难适用于大型生产。

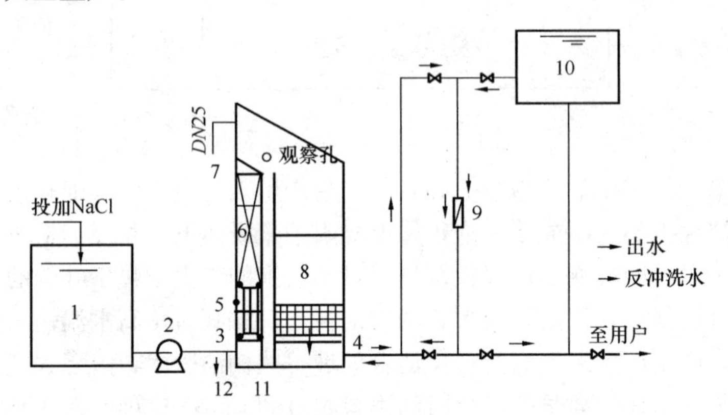

图 1-4-8 涡流电絮凝-气浮-接触过滤一体化净水工艺流程

1—原水箱；2—水泵；3—进水管；4—出水管；5—电凝聚器；
6—涡流反应区；7—排渣管；8—过滤部分；9—流量计；
10—高位水箱；11—雾化曝气管；12—冲洗排水管

（3）生物及化学气浮法。生物气浮法是依靠微生物在新陈代谢过程放出的气体与絮粒粘附后浮在水面的；化学气浮法是在水中投加某种化学药剂，借助于化学反应生成的氧、氯、二氧化碳等气体而促使絮粒上浮的。生物及化学气浮法因受各种条件的限制，因而处理的稳定可靠程度较差，应用也不多。

4.7 吸附法

吸附是一个自发的热力学过程，它利用物质的表面能，使相界面的浓度自动发生变化，是一种传质现象。吸附作用被用在污水处理上，称为污水的吸附处理。这种方法利用多孔性的固体物质，使污水中的一种或多种物质被吸附在固体表面而除去。在水污染控制中，具有吸附能力的多孔性固体物质称为吸附剂，而污水中被吸附的物质则称为吸附质。

1. 吸附的类型

根据固体表面吸附力的不同，吸附可分为物理吸附、化学吸附和离子交换吸附三种类型。

（1）物理吸附是指吸附剂与吸附质之间是通过分子间引力（即范德华力）而产生的吸附，是一种常见的吸附现象。由于吸附是分子间引力引起的，所以吸附热较小，一般在41.84kJ/mol以内。物理吸附因不发生化学作用，所以在低温下就能发生。被吸附的分子由于热运动还会离开吸附剂表面，这种现象称为解吸，它是吸附的逆过程。物理吸附可形成单分子吸附层或多分子吸附层。由于分子间力是普遍存在的，所以一种吸附剂可以有选择地吸附多种吸附质。由于吸附剂和吸附质的极性强弱不同，某一种吸附剂对各种吸附质的吸附量是不同的。

（2）化学吸附是指吸附剂与吸附质之间发生化学作用，生成化学键引起的吸附。化学吸附一般在较高温度下进行，吸附热较大，相当于化学反应热，一般为 30～418.4kJ/mol。一种吸附剂只能对某种或几种吸附质发生化学吸附，因此化学吸附选择性较大。由于化学吸附是靠吸附剂和吸附质之间的化学键力进行的，所以吸附只能形成单分子吸附层。当化学键强时，化学吸附是不可逆的。

（3）交换吸附是通常所指的离子交换吸附。这种吸附实质上是在交换吸附剂的表面发生了离子交换反应。如果吸附质的浓度相同，离子带的电荷越多，吸附就越强，对电荷数相同的离子，水化半径越小，越能紧密地接近于吸附点，越有利于吸附。

物理吸附和化学吸附并不是孤立的，往往相伴发生。在污水处理技术中，大部分的吸附往往是几种吸附综合作用的结果。由于吸附质、吸附剂及其他因素的影响，可能某种吸附是起主导作用的。

2. 吸附剂及其再生

（1）吸附剂

吸附剂是能有效地从液体中吸附其中某些成分的固体物质。吸附剂一般有以下特点：大的比表面、适宜的孔结构及表面结构；对吸附质有强烈的吸附能力；一般不与吸附质和介质发生化学反应；制造方便，容易再生；有良好的机械强度等。常用的吸附剂有：活性炭、天然有机吸附剂、天然无机吸附剂、合成吸附剂。

a. 活性炭

活性炭是从水中除去不溶性漂浮物（有机物、某些无机物）最有效的吸附剂，有颗粒状和粉状两种状态。清除水中泄漏物用的是颗粒状活性炭。被吸附的泄漏物可以通过解吸再生回收使用，解吸后的活性炭可以重复使用。影响吸附效率的关键因素是被吸附物分子的大小和极性。吸附速率随着温度的上升和污染物浓度的下降而降低。所以必须通过实验来确定吸附某一物质所需的炭量。试验应模拟泄漏发生时的条件进行。

b. 天然有机吸附剂

天然有机吸附剂由天然产品，如木纤维、玉米秆、稻草、木屑、树皮、花生皮等纤维素和橡胶组成，可以从水中除去油类和与油相似的有机物。天然有机吸附剂具有价廉、无毒、易得等优点，但再生困难。

c. 天然无机吸附剂

天然无机吸附剂是由天然无机材料制成的，常用的天然无机材料有黏土、珍珠岩、蛭石、膨胀页岩和天然沸石。根据制作材料天然无机吸附剂可分为矿物吸附剂和黏土类吸附剂。

矿物吸附剂可用来吸附各种类型的烃、酸及其衍生物、醇、醛、酮、酯和硝基化合物；黏土类吸附剂能吸附分子或离子，并且能有选择地吸附不同大小的分子或不同极性的离子。天然无机材料制成的吸附剂主要是粒状的，其使用受刮风、降雨、降雪等自然条件的影响。

d. 合成吸附剂

合成吸附剂是专门为纯的有机液体研制的，能有效地清除陆地泄漏物和水体的不溶性漂浮物。对于有极性且在水中能溶解或能与水互溶的物质，不能使用合成吸附剂清除。能再生是合成吸附剂的一大优点。

常用的合成吸附剂有聚氨酯、聚丙烯和有大量网眼的树脂。聚氨酯有外表敞开式多孔状、外表面封闭式多孔状及非多孔状几种形式。所有形式的聚氨酯都能从水溶液中吸附泄漏物，但外表面敞开式多孔状聚氨酯能像海绵一样吸附液体。吸附状况取决于吸附剂气孔结构的敞开度、连通度和被吸附物的黏度、湿润力，但聚氨酯不能用来吸附处理大泄漏或高毒性泄漏物。聚丙烯是线性烃类聚合物，能吸附无机液体或溶液。分子量结晶度较高的聚丙烯具有更好的溶解性和化学阻抗，但其生产难度和成本费用高。不能用来吸附处理大泄漏或高毒性泄漏物。最常用的两种树脂是聚苯乙烯和聚甲基丙烯酸甲酯。这些树脂能与离子类化合物发生反应，不仅具有吸附性，还表现出离子交换。

（2）吸附剂的再生

吸附剂再生是吸附剂本身结构不发生或极少发生变化的情况下，用某种方法将被吸附的物质从吸附剂的细孔中除去，以达到能够重复使用的目的。吸附饱和的吸附剂，经再生后可重复使用。

活性炭达到饱和后，脱除被吸附物，恢复吸附能力，达到重复使用的目的，称为活性炭的再生。再生主要有以下几种方法：

a. 加热再生法：在高温下，吸附质分子提高了振动能，因而易于从吸附剂活性中心点脱离；同时，被吸附的有机物在高温下能氧化分解，或以气态分子逸出，或断裂成短链，因之也降低了吸附能力。

加热再生过程分五步进行：①脱水：使活性炭和输送液分离。②干燥：加温到100～150℃，将细孔中的水分蒸发出来，同时使一部分低沸点的有机物也挥发出来。③碳化：加热到300～700℃，高沸点的有机物由于热分解，一部分成为低沸点物质而挥发，另一部分被碳化留在活性炭细孔中。④活化：加热到700～1000℃，使碳化后留在细孔中的残留碳与活化气体（如蒸气、CO_2、O_2 等）反应，反应产物以气态形式（CO_2、CO）逸出，达到重新造孔的目的。⑤冷却：活化后的活性炭用水急剧冷却，防止氧化。

b. 化学再生法：通过化学反应，可使吸附质转化为易溶于水的物质而解吸下来，还包括使用某种溶剂将被活性炭吸附的物质解吸下来。常用的溶剂有酸、碱、苯、丙酮、甲醇等。化学氧化法也属于一种化学再生法。

c. 生物再生法：利用微生物的作用，将被活性炭吸附的有机物氧化分解，从而可使活性炭得到再生。此法目前尚处于试验阶段。

3. 吸附法的应用

由于吸附法对进水的预处理要求高，吸附剂的价格昂贵，因此在废水处理中，吸附法主要用来去除废水中的微量污染物，达到深度净化的目的。如废水中少量重金属离子的去除、少量有害的难生物降解有机物的去除、脱色、除臭等。另外，还可与其他方法联合使用，如与生化法联合使用，可向曝气池中投加粉状活性炭，利用粉状吸附剂作为微生物生长的载体或作为生物流化床的介质；或在生物处理后进行吸附处理，达到深度处理的目的。也可将吸附法与化学沉淀法联合使用，进一步降低水中金属离子含量。

4.8 离子交换法

1. 离子交换原理

离子交换法是水处理中软化和除盐的主要方法之一。在废水处理过程中，主要是去除废水中的金属离子。离子交换的实质是不溶性离子化合物（离子交换树脂）上的可交换离子与溶液中的其他同性离子的交换反应，是一种特殊的吸附过程，通常是可逆性化学吸附，其反应式为

$$\underset{\text{交换树脂}}{RH} + \underset{\text{交换离子}}{M^+} \Longleftrightarrow \underset{\text{饱和树脂}}{RM + H^+} \quad (4\text{-}16)$$

交换反应平衡时平衡常数 $K=\dfrac{[RM]\cdot[H^+]}{[RH]\cdot[M^+]}$

K 是平衡常数，K 大于 1，表示反应能顺利地向右方进行，K 值越大越有利于交换反应，而越不利于逆反应。K 值的大小能定量地反映在离子交换剂对某两个固定离子交换选择性的大小。K 值越大，表明交换离子越容易取代树脂上的可交换离子，也就表明交换离子与树脂之间的亲和力越大，通俗说就是这种离子的交换势很大；K 值越小，表明其交换势很小。

当含有多种离子的废水同离子交换树脂接触时，交换势大的离子必然最先同树脂上的离子进行交换。试验证明离子交换树脂对交换离子有“选择性”，先交换交换势大的离子，然后交换交换势小的离子。离子的大小有时也影响交换势。

关于不同离子的交换势大小的解释有很多种理论，下面介绍可供参考的一些规律。

离子的交换势，除同它本身和离子交换树脂的化学性质有关外，温度和浓度的影响很大。

在常温和低浓度水溶液中，阳离子的价态越高，它的交换势越大，按交换势排列有：

$$Th^{4+} > Al^{3+} > Ca^{2+} > Na^+$$

在常温和低浓度水溶液中，正价阳离子的交换势大致上是原子序数越高，交换势越大：

$$As^+ > Cs^+ > Rb^+ > K^+ > Na^+ > Li^+$$

但是稀土元素正好相反：

$$Ba^{2+} > Pb^{2+} > Sr^{2+} > Ca^{2+} > Co^{2+} > Cd^{2+} > Ni^{2+} \approx Cu^{2+} > Zn^{2+} > Mg^{2+}$$

H^+ 对阳离子交换树脂的交换势，决定于树脂的性质，对强酸性阳离子交换树脂，H^+ 的交换势介于 Na^+ 和 Li^+ 之间；但对弱酸性阳离子交换树脂 H^+ 具有最强的交换势，居于交换序列的首位。

在常温和低浓度水溶液中，对弱碱性阴离子交换树脂，酸根（阴离子）的交换序列为：$SO_4^{2-} > CrO_4^{2-} >$ 柠檬酸根 $>$ 酒石酸根 $> NO_3^- > AsO_4^{3-} > PO_4^{3-} > MoO_4^{2-} >$ 醋酸根、$I^- > Br^- > Cl^- > F^-$，但弱碱性阴离子交换树脂对 CO_3^{2-} 和 S^{2-} 的交换能力很弱，对硅酸、苯酚、硼酸和氰酸等弱酸不起反应。

对强碱性阴离子交换树脂，离子的交换势随树脂的性质而异，没有一般性的规律。

2. 离子交换剂

离子交换剂分为无机质和有机质两类。无机质主要是沸石，有机质有磺化煤和离子交换树脂。废水处理中使用的主要是离子交换树脂。

（1）离子交换树脂的基本类型

a. 强酸性阳离子树脂

这类树脂含有大量的强酸性基团，如磺酸基—SO_3H，容易在溶液中离解出 H^+，故呈强酸性。树脂离解后，本体所含的负电基团，如 SO_3^-，能吸附结合溶液中的其他阳离子。这两个反应使树脂中的 H^+ 与溶液中的阳离子互相交换。强酸性树脂的离解能力很强，在酸性或碱性溶液中均能离解和产生离子交换作用。

b. 弱酸性阳离子树脂

这类树脂含弱酸性基团，如羧基—COOH，能在水中离解出 H^+ 而呈酸性。树脂离解后余下的负电基团，如 R—COO^-（R 为碳氢基团），能与溶液中的其他阳离子吸附结合，从而产生阳离子交换作用。这种树脂的酸性即离解性较弱，在低 pH 下难以离解和进行离子交换，只能在碱性、中性或微酸性溶液中（如 pH5～14）起作用。

c. 强碱性阴离子树脂

这类树脂含有强碱性基团，如季胺基（亦称四级胺基）—NR_3OH（R 为碳氢基团），能在水中离解出 OH^- 而呈强碱性。这种树脂的正电基团能与溶液中的阴离子吸附结合，从而产生阴离子交换作用。

d. 弱碱性阴离子树脂

这类树脂含有弱碱性基团，如伯胺基（亦称一级胺基）—NH_2、仲胺基（二级胺基）—NHR 或叔胺基（三级胺基）—NR_2，它们在水中能离解出 OH^- 而呈弱碱性。这种树脂的正电基团能与溶液中的阴离子吸附结合，从而产生阴离子交换作用。这种树脂在多数情况下是将溶液中的整个其他酸分子吸附。

e. 离子树脂的转型

在实际使用上，常将这些树脂转变为其他离子形式运行，以适应各种需要。例如常将强酸性阳离子树脂与 NaCl 作用，转变为钠型树脂再使用。工作时钠型树脂放出 Na^+ 与溶液中的 Ca^{2+}、Mg^{2+} 等阳离子交换吸附，除去这些离子。反应时没有放出 H^+，可避免溶液 pH 下降和由此产生的副作用（如蔗糖转化和设备腐蚀等）。这种树脂以钠型运行使用后，可用盐水再生（不用强酸）。

（2）离子交换树脂的物理性质

离子交换树脂的颗粒尺寸和有关的物理性质对它的工作和性能有很大影响。

a. 树脂颗粒尺寸

离子交换树脂通常制成珠状的小颗粒，它的尺寸也很重要。树脂颗粒较细者，反应速度较大，但细颗粒对液体通过的阻力较大，需要较高的工作压力；特别是浓糖液粘度高，这种影响更显著。因此，树脂颗粒的大小应选择适当。如果树脂粒径在 0.2mm（约为 70 目）以下，会明显增大流体通过的阻力，降低流量和生产能力。

b. 树脂的密度

树脂在干燥时的密度称为真密度。湿树脂每单位体积（连颗粒间空隙）的重量称为视密度。树脂的密度与它的交联度和交换基团的性质有关。通常，交联度高的树脂的密度较高，强酸性或强碱性树脂的密度高于弱酸或弱碱性者，而大孔型树脂的密度则较低。

c. 树脂的溶解性

离子交换树脂应为不溶性物质。但树脂在合成过程中夹杂的聚合度较低的物质，及树脂分解生成的物质，会在工作运行时溶解出来。交联度较低和含活性基团多的树脂，溶解倾向较大。

d. 膨胀度

离子交换树脂含有大量亲水基团，与水接触即吸水膨胀。当树脂中的离子变换时，如阳离子树脂由 H^+ 转为 Na^+，阴树脂由 Cl^- 转为 OH^-，都因离子直径增大而发生膨胀，增大树脂的体积。通常，交联度低的树脂的膨胀度较大。在设计离子交换装置时，必须考虑树脂的膨胀度，以适应生产运行时树脂中的离子转换发生的树脂体积变化。

e. 耐用性

树脂颗粒使用时有转移、摩擦、膨胀和收缩等变化，长期使用后会有少量损耗和破碎，故树脂要有较高的机械强度和耐磨性。通常，交联度低的树脂较易碎裂，但树脂的耐用性更主要地决定于交联结构的均匀程度及其强度。

3. 离子交换工艺

离子交换的运行操作包括四个步骤：交换、反冲、再生、清洗。

a. 交换阶段。交换的目的是去除废水中的污染离子。当出水中的离子浓度达到限值时，需进行再生。

b. 反冲阶段。反冲的目的是松动树脂层，以便使注入的再生液能分布均匀，同时及时清除积存在树脂层内的杂质、碎粒和气泡。

c. 再生阶段。再生的推动力是浓差作用，是交换的逆过程，借助具有较高浓度的再生液流过树脂层，将吸附的离子置换出来，恢复树脂的交换能力。对阳离子树脂再生可使用含盐溶液、盐酸等。

d. 清洗阶段。清洗时将树脂层内残留的再生废液清洗掉，直到出水水质符合要求为止。

离子交换树脂的优点主要是处理能力大，脱色范围广，脱色容量高，能除去各种不同的离子，可以反复再生使用，工作寿命长，运行费用较低（虽然一次投入费用较大）。以离子交换树脂为基础的多种新技术，如色谱分离法、离子排斥法、电渗析法等，各具独特的功能，可以进行各种特殊的工作，是其他方法难以做到的。离子交换技术的开发和应用还在迅速发展之中。

习题与思考题

1. 污水处理的物理化学方法有哪些?
2. 试述高级氧化的基本特点、基本过程以及这些基本过程的特点。
3. 臭氧氧化的主要设备及其类型，各适用于什么情况?

第5章　污水的生态处理

学习提示

本章要求学生了解污水生态处理的类型，掌握稳定塘的类型及其工艺流程，人工湿地的作用机理及其分类，土地处理工艺类型及其处理各项污染物的作用，熟悉各个工艺的设计参数。

学习重点：污水生态处理各工艺的类型及流程。

学习难点：污水生态处理工艺的作用机理。

5.1　稳定塘

稳定塘旧称氧化塘或生物塘，是一种利用天然净化能力对污水进行处理的构筑物，其净化过程与自然水体的自净过程相似。通常是将土地进行适当的人工修整，建成池塘，并设置围堤和防渗层，依靠塘内生长的微生物来处理污水。稳定塘的优点是：便于因地制宜，基建投资少；运行维护方便，能耗较低；能够实现污水资源化，对污水进行综合利用，变废为宝。稳定塘的缺点是：占地面积过多；气候对稳定塘的处理效果影响较大；若设计或运行管理不当，则会造成二次污染。

1. 稳定塘类型

稳定塘按照占优势的微生物种属和相应的生化反应，可分为好氧塘、兼性塘、曝气塘和厌氧塘四种类型。

（1）好氧塘

好氧塘是一种主要靠塘内藻类的光合作用供氧的氧化塘。它的水深较浅，一般在0.3～0.5m，阳光能直接射透到池底，藻类生长旺盛，加上塘面风力搅动进行大气复氧，全部塘水都呈好氧状态。

按照有机负荷的高低，好氧塘可分为高速率好氧塘、低速率好氧塘和深度处理塘。高速率好氧塘用于气候温暖、光照充足的地区处理可生化性好的工业废水，可取得BOD去除率高、占地面积少的效果，并副产藻类饲料。低速率好氧塘是通过控制塘深来减小负荷，常用于处理溶解性有机废水和城市二级处理厂出水。深度处理塘（精制塘），主要用于接纳已被处理到二级出水标准的废水，因而其有机负荷很小。

（2）兼性塘

兼性塘是指在上层有氧、下层无氧的条件下净化废水的稳定塘，是最常用的塘型。兼性塘的水深一般在1.5～2m，塘内好氧和厌氧生化反应兼而有之。在上部水层中，白天藻类光合作用旺盛，塘水维持好氧状态，其净化极力和各项运行指标与好氧塘相同；在夜晚，藻类光合作用停止，大气复氧低于塘内耗氧，溶解氧急剧下降至接近于零。在塘底，由可沉固体和藻、菌类残体形成了污泥层，由于缺氧而进行厌氧发酵，称为厌氧层。在好氧层和厌氧层之间，存在着一个兼性层。

兼性塘常被用于处理城市一级沉淀或二级处理出水。在工业废水处理中，常在曝气塘或厌氧塘之后作为二级处理塘使用，有的也作为难生化降解有机废水的贮存塘和间歇排放塘（污水库）使用。由于它在夏季的有机负荷要比冬季所允许的负荷高得多，因而特别适用于处理在夏季进行生产的季节性食品工业废水。

(3) 曝气塘

通过人工曝气设备向塘中废水供氧的稳定塘称为曝气塘。为了强化塘面大气复氧作用，可在氧化塘上设置机械曝气或水力曝气器，使塘水得到不同程度的混合而保持好氧或兼性状态。曝气塘有机负荷和去除率都比较高，占地面积小，但运行费用高，且出水悬浮物浓度较高，使用时可在后面连接兼性塘来改善最终出水水质。

(4) 厌氧塘

厌氧塘是一类在无氧状态下净化废水的稳定塘，其有机负荷高，以厌氧反应为主。厌氧塘的水深一般在2.5m以上，最深可达4～5m。当塘中耗氧超过藻类和大气复氧时，就使全塘处于厌氧分解状态。因而，厌氧塘是一类高有机负荷的以厌氧分解为主的生物塘。其表面积较小而深度较大，水在塘中停留20～50d。它能以高有机负荷处理高浓度废水，污泥量少，但净化速率慢、停留时间长，并产生臭气，出水不能达到排放要求，因而多作为好氧塘的预处理塘使用。

2. 稳定塘系统的工艺流程

稳定塘处理系统由预处理设施、稳定塘和后处理设施等三部分组成。

(1) 稳定塘进水的预处理

为防止稳定塘内污泥淤积，污水进入稳定塘前应先去除水中的悬浮物质。常用设备为格栅、普通沉砂池和沉淀池。若塘前有提升泵站，而泵站的格栅间隙小于20mm时，塘前可不另设格栅。原污水中的悬浮固体浓度小于100mg/L时，可只设沉砂池，以去除砂质颗粒。原污水中的悬浮固体浓度大于100mg/L时，需考虑设置沉淀池。设计方法与传统污水二级处理方法相同。

(2) 稳定塘的常用工艺流程组合

稳定塘的流程组合依当地条件和处理要求不同而异，现介绍几种典型的流程组合，如图1-5-1～图1-5-4所示。

①处理城市废水的传统工艺流程

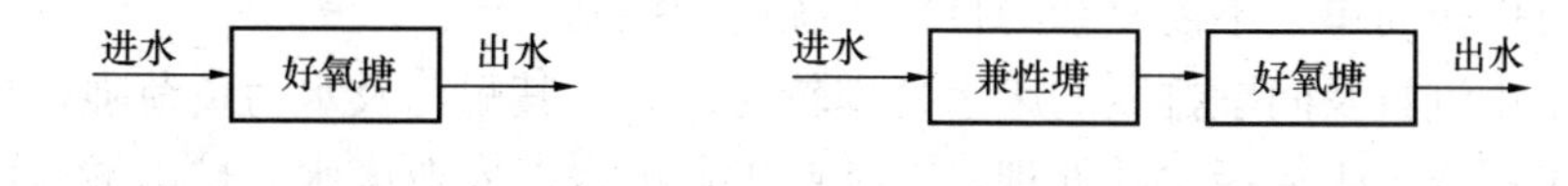

图1-5-1　好氧塘为主处理工艺　　图1-5-2　兼性塘与好氧塘串联处理工艺

②有厌氧塘的工艺流程

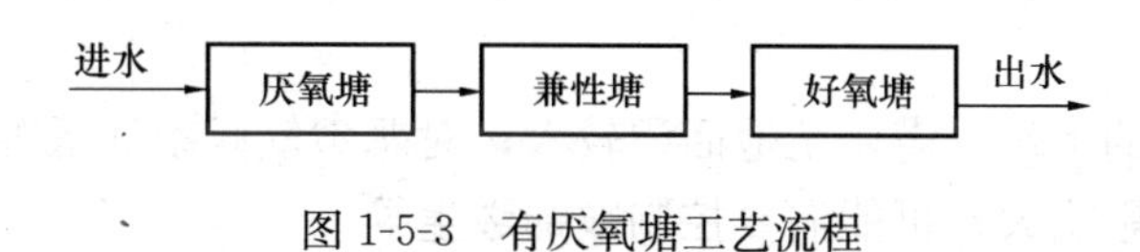

图1-5-3　有厌氧塘工艺流程

③ 有曝气塘的工艺流程

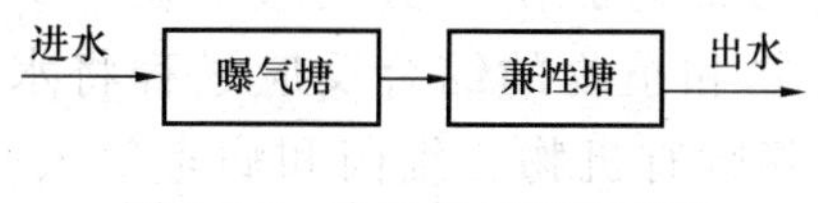

图1-5-4　有曝气塘工艺流程

5.2 人工湿地

1. 概述

湿地（wetland）被称作地球的“肾”，是地球上的重要自然资源。沼泽是陆地上有薄层积水或间隙性积水，生长有沼生、湿生植物的土壤过渡地段，其中有泥炭积累。沼泽称为泥炭沼泽。海涂即沿海滩涂，有时称盐沼。国际上常把沼泽和海涂称为湿地。以上所指都属于天然湿地。

天然湿地具有复杂的功能，可以通过物理的、化学的和生物的反应去除废水中的有机污染物、重金属、氮、磷和细菌等，因而被人们利用来净化废水。但由于天然湿地生态系统极其珍贵，而面对人类所需处理的大量污水，它能承担的负荷能力有极大的局限性，因而不可能大规模地开发利用。然而，湿地系统复杂高效的净化污染物的功能使得科学家没有放弃对其的研究利用，而是在进行大量调查及实验研究的基础上，创造了可以进行控制，能达到净化废水、改善水质目的并适用于各种气候条件的人工湿地系统。天然湿地和人工湿地有明确的界定：天然湿地系统以生态系统的保护为主，以维护生物多样性和野生生物良好生境为主，净化废水是辅助性的；人工湿地系统是通过人为地控制条件，利用湿地复杂特殊的物理、化学和生物综合功能净化废水并以此为主。应该指出，人工湿地系统所需要的土地面积较大，受气候条件影响且要支付一定的基建投资。但是若运行管理得当，它将会带来很高的经济效益、环境效益和社会效益。

2. 人工湿地特点

人工湿地污水处理系统是一个综合的生态系统，具有如下优点：

（1）设计合理，运行管理严格的人工湿地处理废水效果稳定、有效、可靠，出水 BOD_5、SS 等明显优于二级生物处理出水，可与废水三级处理媲美，其脱磷能力很强且寿命很长，同时具有相当的硝化脱氮能力。但若对出水除氮有更高的要求，则尚嫌不足。此外，它对废水中含有的重金属及难降解有机污染物有较高净化能力。

（2）基建投资费用低，一般为二级生物处理的 1/3～1/4，甚至 1/5。

（3）能耗省，运行费用低，为二级生物处理的 1/5～1/6。

（4）运行操作简单，不需复杂的自控系统进行控制。

（5）对于小流量及间歇排放的废水处理较为适宜，其耐污及水力负荷强，抗冲击负荷性能好；且不仅适合于生活污水的处理，对某些工业废水、农业废水、矿山酸性废水及液态污泥也具有较好的净化能力。

（6）既能净化污水，又能美化景观，形成良好生态环境，为野生动植物提供良好的生境。

但其也存在明显的不足：需要土地面积较大；对恶劣气候条件抵御能力弱；净化能力受作物生长成熟程度的影响大；可能需要控制蚊蝇滋生等。

3. 人工湿地系统净化废水的作用机理

人工湿地系统去除水中污染物的作用机理列于表 1-5-1 中。从表 1-5-1 可知，湿地系统通过物理、化学、生物和植物的综合反应过程将水中可沉降固体、胶体物质、BOD_5、N、P、重金属、难降解有机物、细菌和病毒等去除，显示了强大的多功能净化能力。

表 1-5-1　湿地系统去除污染物的机理

反应机理		对污染物的去除与影响
物理方面	沉降	可沉降固体在湿地及预处理的酸化（水解）池中沉降去除；可絮凝固体也能通过絮凝沉降去除；并随之引起 BOD、N、P、重金属、难降解有机物、细菌和病毒等去除
	过滤	通过颗粒间相互引力作用及植物根系的阻截作用使可沉降及可絮凝固体被阻截而去除
	沉淀	磷及重金属通过化学反应形成难溶解化合物或与难溶解化合物一起沉淀去除
化学方面	吸附	磷及重金属被吸附在土壤和植物表面而被去除，某些难降解有机物也能通过吸附去除
	分解	通过紫外辐射、氧化还原等反应过程，使难降解有机物分解或变成稳定性较差的化合物
生物方面	微生物代谢	通过悬浮的、底泥的和寄生于植物上的细菌的代谢作用将凝聚性固体、可溶性固体进行分解；通过生物硝化—反硝化作用去除氮；微生物也将部分重金属氧化并经阻截或结合而被去除
植物方面	植物代谢	通过植物对有机物的吸收而去除，植物根系分泌物对大肠杆菌和病原体有灭活作用
	植物吸收	相当数量的 N、P、重金属及难降解有机物能被植物吸收而去除
其他	自然死亡	细菌和病毒处于不适宜环境中会自然腐败及死亡

4. 人工湿地分类

人工湿地系统分为如下类型：自由水面系统（FWS），又称表面流湿地；潜流系统（SFS），又称潜流湿地。潜流湿地又分为水平流潜流系统（HFS）和垂直流潜流系统（VFS）。

（1）自由水面系统（FWS）。自由水面系统和自然湿地相类似，水面位于湿地基质层以上，其水深一般为 0.3～0.5m，采用最多的水流形式为地表径流，这种类型的人工湿地中，污水从进口以一定深度缓慢流过湿地表面，部分污水蒸发或渗入湿地，出水经溢流堰流出。与垂直流系统相比，其优点是投资少、操作简单、运行费用低，缺点是负荷低。北方地区冬季表面会结冰，夏季会滋生蚊蝇、散发臭味，目前已较少采用。

（2）潜流型人工湿地系统（SFS）。潜流系统中污水在湿地床的表面下流动，利用填料表面生长的生物膜、植物根系及表层土和填料的截留作用净化污水。主要形式为采用各种填料的芦苇床系统。芦苇床由上下两层组成，上层为土壤，下层是由易使水流通过的介质组成的根系层，如粒径较大的砾石、炉渣或砂层等，在上层土壤层中种植芦苇等耐水植物。潜流式湿地能充分利用了湿地的空间，发挥植物、微生物和基质之间的协同作用，因此在相同面积情况下其处理能力得到大幅提高。污水基本上在地面下流动，保温效果好，卫生条件也较好。

根据污水在湿地中流动的方向不同可将潜流型湿地系统分为水平潜流人工湿地、垂直潜流人工湿地和复合流人工湿地 3 种类型。不同类型的湿地对污染物的去除效果不尽相同，各有优势。

①水平潜流湿地系统。其水流从进口起在根系层中沿水平方向缓慢流动，出口处设水位调节装置，以保持污水尽量和根系接触。水平潜流人工湿地因污水从一端水平流过填料床而得名。它由一个或几个填料床组成，床体充填基质。与自由表面流人工湿地相比，水平潜流人工湿地的水力负荷和污染负荷大，对 BOD、COD、SS、重金属等污染指标的去除效果好，且很少有恶臭和滋生蚊蝇现象，是目前国际上较多研究和应用的一种湿地处理系统。它的缺点是控制相对复杂，脱氮、除磷的效果不如垂直流人工湿地。

②垂直潜流湿地系统。其水流方向和根系层呈垂直状态，其出水装置一般设在湿地底

部。和水平流潜流式湿地相比，这种床体形式的主要作用在于提高氧向污水及基质中的转移效率。其表层为渗透性良好的砂层，间歇式进水，提高氧转移效率，以此来提高 BOD 去除和氨氮硝化的效果。在垂直潜流人工湿地中污水从湿地表面纵向流向填料床的底部，床体处于不饱和状态，氧可通过大气扩散和植物传输进入人工湿地系统。该系统的硝化能力高于水平潜流湿地，可用于处理氨氮含量较高的污水。其缺点是对有机物的去除能力不如水平潜流人工湿地系统，落干/淹水时间较长，控制相对复杂。

③复合流潜流式湿地系统：其中的水流既有水平流也有竖向流。在芦苇床基质层中污水同时以水平流和垂直流的流态流出底部的渗水管中。也可以用两级复合流潜流式湿地进行串联的复合流潜流湿地系统，第一级湿地中污水以水平流和下向垂直流的组合流态进入第二级湿地，第二级湿地中，污水以水平流和上向垂直流的组合流态流出湿地。

5.3 土地处理

污水土地处理系统是指在人工调控和系统自我调控的条件下，利用土壤—微生物—植物组成的生态系统对废水中的污染物进行一系列物理的、化学的和生物的净化过程，使废水水质得到净化和改善；并通过系统内营养物质和水分的循环利用，使绿色植物生长繁殖，从而实现废水的资源化、无害化和稳定化的生态系统工程，称为废水土地处理系统。

1. 废水土地处理系统的净化原理

结构良好的表层土壤中存在土壤—水—空气三相体系。在这个体系中，土壤胶体和土壤微生物是土壤能够容纳、缓冲和分解多种污染物的关键因素。废水土地处理系统的净化过程包括物理过滤、物理吸附与沉积、物理化学吸附、化学反应与沉淀、微生物代谢与有机物的生物降解等过程，是一个十分复杂的综合净化过程。

（1）悬浮物的去除

悬浮物（SS）的去除机理为过滤截留、沉淀、生物的吸附及作物的阻截作用。慢速渗滤、快速渗滤和地下渗滤系统中悬浮物的去除以过滤截留作用为主，地表漫流系统中的悬浮物去除则主要靠沉淀、生物的吸附及作物的阻截作用，后者的去除效果较前者稍差。

值得注意的是，悬浮物是导致土地处理系统堵塞的一个重要原因。一般来说，二级处理出水中的悬浮物导致土壤堵塞的可能性更大，而一级处理出水的悬浮物则不易造成明显的堵塞，这是因为一级处理出水悬浮物中可降解成分多，而二级处理出水悬浮物中难降解的惰性成分较多。

（2）BOD 的去除

BOD 进入土地处理系统以后，在土壤表层区域即通过过滤、吸附作用被截留下来，然后通过土壤层中生长着的细菌、真菌、酵母、霉菌、原生动物、后生动物甚至蚯蚓进行生物氧化作用将其最后降解。土壤微生物一般集中在表层 50cm 深度的土壤中，因而大多数 BOD 的去除反应都发生在地表或靠近地表的地方。

通过土壤微生物的驯化，可以较大幅度提高土地处理系统的有机负荷。对于某些处理易生物降解的工业废水的土地处理系统，进水 BOD_5 浓度即使达到 1000mg/L 或者更高的情况下，系统仍能有效地运行。城市污水有机物浓度一般远低于上述值，因此，采用土地处理系统净化城市污水中的有机物是没有问题的。

（3）氮的去除

氮的脱除机理主要包括作物吸收、生物脱氮以及挥发。城市污水中的氮通常以有机氮和氨氮（也可以是铵离子）的形式存在。在土地处理系统中，有机氮首先被截留或沉淀，然后在微生物的作用下转化为NH_4^+—N。由于土壤颗粒带有负电荷，NH_4^+很容易被吸附，土壤微生物通过硝化作用将NH_4^+转化为NO_3^-后，土壤又恢复对铵离子的吸附功能。土壤对负电荷的NO_3^-没有吸附截留能力，因此一部分的NO_3^-随水分下移而淋失，一部分NO_3^-被植物根系吸收而成为植物营养成分，一部分NO_3^-发生硝化反应，最终转化为N_2或者N_2O而挥发掉。

土壤的微生物脱氮是土地处理系统中氮去除的主要机理，而在慢速渗滤和地表漫流系统中，作物吸收也是去除氮的重要方面（可达到施入氮素的10%～50%）。

土壤中的氨挥发是一个物理化学过程，其挥发量和土壤的pH有关。如果土壤pH小于7.5，实际上只有NH_4^+存在；在pH小于8.0时NH_3的挥发并不严重；在pH为9.3时，土壤中NH_3和NH_4^+的物质的量之比是1∶1，通过挥发造成的NH_3—N损失开始变得显著(达到10%左右)；在pH为12时，全部NH_3—N都转化为溶解性氨气，挥发造成的NH_3—N损失非常显著。

（4）磷的去除

废水中的磷可能以聚磷酸盐、正磷酸盐等无机磷和有机磷形态存在。土地处理系统中磷的去除过程包括植物根系吸收、生物作用过程、吸附和沉淀等，其中以土壤吸附和沉淀为主。

（5）金属元素的去除

废水中的金属元素包括Hg、As、Cr、Pb、Cd、Cu、Zn、Ni等。微量金属元素在土壤中的去除是一个复杂的过程，包括吸附、沉淀、离子交换和配合等反应。由于大多数痕量金属的吸附发生在黏土矿物质、金属氧化物以及有机物的表面，所以质地细黏和有机质丰富的土壤对痕量金属的吸附能力比砂质土壤大。

（6）痕量有机物的去除

痕量有机物在土地处理系统中的去除主要是通过挥发、光分解、吸附和生物降解等作用完成的。

典型城市污水中的痕量有机物一般不会对土地处理场地的地下含水层产生不良影响。但是应当指出，如果城市污水中包括了化学工业、制药工业、石化工业等行业的工艺废水，对这种混有工业废水的城市污水采用土地处理时，应重视废水中的有毒化合物。

（7）病原微生物的去除

废水土地处理所关注的病原微生物有细菌、寄生虫和病毒。它们通过过滤、吸附、干化、辐照、生物捕食以及暴露在不利条件下等方式而被去除。由于原生动物和蠕虫的个体尺寸较大，它们主要是被土壤的表面过滤作用除去，细菌主要是通过土壤的吸附和土壤表面的过滤作用被去除，而病毒则几乎全部是通过土壤的吸附作用加以去除。

2. 土地处理系统的工艺类型

根据系统中水流运动的速率和流动轨迹的不同，污水土地处理系统可分为四种类型：慢速渗滤系统、快速渗滤系统、地表漫流系统和地下渗滤系统。

（1）慢速渗滤系统

慢速渗滤系统是将污水投配到天然土壤或种有植物的天然土壤表面，污水垂直入渗地下，因为土壤—植物—微生物系统包含了过滤、吸附和微生物降解等十分复杂的综合过程，使得污水得以净化的土地处理工艺。在慢速渗滤系统中，投配的废水部分被作物吸收，部分渗入地下，部分蒸发散失，流出处理场地的水量一般为零。废水的投配方式可采用畦灌、沟灌及可升降的或可移动的喷灌系统。

慢速渗滤系统适用于处理村镇生活污水和季节性排放的有机工业废水，通过收割系统种植的经济作物，可以取得一定的经济收入；由于投配废水的负荷低，废水通过土壤的渗滤速度慢，水质净化效果非常好。但由于其表面种植作物，所以慢速渗滤系统受季节和植物营养需求的影响很大；另外因为水力负荷小，土地面积需求量大。

(2) 快速渗滤系统

快速渗滤系统是将废水有控制地投配到具有良好渗滤性能的土壤如砂土、砂壤土表面，进行废水净化处理的高效土地处理工艺，其作用机理与间歇运行的“生物砂滤池”相似。投配到系统中的废水快速下渗，部分被蒸发，部分渗入地下。快速渗滤系统通常淹水、干化交替运行，以便使渗滤池处于厌氧和好氧交替运行状态，通过土壤及不同种群微生物对废水中组分的阻截、吸附及生物分解作用等，使废水中的有机物、氮、磷等物质得以去除。其水力负荷和有机负荷较其他类型的土地处理系统高很多。其处理出水可用于回用或回灌以补充地下水；但其对水文地质条件的要求较其他土地处理系统更为严格，场地和土壤条件决定了快速渗滤系统的适用性；而且它对总氮的去除率不高，处理出水中的硝态氮可能导致地下水污染。但其投资省，管理方便，土地面积需求量少，可常年运行。

(3) 地表漫流系统

地表漫流系统是将污水有控制地投配到覆盖牧草、坡度和缓、土地渗透性能低的坡面上，污水以薄层的方式沿坡面缓慢流动，在地表流动过程中得以净化。在处理过程中，只有少部分的水量因蒸发和入渗地下而损失掉，大部分径流水汇入集水沟。

地表漫流系统对废水预处理程度要求低，出水以地表径流收集为主，对地下水的影响最小。处理过程中只有少部分水量因蒸发和入渗地下而损失掉，大部分径流水汇入集水沟。其水力负荷一般为1.5～7.5$m^3/(m^2 \cdot a)$。

地表漫流处理系统适用于处理分散居住地区的生活污水和季节性排放的有机工业废水。它对废水预处理程度要求较低，处理出水可达到二级或高于二级处理的出水水质；投资省，管理简单；地表可种植经济作物，处理出水也可用于回用。但该系统受气候、作物需水量、地表坡度的影响大，气温降至冰点和雨季期间，其应用受到限制；而且通常还需考虑出水在排入水体以前的消毒问题。

(4) 地下渗滤系统

地下渗滤系统是将废水有控制地投配到距地表一定深度、具有一定构造和良好扩散性能的土层中，使废水在土壤的毛细管浸润和渗滤作用下，向周围运动且达到净化废水要求的土地处理工艺系统。

地下渗滤系统属于就地处理的小规模土地处理系统。投配废水缓慢地通过布水管周围的碎石和砂层，在土壤毛细管作用下向附近土层中扩散。在土壤的过滤、吸附、生物氧化等的作用下使污染物得到净化，其过程类似于废水慢速渗滤过程。由于负荷低，停留时间长，水质净化效果非常好，而且稳定。

地下渗滤系统的布水系统埋于地下，不影响地面景观，适用于分散的居住小区、度假村、疗养院、机关和学校等小规模的废水处理，并可与绿化和生态环境的建设相结合；运行管理简单；氮磷去除能力强，处理出水水质好，可用于回用。其缺点是：受场地和土壤条件的影响较大；如果负荷控制不当，土壤会堵塞；进、出水设施埋于地下，工程量较大，投资相对比其他土地处理类型要高一些。

习题与思考题

1. 稳定塘有哪几种类型？各适用于什么场合？
2. 好氧塘中溶解氧和 pH 值为什么会发生变化？
3. 试述好氧塘、兼性塘和厌氧塘净化污水的基本原理及优缺点。
4. 人工湿地去除各种污染物的机理是什么？
5. 人工湿地系统设计的主要参数是什么？选用参数时应考虑哪些问题？

第6章 水处理厂污泥的处理技术

学 习 提 示

本章要求学生了解污泥的种类及性质、污泥处理的新技术，掌握污泥浓缩的处理与处置，熟悉污泥的利用等。

学习重点：污泥浓缩的作用机理。

学习难点：污泥浓缩的作用机理。

6.1 污泥的性质

污泥是污水处理后的产物，是一种由有机残片、细菌菌体、无机颗粒、胶体等组成的极其复杂的非均质体，国外也称为生物固体。污泥一部分是从废水中直接分离出来的，另一部分是在废水处理过程中产生的剩余污泥。根据通报，截至2012年9月底，全国设市城市、县累计建成城镇污水处理厂3272座，处理能力达到1.40亿m^3/d。污泥量通常占污水量的0.3%～0.5%，约占污水处理量的1%～2%，如果属于深度处理，污泥量会增加0.5～1倍。污水处理效率的提高必然导致污泥量的增加。虽然目前我国污水处理量和处理率只有4.5%，但城市污水处理厂排放干污泥约为$3.0\times10^5 t/a$，每年还以大约10%的速度增加。因此，污水处理厂的污泥必须及时处理利用，不但可保证污水处理装置的正常运行，同时也可以消除二次污染、保护环境。

城市污水处理厂在污水处理过程中排出的污染物质主要有：栅渣、沉砂池沉渣、初沉池污泥和二沉池生物污泥等。格栅所排除的栅渣是尺寸较大的杂质，而沉砂池沉渣则以密度较大的无机颗粒为主，所以这两者一般作为垃圾处置，不视作污泥。初沉池污泥和二沉池生物污泥因富含有机物，容易在环境中腐化发臭，必须妥善处置。初沉池污泥还常含有病原体和重金属化合物等有毒有害物质，而二沉池污泥基本上以微生物机体为主，其数量众多，且含水率较高。表征污泥性质的主要参数或项目有：含水率与含固率、湿污泥密度与干污泥密度、挥发性固体、有毒有害物含量、污泥肥分以及脱水性能。

1. 污泥的种类

污泥的种类很多，根据来源分生活污水污泥、工业废水污泥和结水污泥三类。

根据污泥从水中分离过程可分为沉淀污泥（包括初沉污泥、混凝沉淀污泥、化学沉淀污泥等）及生物污泥（包括腐殖污泥、剩余活性污泥）。城市污水处理厂污泥主要是沉淀污泥和生物污泥的混合污泥。

根据污泥的成分和性质可分为有机污泥和无机污泥；亲水性污泥和疏水性污泥。

根据污泥在不同的处理阶段可分为生污泥、浓缩污泥、消化污泥（熟污泥）、脱水污泥、干化污泥、干燥污泥及污泥焚烧灰等。

2. 污泥中的水分及其分离方法

按水分在污泥中存在的形式可分为间隙水、毛细管结合水、表面吸附水和内部水四种（图 1-6-1）。

（1）间隙水

存在污泥颗粒间隙中的水称间隙水，占污泥水分的 70％左右。一般用浓缩法分离。

（2）毛细管结合水

在污泥颗粒间形成一些小的毛细管，这种毛细管有裂纹形和楔形两种。其中充满水分，分别称为裂纹毛细管结合水和楔形毛细管结合水，占污泥水分的 20％左右。可采用高速离心机脱水、负压或正压过滤机脱水。

（3）表面吸附水

吸附在污泥颗粒表面的水称为表面吸附水，占污泥水分的 7％左右。可用加热法脱出。

（4）内部水

存在污泥颗粒内部或微生物细胞内的水称为内部水，占污泥水分的 3％左右。可采用生物法破坏细胞膜除去或高温加热法、冷冻法去除。

污泥中水分与污泥颗粒结合的强度由大到小的顺序大致为：内部水，表面吸附水，楔形毛细管结合水，裂纹毛细管结合水，间隙水。该顺序也是污泥脱水的难易顺序。

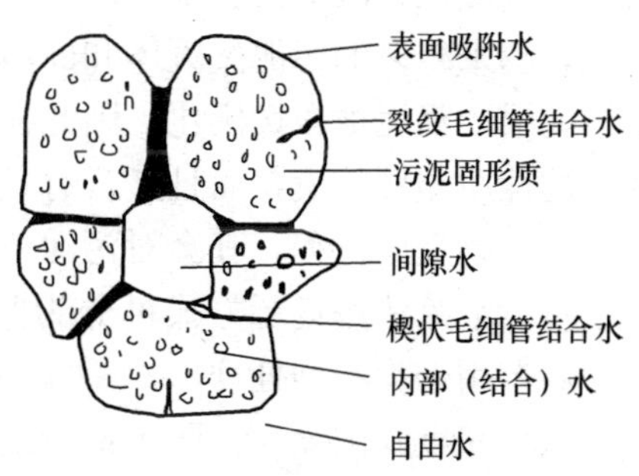

图 1-6-1　污泥水分存在形式

污泥脱水的难易除与水分在污泥中的存在形式有关外，还与污泥颗粒的大小和有机物含量有关。污泥颗粒越细、有机物含量越高，其脱水的难度就越大。为了改善这种污泥脱水性能，常采用污泥消化或化学调理等方法。生产实践表明，污泥脱水用单一方法很难奏效，必须采用几种方法配合使用，才能收到良好的脱水效果。常用的几种脱水方法及效果见表 1-6-1。

表 1-6-1　常用脱水方法及效果

脱水方法		含水率（%）	推动力	能耗（kW・h/m³ 污泥水）	脱水后的污泥状态
浓缩	重力浓缩 气浮浓缩 离心浓缩	95～97	重力 浮力 离心力	0.001～0.01	近似糊状态
机械脱水	真空过滤 压力过滤 液压过滤 离心过滤 水中选粒	60～85 55～70 78～86 80～85 82～86	负压 压力 压力 离心力 化学、机械	1～10	泥饼 泥饼 泥饼 泥饼
干化	冷炼 湿式氧化 热处理 干燥 焚烧	10～40 0～10	热能 热能 热能	1000	颗粒 灰

6.2 污泥的浓缩处理

污泥浓缩是降低污泥含水率、减少污泥体积的有效方法。污泥浓缩主要用于减缩污泥的间隙水或游离水，因间隙水或游离水在污泥水分中所占比例最大，故浓缩是污泥减容的主要方法。经浓缩后的污泥近似糊状，含水率可降低至95%～97%，体积可缩小数倍，但仍能保持良好的流动性。如后续处理是厌氧消化，消化池容积、加热量和搅拌能耗都可大幅度降低。如后续处理是机械脱水，污泥调理剂用量、脱水机设备容量都可大幅度降低。

污泥浓缩通常采用重力浓缩法、气浮浓缩法和离心浓缩法三种。过去国内的污水处理厂采用重力浓缩池的较多，关于重力浓缩池的工艺设计，国内有较成熟的经验。

1. 重力浓缩法

重力浓缩过程实际上是一种污泥悬浮液中的固体在重力作用下沉淀和进一步固化的过程。污泥在进入重力浓缩池后会在浓缩池内形成不同的区域，自上而下会形成上清液区、分离区、过渡区、浓缩区、刮泥区等。由于浓缩区在池的底部，大量的污泥絮凝体和固体物质齐聚，越来越多的污泥絮凝体和固体物质相互挤压，并以机械压力的形式将其重量传递给下层污泥层，污泥被压实固化，因此在污泥区主要表现为一种污泥作用。除此之外，由于各种污泥的性质差别较大，而且又含有较多的有机物，因此重力浓缩的物理过程也可能会伴随着化学和生物反应过程，其会对污泥浓缩效果产生不同的影响。

重力浓缩法按运行方式可分为间歇式浓缩池和连续式浓缩池两类。前者用于小型处理厂，后者用于大中型处理厂。

（1）间歇式浓缩池。图1-6-2是国内一些工厂采用的间歇式浓缩池示意图。污泥是间歇给入，在给入污泥前需先放空上清液。为此，在浓缩池的不同高度设有上清液排故管。

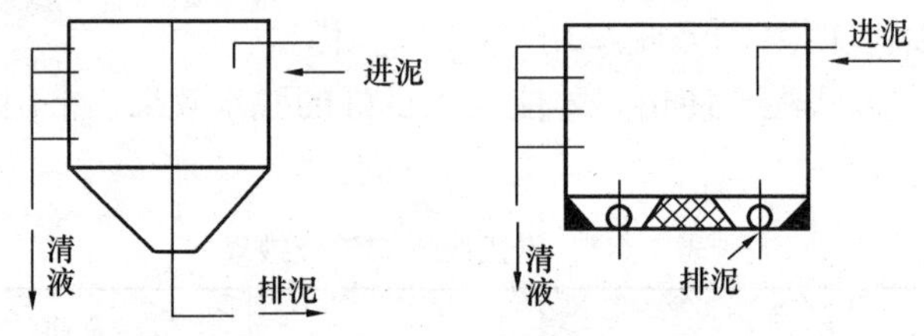

图1-6-2 不带中心筒间歇式浓缩池

（2）连续式浓缩池。连续式浓缩池一般设有中心管，稀污泥浆从中心管给入池内，进行拥挤沉降与浓缩，澄清水由池表面周边溢流堰溢出，浓缩污泥从池底排出。当需要处理大量污泥时，可选用带刮泥机的连续式辐射浓缩池（图1-6-3）。

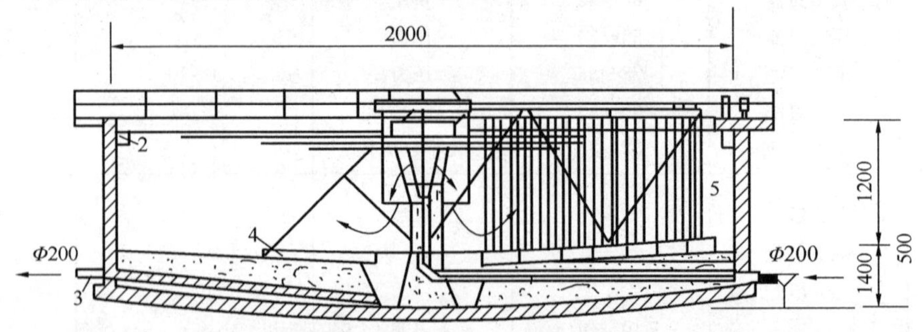

图1-6-3 有刮泥机及搅动栅的连续式重力浓缩池

1—中心进泥管；2—上清液溢流堰；3—底流排除管；4—刮泥机；5—搅动栅

2. 气浮浓缩法

气浮浓缩法是依靠微小气泡与污泥颗粒产生黏附作用，使污泥颗粒的密度小于水而上浮，从而得到浓缩。气浮法对于浓缩密度接近于水的、疏水的污泥尤其适用，对于浓缩时易发生污泥膨胀的、易发酵的剩余活性污泥，其效果尤为显著。

污泥气浮浓缩最常用的是部分澄清水加压溶气气浮法，其浓缩流程如图 1-6-4 所示。

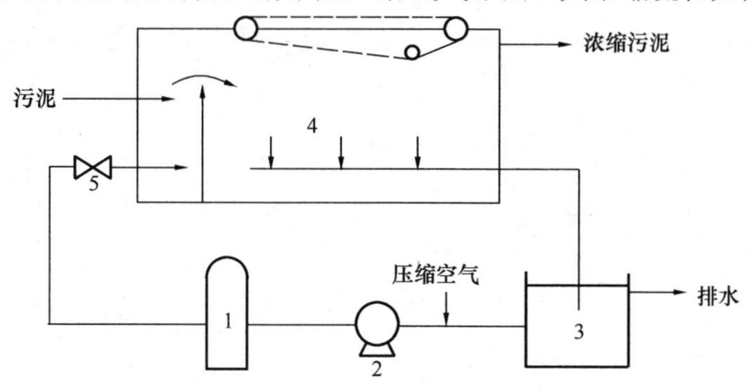

图 1-6-4　污泥气浮浓缩流程

1—溶气罐；2—加压泵；3—处理后水池；4—气浮浓缩池；5—减压阀

3. 离心浓缩法

污泥离心浓缩是利用污泥中固体颗粒和水的密度差异，在高速旋转的离心机中，固体颗粒和水分别受到大小不同的离心力而使其固液分离，达到污泥浓缩的目的。

目前用于污泥浓缩的离心分离设备主要有倒锥分离扳型离心机和螺旋卸料离心机两种。倒锥分离板型离心机（图 1-6-5）是由许多层分离板组成。污泥浆在分离板间进行离心分离，澄清液沿着中心轴向上流动，并从顶部排出。浓缩污泥集中于离心机转筒的底部边缘排放口排出。

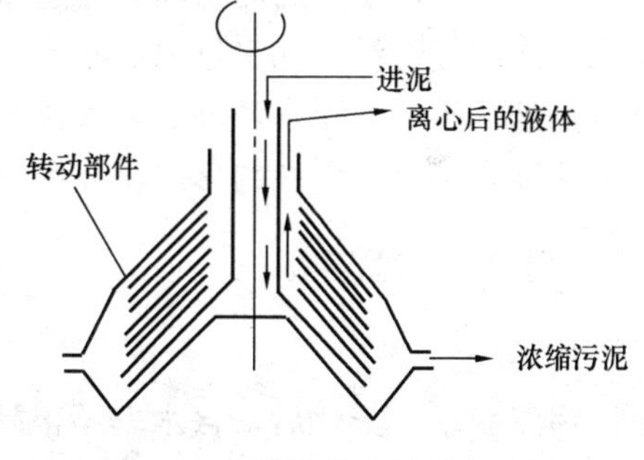

图 1-6-5　倒锥分离板型离心机

螺旋卸料离心机（图 1-6-6）由转筒和同心螺旋轴组成。污泥由中心管进入，经螺旋上喷口进入转筒，在离心力作用下进行固液分离，污泥甩向转筒内壁浓缩，借螺旋与转筒的相对运动，移向渐缩端进一步浓缩脱水从渐缩端排出，而离心澄清液从溢流口排出。

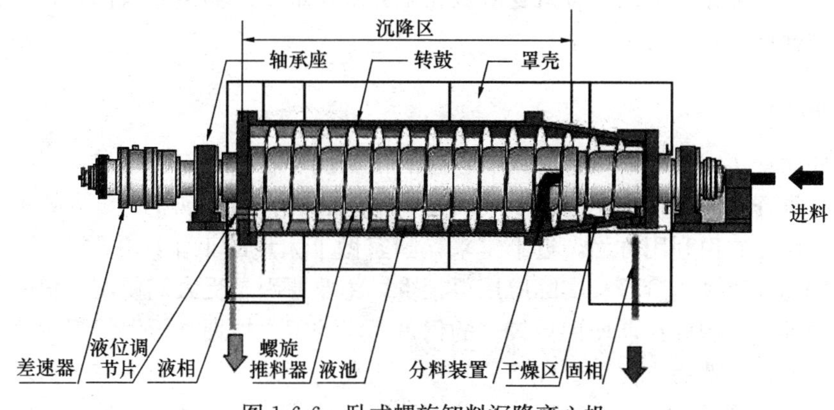

图 1-6-6　卧式螺旋卸料沉降离心机

6.3 污泥脱水

是将流态的原生、浓缩或消化污泥脱除水分，转化为半固态或固态泥块的一种污泥处理方法。经过脱水后，污泥含水率可降低到55%～80%，视污泥和沉渣的性质和脱水设备的效能而定。污泥的进一步脱水则称污泥干化，干化污泥的含水率低于10%。脱水的方法，主要有自然干化法、机械脱水法和造粒法。自然干化法和机械脱水法适用于污水污泥。造粒法适用于混凝沉淀的污泥。

1. 自然干化法

主要构筑物是污泥干化场，一块用土堤围绕和分隔的平地，如果土壤的透水性差，可铺薄层的碎石和砂子，并设排水暗管。依靠下渗和蒸发降低流放到场上的污泥的含水量。下渗过程约经2～3天完成，可使含水率降低到85%左右。此后主要依靠蒸发，数周后可降到75%左右。污泥干化场的脱水效果，受当地降雨量、蒸发量、气温、湿度等的影响。一般适宜于在干燥、少雨、沙质土壤地区采用。

2. 机械脱水法

机械脱水法有过滤和离心法。过滤是将湿污泥用滤层（多孔性材料如滤布、金属丝网）过滤，使水分（滤液）渗过滤层，脱水污泥（滤饼）则被截留在滤层上。离心法是借污泥中固、液比重差所产生的不同离心倾向达到泥水分离。

3. 造粒脱水法

加高分子混凝剂后的污泥，先进入造粒部，在污泥自身重力的作用下，絮凝压缩，分层滚成泥丸，接着泥丸和水进入脱水部，水从环向泄水斜缝中排出。最后进入压密部，泥丸在自重下进一步压缩脱水，形成粒大密实的泥丸，推出筒体。造粒机构造简单，不易磨损，电耗少，维修容易。泥丸的含水率一般在70%左右。

6.4 干燥及焚烧

1. 污泥干燥

污泥脱水、干化后，含水率还很高，体积仍较大，为了便于进一步地利用和处理，可作干燥处理或焚烧。干燥处理后，污泥含水率可降至约20%左右，体积可大大减小，便于运输、利用或最终处理。

2. 污泥焚烧

污泥所含水分被完全蒸发，有机物质被完全分解，最终产物是二氧化碳、水、氮气等气体及焚烧灰的处理技术称为焚烧。

6.5 污泥利用

目前国外对于污泥的最终处置采用得较多的是焚烧、农田利用、建材、卫生填埋等。但由于焚烧具有投资高、运行费用高等不利因素，根据我国目前的现状，该方式无法推行，因此极少采用。而在农田利用方面，近十年来，国家做了大量的工作，并取得了一定的成效，但现阶段基本仍处于试验阶段，实际应用得较少，主要原因是受人们使用习惯的限制，还无法得到广泛的推广。国内目前使用得较多的仍是污泥的卫生填埋。污泥的卫生填埋最大的优点是节省污泥的处置费用，但随着经济的发展，土地的紧缺以及它或多或少对环境造成一些危害，越来越不适应国家的经济发展，因此现阶段，选择一种合适、合理的污泥处置方案显得十分重要。

1. 污泥的农田综合利用

目前国内对污泥的最终处置比较重视的是农田综合利用，也有一些国家将污泥干燥后制成肥料。在我国污泥的农田利用也有 10 多年历史了，其中将污泥直接进行堆肥应用试验的污水处理厂较多，其中山东淄博市污水处理公司试验时间较长，效果较为显著。此外将污泥直接干燥成型或造粒，制成有机颗粒肥、有机复合肥和有机微生物肥料也有所采用。

2. 污泥作为建材

污泥用于制造建筑材料是另一种污泥最终处置方案。它可用于制造灰渣水泥、灰渣混凝土、污泥砖和地转及生化纤维板等。国外有资料表明，污泥焚烧灰投加石灰或石灰石后，可煅烧制成灰渣水泥，其强度符合 ASTM 水泥规范。另外污泥焚烧灰还可以作为混凝土的细骨料，代替部分水泥和细砂。另外，由于污泥中含有丰富的粗蛋白和球蛋白酶，可溶解于水、稀酸、稀碱及中性盐溶液中。将干化后的污泥在碱性条件下加热加压、干燥后发生蛋白质的变性，制成活性污泥树脂，在此基础上加入苛性钠和氢氧化钙，可以形成不溶性易凝剂的蛋白质钙盐，从而增加了活性污泥树脂耐水性、胶着力和脱水性能。将活性污泥树脂与纤维按 2.2∶1 的比例混合，搅拌均匀后经过预压成型、热压等处理形成生化纤维板。生化纤维板的污泥力学性能与我国三级硬质纤维板在抗折强度、吸水率、容重上相当。

6.6　污泥处理新技术

污泥处理新技术在污泥处理的同时可实现资源利用。有文献报道的新兴污泥处理技术逐渐增多。例如：污泥微生物蛋白提取技术，通过热解碱水解作用，使污泥中微生物细胞破壁，释放出蛋白质和水，同时杀死污泥中的病原体；污泥亚临界水解制肥技术，将污泥置于亚临界水环境中，利用亚临界水环境的超溶解、超电离等特性，将污泥中的有机物迅速分解，处理后的污泥可直接作为有机土壤改良剂或制成高级有机肥；污泥热解制油技术，使污泥在缺氧条件下加热裂解成油，得到的生物质油价值高，且固体残渣体积仅为原料污泥的 10%左右；污泥好氧发酵提取合成生物降解塑料原料聚烃基脂肪酸醋（PHAS），通过水解酸化释放剩余污泥中的碳元素，然后筛选活性污泥系统中的功能微生物，将有机物合成为 PHAS；制备沸石技术，利用生活污水处理厂机械脱水污泥作为基本原料，采用碱熔融—水热合成法制备具有优异性能的沸石。

目前污泥处理新技术已有多种研究成果，但真正投入实际生产并取得较好经济、社会、环境效益的并不多。将污泥处理新技术进行成果转化，应用到实际生产中是今后的发展趋势。

习题与思考题

1. 污泥的来源、性质及主要的指标是什么？
2. 污泥的含水率从 97.5%降至 94%，求污泥体积的变化。
3. 污泥的浓缩有哪几种？分别适用何种情况？
4. 污泥调理和脱水的方法有哪些？
5. 污泥的最终处置方法有哪几种？各有什么作用？

第2篇　大气污染控制工程

第1章　大气污染概述

学　习　提　示

本章要求学生了解大气污染物来源及分类，掌握大气污染的类型，熟悉大气环境标准及污染控制措施。

学习重点：大气污染物来源及分类。

学习难点：大气污染控制措施。

1.1　大气的组成及大气污染

1.1.1　大气的组成

1. 大气与空气

按照国际标准化组织（ISO）对大气和空气的定义，大气（atmosphere）是指环绕地球的全部空气的综合；环境空气（ambient air）是指人类、植物、动物和建筑物暴露于其中的室外空气。可见，“大气”与“空气”是作为同义词使用的，其区别仅在于“大气”所指的范围更大些，“空气”所指的范围相对小些。大气（或空气）污染控制工程的研究内容和范围，基本上都是环境空气的污染与防治，而且更侧重于和人类关系最密切的近地层空气，即使研究大环境的大气物理学、大气气象学等，主要研究范围也是对流层空气，很难将大气与空气截然区分开。本书以后的论述中，无论使用“大气”或“空气”一词，皆主要指“环境空气”。

2. 大气的组成

大气是包围地球的空气层，通常称之为大气层。自然状态下的大气是由混合气体、水汽和悬浮微粒组成的。其组成可以分为三部分：干燥清洁的空气、水蒸气和各种杂质。除去水汽和微粒的空气称为干洁空气。在人类的活动范围内，干洁空气的组成和物理性质基本相同。干洁空气中主要含有78.08%的氮气，20.95%的氧气及0.93%的氩气和一定量的CO_2，其含量占全部干洁空气的99.996%（体积分数），氖、氦、氪、甲烷等次要成分只占0.004%左右。

由于大气的垂直运动、水平运动、湍流运动及分子扩散，使不同高度、不同地区的大气得以交换和混合。因而从地面到90km的高度，干洁空气的组成基本保持不变。也就是说，在人类经常活动的范围内，地球上任何地方干洁空气的物理性质是基本相同的。

大气中的水蒸气含量，平均不到0.5%，而且随着时间、地点和气象条件等不同而有较大变化，其变化范围可达0.01%～4%。大气中的水蒸气含量虽然很少，但却导致了各种复杂的天气现象：云、雾、雪、霜、露等。这些现象不仅引起大气中湿度的变化，而且还导致大气中热能的输送和交换。此外，水蒸气吸收太阳辐射的能力较弱，但吸收地面长波辐射的能力却较强，所以对地面的保温起着重要的作用。

大气中的各种杂质是由于自然过程和人类活动排到大气中的各种悬浮微粒和气态物质形成的。大气中的悬浮微粒，除了由水蒸气凝结成的水滴和冰晶外，主要是各种有机的或无机的固体微粒。有机微粒数量较少，主要是植物花粉、微生物、细菌、病菌等。无机微粒数量较多，主要有岩石或土壤风化后的尘粒、流星在大气层中燃烧后产生的灰烬、火山喷发后留在空气中的火山灰、海洋中浪花溅起在空气中蒸发留下的盐粒，以及地面上燃料燃烧和人类活动产生的烟尘等。

大气中的各种气态物质，也是由于自然过程和人类活动产生的，主要有硫氧化物、氮氧化物、一氧化碳、二氧化碳、硫化氢、氨、甲烷、甲醛、烃蒸气、恶臭气体等。

在大气中的各种悬浮颗粒和气态物质中，有许多是引起大气污染的物质。它们的分布是随时间、地点和气象条件变化而变化的，通常是陆上多于海上，城市多于乡村，冬季多于夏季。它们的存在，对辐射的吸收和散射，对云、雾和降水的形成，对大气中的各种光学现象，皆具有重要影响，因而对大气污染也具有重要影响。

大气中的水汽含量随着时间、地点、气象条件的不同而有较大变化，自然大气中的悬浮微粒主要受岩石风化、火山爆发、宇宙落物以及海水溅沫等自然因素的影响。由于空气具有全球流动的特点，加上动、植物代谢等的气体循环作用，所以大气的基本组成成分是稳定和均匀的。

1.1.2　大气污染

大气污染是指由于人类活动或自然过程使得某些物质进入大气中，呈现出足够的浓度，达到了足够的时间，并因此而危害了人体的舒适、健康和人们的福利，甚至危害了生态环境。所谓人类活动不仅包括生产活动，而且也包括生活活动，如做饭、取暖、交通等。自然过程包括火山活动、山林火灾、海啸、土壤和岩石的风化及大气圈中空气运动等。一般来说，由于自然环境所具有的物理、化学和生物机能（即自然环境的自净作用），会使自然过程造成的大气污染，经过一定时间后自动消除（即生态平衡自动恢复）。所以可以说，大气污染主要是人类活动造成的。

按照国际标准化组织（ISO）的定义，“大气污染通常系指由于人类活动或自然过程引起某些物质进入大气中，呈现出足够的浓度，达到足够的时间，并因此危害了人体的舒适、健康和福利，或危害了环境”。所谓人体舒适、健康的危害，包括人体正常生理机能的影响，引起急性病、慢性病，甚至死亡等，而所谓福利，则包括与人类协调并共存的生物、自然资源，以及财产、器物等。

这里指明了造成大气污染的原因是人类活动和自然过程。自然过程包括火山活动、森林火灾、海啸、土壤和岩石的风化、雷电、动植物尸体的腐烂以及大气圈空气的运动等。但是，由自然过程引起的空气污染，通过自然环境的自净化作用（如稀释、沉降、雨水冲洗、地面吸附、植物吸收等物理、化学及生物机能），一般经过一段时间后会自动消除，能维持生态系统的平衡，因而，大气污染主要是由于在人类的生产与生活活动中向大气排放的污染物质在大气中积累，超过了环境的自净能力而造成的。

按照大气污染的范围来分，大致可分为四类：

① 局部地区污染，局限于小范围的大气污染，如受到某些烟囱排气的直接影响；

② 地区性污染，涉及一个地区的大气污染，如工业区及其附近地区或整个城市大气受到污染；

③ 广域污染，涉及比一个地区或大城市更广泛地区的大气污染；

④ 全球性污染，涉及全球问题（或国际性）的大气污染。

1.2 大气的污染物及污染源

1.2.1 大气污染物

大气污染物是指由于人类的活动或是自然过程所直接排入大气或在大气中新转化生成的对人或环境产生有害影响的物质。至今为止，从环境空气中已识别出的人为空气污染物超过2800种，其中90%以上为有机化合物（包括金属有机物），而不到10%为无机污染物。

大气污染物的种类很多，根据其存在的形态可分为两大类：气溶胶状态污染物和气体状态污染物。

(1) 气溶胶状态污染物

气溶胶是指分散在大气中的固态或液态微粒，与载气构成非均相体系，也称颗粒态污染物。

按照气溶胶的来源和物理性质，可将其分为以下几种：

① 粉尘（dust）

粉尘是指悬浮在空气中的固体微粒，受重力作用能发生沉降，但在某一段时间内能保持悬浮状态。粉尘通常是指固体物质的破坏、研磨、筛分及输送等机械过程，或土壤、岩石风化、火山喷发等自然过程形成的。粉尘的粒径范围一般为1～200μm左右。

② 烟（fume）

烟一般是指燃料不完全燃烧产生的固体粒子的气溶胶，是熔融物质挥发后生成的气态物质的冷凝物，在其生成的过程中总是伴有氧化之类的化学反应。烟的粒径很小，一般在0.01～1μm的范围内，可长期地存在于大气之中。

③ 飞灰（fly ash）

飞灰是指由燃料燃烧所产生的烟气中分散的非常细微的无机灰分。

④ 黑烟（smoke）

黑烟一般指燃料燃烧产生的能见气溶胶，是燃料不完全燃烧的炭粒。黑烟的颗粒大小约为0.5μm左右。

在某些情况下，粉尘、烟、飞灰、黑烟等小固体颗粒气溶胶的界限，很难明显区分开，在各种文献特别是工程中，使用的较为混乱。根据我国的习惯，一般可将冶金过程和化学过程形成的固体颗粒气溶胶称为烟尘；将燃料燃烧过程产生的飞灰和黑烟，在不需仔细区分时，也成为烟尘。在其他情况下，或泛指小固体颗粒的气溶胶时，则通称粉尘。

⑤ 雾（fog）

是气体中液体悬浮物的总称。

通常在空气质量管理和控制中，根据空气中粉尘（或烟尘）颗粒的大小将其分为总悬浮颗粒、降尘、飘尘和微细颗粒物。总悬浮颗粒（TSP）系指空气中粒径小于100μm的所有颗粒物。降尘是空气中粒径大于10μm的固体颗粒。飘尘，又称为可吸入尘，亦即PM_{10}，是指空气中粒径小于10μm的固体颗粒。微细颗粒物，亦即$PM_{2.5}$，是指空气中粒径小于

2.5μm 的固体颗粒。就颗粒物的危害而言，小颗粒较大颗粒的危害要大得多。

（2）气态污染物

以气体形态进入大气的污染物称为气态污染物。气态污染物种类极多，按其对我国大气环境的危害大小，主要有五种类型的气态污染物。

① 含硫化合物

主要是指 SO_2、SO_3 和 H_2S 等，其中以 SO_2 的数量最大，危害最大，是影响大气质量的最主要的气态污染物。

一般认为，空气中 SO_2 浓度在 $0.5\times10^{-6}mg/m^3$ 以上时，对人体健康已有某种潜在性影响，浓度为 $1\sim3\times10^{-6}mg/m^3$ 时多数人开始受到刺激，浓度为 $10\times10^{-6}mg/m^3$ 时刺激加剧，个别人还会出现严重的支气管痉挛。与颗粒物和水分结合的硫氧化物是对人类健康影响非常严重的公害。

当大气中 SO_2 氧化形成硫酸和硫酸烟雾时，即使其浓度只相当于 SO_2 的 1/10，其刺激和危害也将更加显著。根据动物实验表明，硫酸烟雾引起的生理反应要比单一 SO_2 气体强 4～20 倍。

② 含氮化合物

含氮化合物种类很多，其中最主要的是 NO、NO_2、NH_3 等。

NO 毒性不太大，但进入大气后可被缓慢地氧化成 NO_2，当大气中有 O_3 等强氧化剂存在时，或在催化剂作用下，其氧化速度会加快。NO_2 是棕红色气体，其毒性约为 NO 的 5 倍，对呼吸器官有强烈的刺激作用。据实验表明，NO_2 会迅速破坏肺细胞，可能是哮喘病、肺气肿和肺癌的一种病因。环境空气中 NO_2 浓度低于 $0.01\times10^{-6}mg/m^3$ 时，儿童（2～3 周岁）支气管炎的发病率有所增加；NO_2 浓度为 $1\sim3\times10^{-6}mg/m^3$ 时，可闻到臭味；浓度为 $13\times10^{-6}mg/m^3$ 时，眼、鼻有急性刺激感；在浓度为 $17\times10^{-6}mg/m^3$ 的环境下，呼吸 10min，会使肺活量减少，肺部气流阻力增加。NO_x 与碳氢化合物混合时，在阳光照射下发生光化学反应生成光化学烟雾。光化学烟雾的成分是 PAN、O_3、醛类等光化学氧化剂，它的危害更加严重。

③ 碳氧化合物

污染大气的碳氧化合物主要是 CO 和 CO_2。

CO 是一种窒息性气体，进入大气后，由于大气的扩散稀释作用和氧化作用，一般不会造成危害。但在城市冬季采暖季节或在交通繁忙的十字路口，当气象条件不利于排气扩散时，CO 的浓度有可能达到危害人体健康的水平。在 CO 浓度为 $10\sim15\times10^{-6}mg/m^3$ 时，暴露 8h 或更长时间的有些人，对时间间隔的辨别力就会受到损害。这种浓度范围是白天商业区街道上的普遍现象。在 $30\times10^{-6}mg/m^3$ 浓度下暴露 8h 或更长时间，会造成损害，出现呆滞现象。一般认为，CO 浓度为 $100\times10^{-6}mg/m^3$ 是一定年龄范围内健康人暴露 8h 的工业安全上限。CO 浓度达到 $100\times10^{-6}mg/m^3$ 以上时，多数人感觉眩晕、头痛和倦怠。

CO_2 是无毒气体，但当其在大气中的浓度过高时，使氧气含量相对减少，对人便会产生不良影响。地球上 CO_2 浓度的增加，能产生“温室效应”。

④ 碳氢化合物

此处主要是指有机废气。有机废气中的许多组分构成了对大气的污染，如烃、醇、酮、酯、胺等。

大气中的挥发性有机化合物（VOCs)，一般是 $C_1\sim C_{10}$ 化合物，它不完全相同于严格意义上的碳氢化合物，因为它除含有碳和氢原子以外，还常含有氧、氮和硫的原子。甲烷被认为是一种非活性烃，所以人们总以非甲烷烃类（NMHC）的形式来报道环境中烃的浓度。特别是多环芳烃（PAH）中的苯并［a］芘（B［a］P）是强致癌物质，因而作为大气受PAH污染的依据。苯并［a］芘主要通过呼吸道侵入肺部，并引起肺癌。实验数据表明，肺癌与大气污染、苯并［α］芘含量的相关性是显著的。从世界范围看，城市肺癌死亡率约比农村高2倍，有的城市高达9倍。

⑤ 卤素化合物

对大气构成污染的卤素化合物，主要是含氯化合物及含氟化合物，如HCl、HF、SiF_4等。

气态污染物从污染源排放入大气，可以直接对大气造成污染，同时还经过反应形成二次污染物。主要气态污染物和其所形成的二次污染物种类见表2-1-1。

表2-1-1　气体状态大气污染物的种类（注：M代表金属离子）

污染物	一次污染物	二次污染物	污染物	一次污染物	二次污染物
含硫化合物	SO_2、H_2S	SO_3、H_2SO_4、MSO_4	碳氢化合物	C_mH_n	醛、酮等
含氮化合物	NO、NO_2	NO_2、HNO_3、MNO_3	卤素化合物	HF、HCl	无
碳氧化合物	CO、CO_2	O_3			

1.2.2　大气污染源和发生量

大气污染物的来源可分为自然污染源和人为污染源两类。自然污染源是指因自然原因向环境释放的污染物，如火山喷发、森林火灾、飓风、海啸、土壤和岩石的风化及生物腐烂等自然现象形成的污染源。人为污染源是指人类生活活动和生产活动形成的污染源。

人为污染源有各种分类方法。按污染源的空间分布可分为：点源，即污染物集中于一点或在相当于一点的小范围排放源，如工厂的烟囱排放源；面源，即在相当大的面积范围内有许多个污染物排放源，如一个居住区或商业区许多大小不同的污染物排放源。按照人们的社会活动功能不同，可将人为污染源分为生活污染源、工业污染源和交通运输污染源三类。

根据对主要大气污染物的分类统计分析，大气污染源又可概括为三大方面：燃料燃烧、工业生产和交通运输。前两类污染源统称为固定源，交通运输工具（机动车、火车、轮船、飞机等）则称为流动源。

对城市空气而言，绝大多数污染是由于人为源造成的。表2-1-2为城市主要空气污染物及其人为来源的简要情况。

表2-1-2　主要空气污染物和人为来源

污染物	人为来源
二氧化硫	以煤和石油为燃料的火力发电厂、工业锅炉、垃圾焚烧炉、生活取暖、柴油发动机、金属冶炼厂、造纸厂等
颗粒物（灰尘、烟雾、PM_{10}、$PM_{2.5}$）	以煤和石油为燃料的火力发电厂、工业锅炉、垃圾焚烧炉、生活取暖、餐饮烹调、各类工厂、柴油发动机、建筑、采矿、露天采矿、水泥厂、裸露地面等
氮氧化物	以煤和石油为燃料的火力发电厂、工业锅炉、垃圾焚烧炉、机动车、氮肥厂等
一氧化碳	机动车、燃料燃烧
挥发性有机化合物（VOCs）（如苯）	机动车发动机排气、加油站泄漏气体、油漆涂装、石油化工、干洗等

续表

污染物	人为来源
有毒微量有机物（如多环芳烃、多氯联苯、二噁英等）	垃圾焚烧炉、焦碳生产、燃煤、机动车
有毒金属（如铅、镉）	（含铅汽油）机动车尾气、金属加工、垃圾焚烧炉、石油和煤燃烧、电池厂、水泥厂和化肥厂
有毒化学品（如氯气、氨气、氟化物）	化工厂、金属加工、化肥厂
温室气体（如二氧化碳、甲烷）	二氧化碳：燃料燃烧，尤其是燃煤发电厂 甲烷：采煤、气体泄漏、废渣填埋场
臭　氧	挥发性有机化合物和氮氧化物形成的二次污染物
电离辐射（放射性核物质）	核反应堆、核废料储藏库
气　味	污水处理厂、污水泵站、垃圾填埋场、化工厂、石油精炼厂、食品加工厂、油漆制造、制砖、塑料生产

对于生产工艺过程中的燃烧和加工反应装置，一般多为有组织排放，其特点是排放口集中、排放量大，根据其污染物排放和散发的情况，将其作为点源；生产中的无组织排放、生活和一些服务行业的排放过程的特点是分布面广，污染物以低空和自由扩散的形式排放，可将其作为面源，而沿道路行驶的机动车则可作为线源。

1.3　大气的综合防治途径

1.3.1　大气污染综合防治的含义

大气污染综合防治的基本点是防与治的综合。这种综合是立足于环境问题的区域性、系统性和整体性之上的。大气污染作为环境污染问题的一个重要方面，也只有将其纳入区域环境综合防治之中，才能真正获得解决。

所谓大气污染综合防治，实质上就是为了达到区域环境空气质量控制目标，对多种大气污染控制方案的技术可行性、经济合理性、区域适应性和实施可能性等进行最优化选择和评价，从而得出最优的控制技术方案和工程措施。例如，对于我国大中城市存在的颗粒物和 SO_2 等污染的控制，除了应对工业企业的集中点源进行污染物排放总量控制外，还应同时对分散的居民生活用燃料结构、燃用方式、炉具等进行控制和改革，对机动车排气污染、城市道路扬尘、建筑施工现场环境、城市绿化、城市环境卫生、城市功能区规划等方面，一并纳入城市环境规划与管理，才能取得综合防治的显著效果。

特定城市的空气中所含污染物的种类取决于该城市的能源结构和交通状况。对于某一具体城市的空气质量而言，除了城市类型、自然或人为污染源外，城市的地形、地理和气象条件也具有极其重要的影响作用。这些因素在一定程度上决定了城市区域的大气环境容量。从人为的因素考虑，城市空气质量的控制取决于城市规划、管理措施的到位和社会经济及控制技术的支撑两个方面。城市空气质量控制已从最初的污染源排放控制发展成为一项系统工程，内容涉及城市规划与生态系统、城市污染源和空气质量监测、城市能源结构调整、交通流量规划与公共交通选择、市民环保意识的提高等。

1.3.2　大气污染综合防治措施

简而言之，空气污染综合防治措施包括以下几个方面。

1. 全面规划，合理布局

城市或工业区的大气污染控制，是一项十分复杂、综合性很强的技术、经济和社会问题。影响环境空气质量的因素很多，从社会、经济发展方面看，涉及城市的发展规模、城市功能区划分、人口增长和分布、经济发展类型、规模和速度、能源结构及改革、交通运输发展和调整等各个方面；从环境保护方面看，涉及污染源的类型、数量和分布及污染物的排放的种类、数量、方式和特性等。因此，为了控制城市和工业区的大气污染，必须在进行区域性经济和社会发展规划的同时，做好全面规划，采取区域性综合防治措施。

环境规划是经济、社会发展规划的重要组成部分，是体现环境污染综合防治以预防为主的最重要、最高层次的手段。环境规划的主要任务，一是综合研究区域经济发展将给环境带来的影响和环境质量变化的趋势，提出区域经济可持续发展和区域环境质量不断得以改善的最佳规划方案；二是对工作失误已经造成的环境污染和环境问题，提出对改善和控制环境污染具有指令性的最佳实施方案。我国明确规定，新建和改、扩建的工程项目，要先做环境影响评价，论证该项目的建设可能会产生的环境影响和采取的环境保护措施等。

2. 严格环境管理

环境管理的概念，一般有两种范畴：一种是狭义的环境管理，即对环境污染源和污染物的管理，通过对污染物的排放、传输、承受三个环节的调控达到改善环境的目的；另一种是广义的环境管理，即从环境经济、环境资源、环境生态的平衡管理，通过经济发展的全面规划和自然资源的合理使用，达到保护生态和改善环境的目的。环境管理的方法是利用法律、经济、技术、教育和行政等手段，对人类的社会和经济活动实施管理，从而协调社会和经济发展与环境保护之间的关系。

完善的环境管理体制是由环境立法、环境监测和环境保护管理机构三部分组成的。环境法是进行环境管理的依据，它以法律、法令、条例、规定、标准等形式构成一个完整的体系。环境监测是环境管理的重要手段，可为环境管理及时提供准确的监测数据。环境保护管理机构是实施环境管理的领导者和组织者。

我国的环境管理体制已逐步建立和完善，相继制定（或修订）并公布了一系列法律，如《中华人民共和国环境保护法》（1979 年公布试行，1989 年修改后实施）、《中华人民共和国大气污染防治法》（1987 年 9 月公布，1995 年 8 月和 2000 年 9 月两次修改）、《中华人民共和国森林保护法》（1984 年公布、1998 年修正）、《中华人民共和国草原法》（2013 年最新修订）以及各种环境保护方面的条例、规定和标准等。与此同时，从国务院到各省、市、地、县以至各工业企业，都建立了相应的环境保护管理机构及环境监测中心、站、室，为环境法的实施和严格环境管理提供了组织保证。

3. 控制空气污染的技术措施

（1）实施清洁生产。清洁生产包括清洁的生产过程和清洁的产品两个方面。对生产工艺而言，节约资源与能源、避免使用有毒有害原材料和降低排放物的数量和毒性，实现生产过程的无污染和少污染；对产品而言，使用过程中不危害生态环境、人体健康和安全，使用寿命长，易于回收再利用。

（2）实施可持续发展的能源战略，包括四个方面：

① 综合能源规划管理，改善能源供应结构和布局，提高清洁能源和优质能源比例，加强农村能源和电气化建设等；

② 提高能源利用效率和节约能源；

③ 推广少污染的煤炭开采技术和清洁煤技术；

④ 积极开发利用新能源和可再生能源，如水电、核能、太阳能、风能、地热能、海洋能等。

（3）建立综合性工业基地。开展综合利用，使各企业之间相互利用原材料和废弃物，减少污染物的排放总量。

4. 控制污染的经济政策

（1）保证必要的环境保护投资，并随着经济的发展逐年增加。目前世界上大多数国家用于环境保护方面的投资占国民生产总值（GDP）的比例，发展中国家为0.5%～1%，发达国家为1%～2%，我国目前的比例为0.7%～0.8%，如果能达到1.5%，则我国的环境污染将会得到基本控制。

（2）实行污染者和使用者支付原则。可以采用的经济手段包括：

① 建立市场（如可交易的排污许可证、土地许可证、资源配额、环境股票等）；

② 税收手段（如污染税、原料税、资源税、产品税等）；

③ 收费制度（如排污费、使用者费、环境补偿费等）；

④ 财政手段（如治理污染的财政补贴、低息长期贷款、生态环境基金、绿色基金等）；

⑤ 责任制度（如赔偿损失和罚款，追究行政及法律责任等）。

我国已实行的经济政策有排污收费制度，SO_2 排污收费，排污许可证制度，治理污染的排污费返还和低息贷款制度，以及综合利用产品的减免税制度等。

5. 绿化造林

绿色植物是区域生态环境中不可缺少的重要组成部分，通过绿化造林不仅能美化环境、调节空气温度、湿度或城市气候，保持水土、防治风沙，而且在净化空气（吸收二氧化碳、有害气体、颗粒物、杀菌）和降低噪声方面皆会起到显著作用。

6. 安装废气净化装置

当采取了各种大气污染防治措施之后，大气污染物的排放浓度（或排放量）仍达不到排放标准或环境空气质量标准时，则必须安装废气净化装置，对污染源进行治理。安装废气净化装置，是控制环境空气质量的基础，也是实行环境规划与管理等各项综合措施的前提。

7. 提高公众环保意识

大力开展环境保护的宣传教育，提高全民的环境意识，是一项推进环保工作的基本措施。特别的，加强各级领导的环境保护责任感尤为重要。

1.4　大气环境质量控制标准

大气环境质量控制标准是以保障人体健康和生态系统不受破坏为目标，对大气环境中各种污染物所规定的含量限度。它是进行大气质量管理和评价，制定大气污染防治规划和污染排放标准的依据，同时也是环境管理部门的工作指南和监督依据。

1.4.1　环境空气质量控制标准的种类和作用

1. 种类

环境空气质量控制标准按其用途可分为环境空气质量标准，大气污染物排放标准，大气污染控制技术标准及大气污染警报标准等。按其使用范围可分为国家标准和行业标准。此外，我国还实行了大中城市空气污染指数报告制度。

（1）环境空气质量标准

环境空气质量标准是以保护生态环境和人群健康的基本要求为目标而对各种污染物在环境空气中的允许浓度所做的限制规定。它是进行环境空气质量管理、大气环境质量评价以及制定大气污染防治规划和大气污染物排放标准的依据。

(2) 大气污染物排放标准

大气污染物排放标准是以实现环境空气质量标准为目标，对从污染源排入大气的污染物浓度（或数量）所作的限制规定。它是控制大气污染物的排放量和进行净化装置设计的依据。

(3) 大气污染控制技术标准

大气污染控制技术标准是根据污染物排放标准引申出来的辅助标准，如燃料、原料使用标准，净化装置选用标准，排气筒高度标准及卫生防护距离标准等。他们都是为保证达到污染物排放标准而从某一方面做出的具体技术规定，目的是使生产、设计和管理人员容易掌握和执行。

(4) 警报标准

大气污染警报标准是为保护环境空气质量不致恶化或根据大气污染发展趋势，预防发生污染事故而规定的污染物含量的极限值。达到这一极限值时就发出警报，以便采取必要的措施。警报标准的制定，主要建立在对人体健康的影响和生物承受限度的综合研究基础之上。

2. 环境空气质量标准

(1) 制定原则

制定环境空气质量标准，首先要考虑保障人体健康和保护生态环境这一空气质量目标。为此，需综合研究这一目标与空气中污染物浓度之间关系的资料，并进行定量的相关分析，以确定符合这一目标的污染物的允许浓度。

目前各国判断空气质量时，多依据世界卫生组织（WHO）1963 年提出的空气质量三级水平。第一级：在处于或低于所规定的浓度和接触时间内，观察不到直接或间接地反应（包括反射性或保护性反应）。第二级：在达到或高于所规定的浓度和接触时间内，对人的感觉器官有刺激，对植物有损害或对环境产生其他有害作用。第三级：在达到或高于所规定的浓度和接触时间内，敏感的人发生急性中毒或死亡。

其次，要合理地协调与平衡实现标准所需的代价与社会经济效益之间的关系。这就需要进行损益分析，以求得为实施环境空气质量标准投入的费用最少、收益最大。此外，还应遵循区域差异的原则。特别是像我国这样地域广阔的大国，要充分注意各地区的人群构成、生态系统的结构功能、技术经济发展水平等的差异性。

(2) 环境空气质量标准

本次修订的《环境空气质量标准》，规定了二氧化硫（SO_2）、总悬浮颗粒物（TSP）、可吸入颗粒物（PM_{10}）、可吸入颗粒物（$PM_{2.5}$）、二氧化氮（NO_2）、一氧化碳（CO）、臭氧（O_3）、铅（Pb）、苯并 [a] 芘（B [a] P）和氟化物（F）10 种污染物的浓度限值。该标准根据对空气质量要求的不同，将环境空气质量分为二级。

该标准将环境空气质量功能区分为二类：

一类区为自然保护区，风景名胜区和其他需要特殊保护的区域；

二类区为居住区，商业交通居民混合区，文化区，工业区和农村地区；

一类区执行一级标准，二类区执行二级标准。

本标准规定了各项污染物不允许超过的浓度限值，见表 2-1-3。

表 2-1-3 各项污染物的浓度限值

污染物名称	取值时间	浓度限值			浓度单位
		一级标准	二级标准	三级标准	
二氧化硫（SO_2）	年平均	0.02	0.06	0.10	mg/m^3（标准状态下）
	日平均	0.05	0.15	0.25	
	1 小时平均	0.15	0.50	0.70	
总悬浮颗粒物（TSP）	年平均	0.08	0.20	0.30	
	日平均	0.12	0.30	0.50	
可吸入颗粒物（PM_{10}）	年平均	0.04	0.10	0.15	
	日平均	0.05	0.15	0.25	
氮氧化物（NO_x）	年平均	0.05	0.05		
	日平均	0.10	0.10	0.15	
	1 小时平均	0.15	0.15	0.30	
二氧化氮（NO_2）	年平均	0.04	0.04	0.08	
	日平均	0.08	0.08	0.12	
	1 小时平均	0.12	0.12	0.24	
一氧化碳（CO）	日平均	4.00	4.00	6.00	
	1 小时平均	10.00	10.00	20.00	
臭氧（O_3）	1 小时平均	0.12	0.16	0.20	
铅（Pb）	季平均	1.50			μg/m^3（标准状态下）
	年平均	1.00			
苯并［a］芘（B［a］P）	日平均	0.01			
氟化物	日平均	7①			
	1 小时平均	20①			
	月平均	1.8②		3.0③	μg/（dm^2·d）
	植物生长季平均	1.2②		2.0③	

①适用于城市地区；②适用于牧业区和以牧业为主的半农半牧区，蚕桑区；③适用于农业和林业区。

1.4.2 工业企业设计卫生标准

本标准是在 GBZ 1—2002《工业企业设计卫生标准》基础上修订的，GBZ 1—2002 已于 2010 年 8 月 1 日起被 GBZ 1—2010 代替实施，规定了“居住区大气中有害物质的最高容许浓度”标准。居住区大气中有害物质的最高容许浓度标准，考虑到居民中有老、幼、病、弱昼夜接触有害物质的特点，采用了较敏感的指标。这一标准是以保障居民不发生急性或慢性中毒，不引起黏膜的刺激，闻不到异常气味和不影响生活卫生条件为依据而制定的。在我国环境空气质量标准中未规定的污染物，仍参考此标准执行。车间空气中有害物质最高容许浓度，是指工人在该浓度下长期进行生产劳动，不致引起急性和慢性职业性危害的数值，在具有代表性的采样测定中均不应超过。

1.4.3 大气污染物排放标准

1. 制定原则

制定大气污染物排放标准应遵循的原则是，以环境空气质量标准为依据，综合考虑控制技术的可行性和经济合理性以及地区的差异性，并尽量做到简明易行。排放标准的制定方法，大体上有两种：按最佳使用技术确定的方法和按污染物在大气中的扩散规律推算的方法。最佳适用技术是指现阶段控制效果最好，经济合理的实用控制技术。按最佳适用技术确定污染物排放标准的方法，就是根据污染现状，最佳控制技术的效果和对现在控制较好的污染源进行损益分析来确定排放标准。这样确定的排放标准便于实施、便于管理，但有时不一定能满足环境空气质量标准，有时又可能显得过严。这类排放标准的形式，可以是浓度标准、林格曼黑度标准和单位产品允许排放量标准等。

按污染物在大气中扩散规律推算排放标准的方法，是以环境空气质量标准为依据，应用污染物在大气中的扩散模式推算出不同烟囱高度时的污染物允许排放量或排放浓度，或者根据污染物排放量推算出最低烟囱高度。这样确定的排放标准，由于模式的准确性可能受到各地的地理环境、气象条件和污染源密集程度等的影响，对不同地区可能偏严或偏宽。

2. 煤炭工业污染物排放标准

为控制原煤开采、选煤及其所属煤炭贮存、装卸场所的污染物排放，保障人体健康，保护生态环境，促进煤炭工业可持续发展，根据《中华人民共和国环境保护法》、《中华人民共和国水污染防治法》、《中华人民共和国大气污染防治法》和《中华人民共和国固体废物污染环境防治法》，制定本标准。

现有生产线自2007年10月1日起，排气筒中大气污染物不得超过表2-1-4规定的限值，在此之前过渡期内仍执行GB 16297—1996《大气污染物综合排放标准》，新（扩、改）建生产线，自本标准实施之日起，排气筒中大气污染物不得超过表2-1-4规定的限值。

表2-1-4　煤炭工业大气污染物排放限值

污染物	生产设备	
	原煤筛分、粉碎、转载点等除尘设备	煤炭风选设备通风管道、筛面、转载点等除尘设备
颗粒物	80mg/m_N^3 或设备去除效率＞98%	80mg/m_N^3 或设备去除效率＞98%

煤炭工业除尘设备排气筒高度应不低于15m。作业场所颗粒物无组织排放监控点浓度不得超过表2-1-5规定的限值。

表2-1-5　煤炭工业无组织排限值

污染物	监控点	作业场所	
		煤炭工业所属装卸场所	煤炭贮存场所、煤矸石堆置场
		无组织排放限值（mg/m_N^3）（监控点与参考点浓度差值）	无组织排放限值（mg/m_N^3）（监控点与参考点浓度差值）
颗粒物	周围外浓度最高点①	1.0	1.0
二氧化硫		—	0.4

① 周围外浓度最高点一般应设置于无组织排放源下风向的单位周围外10m范围内，若预计无组织排放的最大落地浓度点越出10m范围，可将监控点移至该预计浓度最高点。

按照综合性排放标准与行业性排放标准不交叉执行的原则，仍继续执行的行业性标准有：《锅炉大气污染物排放标准》（GB 13271—2001），《工业炉窑大气污染物排放标准》（GB 9078—1996），《火电厂大气污染物排放标准》（GB 13223—2003），《炼焦炉大气污染物排放标准》（GB 16171—2012），《水泥厂大气污染物排放标准》（GB 4915—2004），《恶臭污染物排放标准》(GB 14554—1993),《轻型汽车污染物排放限值及测量方法(中国Ⅲ、Ⅳ阶段)》(GB 18352.3—2005)(GB 18352.5—2013已发布,将于2018年1月1日起实施),《摩托车和轻便摩托车排气污染物排放限值及测量方法(双怠速法)》(GB 14621—2011)。

3. 制定地方大气污染物排放标准的技术方法

我国于1983年制定并于1991年修订的《制定地方大气污染物排放标准的技术方法》(GB/T 3840—1991),以环境空气质量标准为控制目标,在大气污染物扩散稀释规律的基础上,使用控制区排放总量允许限值和点源排放允许限值控制大气污染的方法,制定地方大气污染物排放标准。此外,各地还可结合当地技术经济条件,应用最佳可行和最佳实用技术方法或其他总量控制方法制定地方大气污染物排放标准。

4. 空气质量指数

2012年上半年国家出台规定,用空气质量指数(AQI)替代原有的空气污染指数(API)。AQI共分六级,从一级优、二级良、三级轻度污染、四级中度污染,直至五级重度污染,六级严重污染。当$PM_{2.5}$日均值浓度达到150$\mu g/m^3$时,AQI即达到200;当$PM_{2.5}$日均浓度达到250$\mu g/m^3$时,AQI即达300;$PM_{2.5}$日均浓度达到500$\mu g/m^3$时,对应的AQI指数达到500。

根据《环境空气质量指数(AQI)技术规定(试行)》(HJ 633—2012)规定:空气污染指数划分为0~50、51~100、101~150、151~200、201~300和大于300六档,对应于空气质量的六个级别,指数越大,级别越高,说明污染越严重,对人体健康的影响也越明显,见表2-1-6。

表2-1-6 空气指数指数级别释义

空气质量指数AQI	空气质量指数级别	空气质量描述	表征颜色	对健康影响情况	建议采取的措施
0~50	一级	优	绿色	空气质量令人满意,基本无空气污染	各类人群可正常活动
51~100	二级	良	黄色	空气质量可接受,但某些污染物可能对极少数异常敏感人群健康有较弱影响	极少数异常敏感人群应减少户外活动
101~150	三级	轻度污染	橙色	易感人群症状有轻度加剧,健康人群出现刺激症状	儿童、老年人及心脏病、呼吸系统疾病患者应减少长时间、高强度的户外锻炼
151~200	四级	中度污染	红色	进一步加剧易感人群症状,可能对健康人群心脏、呼吸系统有影响	儿童、老年人及心脏病、呼吸系统疾病患者避免长时间、高强度的户外锻炼,一般人群适量减少户外运动
201~300	五级	重度污染	紫色	心脏病和肺病患者症状显著加剧,运动耐受力降低,健康人群普遍出现症状	儿童、老年人和心脏病、肺病患者应停留在室内,停止户外运动,一般人群减少户外运动

续表

空气质量指数 AQI	空气质量指数级别	空气质量描述	表征颜色	对健康影响情况	建议采取的措施
＞300	六级	严重污染	褐红色	健康人群运动耐受力降低，有明显强烈症状，提前出现某些疾病	儿童、老年人和病人应留在室内，避免体力消耗，一般人群应避免户外运动

习题与思考题

1. 干洁空气中 N_2、O_2、Ar 和 CO_2 气体所占的质量百分数是多少？

2. 根据我国的《环境空气质量标准》的二级标准，求出 SO_2、NO_2、CO 三种污染物日平均浓度限值的体积分数。

3. CCl_4 气体与空气混合成体积分数为 1.50×10^{-4} 的混合气体，在管道中流动的流量为 $10m_N{}^3/s$，试确定：①CCl_4 在混合气体中的质量浓度？（$g/m_N{}^3$）和摩尔浓度；②每天流经管道的 CCl_4 质量是多少千克？

4. 成人每次吸入的空气量平均为 $500cm^3$，假若每分钟呼吸 15 次，空气中颗粒物的浓度为 $200\mu g/m^3$，试算每小时沉积于肺泡内的颗粒物质量。已知该颗粒物在肺泡中的沉降系数为 0.12。

5. 设人体肺中的气体含 CO 为 2.2×10^{-4}，平均含氧量为 19.5%，如果这种浓度保持不变，求 COHb 浓度最终将达到饱和水平的百分率。

6. 设人体内有 4800ml 血液，每 100ml 血液中含 20ml 氧。从事体力劳动的人的呼吸量为 4.2L/min，受污染空气中所含 CO 浓度为 10^{-4}，如果血液中 CO 水平最初为：①0%；②2%，计算血液达到 7% 的 CO 饱和度需要多少分钟。设吸入肺中的 CO 全被血液吸收。

7. 粉尘密度 $1400kg/m^3$，平均粒径 $1.4\mu m$，在大气中的浓度为 $0.2mg/m^3$，对光的散射率为 2.2，计算大气的最大能见度。

第2章　大气污染及全球控制

学　习　提　示

本章要求学生了解酸雨和致酸前体，掌握温室效应和臭氧层的破坏，熟悉大气污染的危害并理解控制大气污染的防治措施。

学习重点：温室效应和臭氧层的破坏。

学习难点：温室效应。

2.1　温室气体和气候变化

20世纪以来所进行的一些科学观测表明，大气中各种温室气体的浓度都在增加。在工业革命前的人类历史上，地球大气的二氧化碳浓度从未超过300ppm（1ppm为百万分之一）。工业革命结束后，随着人类活动，特别是消耗化石燃料（煤炭、石油等）的不断增长和森林植被的大量破坏，人为排放的二氧化碳等温室气体不断增长，大气中二氧化碳含量不断上升，到2013年5月地球大气的二氧化碳日均浓度值已突破400ppm关口。世界气象组织警告说，如果大气二氧化碳浓度按当前速度继续升高，那么2015年或2016年的全球二氧化碳浓度年均值将突破400ppm。按照政府间气候变化小组（IPCC）第四次报告评估，全球平均地表温度自1861年以来一直在增高，最近100年来（1906～2005年）增加了（0.74±0.18)℃，这一趋势大于《第三次评估报告》给出的（0.6±0.2)℃（图2-2-1）。预计到21世纪中叶，大气中二氧化碳的体积分数将达到$5.4\times10^{-4}\sim9.7\times10^{-4}$，地球平均温度将有较大幅度的升高。政府间气候变化小组的第四次评估报告再次肯定了温室气体增加将导致全球气候的变化。

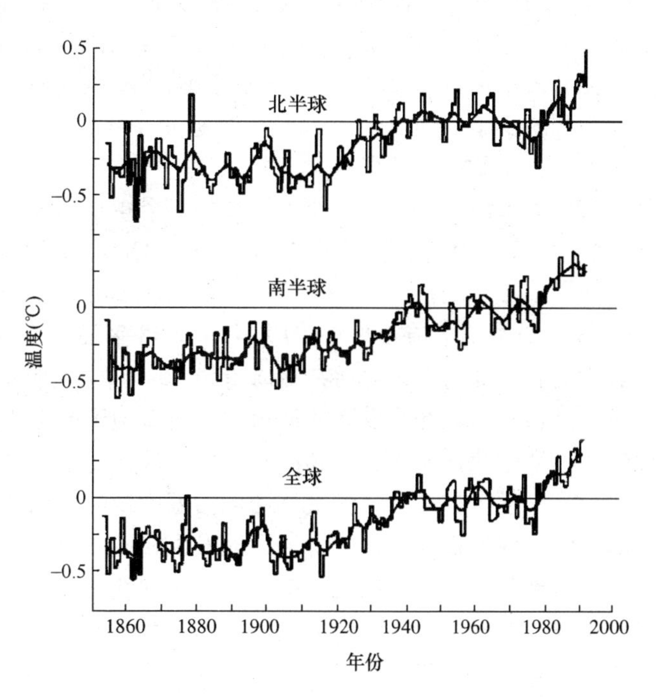

图2-2-1　近代南北半球及全球平均温度的变化

2.1.1　温室效应

1. 温室效应的概念

大气中的许多组分如CO_2、CH_4等，对长波辐射有特征的吸收光谱，像单向过滤器一样，可以阻止地面向外辐射红外光，从而把能量截留在大气中，使大气温度升高的现象，叫温室效应。能引起温室效应的气体就叫温室气体。大气中的痕量温室气体，除了CO_2、CH_4，还包括N_2O、NO_2、O_3、CO和CFCs等（表2-2-1）。

表2-2-1 主要温室气体及其特征

气体	大气中体积分数(10^6)	年增长(%)	生存期(a)	温室效应(CO_2=1)	现有贡献率(%)	主要来源
CO_2	355	0.4	50～200	1	50～60	煤、石油、天然气、森林砍伐
CFC	0.00085	2.2	50～102	3400～15000	12～20	发泡剂、气溶胶、制冷剂、清洗剂
CH_4	1.7	0.8	12～17	11	15	湿地、稻田、化石、燃料、牲畜
N_2O	0.31	0.25	120	270	6	化石燃料、化肥、森林砍伐
O_3	0.01～0.05	0.5	数周	4	8	光化学反应

大气温室气体增加的原因主要是，20世纪以来世界人口的剧增，特别是城市人口增加更快，使人类的工农业生产向自然环境排放的温室气体越来越多。比如工业上煤、石油、天然气等能源的利用量不断增加，使大气中温室气体的含量不断增加，近200年来，CO_2增加了25%，CH_4增加了一倍，N_2O和NO_2增加了19%，CFCs以前在大气中根本就没有，它是现代工业生产中出现的一类的化合物。另外，是人类活动改变了温室气体的源和汇，生态环境的破坏，大量砍伐森林，破坏植被，直接减少了CO_2等温室气体的汇；过多的开垦农用土地和发展畜牧业又增加了CO_2和NO_x等的源。最新的研究还证明，作物在生长过程中也排放多种微量有机化合物，这些有机物中有些也属于温室气体。

2. 气候变化对自然界和人类的影响

由于二氧化碳与其他的温室气体在大气中的寿命很长，可以预期，由温室效应加强的全球变暖将持续几个世纪。气候变化对自然界和人类的影响主要表现在以下几个方面：

（1）雪盖和冰川面积减少：卫星数据显示，雪盖面积自20世纪60年代末以来很可能已减少了10%左右；而地面观测表明，20世纪北半球中高纬的河湖结冰期年减少大约两个星期。据有关报道，20世纪非极区的高山冰川普遍退缩；自20世纪50年代以来，北半球春夏海冰面积减少了大约10%～15%；最近几十年，北极海冰厚度在夏末秋初期间可能减少了40%左右，冬季则减少缓慢。

（2）海平面上升：气候变暖导致的一个重要现象就是海平面上升，据IPCC（2001）评估，过去一百年中全球海平面上升了10～20cm。由于全球温暖化现象在21世纪还会继续发生，故由温暖化引起的海洋热膨胀和极地冰川融化导致的海平面高度将会继续上升。按IPCC第三次估计，在1990～2100年间，海平面上升的高度为8～9cm（IPCC，2001），全世界大约有1/3的人口生活在沿海岸线60km的范围内。海平面的持续上升将会使一些岛屿消失，人口稠密、经济发达的河口和沿海低地可能会遭受淹没或海水入侵，海滩和海岸遭受侵蚀，土地恶化，海水倒灌和洪水加剧，港口受损，并影响沿海养殖业，破坏供排水系统。

（3）气候带移动：气候带移动包括温度带的移动和降水带的移动，气候变暖会引起温度带的北移。温度带移动会使大气运动发生相应的变化，全球降水也将会改变。一般来说，低纬度地区现有雨带的降水量会增加，高纬度地区冬季降雪也会增多，而中纬度地区夏季降水将会减少。气候带的移动会引起一系列的环境变化。对于大多数干旱、半干旱地区，降水的增多可以获得更多的水资源，这是十分有益的。但是，对于低纬度热带多雨地区，则面临着洪涝威胁。而对于降水减少的地区，如北美洲中部、中国西北内陆地区等，则会因为夏季雨量的减少，变得更干旱，造成供水紧张，严重威胁这些地区的工农业生产和人们的日常生活。气候带移动引起的生态系统改变也是不容忽视的。2007 年，世界自然基金会警告说，世界上一些最壮观的自然奇景正遭受全球变暖气候威胁，处于消失的危险中，其中包括喜马拉雅山冰川和亚马孙平原。

（4）气候灾害事件：气候变暖导致的气候灾害增多可能是一个更为突出的问题，全球平均气温略有上升，就可能带来频繁的气候灾害——过多的降雨、大范围的干旱和持续的高温，造成大规模的灾害损失。热带暴风雨由于其能量起源于海洋，因此，它们发生的数量和强度可能会随海洋的变暖而增加。有的科学家根据气候变化的历史数据，推测气候变暖可能破坏海洋环流，引发新的冰河期，给高纬度地区造成可怕的气候灾难。与过去的 100 年相比，自 20 世纪 70 年代以来，厄尔尼诺事件更频繁、持久且强度更大。

最近几十年来，天气和气候极端事件的次数和强度都非常惊人。1987 年 10 月 16 日，发生在英格兰东南和伦敦地区的风暴吹倒 1500 万株树木，这是该地区自 1703 年以来发生的最严重的一次风暴。我国 1998 年发生的长江特大洪水也是十分罕见的。2012 年，北极海冰范围创历史新低，世界范围内出现了显著的气候异常和极端事件。年初，低温、寒流和暴雪席卷欧洲和东亚地区；5 月，亚马孙河流域因强降水遭遇 50 年不遇的洪水；6～9 月，美国发生 1956 年以来最严重的干旱；6 月以来，多个强台风袭击东亚、东南亚和美国东海岸。

（5）影响生物多样性：全球性气候变暖并不是一个新现象，过去的 200 万年中，地球就经历了 10 个暖、冷交替的循环。在暖期，两极的冰帽融化，海平面比现今要高，物种分布向极地延伸，并迁移到高海拔地区。相反，在变冷过程中，冰帽扩大，海平面下降，物种向着赤道的方向和低海拔地区移动。无疑，许多物种会在这个反复变化的过程中走向灭绝，现存物种即是这些变化过程后生存下来的产物。由于人为因素造成的全球变暖比过去的自然波动要迅速得多，这种变化对于生物多样性的影响将是巨大的。

（6）影响人类健康：气候变暖有可能加大人群的发病率和死亡率。高温热浪会给人群带来心脏病发作、中风或其他致命疾病的风险，引起死亡率的增加。在气候变暖时，一些疾病的发病率，如疟疾、登革热引起的脑炎等，都有可能增加。在高纬度地区，这些疾病传播的危险性可能会更大。

（7）影响农业和自然生态系统：气候变暖对农业的影响可以说有利也有弊。虽然变暖会使高纬度地区生长季节延长，有些干旱、半干旱地区降雨可能增多，CO_2 的增多能促进作物生长，但是，作物分布区向高纬度移动，有时可能移到现在土壤贫瘠的地区。对于生产力水平低、粮食储备少的国家，其农业生产系统对气候变化敏感性大，如果气温升高而降水不增加或增加很少，则有可能使干旱加剧，连续长时间的干旱势必对这些国家造成严重灾害。另外，高温闷热天气也会使病虫害变得更严重。

2.1.2 影响气候变化的大气成分

在已知的 30 多种与气候变化相关的大气组分中，二氧化碳、甲烷、氧化亚氮、氟利昂和臭氧是对气候变暖贡献最为显著的 5 种大气成分，而气溶胶的制冷作用也逐渐得到重视。

1. 二氧化碳

CO_2 是最主要的温室气体，对全球气候变暖的贡献率达 50%～60%（表 2-2-1）。自工业革命以来，大气中二氧化碳浓度一直在增加，尤其到 20 世纪 50 年代以后，增加速度迅速加快。有足够的证据表明，现代大气中 CO_2 的增加主要是由于人类使用化石燃料（煤、石油、天然气）以及生产水泥所导致的。另外，热带土地利用的改变（砍伐森林）也增加了大

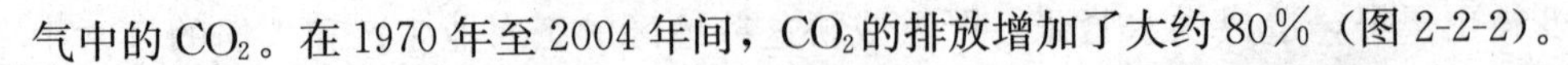

气中的CO_2。在1970年至2004年间，CO_2的排放增加了大约80%（图2-2-2）。

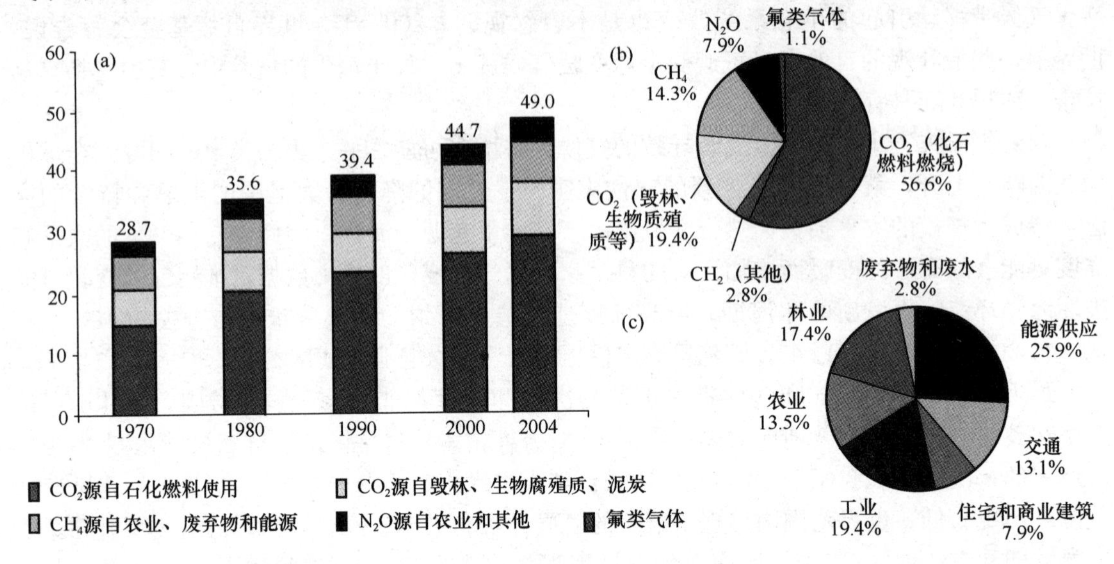

图2-2-2　全球人为温室气体排放量

2. 甲烷

甲烷也是一种重要的温室气体。它在大气中的增加速度很快。200多年前，大气中CH_4的体积分数为800×10^{-9}左右，但到了1992年则增加到1720×10^{-9}，2005年大气中CH_4浓度为1774ppb。预计到2050年大气中的CH_4浓度会上升到2.5×10^{-5}。同CO_2相似，大气中的CH_4浓度显然有季节和若干年的周期性变化，但总体上逐年增加的趋势是十分明显的。

3. 氧化亚氮

N_2O主要产生于土壤中硝酸盐的脱氮和铵盐的硝化，因此，氮肥的施用将增加大气中N_2O的浓度。据估计，大约1/3的N_2O排放量是由人类产生的。N_2O的消除主要是在平流层中进行的光分解。

4. 氟利昂类

CFCs以破坏臭氧层而著名，其光谱吸收带处于地球辐射光谱最强的谱段。它是温室效应极强的温室气体，其浓度虽然显著低于其他温室气体，但对温室效应的贡献却很大。据估计，在20世纪80年代，它对温室效应的贡献率达到12%～20%。CFCs物质除CH_3Cl产生于海洋外，其他都来自于工业生产，如CFC-11、CFC-114、哈龙1211等材料。

5. 气溶胶

尽管气溶胶在大气中含量较低，但由于它们通过对太阳辐射和地面长波辐射的散射和吸收，影响着大气的加热或冷却，进而影响整个地球系统的辐射平衡。同时，它们通过改变云的微物理结构而影响云的辐射特性。在地球能量平衡中，气溶胶和云能吸收和放射红外线，也能反射太阳辐射。因此，它们的总体效果是使地球表面变冷。目前的研究表明，气溶胶的冷却效应与温室气体的加热效应在同一量级上，在局部地区，气溶胶的冷却效应甚至可能超过温室气体的加热效应。根据IPCC的报告，气溶胶在过去几个世纪里已经减轻了预期的全球变暖程度。

2.1.3　应对措施与策略

1. 控制气候变化的途径

从当前温室气体产生的原因和人类掌握的科学技术手段来看，控制气候变化和影响的主要途径是制定适当的能源发展战略，逐步控制温室气体的排放量，增加吸收量，并采取必要的适应气候变化的措施。

（1）控制温室气体排放：当今世界各国一次能源消费结构均以矿物燃料为主，全球矿物燃料消费量占一次能源消费总量的87%，燃烧矿物燃料每年排入大气中的CO_2多达50亿吨，并以每年平均0.4%的速度递增。因此，在保持经济增长的情况下，若想抑制CO_2排放量，必须大幅度地引进清洁能源并大力推行节能措施。能源消耗转化是指从使用含碳量高的燃料（如煤），转向含碳量低的燃料（如天然气），或转向不含碳的能源，如太阳能、风能、核能、地热能、水力、海洋能发电等。这些选择将使我们向减少CO_2排放的方向迈进。

（2）增加温室气体吸收：可通过植物吸收CO_2。植物的光合作用是地球上规模最大的同化吸收CO_2的过程。目前热带雨林年损失1400万公顷，每年从空气中就少吸收4亿吨CO_2，为了抑制CO_2增长，应大面积植树造林。林地可以净化大气，调节气候，吸收CO_2，每公顷森林年净产氧量为：落叶林16t，针叶林30t，常绿阔叶林20～25t，而消耗CO_2为上述值的1.375倍。因此保护原始森林，大规模植树造林，培植草原，搞好城市绿化是减少大气中CO_2的重要手段。另外，还可人工吸收CO_2。例如，日本学者提出在吸收剂中使用沸石对火山发电中排出的CO_2做物理式吸收，或者使用胺化学溶剂进行化学吸收。美国学者提出向海中施铁，可使海生植物大量繁殖，从而达到大量吸收CO_2的目的。

（3）控制人口，提高粮产，限制毁林：不发达国家人口失控和发达国家无节制消费及短期行为是造成温室灾害的重要原因之一，从而要在全球推行控制人口数量，提高人口素质，使人口发展与环境和经济相适应。解决第三世界的粮食问题，应依靠农业技术进步，发展生态农业，走提高单产之路，摒弃毁林从耕的落后农业生产方式。

（4）适应气候变化：适应气候变化的措施主要有培养新的农作物品种，调整农业生产结构，规划和建设防止海岸侵蚀的工程等。

2. 控制气候变化国际行动

为控制温室气体排放和气候变化危害，1992年联合国环境与发展大会通过《气候变化框架公约》，公约确立的最终目标是将大气中温室气体的浓度稳定在防止气候系统受到危险的人为干扰的水平上。发展中国家温室气体的排放不受限制，但需要报告本国温室气体的排放情况。1997年，在日本京都召开的缔约国第三次大会上，通过了《京都议定书》，规定了二氧化碳、氧化亚氮、甲烷、氢氟碳化合物、全氟化碳以及六氟化硫等6种受控温室气体，明确了各发达国家削减温室气体排放量的比例，议定书中引入了“清洁发展机制”的概念，允许发达国家通过相互之间的合作及其同发展中国家之间的合作，完成其有关限制和削减排放的承诺。

3. 加强环境意识教育，促进全球合作

缺乏环境意识是环境灾害发生的重要原因，为此，应通过各种渠道和宣传工具，进行危机感、紧迫感和责任感的教育，使越来越多的人认识到温室灾害已经能开始，气候有可能日益变暖，人类应为自身和全球负责，建立长远规划，防止气候恶化。

从各国政府可能采取的政策手段来看，一是实行直接控制，包括限制化石燃料的使用和温室气体的排放，限制砍伐森林；二是应用经济手段，包括征收污染税费，实施排污权交易（包括各国之间的联合履约），提供补助资金和开发援助；三是鼓励公众参与，包括向公众提供信息，进行教育、培训等。

从今后可供选择的技术来看，主要有节能技术、生物能技术、二氧化碳固定技术等。面对全球气候变化的问题，发达国家已把开发节能和新型能源技术列为能源战略的重点。到20世纪90年代，美国能源部已把开发高效能源技术和减排温室气体列为中心任务，致力于开发各种先进发电技术及其他面向21世纪的远景技术。

2.2 臭氧层破坏问题

2.2.1 大气臭氧层的主要特征和臭氧层破坏现象

臭氧（O_3）是氧的同素异形体，在大气中含量仅为$1/10^8$，但在离地面20～30km的平流层中，存在着臭氧层，其中臭氧的含量占这一高度空气总量的$1/10^5$。臭氧可以吸收掉太阳放射出的大量对人类、动物及植物有害波长的紫外线辐射（240～329nm，称为UV-B波长），为地球提供了一个防止紫外辐射有害效应的屏障。

在标准状态下，全球臭氧层的平均厚度约为300DU［Dobsonunit（DU）是表征平流层O_3总量的最常用单位］，臭氧总量在地理分布上是不均匀的，其最低值出现在赤道附近，约为260DU，随着纬度的增大，臭氧厚度也逐渐增大。靠近两极的地区臭氧厚度开始减少。大气中臭氧总量还呈现规律性的季节变化，其最大值出现在两半球的春季，最小值出现在秋季。

1985年，英国科学家法尔曼等人首先提出“南极臭氧洞”的问题。他们根据南极哈雷湾观测站的观测结果，发现从1957年以来，每年早春（南极10月份）南极臭氧浓度都会发生大规模的耗损，极地上空臭氧层的中心地带，臭氧层浓度已极其稀薄，与周围相比像是形成了一个“洞”，直径达上千公里，“臭氧洞”就是因此而得名的。这一发现得到了许多其他国家的南极科学站观测结果的证实。卫星观测结果表明，臭氧洞在不断扩大，至1998年臭氧洞的覆盖面积已相当于三个澳大利亚。而且，南极臭氧洞持续的时间也在加长。这一切迹象表明，南极臭氧洞的损耗状况仍在恶化之中。

2.2.2 平流层臭氧形成及破坏机理

1. 纯氧理论

1930年英国人普曼（S. Chapman）提出了纯氧体系生成O_3的光化学机理。在平流层中，一部分氧气分子可以吸收小于242nm波长的太阳光中的紫外线，并分解形成氧原子。这些氧原子与氧分子结合生成臭氧，生成的臭氧可以吸收太阳光而被分解掉，也可与氧原子相结合，再度变成氧分子。其过程可用下面的化学反应方程式来表示：

$$O_2 + h\nu \longrightarrow O + O \qquad (2\text{-}2\text{-}1)$$

$$O + O_2 + M \longrightarrow O_3 + M \qquad (2\text{-}2\text{-}2)$$

M为反应第三体，它们是氮气和氧气分子，其作用是与生成的臭氧相碰撞，接受过量的能量以使臭氧稳定。

式（2-2-2）中生成的O_3可以吸收波长为240～320nm的紫外线，分解成为O_2和O，分解出的O和O_3可以形成两分子的O_2。

$$O_3 + h\nu \longrightarrow O_2 + O \qquad (2\text{-}2\text{-}3)$$

$$O_3 + O \longrightarrow O_2 + O_2$$

式（2-2-1）和式（2-2-3）实现了对有效太阳紫外线辐射（100nm$<\lambda<$320nm）的吸收，使波长低于300nm的太阳辐射很难穿过大气层，从而保护了地表生物和人。

2. 催化清除理论

1964 年以前，Chapman 机理一直被认为是控制平流层内臭氧生成和消除的主要方式。平流层臭氧的浓度取决于生成反应和消除反应的理论平衡状态，然而由这一理论得出的平流层臭氧浓度是实际臭氧浓度的 2 倍左右。纯氧理论出现的问题，主要是没有考虑到大气中的微量成分的催化作用。1950 年，贝茨（Bates）和尼古雷特（Nicolet）提出了氢自由基参与臭氧平流层臭氧消除过程的想法。对平流层化学活动理解的重要突破主要发生在 20 世纪 70 年代，克鲁兹（Crutzen，1970）和约翰斯顿（Johnston，1971）揭示了氮氧化物在平流层化学活动中的主导作用，随后，斯多拉斯克（Sdolarski）和西斯罗拉（Cicerone，1974），莫里拉（Molina）和罗兰德（Roland，1974），阐述了氯化物在平流层中的化学作用，从而揭示出人类活动对全球臭氧层的巨大影响。

平流层大气中的活性催化物质通过链式反应消除臭氧。其链式反应方程式如下：

$$Y + O_3 \longrightarrow YO + O_2 \tag{2-2-4}$$

$$YO + O \longrightarrow Y + O_2 \tag{2-2-5}$$

总反应：　$$O_3 + O \longrightarrow 2O_2$$

直接参与催化消除臭氧的活性 Y 物种称为活性物种。根据式（2-2-4）和式（2-2-5），Y 在反应中并不消耗，有些 Y 物种可在平流层中存在数年，所以一个 Y 自由基可以破坏数万甚至数十万个臭氧分子。

Y 物种包括三大家族，奇氢家族 HO_x（H、OH、HO_2），奇氮家族 NO_x（NO、NO_2）和奇卤家族 XO_x（Cl、ClO、Br、BrO）等。奇氢家族主要由大气中的 H_2O 和被激活的 O 原子发生反应而来，属于自然活动的产物。奇氮家族一部分来自于宇宙射线分解 N_2 继而产生的 NO_4（自然活动），另一部分来自于飞机直接向平流层排放的 NO_3（人类活动）。奇卤家族主要来自于人类活动产生的全氯氟烃（CFCs）和含溴氟烷（Halos，俗称哈龙）等消耗臭氧层物质（ozone depletion substances，ODSs），另外，自然活动如火山爆发也会产生大量的氯气。

1928 年，神奇气体 CFCs 问世，最初人们将之用作制冷设备的冷却剂。因其具有非常好的稳定性、不含毒性、不具腐蚀作用和不燃性，自 20 世纪 60 年代开始，发达国家的 CFCs 的消费量大幅度上升。

CFCs 的化学稳定性好，在对流层不易被分解而进入平流层。到达平流层的 CFCs 受到短波紫外线 UV-C 的照射，分解为 Cl 自由基，参与臭氧的消耗。以广泛应用的 $CFCl_3$（CFC-11）和 CF_2Cl_2（CFC-12）为例，CFCs 释放 Cl 自由基的光化学过程如下：

$$CFCl_3 + hv \longrightarrow CFCl_2 + Cl$$

$$CF_2Cl_2 + hv \longrightarrow CF_2Cl + Cl$$

$CFCl_3$ 损耗臭氧层的全过程如图 2-2-3 所示，由于 Cl 自由基在反应中并不消耗，因此可以

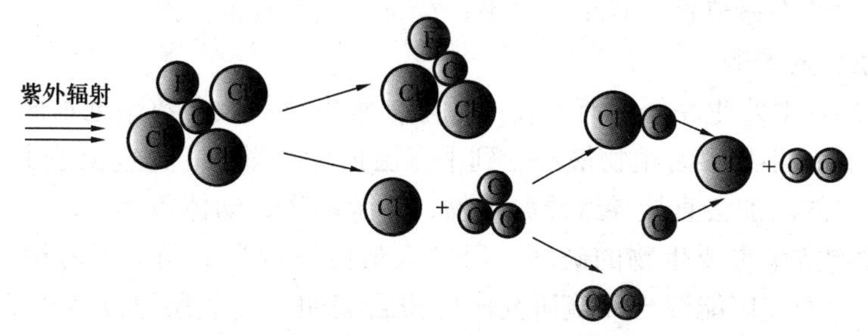

图 2-2-3　CFC-11 在平流层内损耗臭氧

在其寿命内不断地破坏平流层内的臭氧分子。CFCs可以存在很长时间，例如有着广泛用途的CFC-11和CFC-12的寿命分别为50年和110年。而有些CFCs的寿命可长达上千年。反应过程中释放的氯自由基可以在平流层中存在数十年，因此一个Cl自由基能够消耗数十万个O_3。

3. 南极臭氧空洞

人类所排放的CFCs主要集中于北半球，科学家根据科考结果推断：携带氧氟烃的大气环流，随赤道附近的热空气上升，分流向两极，然后冷却下沉，从低空回流到赤道附近的回归线。

在南极黑暗酷冷的冬季（6～9月份），下沉的空气受南极洲的山地阻碍，停止环流而就地旋转，并与冷空气形成"极地风暴漩涡"。"漩涡"上升到20km高空的臭氧层，由于这里温度非常低，形成了滞留的"冰晶云"。"冰晶云"中的冰晶微粒把空气中带来的CFCs和哈龙吸收在其表面，并不断积累其中。

当南极的春季来临（9月下旬），冰晶融化，释放出被吸附的CFCs。在紫外线的照射下，CFCs分解产生氯原子，与臭氧反应，形成季节性的"臭氧空洞"。随着夏季的到来，南极臭氧层得到逐渐恢复。然而臭氧减少的空气可以传输到南半球的中纬度，造成全球规模的臭氧减少。

因为北极没有极地大陆和高山，仅有一片海洋冰帽，形不成大范围的强烈"极地风暴"，所以不易产生像南极那样大的臭氧洞。但是，北极上空的臭氧也在不断地减少。

2.2.3 臭氧层破坏的危害

由于臭氧层被破坏，照射到地面的紫外线B段辐射（UV-B）将增强，预计UV-B辐照水平的增加不仅会影响人类，而且对植物、野生生物和水生生物也会有影响。

1. 对人类健康的影响

臭氧层破坏后，人们直接暴露于UV-B辐射中的机会增加了。UV-B辐射会损坏人的免疫系统，使患呼吸道系统传染病的人增多；受到过多的UV-B辐射，还会增加皮肤癌和白内障的发病率。全世界每年大约有10万人死于皮肤癌，大多数病例与UV-B有关。据估计平流层臭氧每损耗1%，皮肤癌的发病率约增加2%。总的来说，在长期受太阳照射的地区的浅色皮肤人群中，50%以上的皮肤病是阳光诱发的，即肤色浅的人比其他种族的人更容易患各种由阳光诱发的皮肤癌。此外，紫外线照射还会使皮肤过早老化。

2. 对陆生生态的影响

UV-B辐射增强将破坏植物和微生物组织，但是这些组织具有修复能力。UV-B辐射改变植物的生物活性和生物化学过程（但不一定是破坏），将影响到植物防止病菌和昆虫袭击的能力，进而影响植物的质量。一般说来，UV辐射使植物叶片变小，因而减少俘获阳光进行光合作用的有效面积。各种植物对UV辐射的反应不同。对大豆的初步研究表明，UV辐射会使其更易受杂草和病虫害的损害。臭氧层厚度减少25%，可使大豆减产20%～25%。UV-B辐射效应对长寿命植物具有积累效果，严重影响森林的生态。

3. 对水生系统的影响

UV-B的增加，对水生系统也有潜在的危险。水生植物大多数贴近水面生长，这些处于水生食物链最底部的小型浮游植物最易受到平流层损耗的影响，而危及整个生态系统。研究表明，UV-B辐射的增加会直接导致浮游植物、浮游动物、幼体鱼类、幼体虾类、幼体螃蟹以及其他水生食物链中重要生物的破坏。研究人员已发现臭氧洞与浮游植物繁殖速度下降12%有直接关系，而美国能源与环境研究所的报告表明，臭氧层厚度减少25%导致水面附近的初级生物产量降低35%，光亮带（生产力最高的海洋带）减少10%。

4. 对其他方面的影响

有研究指出，UV-B 增加会使一些市区的烟雾加剧。一个模拟实验发现，在同温层臭氧减少 33%，温度升高 4℃时，费城及纳什维尔的光化学烟雾将增加 30%或更多。

另一种经济上很重要的影响是，臭氧耗竭会使塑料恶化、油漆退色、玻璃变黄、车顶脆裂。

2.2.4 消耗臭氧层的物质

除了 CFCs 和哈龙，目前人为的消耗臭氧层的物质（ODS）还包括四氯化碳（CCl_4）、甲基氯仿（1，1，1-三氯乙烷 CH_3CCl_3）、溴甲烷（CH_3Br）以及部分取代的氯氟烃。

1. ODS 的命名

国际科技界在正式会议文件和科技文献中统一使用的 ODSs 名称通常有两部分，即代号和代码。例如，$CFCl_3$ 的命名 CFC-11，其中 CFC 为代号部分，11 为代码部分。一些 ODSs 的代号定义为：全氯氟烃取英文名称 chlorofluorocarbon 的字头 CFC 表示；含氢的氯氟烃则取 hydrogen containing chlorofluorocarbon 的字头 HCFC 表示；含氢氟烃则取 hydro fluorocarbon 字头 HFC 表示；全氟烃则取 per fluorocarbon 字头 PFC 表示。代号后面的代码是由三位阿拉伯数字组成，其中个位数表示分子中氟原子的个数，十位数表示分子中氢原子的个数加 1，百位数表示分子中碳原子的个数减 1。例如，$CFCl_3$ 的代号为 CFC，代码百位数为 0，十位数为 1，个位数为 1，由于百位数为 0，所以只用 2 位数表达，即 11，这样 $CFCl_3$ 的命名为 CFC-11。$CHCl_2F$ 的代号为 HCFC，代码为 21，命名为 HCFC-21。对于有多种同分异构体的 CFCs，例如乙烷类氯氟烃和 2 个以上碳原子氯氟烃，则以分子的结构为基础，按照一定的规则在代码后标上 a、b、c……以区别各种的同分异构体。

含溴氯氟烃的代号即为 Halo（哈龙），编码方式是按碳、氟、氯、溴、碘的次序排成五位数，如无碘则第五位不作表示，或为 4 位数。例如 CF_2ClBr 的名称为 Halon1211，CF_2Br-CF_2Br 的名称为 Halon2402，CF_3Br 名称为 Halon1301。

2. ODS 的破坏能力

不同的 ODSs 对臭氧层的损耗能力是不同的。当它们由对流层向平流层扩散时，一些 CFCs 在对流层不发生变化，在平流层吸收短波紫外线辐射而发生分解，由此引起了破坏臭氧层的反应。而一些含氢的氯氟烃在对流层中已与大气中富含的 HO· 自由基发生分解反应，它们在大气平流层中寿命不长。因此，能够扩散到臭氧层的数量较少，对臭氧层破坏能力也较小。为了表示与比较它们损耗臭氧的能力，采用了臭氧耗减潜能（ozone depletion potential，ODP）的概念。以 CFC-11 为基准，设定其 ODP 值为 1。其他物质的 ODP 值为其损耗臭氧能力与 CFC-11 的损耗臭氧能力之比。另外，ODS 物质在大气中也具有温室效应，虽然其总量相对其他温室气体较小，但是由于它的 GWP 值（全球变温势）较高，所以也不容忽视。表 2-2-2 为几种 ODS 气体在大气中的寿命、ODP 和 GWP 值。

表 2-2-2 ODSs 在大气中的寿命、ODP 和 GWP 值

代号	大气中的寿命(a)	ODP	GWP
CFC-11	50±10	1	3400
CFC-12	110±10	1	7100
CFC-113	85±5	0.8	4500

续表

代号	大气中的寿命（a）	ODP	GWP
CFC-114	250±50	0.7	7000
CFC-115	＞500	0.4	7000
HFC-134a	16	0	1200
HFC-152a	2	0	150
Halon-1211	18	3.0～4.0	—
Halon-1301	＞50	10.0～16.0	2.4
Halon-2402	2.3	6.0～7.0	—
CCl_4	40	1.11	0.35

3. ODS的应用

（1）CFCs：自20世纪30年代初，CFCs作为一类新的化工产品问世以来，由于其具有化学惰性和热稳定性、不燃性、低毒性、沸点低及气液相易于转变，与碳氢类油脂相互混溶，表面张力和黏度低等特性，它们的应用范围日益广泛，已涉及航空航天、机械电子、医药卫生、石油及日用化工、建筑家具、食品加工、商业服务等许多行业。主要用作制冷剂、塑料发泡剂、喷射剂、清洁剂等。用CFCs制造和加工的产品，如冰箱、空调机、电视机及其他电子产品、沙发、各类气雾罐等，已进入千家万户，成为提高人们的社会和家庭生活水平，实现现代化所不可缺少的必需品。

（2）哈龙：由于哈龙1211和哈龙1301具有既清洁又安全的特性，在人们认为哈龙是臭氧耗减物质之前，尤其在20世纪60年代和70年代，哈龙1211和哈龙1301在电子计算机房、历史博物馆、船舰和飞机等重要场所被大量使用。我国于20世纪60年代试制成功哈龙1211后，逐步推广应用，80年代大量应用于手提式灭火器。20世纪70年代初又试制成功了哈龙1301，主要用于固定灭火系统。

2.2.5 保护臭氧层的对策

我们已经知道，氟氯烃类物质造成臭氧层的破坏最大，因此，了解其使用与排放情况，找到解决问题的对策，达成国际协议的基础，尽快停止使用CFCs。

（1）逐步禁止生产和使用破坏臭氧层的物质，从而保护臭氧层免遭破坏。既然破坏臭氧层的物质均为人造化学品，那么完全禁止生产和应用这些物质是可能的。但是，由于氟利昂在工农业生产上的重要地位，立即禁止生产和使用是有难度的，因此，国际上采用的办法是逐步禁止生产和使用这些破坏臭氧层的物质。

为推动氟利昂替代物质和技术的开发和使用，逐步淘汰消耗臭氧层物质，许多国家采取了一系列政策措施，一类是传统的环境管制措施，如禁用、限制、配额和技术标准，并对违反规定实施严厉处罚。欧盟国家和一些经济转轨国家广泛使用了这类措施。一类是经济手段，如征收税费，资助替代物质和技术开发等。美国对生产和使用消耗臭氧层物质实行了征税和可交易许可证等措施。另外，许多国家的政府、企业和民间团体还发起了自愿行动，采用各种环境标志，鼓励生产者和消费者生产和使用不带有消耗臭氧层物质的材料和产品，其中绿色冰箱标志得到了非常广泛的应用。

（2）开展淘汰消耗臭氧层物质国际行动。1985年，在联合国环境规划署的推动下，制定了保护臭氧层的《维也纳公约》。1987 年，联合国环境规划署组织制定了《关于消耗臭氧层物质的蒙特利尔议定书》，对 8 种破坏臭氧层的物质（简称受控物质）提出了削减使用的时间要求。这项议定书得到了 163 个国家的批准。1990 年、1992 年和 1995 年，在伦敦、哥本哈根、维也纳召开的议定书缔约国会议上，对议定书又分别作了 3 次修改，扩大了受控物质的范围，现包括氟利昂（也称氟氯化碳 CFC）、哈龙（CFCB）、四氯化碳（CCl_4）、甲基氯仿（CH_3CCl_3）、氟氯烃（HCFC）和甲基溴（CH_3Br）等，并提前了停止使用的时间。中国于 1992 年加入了《蒙特利尔议定书》。

为了实施议定书的规定，1990 年在伦敦召开的议定书缔约国第二次会议上，决定设立多边基金，对发展中国家淘汰有关物质提供资金援助和技术支持。1991 年建立了临时多边基金，1994 年转为正式多边基金。到 1995 年底，多边基金共集资 4.5 亿美元，在发展中国家共安排了近 1100 个项目。

到 1995 年，经济发达国家已经停止使用大部分受控物质，但经济转轨国家没有按议定书要求削减受控物质的使用量。发展中国家按规定到 2010 年停止使用，受控物质使用量目前仍处于增长阶段。图 2-2-4 给出了消耗臭氧层物质消费趋势。

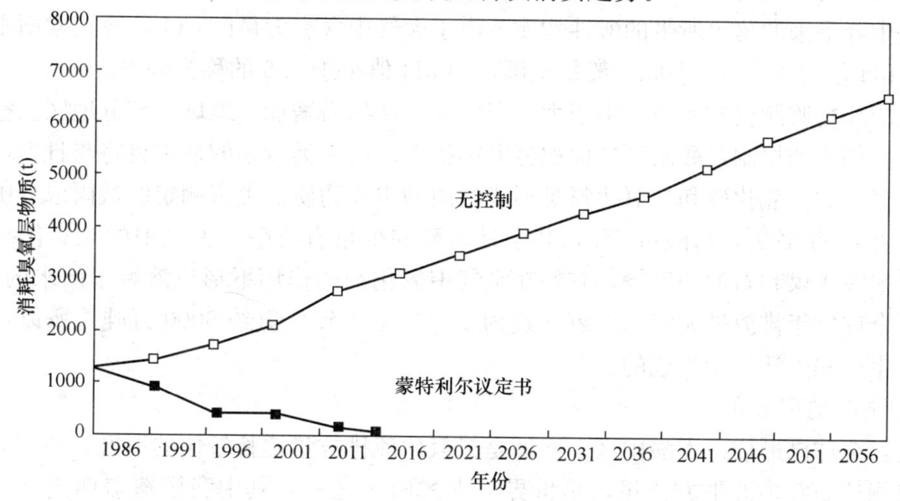

图 2-2-4　消耗臭氧层物质消费趋势

在各项国际环境条约中，蒙特利尔议定书的执行情况是最好的之一。目前，向大气层排放的消耗臭氧层物质已经开始逐渐减少，从 1994 年起，对流层中消耗臭氧层物质浓度开始下降。尽管 CFCs 排放在下降，但其平流层的浓度还在继续上升，这是因为前些年排放的长寿命 CFCs 还在上升进入平流层。预计在未来几年中，平流层中消耗臭氧层物质的浓度将达到最大限度，然后开始下降。但是，由于氟利昂相当稳定，可以存在 50～100 年，即使议定书完全得到履行，臭氧层的耗损也只能在 2050 年以后才有可能完全复原。

为了使发展中国家的缔约国能够实施控制措施，缔约国应尽力向发展中国家提供情报及培训机会，并寻求发展适当资金机制，促进以最低价格向发展中国家转让技术和替换设备。

（3）研究开发破坏臭氧层物质的替代物。由于破坏臭氧层的物质在工农业生产中占有相当重要的地位，限用和禁用上述物质就必须研究开发相应的替代物。因为破坏臭氧层的物质主要为氟利昂，所以，寻找氟利昂的替代物是研究的重点。

目前，世界上一些氟利昂的主要生产厂家参与开发研究了替代氟利昂的含氟替代物（含氢氯氟烃 HCFC 和含氢氟烷烃 HCF 等）及其合成方法，有可能用作发泡剂、制冷剂和清洗溶剂等，但这类替代物也损害臭氧层或产生温室效应。同时，也在开发研究非氟利昂类型的替代物质和方法，如水清洗技术、氨制冷技术等。欧洲目前正强制实施汽车空调中R134a制冷剂的淘汰。由此，大多数欧洲汽车制造商已经用HFO-1234yf来替代R134a，HFO-1234yf是一种具有极低GWP值和零ODP值的新制冷剂。对于固定式空调，一些欧洲制造商也正采用低GWP值的替代制冷剂，如CO_2制冷剂系统。我国上海、青岛已开发出无氟冰箱。日本通产省技术研究院现已开发出新一代氟利昂，它既不破坏臭氧层，也不产生温室效应。

2.3 致酸前体与酸雨

2.3.1 酸雨问题

1. 酸雨的概念

酸雨是指pH值小于5.6的雨水、冻雨、雪、雹、露等大气降水。所谓酸雨，正确的名称应为"酸性沉降"，它可分为"湿沉降"与"干沉降"两大类，前者指的是所有气状污染物或粒状污染物，随着雨、雪、雾或雹等降水形态而落到地面上，后者则是指在不下雨的日子，从空中降下来的落尘所带的酸性物质。由于大气中含有大量的CO_2，故正常雨水本身略带酸性，pH值约为5.6，因此一般是把雨水中pH值小于5.6的称为酸雨。

大量的环境监测资料表明，由于大气层中的酸性物质增加，地球大部分地区上空的雨水正在变酸，如不加控制，酸雨区的面积将继续扩大，给人类带来的危害也将与日俱增。现已确认，大气中的二氧化硫和二氧化氮是形成酸雨的主要物质。美国测定的酸雨成分中，硫酸占60%，硝酸占32%，盐酸占6%，其余是碳酸和少量有机酸。大气中的二氧化硫和二氧化氮主要来源于煤和石油的燃烧，它们在空气中氧化剂的作用下形成溶解于雨水的两种酸。据统计，全球每年排放进大气的二氧化硫约1亿吨，二氧化氮约5000万吨，所以，酸雨主要是人类生产和生活活动造成的。

2. 酸雨的地理分布

目前，全球已形成三大酸雨区。亚洲是二氧化硫排放量增长较快的地区，并主要集中在东亚，面积达200多万平方公里，是世界三大酸雨区之一。其中我国覆盖四川、贵州、广东、广西、湖南、湖北、江西、浙江、江苏和青岛等省市部分地区。世界上第二大酸雨区是以德、法、英等国为中心，波及大半个欧洲的北欧酸雨区。酸雨最早发生在挪威、瑞典等北欧国家，随后由北欧扩展到东欧和中欧，直至几乎覆盖整个欧洲。20世纪80年代初，整个欧洲的降水pH值在4.0～5.0之间，雨水中硫酸盐含量明显升高。第三大酸雨区是包括美国和加拿大在内的北美酸雨区。美国是世界上能源消费量最多的国家，消费了全世界近1/4的能源，美国每年燃烧矿物燃料排出的二氧化硫和氮氧化物也占世界首位。从美国中西部和加拿大中部工业心脏地带污染源排放的污染物定期落在美国东北部和加拿大东南部的农村及开发相对较少或较为原始的地区，其中加拿大有一半的酸雨来自美国。

3. 酸雨的危害

酸雨在国外被称为"空中死神"，其潜在的危害主要表现在四个方面：

(1) 对水生系统的危害：酸雨会使淡水湖泊、河流酸化，导致湖水中鱼类减少，改变营养物和有毒物的循环，使有毒金属溶解到水中，并进入食物链，使物种减少和生产力下降。挪威在20世纪70年代开展了一项多学科研究计划——酸沉降对于森林和渔业的影响调查计划（SNSF），来自2个研究单位的150多名科学家参加了这项研究计划。研究成果证实了酸雨对北欧生态系统的损害确实存在。在酸雨最严重时期，挪威南部的约 5000 个湖泊中有 1750 个由于 pH 过低而使鱼虾绝迹。在瑞典，9 万个湖泊中的 1/5 已受到酸雨的侵害。据估算，在斯堪的纳维亚半岛，由于酸雨的影响，截止到 20 世纪 80 年代初就已有 1 万个湖泊完全酸化，另有一些受到严重威胁。

（2）对土壤的危害：酸雨能够影响土壤中一些小动物和微生物的生长发育，从而改变土壤的物理结构。酸雨还可能使土壤释放出某些有害的化学成分，从而危害植物根系的生长发育。酸雨还抑制土壤中有机物的分解和氮的固定，淋洗钙、镁、钾等营养元素，使土壤贫瘠化。

（3）对森林的影响：酸雨损害植物的新生叶芽，从而影响其生长发育，导致森林生态系统的退化。据统计，德国约有 1/3 的森林受到酸雨不同程度的危害，在巴伐利亚每 4 株云杉就有 1 株死亡。在瑞士，森林受害面积已达 50％以上。

（4）对建筑材料和金属结构的腐蚀：酸雨能使非金属建筑材料（混凝土、砂浆和灰砂砖）表面硬化、水泥溶解、出现空洞和裂缝，导致强度降低，从而导致建筑物损坏。特别是许多以大理石和石灰石为材料的历史建筑物和艺术品，耐酸性差，容易受酸雨腐蚀。据报道，仅美国因酸雨对建筑物和材料的腐蚀造成的损失每年达 20 亿美元。

（5）对人体的影响：一是通过食物链使汞、铅等重金属进入人体，诱发癌症和老年痴呆；二是酸雾侵入肺部，诱发肺水肿或导致死亡；三是长期生活在含酸沉降物的环境中，诱使产生过多氧化脂，导致动脉硬化、心梗等疾病概率增加。

2.3.2　致酸前体物

1. 二氧化硫

二氧化硫的自然来源包括微生物的活动、火山活动、森林火灾以及海水飞沫。自然排放大约占大气中全部二氧化硫的一半，通过自然循环过程，自然排放的硫基本上是平衡的。二氧化硫的人为排放源大部分为煤炭、石油、天然气等化石燃料的燃烧，此外，金属冶炼和硫酸生产过程也释放二氧化硫。随着化石燃料消费量的不断增长，全世界人为排放的二氧化硫在不断增加，其中北半球排放的二氧化硫占人为排放总量的 90％。2012 年我国二氧化硫排放总量为 2117.6 万吨，年均浓度比上年下降 9.8％（图 2-2-5）。

2. 氮氧化物

氮氧化物的自然排放和人为排放大体相当。自然来源主要包括闪电、林火、火山活动和土壤中的微生物过程，广泛分布在全球，对某一地区的浓度不发生什么影响。人为排放的氮氧化物主要集中在北半球人口密集的地区。2012 年，我国氮氧化物排放总量为 2337.8 万吨，比上年下降 2.77％（图 2-2-5）。

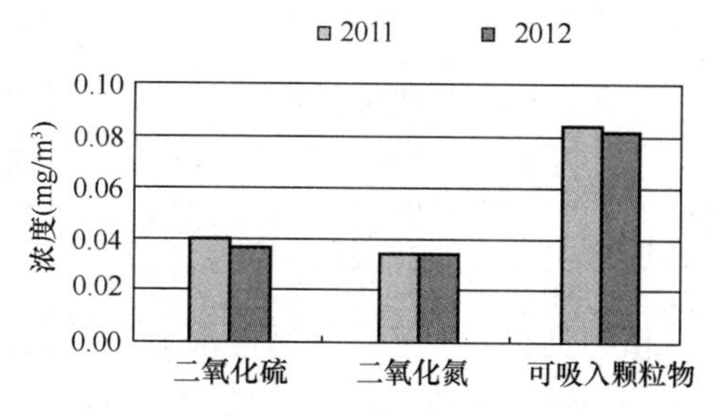

图 2-2-5　环保重点城市污染物浓度年际变化

2.3.3　控制措施与策略

1. 酸雨的防治措施

（1）完善环境法规，加强监督管理

①制定严格的大气环境质量标准，健全排污许可证制度，实施 SO_2 排放总量控制。

②经济刺激措施。其手段有征收 SO_2 排污费，排污税费、产品税（包括燃料税）、排放交易和一些经济补助等，充分运用经济手段促进大气污染的治理。

③建立酸雨监测网络和 SO_2 排放监测网络，以便及时了解酸雨和 SO_2 污染动态，从而采取措施，控制污染。

④推行清洁生产，强化全程环境管理，走可持续发展道路。目前我国的环境管理制度、法规、政策和措施主要以达标为最终要求，在当今的社会经济发展条件下显然是不合适的。

（2）调整能源结构，改进燃烧技术

①调整工业布局，改造污染严重的企业，淘汰落后的工艺与陈旧的设备，限制高硫煤的生产和使用，限制、淘汰现有煤耗高、热效低、污染重的工业锅炉和炉窑。

②使用低硫煤、节约用煤。减少 SO_2 排放最简单的方法就是改用低硫煤。煤中含硫量一般在 0.2%～5.5%之间，当燃煤的含硫量大于 15%时，就应加一道洗煤工序，以降低硫含量。据有关资料介绍，原煤经洗选后，SO_2 排放量可减少 30%～50%。所谓节约用煤，就是要改进燃烧方式，提高煤的燃烧效率。

③加大烟道气脱硫脱氮技术。

④型煤固硫。型煤是经过成型处理后的煤制品，分为民用和工业用两类。民用型煤主要是煤球和蜂窝煤，工业型煤主要是锅炉、窑炉、蒸气机床等采用的各种成型煤制品。所谓型煤固硫，就是在型煤加工时加入固硫剂，煤在燃烧时不排出 SO_2，从而实现燃煤固硫，固硫率可达 50%左右。目前，民用型煤固硫在我国已经开展，而工业型煤固硫则使用很少。

⑤调整民用燃料结构，减轻能源污染。逐渐实现民用燃料气体化，逐渐实现城市集中供热。

⑥增加无污染或少污染的能源比例。开发可以替代燃煤的清洁能源，如太阳能、核能、水能、风能、地热能、天然气等清洁能源，将会对减排 SO_2 作出很大贡献。但目前的技术水平还不能保证从太阳能、风能、地热能等获得大规模稳定的工业电力。因此，替代能源的主要开发目标应当是水电和核电。

（3）改善交通环境，控制汽车尾气

①制订各类汽车的废气排放标准，限制汽车行驶速度，尽快实施机动车定期淘汰制度。

②城市要着力发展公共交通，适当限制私人汽车数量，保证交通畅顺，才能减少汽车尾气的污染。

③大力推广使用无铅汽油，改进汽车发动机技术，安装尾气净化器及节能装置。

④呼吁使用“绿色汽车”，即用天然气、氢气、酒精、甲醇、电等清洁燃料作为汽车动力的汽车，可大大降低 NO_x 的排放量。

（4）加强植树栽花，扩大绿化面积

植物具有调节气候、保持水土、吸收有毒气体等作用。因此，根据城市环境规划，选择种植一些较强吸收 SO_2 和粉尘的如石榴、菊花、桑树、银杉等花草树木，可以净化空气，美化城市环境，这也是防止酸雨的有效途径。

（5）区域 SO_2 排放总量控制

即根据地区环境容量，限制区域 SO_2 的总排放量。开展区域 SO_2 排放量控制研究，找出酸沉降控制优化方案。2005 年，山西省每平方公里平均承受约 10t 的二氧化硫排放，超过全国平均水平近 4 倍。2006 年，山西省启动“蓝天碧水工程”全面控制污染。其中重点加强主要污染物的总量控制，将控制二氧化硫排放指标分解到 2798 个重点源。重点抓电厂烟气脱硫，对列入山西省政府燃煤电厂烟气脱硫限期治理任务的燃煤机组进行了全面清理，对未完成限期治理任务的 179 台机组，山西省政府分别作出了再次限期治理并进行处罚、停产治理、关闭的决定。2006 年山西省二氧化硫排放总量比 2005 年同期减少 5.4 万吨，超额完成减排二氧化硫 2.9%的目标任务，减排率达 3.56%，二氧化硫综合污染指数比上年同期下降 30%。

（6）酸雨控制区

酸雨控制区是指为避免或减少酸雨的发生，国家有关部门经国务院批准划定的，对能够形成酸雨的污染物排放加以严格控制的一定区域。它要根据某一地区的气象、地形、土壤等自然条件，在已经产生和可能产生酸雨的地区划定。划定酸雨控制区，应当由国务院环境保护行政主管部门会同有关部门提出方案，报国务院批准。按照《中华人民共和国大气污染防治法》的规定，在酸雨控制区内排放二氧化硫的火电厂和其他大中型企业，属于新建项目不能用低硫煤的，必须建设配套脱硫、除尘装置，或者采取其他控制二氧化硫排放、除尘的措施。属于已建企业不用低硫煤的应当采取控制二氧化硫排放、除尘的措施。

如在广东省建立以广州、佛山、东莞、深圳为重点的珠江三角洲和以韶关、清远为重点的粤北地区建设包括燃煤电厂脱硫和城市热电并供、管道煤气工程等严格控制二氧化硫排放，减轻酸雨污染的控制区。

（7）公众参与

①环境保护需要环保工作者献身。作为终身为之奋斗的事业，我国许多科学工作者为了研究我国酸雨的形成规律，贡献了自己的全部精力。

②中小学生应该尽可能参与一些环保活动，其中包括酸雨。例如，有的中小学生在校园内，种植一些对酸雨敏感性植物，以观测酸雨对环境的影响；或筛选和培植抗酸雨经济作物、花卉等，以改造环境。这些活动有利于提高他们的环保意识和增加环保知识。

③环保需要正确的公众舆论。青少年参加环保宣传，出于童心稚语，情真意切，感染力强；形式也较为生动活泼，容易为听众接受。可以办画展，讲故事，发宣传品，建立环保标志，向社会提出环保倡议，清理市容，种树养树等，都有良好的社会效益。这些内容也应该成为青少年日常德育的一部分。

2. 酸雨控制国际行动

控制酸雨的根本措施是减少二氧化硫和氮氧化物的排放。世界上酸雨最严重的欧洲和北美许多国家在遭受多年的酸雨危害之后，终于认识到，大气无国界，防治酸雨是一个国际性的环境问题，不能依靠一个国家单独解决，必须共同采取对策，减少硫氧化物和氮氧化物的排放量。经过多次协商，1979 年 11 月在日内瓦举行的联合国欧洲经济委员会的环境部长会议上，通过了《控制长距离越境空气污染公约》，并于 1983 年生效。1987 年在保加利亚的索菲亚，欧洲 25 个国家签署了另一份议定书，要求各国到 1995 年把氮氧化物的排放量冻结在 1987 年的水平。

3. 中国控制酸雨和致酸前体物的重大行动

自 20 世纪 80 年代以来我国政府组织了较大规模的酸雨研究与监测，从酸雨来源、影响和控制对策与技术等方面开展了系统深入的研究工作。1990 年 12 月，国务院环委会第 19 次会议通过《关于控制酸雨发展的意见》，提出在酸雨监测、酸雨科研攻关、二氧化硫控制工程和征收二氧化硫排污费四个方面开展工作。1992 年以来，工业污染物排放标准中逐步规定了二氧化硫排放限值。1996 年，6 个部门二氧化硫排放标准颁布实施。2000 年 9 月，全国人大常委会通过了新修订的《中华人民共和国大气污染防治法》，规定“国务院环境保护主管部门会同国务院有关部门，根据气象、地形、土壤等自然条件，可以对已经产生、可能产生酸雨的地区或其他二氧化硫污染严重的地区，经国务院批准后，划定为酸雨控制区或者二氧化硫污染控制区（两控区）”。

习题与思考题

1. 简述导致酸雨、温室效应以及臭氧层破坏的原因。

2. 能被我们眼睛感觉到的可见光，是波长在 0.3～0.7μm 之间的电磁辐射，它刚好对应于太阳辐射强度的最大值，请你大致解释这一现象。

3. 地球上海洋的平均深度为 3.8km，大部分深海的平均温度为 4℃，海水的热膨胀系数为 0。但是，海洋表层 1km 范围内平均温度为 4℃左右，这层海水的热膨胀系数为 0.00012/℃。请估算，当表层 1km 范围内的海水温度升高 1℃时海平面将上升多少？

4. 用于冰箱中压缩—膨胀过程的理想的制冷剂应具备如下的特性：在一次循环中所有温度范围内蒸气压大小适中；在最低的压力下具有很大的蒸气密度；凝固点低于最低温度；低的液相比热，高的气相比热；很好的液膜压缩系数。（参见有关热交换的教材）

（1）对最广泛的氟利昂 12 号与其他可能的替代物在上述特征方面进行比较；

（2）在不可燃、无毒的替代物中，谁将可能用于家用冰箱制冷剂？

5. 某热电厂拟通过购买大片雨林去除空气中的 CO_2，经计算若购买 48000hm^2 的雨林，可在 40 年时间里减少 520 万吨的 CO_2 排放。

（1）估算每年每亩的雨林将减少多少吨 CO_2 的排放？

（2）假设绿化工作已完成，那么每亩每年将产出多少吨的木材（干基）？这里假设木材中碳的质量含量为 50%（干基）；

（3）假设每亩地能种植 400 棵树，估算每年每棵树能提供多少吨的木材（干基）？

6. 酸雨治理的方法之一是向湖泊投加石灰石，假如某湖泊面积为 10km^2，每年降水量为 1m（1 m^3/ m^2面积）。为将 pH 值为 4.5 的酸沉降转变成与之当量的 pH 值为 6.5 的沉降，需向湖泊投加多少石灰石（$CaCO_3$）？

第 3 章　颗粒污染物的控制

学　习　提　示

本章要求学生了解颗粒污染物控制的原理，掌握除尘器分类及原理并根据实际情况加以选择。

学习重点：除尘器分类及原理。

学习难点：除尘器的选择。

大气污染控制中涉及的颗粒物，一般是指所有大于分子的颗粒物，但实际的最小界限为 0.01μm 左右。此外，颗粒物还能从气体介质中分离出来，呈堆积状态存在，或者本来就呈堆积状态。一般将这种呈堆积状态存在的颗粒物称为粉体。本书考虑到一般工程技术中的习惯，也通称粉尘。

充分认识粉尘颗粒的大小等物理特性，是研究颗粒的分离、沉降和捕集机理以及选择、设计和使用除尘装置的基础，本章将在讨论颗粒的粒径分布等物理特性及除尘装置性能表示方法的基础上，对粉尘颗粒在各种力场中的空气动力学行为——分离、沉降、捕集等进行扼要介绍。

3.1　颗粒污染物控制的原理

3.1.1　颗粒的粒径及粒径分布

颗粒物的粒径及其分布对除尘过程的机制、除尘器的设计及运行效果都有很大的影响，它们是颗粒污染物控制的主要基础参数。

如果颗粒是大小均匀的球体，则可用其直径作为颗粒的代表尺寸，并成为粒径。但在实际中，不仅颗粒的大小不同，而且形状各种各样，需按一定的方法确定一个表示颗粒大小的代表性尺寸，以作为颗粒的粒径。一般是将粒径分为代表单个颗粒大小的单一粒径和代表由不同大小的颗粒组成的粒子群的平均粒径。

1. 单个颗粒的粒径

球形颗粒的大小是用其直径来表示的，对于非球形颗粒，一般用以下几种方法定义其粒径，即投影径、几何当量径、物理当量径和筛分径。

（1）投影径

定向径（Ferret）　　各颗粒在投影图中同一方向上的最大投影长度，此径可取任意方向，通常取与底边平行的线。

定向面积等分径（Martin）　　将颗粒投影面积二等分的线段长度，等分径与所取的方向有关，通常采用与底边平行的等分线作为粒径。

（2）几何当量径

等投影面积径　　与颗粒投影面积相同的某一圆的直径。

等体积径　与颗粒体积相同的某一球形颗粒的直径。

等表面积径　与颗粒外表面积相同的某一球形的直径。

颗粒的体积表面积平均径　颗粒体积与表面积之比相同的球形的直径。

（3）物理当量径

取与颗粒某一物理量相等的球形颗粒的直径。有以下几种表示方法：

斯托克斯（Stokes）直径 d_{st}：同一流体中与颗粒密度相同、沉降速度相等的球体直径，即

$$d_{st}=\left[\frac{18\mu u_t}{(\rho_p-\rho)g}\right]^{\frac{1}{2}} \tag{2-3-1}$$

式中　u_t——颗粒在流体中的终端沉降速度，m/s；

μ——流体黏度，Pa·s；

ρ_p——颗粒密度，kg/m^3；

ρ——流体密度，kg/m^3；

g——重力加速度，m/s^2。

空气动力学当量直径 d_a：在空气中与颗粒沉降速度相等的单位密度（$1g/cm^3$）的球体的直径。

（4）筛分径

颗粒能够通过的最小方筛孔的宽度。筛孔的大小常用“目”表示，“目”即为每英寸长度上筛孔的个数。

2. 颗粒物群体尺度的表达方式

实际工作中所处理的对象为颗粒物的群体而非单个颗粒物，所以人们发展了一套颗粒物群体尺度的表达方法，即颗粒物群体的粒径分布和颗粒物群体的平均粒径。

（1）用平均值和特征值来表示

①长度平均径　对于一个由大小和形状不同的粒子组成的实际粒子群，与一个由均一的球形组成的假想粒子群相比，如果两者的粒径全长相同，则称此球形粒子的直径为实际粒子群的平均粒径。由于是把粒子群的全长作为基准，所以也称长度平均直径。

②中位径　大于或小于某一粒径的颗粒各占50%，该粒径称为中位径。

③众径　颗粒群众占比例最大的颗粒直径。

（2）粒径分布

粒径分布是指某一粒子群中不同粒径的粒子所占的比例，亦称粒子的发散度。粒径分布可以按其质量为标准，也可以按其数目来计算，除尘方面多数用质量标准，空气净化则多用数目标准。

①质量粒径分布　第 i 个间隔中的颗粒质量 m_i 与颗粒总质量 $\sum m_i$ 之比，即

$$f_i=\frac{m_i}{\sum\limits_{1}^{n}m_i} \tag{2-3-2}$$

以粒径分组质量分数表示的粒径分布，称为粒径频率分布；以单位粒径间隔质量分数表示的粒径分布称为粒径频度分布，见表2-3-1。

表 2-3-1　质量粒径分布示意

粉尘粒径幅 d_p（μm）	0～5	5～10	10～20	20～30	30～40	40～50
粒径间隔 Δd_p（μm）	5	5	10	10	10	10
频数分布 ΔR_i（%）	7	16	34	23	12	8
频度分布 f（%/μm）	1.4	3.2	3.4	2.3	1.2	0.8

②筛上累积分布 R（%）　系大于某一粒径 d_p 的所有颗粒质量与粒子群总质量之比。

③筛下累积分布 D（%）　系小于某一粒径 d_p 的所有颗粒质量与粒子群总质量之比。

R 与 D 的关系为：

$$D = 1 - R \tag{2-3-3}$$

当 $D=R=50\%$ 时所对应的直径为中位径。

在除尘技术中，由于使用筛上累计分布 R 比使用频度分布更为方便，所以在一些国家的粉尘标准中多用 R 表示粒径分布。

3.1.2　粉尘的物理性质

1. 粉尘的密度

单位体积粉尘的质量称为密度，单位为 kg/m^3 或 g/cm^3。若所指的粉尘体积不包括颗粒内部和之间的缝隙体积，而是颗粒物自身所占的真实体积，则以此真实体积求得的密度称为粉尘的真密度，用 ρ_p 表示。若用堆积体积（包括粉尘内部和粉尘之间的缝隙体积）求得的密度称为堆积密度，用 ρ_b 表示。可见，对同一粉尘来说，$\rho_p \leqslant \rho_b$，如粉煤燃烧产生的飞灰颗粒含有熔凝的空心球（煤泡），其堆积密度 ρ_b 约为 $1070kg/m^3$，真密度 ρ_p 约为 $2200kg/m^3$。

若颗粒间和内部空隙的体积与堆积总体积之比称为空隙率，用 ε 表示，则空隙率 ε 与 ρ_b 和 ρ_p 之间的关系为：

$$\rho_b = (1 - \varepsilon)\rho_p \tag{2-3-4}$$

对于一定种类的粉尘，其真密度为一定值，堆积密度则随空隙率 ε 而变化。空隙率 ε 与粉尘的种类、粒径大小及充填方式等因素有关。粉尘愈细，吸附的空气愈多，ε 值愈大；充填过程加压或进行振动，ε 值减小。

粉尘的真密度用在研究尘粒在气体中的运动、分离和去除等方面，堆积密度用在贮仓或灰斗的容积确定等方面。

2. 粉尘的安息角与滑动角

粉尘的安息角　粉尘从漏斗连续落下自然堆积形成的圆锥体母线与地面的夹角称为粉尘的安息角，也称动安息角或堆积角，一般为 35°～55°。

粉尘的滑动角　自然堆积在光滑平板上的粉尘随平板做倾斜运动时粉尘开始发生滑动的平板倾角称为粉尘的滑动角，也称静安息角，一般为 40°～55°。

安息角与滑动角是评价粉尘流动特性的重要指标，安息角小的粉尘，其流动性好，反之，流动性差。

影响粉尘安息角和滑动角的影响因素主要有：粉尘粒径、含水率、颗粒形状、颗粒表面光滑程度及粉尘黏性等。

3. 粉尘的比表面积

单位体积（或质量）粉尘所具有的表面积称为粉尘的比表面积。粉状物料的许多理化性质，往往与其表面积大小有关，细颗粒表现出显著的物理、化学活性。

4. 粉尘的含水率

粉尘中一般均含有一定的水分，包括附着在颗粒表面和包含在凹坑和细孔中的自由水分以及紧密结合在颗粒内部的结合水分。化学结合的水分，如结晶水等是作为颗粒的组成部分，不能用干燥的方法除掉，否则将破坏物质本身的分子结构，因而不属于水分的范围。

粉尘中的水分含量，一般用含水率 W 表示，是指粉尘中的水分质量与粉尘总质量（包括干粉尘与水分）之比。

粉尘的含水率与粉尘的吸湿性，即粉尘从周围空气中吸收水分的能力有关，若尘粒能溶于水，则在潮湿气体中尘粒表面上会形成溶有该物质的饱和水溶液。如果溶液上方的水蒸气分压小于周围气体中的水蒸气分压，该物质将由气体中吸收水蒸气，这就形成了吸湿现象。气体的每一对相对湿度，都相应于粉尘的一定的含水率，后者称为粉尘的平衡含水率。气体的相对湿度与粉尘的含水率之间的平衡，可用每种粉尘所特有的吸收等温线来描述。

5. 粉尘的润湿性

粉尘颗粒与液体接触后能够互相附着或附着的难易程度的性质称为粉尘的润湿性。当尘粒与液体接触时，如果接触面能扩大而相互附着，则称为润湿性粉尘；如果接触面趋于缩小而不能附着，则称非润湿性粉尘。粉尘的润湿性与粉尘的种类、粒径、形状、生成条件、组分、温度、含水率、表面粗糙度及荷电性有关。例如，水对飞灰的润湿性要比对滑石粉好得多；粉尘的润湿性随压力的增大而增大，随温度的升高而下降。粉尘的润湿性还与液体的表面张力及尘粒与液体之间的粘附力和接触方式有关。例如，酒精、煤油的表面张力小，对粉尘的润湿性要比水好。

粉尘的润湿性是选择湿式除尘器的主要依据。对于润湿性好的亲水性粉尘（中等亲水、强亲水），可以选用湿式除尘净化；对于润湿性差的潜水性粉尘，则不宜采用湿法除尘。

6. 粉尘的荷电性

天然粉尘和工业粉尘几乎都带有一定的电荷，使粉尘荷电的因素很多，如电离辐射、高压放电、高温产生的离子或电子被捕获、颗粒间或颗粒与壁面间摩擦、产生过程中荷电等。在干空气情况下，粉尘表面的最大荷电量约为 1.66×10^{10} 电子/cm^2，或 2.7×10^{-9} C/cm^2，而天然粉尘和人工粉尘的荷电量一般为最大荷电量的 1/10。粉尘的荷电量随温度增高、表面积增大及含水率减小而增加，且与化学组成有关。

粉尘的荷电在除尘中有重要作用，如电除尘器就是利用粉尘荷电而除尘的，在袋式除尘器和湿式除尘器中也可利用粉尘或液滴荷电来进一步提高对尘粒的捕集性能。

7. 粉尘的导电性

粉尘的导电性通常用比电阻 ρ_d（$\Omega\cdot cm$）来表示，其计算公式如下：

$$\rho_d=\frac{V}{j\delta} \tag{2-3-5}$$

式中 V——通过粉尘的电压，V；

j——通过粉尘层的电流密度，A/cm^2；

δ——粉尘层的厚度，cm。

粉尘中的导电机制有两种，取决于粉尘、气体的温度和组成成分，在高温（一般 200℃以上）范围内，粉尘层的导电主要靠粉尘本体内部的电子或离子进行。这种本体导电占优势的粉尘比电阻称为体积比电阻。在低温（一般在 100℃以下）范围内，粉尘的导电主要靠尘粒表面吸附的水分或其他化学物质中的离子进行。这种表面导电占优势的粉尘比电阻称为表面比电阻。在中间温度范围内，两种导电机制皆起作用，粉尘比电阻是表面和体积比电阻的合成。

在高温范围内，粉尘比电阻随温度升高而降低，其大小取决于粉尘的化学组成。例如，具有相似组成的燃煤锅炉飞灰，比电阻随飞灰中钠或锂的含量增加而降低。在低温范围内（100℃以下），粉尘比电阻随温度的升高而增大，还随气体中水分或其他化学物质（如 SO_2）含量的增加而降低。在中间温度范围内，两种导电机制均较弱，因此粉尘比电阻达到最大值。

8. 粉尘的黏附性

粉尘颗粒附着在固体表面上，或者颗粒彼此相互附着的现象称为黏附，后者也称自黏。附着的强度，即克服附着现象所需要的力称为黏附力。

粉尘颗粒之间的粘附力有三种（不包括化学黏合力）：分子力（范德华力）、毛细力、静电力（库仑力）。三种力的综合作用形成粉尘的黏附力。通常采用粉尘层的断裂强度作为表征粉尘自粘性的基本指标。在数值上断裂强度等于粉尘层断裂所需的力除以其断裂的接触面积。根据粉尘层的断裂强度大小，将各种粉尘颗粒分为四类：不黏性、微黏性、中等黏性和强黏性。颗粒的粒径、形状、表面粗糙度、润湿性、荷电量均影响黏附性。

9. 粉尘的自燃性和爆炸性

（1）粉尘的自燃性

粉尘的自燃是指粉尘在常温下存放过程中自然发热，此热量经长时间积累，达到该粉尘的燃点而引起的燃烧现象。

引起粉尘自然发热的原因有：①氧化热，即因吸收氧而发热的粉尘，包括金属粉类（锌、铝、锆、锡、铁、镁、锰等及合金的粉末），碳素粉末类（活性炭、木炭、炭黑等），其他粉末（胶木、黄铁矿、煤、橡胶、原棉、骨粉、鱼粉等）。②分解热，因自然分解而发热的粉尘，包括漂白粉、次亚硫酸钠、乙基黄原酸钠、硝化棉、赛璐珞等。③聚合热，因发生聚合而发热的粉料，如丙烯腈、异戊间二烯、苯乙烯、异丁烯酸盐等。④发酵热，因微生物和酶的作用而发热的物质，如干草、饲料等。

影响粉尘自燃的因素，除了决定于粉尘本身的结构和物化特性外，还取决于粉尘的存在状态和环境。处于悬浮状态的粉尘，自燃温度要比堆积状态粉体的自燃温度高很多，悬浮粉尘的粒径越小、比表面积越大、浓度越高，越易自燃。

（2）粉尘的爆炸性

这里所说的爆炸指可燃物的剧烈氧化作用，在瞬间产生大量的热量和燃烧产物，在空间造成很高的温度和压力，故称为化学爆炸。粉尘发生爆炸必备的条件有两个：一是可燃物与空气或氧气构成的可燃混合物达到一定的浓度，即可燃物浓度介于爆炸浓度下限（最低可燃物浓度）与爆炸浓度上限（最高可燃物浓度）之间，可燃物浓度过低，热效应低，无法维持足够的燃烧温度，可燃物浓度过高，助燃气体（氧气）不足；二是存在能量足够的火源。

能够引起可燃混合物爆炸的最低可燃物浓度，称为爆炸浓度下限；最高可燃物浓度称为爆炸浓度上限。在可燃物浓度低于爆炸浓度下限或高于爆炸浓度上限时，均无爆炸危险。

此外，有些粉尘与水接触后会引起自燃或爆炸，如镁粉、碳化钙粉等；有些粉尘互相接触或混合后也会引起爆炸，如溴与磷、锌粉与镁粉等。

3.1.3　除尘设备的技术性能表示方法

从气体中除去或收集固态或液态粒子的设备称为除尘装置，其作用一方面是净化含尘气体，避免空气污染；另一方面也可以从含尘气体中回收有价值的物料。

按照除尘装置分离捕集粉尘原理，可将其分为四类：机械式除尘装置、湿式除尘装置、过滤式除尘装置和静电除尘装置。另外，根据除尘装置除尘效率的高低又可分为高效、中效和低效除尘器，如静电除尘器、滤袋式除尘器和湿式除尘中的文丘里除尘器是目前国内外应用较广的三种高效除尘器；重力沉降室和惯性除尘器则属于低效除尘器，一般只用于多级除尘系统中的初级除尘；旋风除尘器和除文丘里除尘器之外的湿式除尘器一般属于中效除尘器。

除尘装置的性能有：①除尘装置的气体处理量；②除尘装置的效率及通过率；③除尘装置的压力损失；④除尘装置的基建投资与运行管理费用；⑤除尘装置的使用寿命；⑥除尘装置的占地面积或占用空间体积的大小。下面主要讨论除尘器的技术指标。

1. 含尘气体处理量

除尘装置的气体处理量系指除尘装置在单位时间内所能处理的含尘气体量，习惯用 Q（m^3/s）来表示。含尘气体处理量是衡量除尘器处理气体能力的指标，一般用气体的体积流量来表示。它取决于装置的型号和结构尺寸。考虑到装置漏气等因素的影响，因此，一般用除尘器的进出口气体流量的平均值来表示除尘器的气体流量。

$$Q=\frac{(Q_{1N}+Q_{2N})}{2} \tag{2-3-6}$$

式中 Q_{1N}——除尘器入口气体标准状态下的体积流量，m^3/s；

Q_{2N}——除尘器出口气体标准状态下的体积流量，m^3/s；

Q——除尘器处理气体标准状态下的体积流量，m^3/s。

2. 净化效率

净化效率是表示装置净化污染物效果的重要技术指标。对于除尘装置称为除尘效率，对于吸收装置称为吸附效率。关于除尘效率的表示方法，将在下面重点介绍。

3. 压力损失

含尘气体经过除尘装置后会产生压力降，这个压力降被称为除尘装置的压力损失，单位是 Pa。压力损失是代表装置能耗大小的技术经济指标，系指装置的进口和出口气流全压之差，净化装置压力的损失的大小，不仅取决于装置的种类和结构形式，还与处理气体流量大小有关。

$$\Delta p=\xi\times\frac{\rho u_1^2}{2} \tag{2-3-7}$$

式中 Δp——除尘装置的压力损失，Pa；

ξ——净化装置的阻力系数；

ρ——气体的密度，kg/m^3；

u_1——装置入口气体流速，m/s。

净化装置的压力损失，实质上是气流通过装置时所消耗的机械能，它与通风机所耗功率成正比，所以总是希望尽可能小些。

3.1.4 除尘效率

除尘设备的除尘效果用除尘效率表示，除尘效率是表示除尘器性能的重要技术指标。

（1）总效率

除尘器总净化效率系指在同一时间内，除尘器去除污染物的量与进入装置的污染物量之比。总净化效率实际上是反映装置净化程度的平均值，亦称为平均净化效率，用 η_T 表示，它是评价除尘器性能的重要技术指标。

若除尘器进口的气体流量为 Q_{1N}（标态下，m^3/s），粉尘流入量为 G_1（g/s），气体含尘浓度 c_1（g/m^3）；出口的气体流量为 Q_{2N}（标态下，m^3/s），粉尘流入量为 G_2（g/s），气体含尘浓度 c_2（g/m^3），除尘器捕集的粉尘为 G_3（g/s）。根据除尘效率的定义，除尘效率可用式（2-3-8）表示，即

$$\eta = \frac{G_3}{G_1} \times 100\% \tag{2-3-8}$$

由于 $G_3 = G_1 - G_2$，$G_1 = Q_{1N}c_1$，$G_2 = Q_{2N}c_2$，因此有

$$\eta = \frac{G_1 - G_2}{G_1} \times 100\% = \left(1 - \frac{G_2}{G_1}\right) \times 100\%$$

$$\eta = \left(1 - \frac{Q_{2N}c_2}{Q_{1N}c_1}\right) \times 100\% \tag{2-3-9}$$

若装置不漏风，$Q_{1N} = Q_{2N}$，于是有

$$\eta = \left(1 - \frac{c_2}{c_1}\right) \times 100\% \tag{2-3-10}$$

式（2-3-8）要通过称重求得除尘效率，故称为质量法。这种方法多用于实验室，得到的结果比较准确。式（2-3-10）的方法称为浓度法，这种方法比较简便。只要同时测出除尘装置进出口的含尘浓度，就可以计算除尘效率。

（2）通过率

除尘器的通过率是指排除的颗粒物质量占颗粒物总质量的分数，用 p（%）表示。对于高效除尘器，用效率来描述捕集效果不够明显。

通过率与效率之间的关系为：

$$p = 1 - \eta \tag{2-3-11}$$

（3）分级除尘效率

捕集效率与被处理颗粒物的粒度有很大关系。例如，用旋风除尘器捕集 $40\mu m$ 以上的尘粒，其效率接近 100%；而捕集 $5\mu m$ 以下的尘粒，效率会降低到 40%甚至更低，因此，要正确评价颗粒物捕集设备的效果，必须确定其对不同粒径颗粒物的捕集效率，即分级效率。

分级效率是对某一粒径或粒径范围的颗粒物的捕集效率，即：

$$\eta_i = \frac{m_2 \Delta\phi_{2i}}{m_1 \Delta\phi_{1i}} = \eta \frac{\Delta\phi_{2i}}{\Delta\phi_{1i}} \tag{2-3-12}$$

式中　η_i——分级效率，%；

$\Delta\phi_{1i}$——进入除尘设备的颗粒物中在粒径范围 Δd_1 内的颗粒物所占的质量分数；

$\Delta\phi_{2i}$——被捕集的颗粒物中在粒径范围 Δd_1 内的颗粒物所占的质量分数。

由式（2-3-12）可得：

$$\eta_i \Delta\phi_{1i} = \eta \Delta\phi_{2i} \tag{2-3-13}$$

对整个粒径范围求和：

$$\sum_{i=1}^{n} \eta_i \Delta\phi_{1i} = \sum_{i=1}^{n} \eta \Delta\phi_{2i} = \eta \sum_{i=1}^{n} \eta \Delta\phi_{2i} \tag{2-3-14}$$

因为 $\eta\sum_{i=1}^{n}\Delta\phi_{2i}=100\%$，所以颗粒污染物的分离全效率为：

$$\eta=\sum_{i=1}^{n}\eta_i\Delta\phi_{1i} \tag{2-3-15}$$

全效率描述了捕集设备对颗粒物的捕集效果。而分级效率反映了捕集设备所能去除的颗粒物的粒径大小情况，揭示了捕集设备本质的东西。

【例】 进行除尘器试验时，测出除尘器的全效率为 90%，实验颗粒物与除尘器的粒径分布见表 2-3-2。试计算该除尘器的分级效率。

表 2-3-2 质量粒径分布

粉尘粒径幅 d_p（μm）	0～5	5～10	10～20	20～40	>40
入口频数分布 $\Delta\phi_{1i}$（%）	10	25	32	24	9
灰斗中颗粒物 $\Delta\phi_{2i}$（%）	7.1	24	33	26	9.9

解：根据式（2-3-12）：

$$\eta_i=\frac{m_2\Delta\phi_{2i}}{m_1\Delta\phi_{1i}}=\eta\frac{\Delta\phi_{2i}}{\Delta\phi_{1i}}$$

可得：

$$d_p=0\sim5\mu m,\eta_{0\sim5}=0.9\times\frac{7.1}{10}=64\%$$

$$d_p=5\sim10\mu m,\eta_{5\sim10}=0.9\times\frac{24}{25}=86.4\%$$

$$d_p=10\sim20\mu m,\eta_{10\sim20}=0.9\times\frac{33}{32}=92.8\%$$

$$d_p=20\sim40\mu m,\eta_{20\sim40}=0.9\times\frac{26}{24}=97.4\%$$

$$d_p>40\mu m,\eta>40=0.9\times\frac{9.9}{9}=99\%$$

（4）组合装置的除尘效率

颗粒物捕集设备的组合方式有串联、并联两种。

①串联　当入口气体中含尘浓度很高，或者要求出口气体中含尘气体浓度较低时，用一级除尘装置往往不能满足排放要求，因此，可将两级或多级除尘器串联起来使用。

两个颗粒物捕集设备串联，如果第一级除尘器的捕集效率为 η_1，经过一级处理后颗粒物的通过率则为 $1-\eta_1$，如果第二级除尘器的捕集效率为 η_2，经过二级处理后颗粒物的通过率则为（$1-\eta_1$）（$1-\eta_2$），除尘总效率即为

$$\eta=1-(1-\eta_1)(1-\eta_2) \tag{2-3-16}$$

当几台除尘装置串联使用时

$$\eta=1-(1-\eta_1)(1-\eta_2)(1-\eta_3)\cdots(1-\eta_n) \tag{2-3-17}$$

②并联　从理论上说，型号、规格相同的捕集装置并联，其效率不变。但在实际应用中，如果各并联分路的阻力不等，气量分配不均，则会导致整个系统效率降低。

3.2 机械除尘器

机械除尘器通常指利用重力、惯性力和离心力等方法使颗粒物与气体分离的装置，包括重力沉降室、惯性除尘器和旋风除尘器等类型。这种设备构造简单、投资少、动力消耗低，

除尘效率一般在 40%～90%之间。

3.2.1　重力沉降室

重力沉降室是通过重力作用使尘粒从气流中沉降分离的除尘装置，如图 2-3-1 所示。重力沉降室的优点是：结构简单、造价低、压力损失小（一般为 50～100Pa）、维修管理容易，而且可以处理高温气体。缺点是：体积大，沉降小颗粒的效率低，一般只能除去 50μm 以上的大颗粒，仅作为高效除尘器的预除尘装置除去较大和较重的粒子。

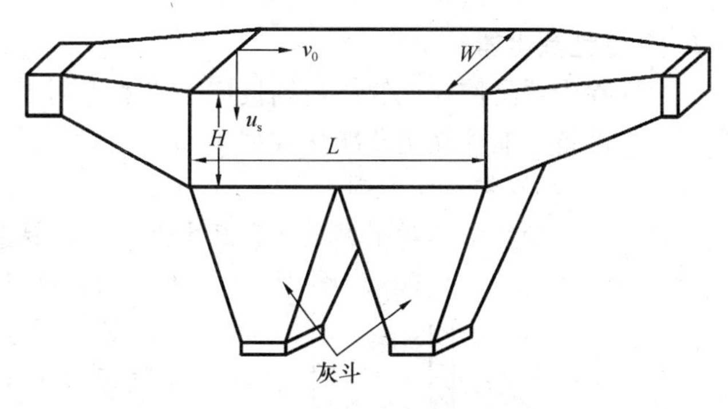

图 2-3-1　水平气流沉降室

（1）重力沉降室的作用原理

气流进入重力沉降室后，流动截面积扩大，流速降低，较重颗粒在重力作用下缓慢向灰斗沉降。

尘粒从沉降室顶部到底部所需时间为：

$$t_1 = \frac{H}{u_s} \tag{2-3-18}$$

式中　H——沉降室高度，m；

u_s——尘粒的降落速度，m/s。

气流在沉降室内的停留时间：

$$t_2 = \frac{L}{v_0} \tag{2-3-19}$$

式中　L——沉降室长度，m；

v_0——沉降室内气流速度，m/s。

要使颗粒不被气流带走，必须满足当 $t_2 \geqslant t_1$，即

$$\frac{L}{v_0} \geqslant \frac{H}{u_s} \tag{2-3-20}$$

尘粒在重力作用下沉降，当尘粒周围的气体为层流状态，沉降速度按式（2-3-21）计算，如果忽略气体密度的影响，则沉降速度：

$$u_s = \frac{\rho_p g d_p^2}{18\mu} \tag{2-3-21}$$

将上式代入式（2-3-20）即可得到沉降室有效分离的最小粒径：

$$d_{p(min)} = \left(\frac{18\mu H v_0}{\rho_p g L}\right)^{\frac{1}{2}} \tag{2-3-22}$$

式中　$d_{p(min)}$——有效分离粒径，μm。

上式表明，沉降室的长度越大，或高度越小，就越能分离小颗粒。

（2）重力沉降室的结构

沉降室主要由含尘气体进出口、沉降空间、灰斗和出灰口、检查（清扫）口等部分组成。沉降室一般是空心的，或在室内装有横向隔板。在气速相同的情况下，装有横向隔板的沉降室净化效果更好，因为隔板间基本上保持了相同的气体流动速度，而颗粒到达隔板通道底部的沉降距离更短。

3.2.2 惯性除尘器

惯性除尘器是使含尘气体与挡板撞击或者急剧改变气流方向，利用惯性力分离并捕集粉尘的除尘设备。惯性除尘器净化效率不高，一般只用于多级除尘中的一级除尘，捕集 10～20μm 以上的粗颗粒，压力损失 100～1000Pa。对于净化密度和粒径较大的金属或矿物粉尘具有较高的除尘效率，对于黏结性和纤维性粉尘，易造成设备堵塞，不宜采用。

(1) 惯性分离的原理

惯性除尘器的工作原理如图 2-3-2 所示。当含尘气流以 u_1 的速度进入装置后，在 T_1 点，较大的粒子（粒径 d_1）由于惯性力作用离开曲率半径为 R_1 的气流撞在挡板 B_1 上，碰撞有的粒子由于重力的作用沉降下来而被捕集。粒径较小的粒子（粒径 d_2）则与气流以曲率半径为 R_1 绕过挡板 B_1，然后再以曲率半径 R_2 随气流作回旋运动。当粒径为 d_2 的粒子运动到点 T_2 时，将脱离以 u_2 的速度流动的气流撞击在挡板 B_2 上，同样也因重力沉降而被捕集下来。因此，惯性除尘器是惯性力、离心力和重力共同作用的结果。

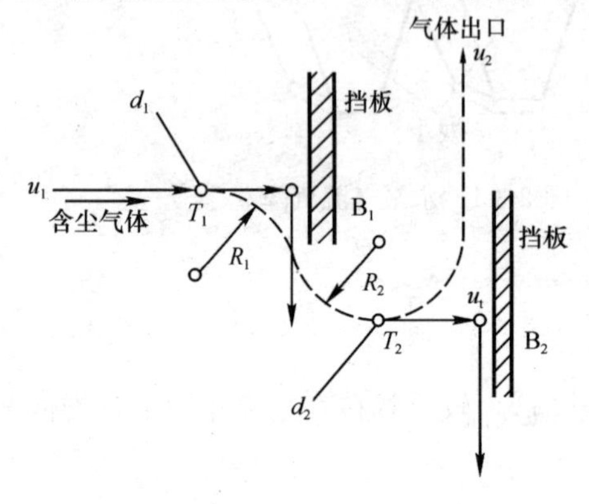

图 2-3-2 惯性除尘器分离机理

(2) 结构形式

惯性除尘器的结构可分为碰撞式（冲击式）和回转式两种。碰撞式惯性除尘器一般是在气流流动的通道内增设挡板构成的，当含尘气流流经挡板时，尘粒借助惯性力撞击在挡板上，失去动能后的尘粒在重力的作用下沿挡板下落，进入灰斗中。挡板可以是单级，也可以是多级（图 2-3-3）。多级挡板交错布置，一般可设 3～6 排。在实际工作中多采用多级型，目的是增加撞击的机会，以提高除尘效率。

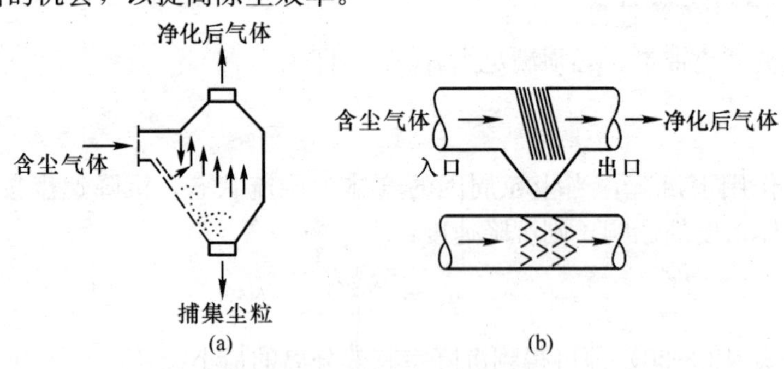

图 2-3-3 碰撞式惯性除尘装置

(a) 单级型；(b) 多级型

回转式惯性除尘器又分为弯管型、百叶窗型和多层隔板型三种（图 2-3-4）。它是使含尘气体多次改变运动方向，在转向过程中把尘粒分离出来。

(3) 应用

一般惯性除尘器的气流速度愈高，气流方向转变角度愈大，转变次数愈多，净化效率愈高，压力损失也愈大。由于惯性除尘器的净化效率不高，故一般只用于多级除尘中的第一级除尘，捕集 10～20μm 以上的粗尘粒。压力损失依除尘器型式而定，一般为 100～1000Pa。

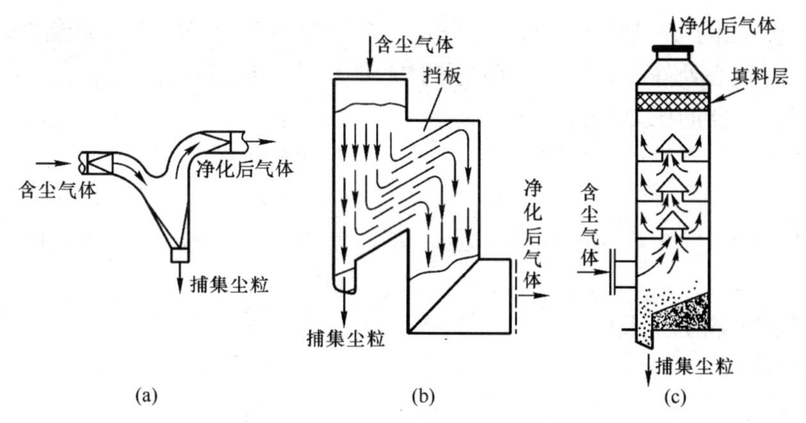

图 2-3-4　回转式惯性除尘装置

（a）弯管型；（b）百叶窗型；（c）多层隔板型

3.2.3　旋风除尘器

旋风除尘器是利用旋转气流产生的离心力将尘粒从气流中分离的装置。旋风除尘器一般用于捕集 5～15μm 以上的颗粒物，除尘效率可高达 80％。旋风除尘器的主要缺点是对粒径小于 5μm 的颗粒捕集效率不高，一般作预除尘用。

（1）旋风除尘器内气流与尘粒的运动

旋风除尘器内气流运动示意如图 2-3-5 所示。普通旋风除尘器由进气管、筒体(圆柱体)、锥体及排气管等组成。含尘气体从除尘器筒体上部切向进入,气流由直线运动变为圆周运动。旋转气流的绝大部分沿器壁和圆筒体呈螺旋形向下,朝锥体流动,通常称此为外涡流。含尘气体在旋转过程中产生离心力,将密度大于气体的颗粒甩向器壁,颗粒一旦与器壁接触,便失去惯性力而靠入口速度的动量和向下的重力沿壁下落,进入排灰管。旋转下降的外旋流到达锥体时,因锥形的收缩而向除尘器中心靠拢,其切向速度不断提高,并以同样的旋转方向在除尘器中由下回转而上,最后,净化气体经排气管排出器外,通常称此为内涡流。一部分未被捕集的颗粒也随内涡流带出。

为研究方便，通常把内外涡旋气体的运动分解成为三个速度分量：切向速度、径向速度和轴向速度。

切向速度是决定气流速度大小的主要速度分量，也是决定气流质点离心力大小的主要因素。旋风除尘器内气流的切向速度分布如图 2-3-6 所示。

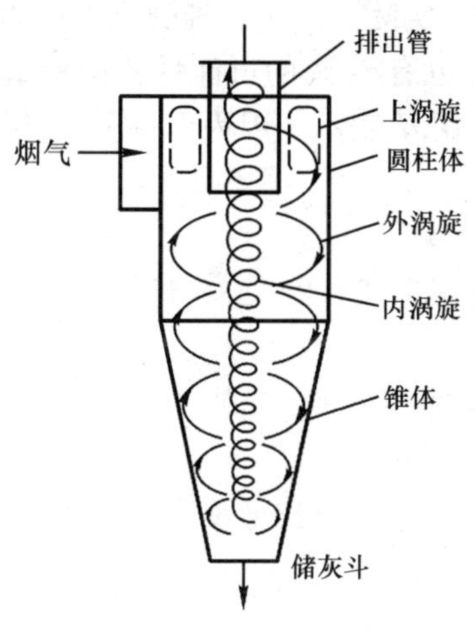

图 2-3-5　旋风除尘器

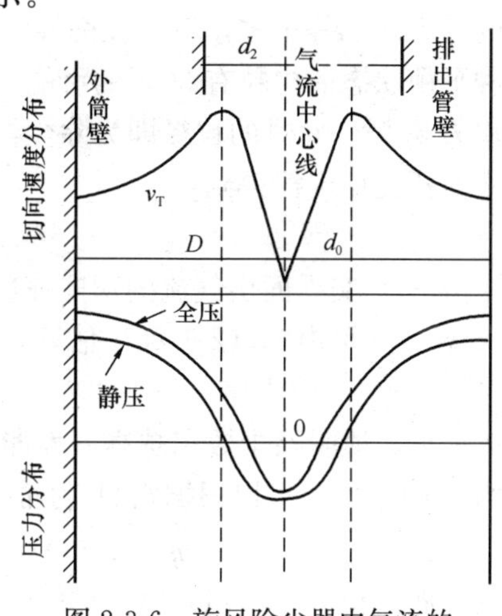

图 2-3-6　旋风除尘器内气流的切向速度和压力分布

图 2-3-6 也给出了旋风除尘器的压力分布，全压和静压的径向变化非常显著，由外壁向轴心逐渐降低，轴心处静压为负压，直至锥体底部均处于负压状态。

（2）旋风除尘器的压力损失

在评价旋风除尘器设计和性能时的一个主要指标是气流通过旋风器时的压力损失，亦称压力降。

实验表明，旋风除尘器的压力损失 Δp 一般与气体入口速度的平方成正比，即

$$\Delta p = 0.5\xi\rho v_1^2 (\text{Pa}) \tag{2-3-27}$$

式中 ρ——气体的密度，kg/m³；

v_1——气体入口速度，m/s；

ξ——局部阻力系数。

表 2-3-3 是几种旋风除尘器的局部阻力系数值，可供参考。

表 2-3-3 局部阻力系数值

旋风除尘器型式	XL/T	XLT/A	XLP/A	XLP/B
ξ	5.3	6.5	8.0	5.8

在缺少实验数据时，可用下式估算：

$$\xi = 16A/d_c^2 \tag{2-3-28}$$

式中 A——旋风除尘器进口面积，m²。

虽然有更复杂的公式估算，但一般来讲，按（2-3-28）式估算更精确些。式（2-3-28）表明，除尘器相对尺寸对压力损失影响较大，当除尘器结构型式相同时，集合相似放大或缩小，压力损失基本不变。

（3）旋风除尘器的除尘效率

计算分割直径是确定除尘效率的基础。因假设条件和选用系数不同，所得计算分割直径的公式亦不同。下面仅介绍一种较简单的推导，借以说明旋风除尘的原理。

在旋风除尘器内，粒子的沉降主要取决于离心力 F_c 和向心运动气流作用于尘粒上的阻力 F_D 在内外涡旋界面上，如果 $F_c > F_D$，粒子在离心力推动下移向外壁面而被捕集；如果 $F_c < F_D$，粒子在内心气流的带动下进入内涡旋，最后由排出管排出；如果 $F_c = F_D$，作用在尘粒上的外力之和等于零，粒子在交界面上不停地旋转。实际上由于各种随机因素的影响，处于各种平衡状态的尘粒有 50%的可能性进入内涡旋，也有 50%的可能性移向外壁，它的除尘效率为 50%。此时的粒径即为除尘器的分割直径，用 d_c 表示。因为 $F_c = F_D$，对于球形粒子，由斯托克斯定律得到：

$$\pi/6 \times d_c^2 \rho_p v_{T0}^2 / r_0 = 3\pi\mu d_c v_r \tag{2-3-29}$$

式中 v_{T0}——交界面出气流的切向速度，m/s；v_{T0} 可根据式（2-3-23）计算；

v_r——可由式（2-3-26）估算，则

$$d_c = [18\mu v_r r_0 / (\rho_p v_{T0}^2)]^{1/2} \tag{2-3-30}$$

d_c 越小，说明除尘效率越高，性能越好。

当 d_c 确定后，可以根据雷思-利希特模式计算其他粒子的分级效率：

$$\eta = 1 - \exp[-0.6931 \times (d_p/d_c)^{1/(n+1)}] \tag{2-3-31}$$

其中涡流指数 n 可由式（2-3-24）计算。

（4）影响旋风除尘器效率的因素

①进口和出口形式

旋风除尘器的入口形式有三种：切入式、蜗壳式和轴向式，如图 2-3-7 所示。不同的进口形式有着不同的性能、特点和用途。就性能而言，蜗壳式入口效果最好，而轴向式入口阻力最低。对于小型旋风除尘器多采用轴向进入式。除尘器入口断面的宽高之比越小，进口气流在径向方向越薄，越有利于粉尘在圆筒内分离和沉降，收尘效率越高。

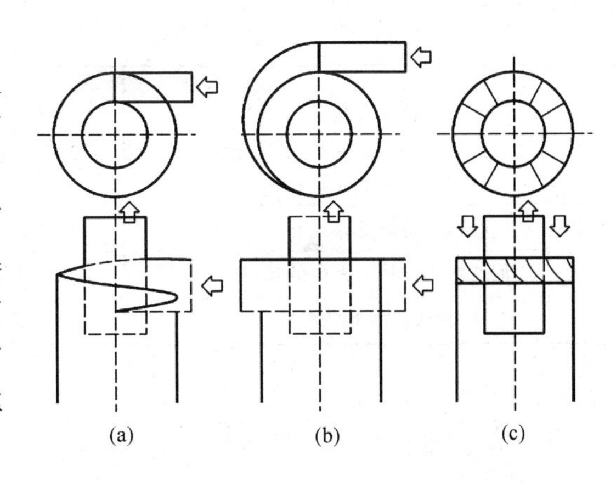

图 2-3-7　旋风除尘器入口形式

(a) 切入式；(b) 蜗壳式；(c) 轴向式

②除尘器的结构尺寸

高效旋风除尘器的各个部件都有一定的尺寸比例，这些比例是基于广泛调查研究的结果。某个比例关系的变动，能影响旋风除尘器的效率和压力损失。

在相同的切向速度下筒体直径 D 越小，粒子受到的惯性离心力越大，除尘效率越高，但若筒体直径过小，粒子容易逃逸，使效率下降。另外，锥体适当加长对提高除尘效率有利。

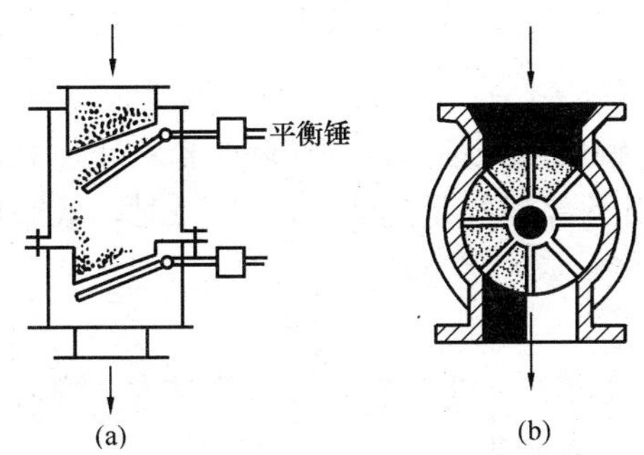

图 2-3-8　锁气器

(a) 双翻板式；(b) 回转式

除尘器分割直径的推导过程表明，排出管直径愈少分割直径愈小，即除尘效率愈高。但排出管直径太小，会导致压力降的增加，一般取排出管直径 $d_c=(0.4\sim0.65)D$。

除尘器下部的严密性也是影响除尘效率的一个重要因素。从图 2-3-6 的压力分布可以看出，由外壁向中心的静压是逐渐下降的，即使是旋风除尘器在正压下运行，锥体底部也会处于负压状态，如果除尘器下部不严密，漏入外部空气，会把正在落入灰斗的粉尘重新带走，使除尘效率显著下降。收尘量不大的除尘器，可在下部设固定灰斗，定期排除。收尘量较大要求连续排灰时，可设双翻板式或回转式锁气器（图 2-3-8）。

翻板式锁气器是利用翻板上的平衡锤和积灰重量的平衡发生变化，进行自动卸灰的。

表 2-3-4 给出了旋风除尘器尺寸比例变化对其性能的影响。

表 2-3-4　旋风除尘器尺寸比例变化对其性能的影响

比例变化	性能趋向		投资趋向
	压力损失	效率	
增大旋风除尘器直径	降低	降低	提高
加长筒体	稍有降低	提高	提高
增大入口面积（流量不变）	降低	降低	—
增大入口面积（流速不变）	提高	降低	降低
加长锥体	稍有降低	提高	提高

续表

比例变化	性能趋向		投资趋向
	压力损失	效率	
增大锥体的排出孔	稍有降低	提高或降低	—
减小锥体的排出孔	稍有提高	提高或降低	—
加长排出管伸入器内的长度	提高	提高或降低	提高
增大排气管管径	降低	降低	提高

③锥体

锥体部分直径渐小，气流切向速度不断增大，有利于尘粒分离。所以，很多高效旋风除尘器采用长锥体。

锥角（锥壁与水平面的夹角）对分离也有较明显的影响。锥角过大，离心作用力沿锥壁向上的分离较大，妨碍尘粒下降，容易形成下灰环。下灰环的尘粒易被上升旋流带出，造成返混。

④负荷量

旋风除尘器负荷量大，则加快了气流的旋转速度，使颗粒物所受的离心力增大，从而提高分离效率，同时也增大了处理气量。然而入口气速的增大，会导致气流压降迅速增加。最适宜的入口气速，一般在 12～20m/s 范围内。

⑤气密性

在旋风除尘器中，由于旋转上升的气流的作用，锥底压强最低，即使除尘器在正压状态下工作，下部中心处仍可能出现负压。实验证明，当下部漏气量达 10%～15%时，效率即接近于零。

⑥含尘气体的性质

一般情况下，被处理气体含尘浓度高，分离效率也稍高。尘粒粒径和密度越大，离心力也越大；尘粒越接近球形，所受空气阻力越小，这些都有利于分离。

载气温度高、压强低，其动力黏度就大，对分离效率起负面影响。

（5）旋风除尘器的结构型式

①按进气方式分类：按进气方式可分为切向进入式和轴向进入式两类。切向进入式又分为直入式和蜗壳式，前者的进气管外壁与筒体相切，后者进气管内壁与筒体相切。进气管外壁采用渐开线形式，渐开角有 180°、270°和 360°三种。蜗壳式入口型式易于增大进口面积，进口处有一环状空间，使进口气流距筒体外壁更近，减小了尘粒向器壁的沉降距离，有利于粒子的分离。

轴向进入式是利用固定的导流叶片促进气流旋转，在相同的压力损失下，能够处理的气体量大，且气流分布较均匀，主要用于多管旋风除尘器和处理气体量大的场合。

②按气流组织分类：从气流组织上来分，有回流式、直流式、平旋式和旋流式等多种，工业锅炉运用较多的是回流式和直流式两种，全国除尘器评价选优的旋风除尘器大都属于这两种类型。

③多管旋风除尘器：多管旋风除尘器是由多个，有时多达数千个相同构造形状和尺寸的小型旋风除尘器（又叫旋风子）组合在一个壳体内并联使用的除尘器组。当处理烟气量大时，可采用这种组合形式。多管除尘器布置紧凑，外形尺寸小，可以用直径较小的旋风子

（D=100、150、250mm）来组合，能够有效地捕集5～10μm的粉尘，多管旋风除尘器可用耐磨铸铁铸成，因而可以处理含尘浓度较高（100g/m³）的气体。

常见的多管除尘器有回流式和直流式两种，图2-3-9所示的是回流多管除尘器。

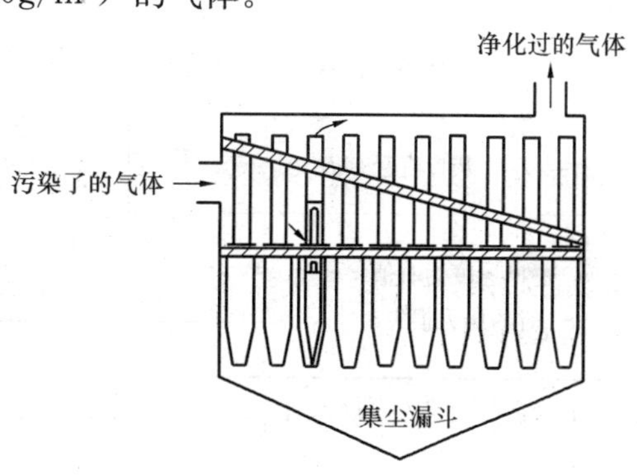

图2-3-9　回流式多管旋风除尘器

多管旋风除尘器具有效率高、处理气量大、有利于布置和烟道连接方便等特点。但是，对旋风子制造、安装和装配的质量要求较高。

（6）旋风除尘器的设计选型

现在多用经验法来选择除尘器的型号规格，其基本步骤如下：

①根据含尘浓度、粒度分布、密度等烟气特征及除尘要求、允许的阻力和制造条件等因素全面分析，合理地选择旋风除尘器的型式，特别应当指出，锅炉排烟的特点是烟气流量大，而且烟气流量变化也很大。在选用旋风除尘器时，应使烟气流量的变化与旋风除尘器适宜的烟气流速相适应，以期在锅炉工况变动时均能取得良好的除尘效果。

②根据使用时允许的压力降确定进口气速 v_1，如果制造厂已提供有各种操作温度下进口气速与压力降的关系，则根据工艺条件允许的压降就可选定气速 v_1；若没有气速与压降的数据，则根据允许的压降计算进口气速，由式（2-3-27）可得

$$v_1 = \sqrt{\frac{2\Delta p}{\xi\rho}} \tag{2-3-32}$$

若没有提供允许的压力损失数据，一般取进口气速为12～25m/s。

③确定旋风除尘器的进口截面积 A、入口宽度 b 和高度 h，根据处理气量由下式决定进口截面积 A：

$$A = bh = Q/v_1 \tag{2-3-33}$$

式中　Q——旋风除尘器处理烟气量，m³/s。

④确定各部分几何尺寸，由进口截面积 A 和入口宽度 b 及高度 h 定出各部分的几何尺寸。几种常用旋风除尘器的标准尺寸比例列于表2-3-5。表中除尘器型号：X——除尘器，L——离心，T——筒式，P——旁路式，A、B为产品代号。

表2-3-5　几种旋风除尘器的主要尺寸比例

尺寸名称	XLP/A	XLP/B	XLT/A	XLT
入口宽度，b	$\sqrt{A/3}$	$\sqrt{A/2}$	$\sqrt{A/2.5}$	$\sqrt{A/1.75}$
入口高度，h	$\sqrt{3A}$	$\sqrt{2A}$	$\sqrt{2.5A}$	$\sqrt{1.75A}$
筒体直径，D	上3.85b 下0.7D	3.33b (b=0.3D)	3.85b	4.9b
排出筒直径，d_c	上0.6D 下0.6D	0.6D	0.6D	0.58D
筒体长度，L	上1.35D 下1.0D	1.7D	2.26D	1.6D

续表

尺寸名称		XLP/A	XLP/B	XLT/A	XLT
锥体长度，H		上 0.50D 下 1.0D	2.3D	2.0D	1.3D
灰口直径，d_1		0.296D	0.43D	0.3D	0.145D
进口速度为右值时的压力损失	12m/s	700（600）①	5000（420）	860（770）	440（490）
	15m/s	1100（940）	890（700）②	1350（1210）	670（770）
	18m/s	1400（1260）	1450（1150）③	1950（1740）	990（1110）

①括号内的数字为出口无蜗壳式的压力损失；②进口速度为 16m/s 时的压力损失；③进口速度为 20m/s 的压力损失。

设计者可按要求选择其他的结构，但应遵循以下原则：

①为防止粒子短路漏到出口管，$h \leqslant s$，其中 s 为排气管插入深度；

②为避免过高的压力损失，$b \leqslant (D-d_c)/2$；

③为保持涡流的终端在锥体内部，$(H+L) \geqslant 3D$；

④为利于粉尘易于滑动，锥角$=7^\circ \sim 8^\circ$；

⑤为获得最大的除尘效率，$d_c/D \approx 0.4 \sim 0.5$，$(H+L)/d_c \approx 8 \sim 10$，$s/d_c \approx 1$。

(7) 旋风除尘器的组合

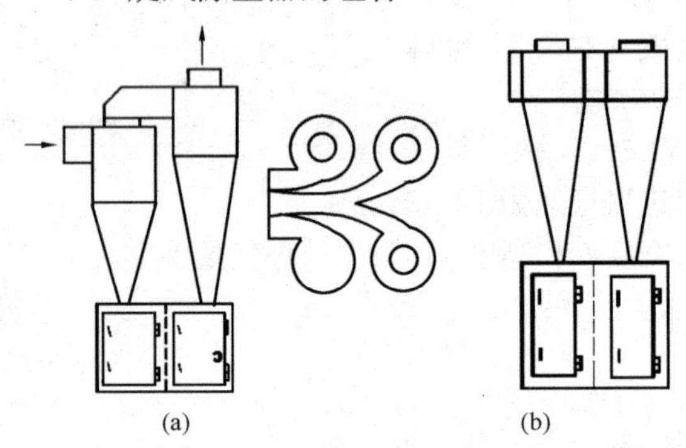

图 2-3-10　旋风除尘器的组合

(a) 串联；(b) 并联

①串联除尘器

除尘器串联，系统总效率提高，总压损等于各级压损之和。旋风除尘器串联使用[图 2-3-10 (a)]，级数不宜过多，一般为两级。将效率较低的除尘器作为前级，捕集较大的尘粒，效率较高的作为后级，捕集较细的尘粒，这样可以较好地发挥各级的作用。

②并联

旋风除尘器的效率与其筒体直径有很大关系。当处理气量很大时，若采用大直径除尘器，则效率较低。在这种情况下，可以采用若干个直径较小的除尘器并联，如图 2-3-10 (b) 所示。并联运行时气量分配必须均匀。另外如果采用同一灰箱，灰箱应该用隔板隔开，以防灰箱内发生串流，导致效率降低。

3.3　静电除尘器

静电除尘是利用静电力从气流中分离悬浮粒子（尘粒或液滴）的一种方法。它与前面所述的机械除尘的根本区别是其分离的力直接作用于尘粒上，而不是作用在整个气流上，因此，分离尘粒所消耗的能量低，大约 0.2～0.4kW·h/1000m³。除此以外，静电除尘器的主要优点有：压力损失小，一般为 200～500Pa；处理烟气量大，可达 $10^5 \sim 10^6 m^3/h$；对细粉尘（粒径小于 5μm 的微粒）有很高的捕集效率，一般可高于 99%；可在高温或强腐蚀性气体下操作。静电除尘器被广泛应用于冶金、化工、能源、材料、防治等工业部分。但静电除尘器的主要缺点是设备庞大，占地面积大，一次性投资费用高，不易实现对高比电阻粉尘的捕集。

3.3.1　静电除尘的基本原理

虽然在实践中电除尘器的种类和结构型式繁多，但都基于相同的工作原理。其原理涉及悬浮粒子荷电，带电粒子在电场内迁移和捕集，以及将捕集物从集尘表面上清除等三个基本过程。

荷电粒子的捕集是使其通过延续的电晕电场或光滑的不放电的电极之间的纯静电场而实现的。前者称单区电除尘器，后者因粒子荷电和捕集是在不同区域完成的，称为双区电除尘器（图 2-3-11）。

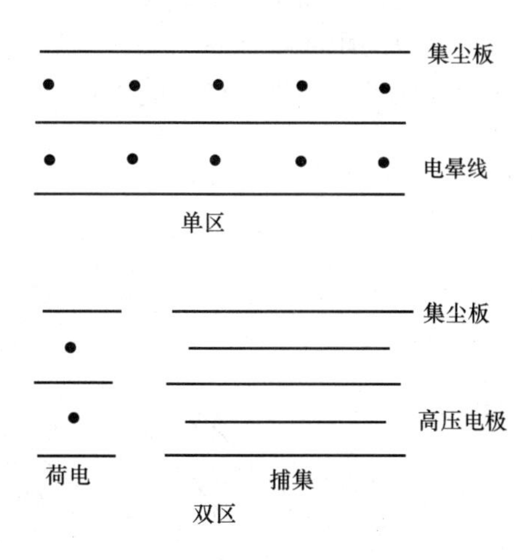

图 2-3-11　单区和双区电除尘器

通过振打除去接地电极上的颗粒层并使其落入灰斗，当粒子为液态时，比如硫酸雾或焦油，被捕集粒子会发生凝集并滴入下部容器内。

静电除尘器主要由放电电极和集尘电极组成，如图 2-3-12 所示。静电除尘主要分为电晕放电、粒子荷电、带电粒子在电场内迁移、颗粒物的沉积与清除四个基本过程。

（1）电晕放电

通常，空气中总存在着少量的自由电子和离子。但由于数量少，在低电场作用下产生的电流极其微弱，此时可认为空气是不导电的。随着电压的升高，电流变化分为三个不同阶段，如图 2-3-13 所示。图中区域 I 是随着电压的增加，参与电极间运动的离子和电子数量增多，电流强度也随之增大；当电压加大到一定数值（U_0）时，电场中的离子和电子全部参加极间运动，电流不再随电压升高而加大（区域Ⅱ）；电压继续升高，自由电子获得足够能量后撞击电极间的中性气体分子，使其电离，产生正离子和电子，这个电子又将进一步引起碰撞电离，如此重复多次，使电晕极周围产生大量的自由电子和气体离子，这一过程称为“电子雪崩”。在“电子雪崩”过程中，电晕极表面出现青紫色光点，并发出“嘶嘶”声，这种现象叫电晕放电，此时可认为气体导电，电流随电压升高而急剧增大，电晕放电更加强烈。当电压达到 U_s 时，极间气体全部电离，空气被击穿，出现火花放电，即此时空气电阻为零，电极间短路，极间会出现电弧，损坏设备，故电除尘操作中应避免这种现象，应保持在电晕放电状态。

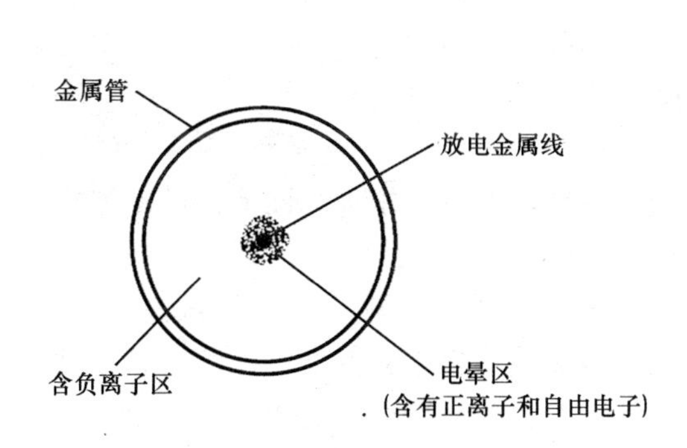

图 2-3-12　管式电除尘器示意

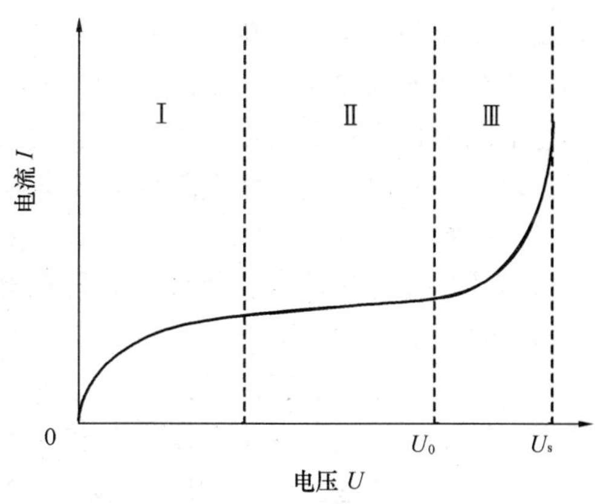

图 2-3-13　电极放电特性

在电晕极上加的是负电压，则产生的是负电晕。电晕特性取决于许多因素，包括电极的形状、电极间距离，气体组成、压力、温度，气流中要捕集的粉尘的浓度、粒度、比电阻以及它们在电晕极和集尘极上的沉积等。

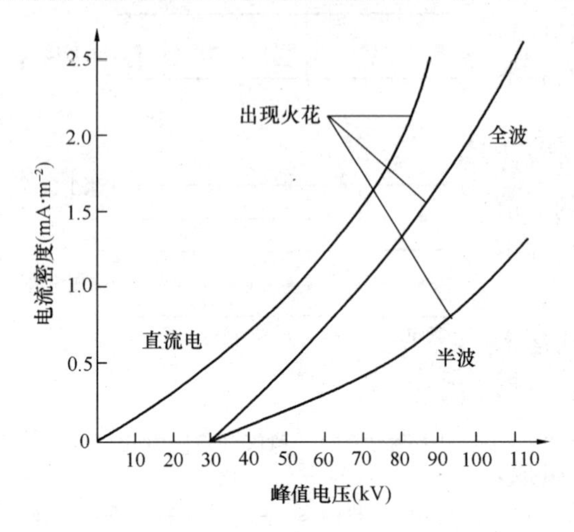

图 2-3-14　电压波形对电晕特征的影响

如图 2-3-14 所示，电压的波形对电晕特性也有很大的影响。对于异极距 10～15cm 的电除尘器，典型的电晕电压峰值是 40～60kV，相应的电晕电流密度为 0.1～1.0mA/m²，这取决于粉尘和气体性质。

（2）粒子荷电

粒子荷电有两种过程，一种是离子在静电力作用下做定向运动，与粒子碰撞而使粒子荷电，称为电场荷电或碰撞荷电；另一种是由于离子的扩散现象而导致的粒子荷电过程，此称为扩散荷电，扩散荷电依赖于离子的热能，而不是依赖于电场。粒子的主要荷电过程取决于粒径，粒径大于 0.5mm 的微粒，以电场荷电为主，粒径小于 0.15mm 的微粒，以扩散荷电为主，而粒径介于 0.15～0.5μm 的粒子，需要同时考虑这两种过程。

粒子荷电形式也有两种：一种是电子直接撞击颗粒，使粒子荷电；另一种是气体吸附电子而成为负气体离子，此离子再撞击颗粒而使粒子荷电。在电除尘中主要是后一种荷电形式。能吸附电子的气体称为电负性气体，如 O_2、Cl_2、CCl_2、HF、SO_2、SF_8等。

（3）荷电粒子的迁移与沉积

荷电粒子在电场力的作用下，将朝着与其电性相反的集尘极移动。颗粒荷电越多，所处位置的电场强度越大，则迁移速度越大。当荷电粒子到达集尘极处，颗粒上的电荷便与集尘极上电荷中和，从而使颗粒恢复中性，此即颗粒的放电过程。实践证明，最适宜经典除尘的粒子比电阻范围为 10^4～10^5Ω·cm。当粒子比电阻小（比电阻小于 10^4Ω·cm）时，颗粒导电性好，此颗粒与集尘极表面一接触，立即释放电荷，并重新带上与集尘极电性相同的电荷。当粒子比电阻大（比电阻大于 10^5Ω·cm）时，电荷很难从颗粒传到集尘极进行放电中和。在集尘电极表面堆积的荷电颗粒层厚了，就排斥新来的荷电颗粒，使它们不能在集尘极进行放电，于是集尘就停止。如荷电颗粒层过厚，则在集尘极的颗粒层中，形成的电压梯度过大，就会造成颗粒层空隙中的气体电离，即产生电晕放电，称之为反电晕。反电晕产生的离子与空间颗粒所带电荷的电性相反，因此碰撞后中和。中和尘粒不会向集尘极作驱进运动。所以反电晕出现，会使电除尘器效率显著下降。

（4）颗粒的清除

粉尘沉积在电晕极上会影响电晕电流的大小和均匀性，保持电晕极表面清洁的一般方法是采取振打清灰方式清除。

从集尘极清除已沉积的粉尘的主要目的是防止粉尘重新进入气流。粉尘重新进入气流，可能产生于气流把粉尘从集尘极表面直接吹起，振打电极使粉尘重新弥散于气流，或者把捕集的粉尘从灰斗卷起。这三种情况都与气体流过除尘器的流型和特征密切相关。

电磁振打器一般垂直安装在除尘器顶部，通过连接棒平行地振打几块板。挠臂锤型振打装置由传动轴、承打铁砧和振打杆等组成。随着轴的转动，锤头打到一定位置，然后靠自重落下打在铁砧上，振打力通过振打杆传到极板各点，如图 2-3-15 所示。

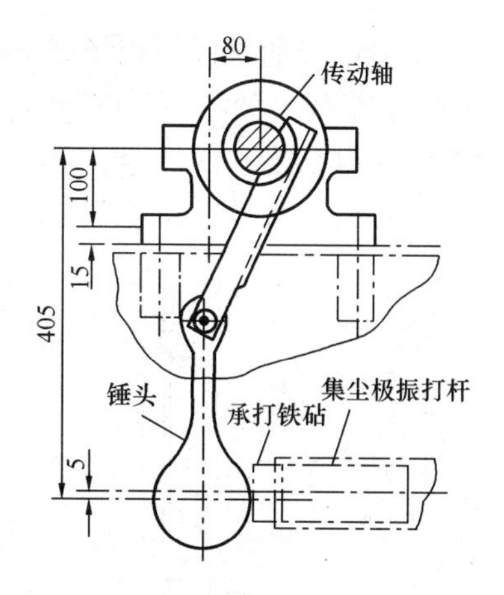

图 2-3-15　挠臂锤型振打装置

振打强度的大小取决于很多因素。主要由除尘器的容量、极板安装方式、振打方向、粉尘性质和烟气温度等决定。

3.3.2　静电除尘器的分类

静电除尘器一般有如下几种分类方法。

（1）按集尘极的形式

可以分为圆管型和平板型电除尘器，分别如图 2-3-16 和图 2-3-17 所示。管式电除尘器电场强度变化均匀，一般皆采用湿式清灰，用于气体流量小、含雾滴气体，或需要用水洗刷电极的场合；板式电除尘器电场强度变化不均匀，但清灰方便，制作安装比较容易，结构布置较灵活，为工业上应用的主要形式，气体处理量大，一般为 25～50m^3/s 以上。

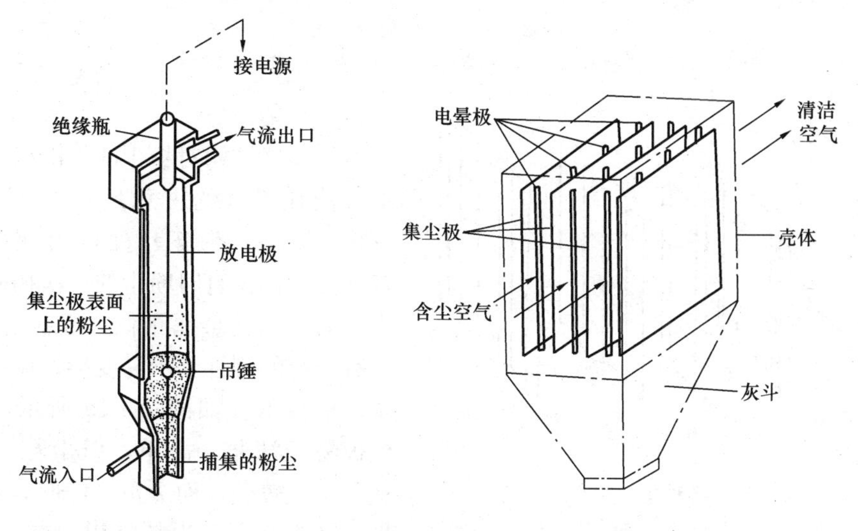

图 2-3-16　管式电除尘器　　　图 2-3-17　板式电除尘器

（2）按荷电和放电空间布置

可以分为一段式和二段式电除尘器。一段式颗粒荷电与放电是在同一个电场中进行，现在工业上一般都采用这种形式；二段式电除尘器颗粒在第一段荷电，在第二段放电沉积，主要用于空调装置。

（3）按气流方向

可以分为卧式和立式两种。前者气流方向平行于地面，占地面积大，但操作方便，故目前被广泛采用；后者气流垂直于地面，通常由下而上，圆管型电除尘器均采用立式，占地面积小，捕集细尘粒易产生再飞扬。

3.3.3　电除尘器结构

板式电除尘器的主体结构主要由电晕极、集尘极、清灰装置、气流分布装置和灰斗组成。

（1）电晕电极

电晕电极通常采用直径3mm左右的圆形线、芒刺形线、锯齿形线、麻花形线、星形线及RS型线等，如图2-3-18所示。电晕线的一般要求有：起晕电压低、电晕电流大、机械强度高、能维持准确的极距、易清灰等。圆形线、麻花形线、星形线是沿线全长放电，而芒刺形线、锯齿形线及RS型线则是尖端放电，其放电强度高，起始电晕电压低。

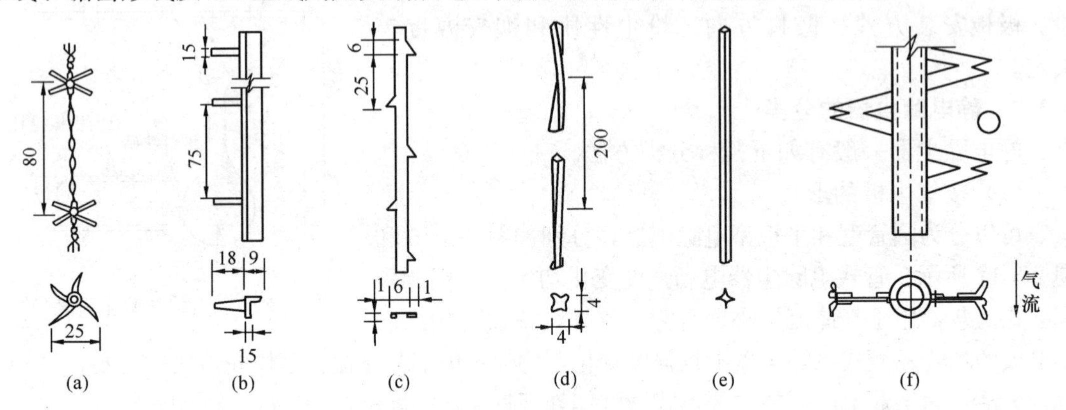

图2-3-18 各种放电极形式

(a) 芒刺形线；(b) 芒刺角钢；(c) 锯齿形线；(d) 麻花形线；(e) 星形线；(f) RS型线

(2) 集尘极

集尘极结构对粉尘的二次扬起及除尘器金属消耗量（约占总耗量的40%～50%）有很大影响。性能良好的集尘极应满足下述基本要求：振打时粉尘的二次扬起少；单位集尘面积消耗金属量低；极板高度较大时，应有一定的刚性，不易变形；振打时易于清灰；造价低。如图2-3-19所示，平板型集尘极易于清灰、简单，但尘粒二次飞扬严重、刚度较差，而Z形、C形、波浪形、曲折形则既有利于尘粒沉积，二次飞扬又少，且有足够的刚度，因此应用较多。

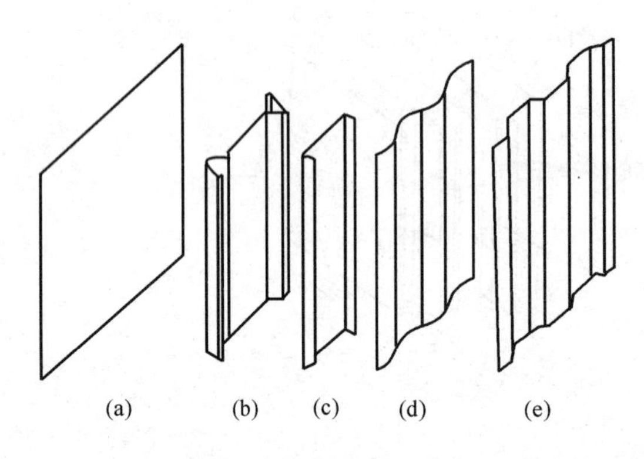

图2-3-19 各种集尘极形式

(a) 平板形；(b) Z形；(c) C形；(d) 波浪形；(e) 曲折形

(3) 清灰装置

清灰的主要方式有机械振打、电磁振打、刮板清灰、水膜清灰等。现代的电除尘器大都采用电磁振打或锤式振打清灰，振打系统要求既能产生高强度的振打力，又能调节振打强度和频率，常用的振打器有电磁型和挠臂锤型。

(4) 气流分布装置

电除尘器内气流分布对除尘效率具有较大影响。为保证气流分布均匀，在进出口处应设变径管道，进口变径管内应设气流分布板。最常见的气流分布板有百叶窗式、多孔板分布格子、槽形钢式和栏杆形分布板。对气流分布的具体要求是能使气流分布均匀，气压损失小。

3.4 袋式除尘器

袋式除尘器是使含尘气流通过棉、毛或人造纤维等加工的滤布，将粉尘分离捕集的装置。袋式除尘器在工业尾气的除尘方面应用较广，主要特点是：①除尘效率高，特别是对细粉也有很高的捕集效率，一般可达99%以上；②适应能力强，能处理不同类型的颗粒物（包括电除尘器不能处理的高比电阻粉尘），根据处理气量可设计成小型袋滤器，也可设计成大型袋房；③操作弹性大，入口气体含尘浓度变化较大时，对除尘效率影响不大。此外，除尘效率对气流速度的变化也具有一定的稳定性；④结构简单、操作简单，因而获得越来越广泛的应用。

3.4.1 袋式除尘器的工作原理

（1）除尘过程

如图2-3-20所示是一典型的袋式除尘器，当含尘气流从下部进入圆筒形滤袋，在通过滤料的孔隙时，粉尘被捕集于滤料上，沉积在滤料上的粉尘，可在机械振动的作用下从滤料表面脱落，落入灰斗中。粉尘因截留、惯性碰撞、静电和扩散等作用，在滤袋表面形成粉尘层，常称为粉层初层。新鲜滤料的除尘效率较低，粉尘初层形成后，成为袋式除尘器的主要过滤层，提高了除尘效率。随着粉尘在滤袋上积聚，滤袋两侧的压力差增大，会把已附在滤料上的细小粉尘挤压过去，使除尘效率下降。同时，除尘器压力过高，还会使除尘系统的处理气体量显著下降，因此除尘器阻力达到一定数值后，要及时清灰，但清灰不应破坏粉尘初层。

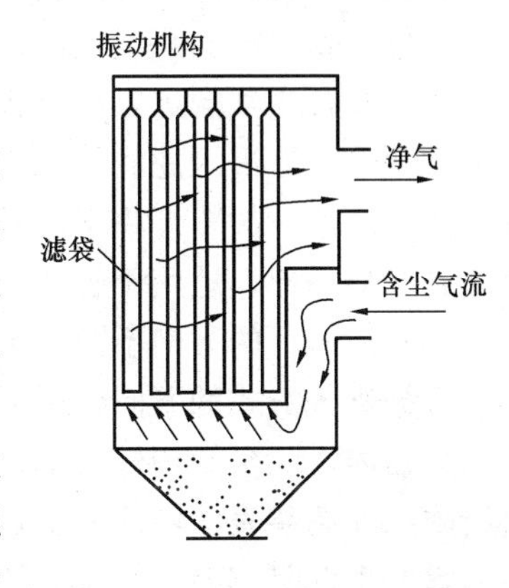

图2-3-20 机械振动式袋式除尘器

（2）除尘机理

用作捕集颗粒的滤布，其本身的网孔较大，一般为20～50μm，表面起绒的滤布约为5～10μm，但却能除去粒径1μm以下的颗粒。下面简单介绍其除尘机理。

①筛过作用

当粉尘粒径大于滤布空隙或沉积在滤布上的尘粒间空隙时，粉尘即被截留下来。由于新滤布空隙较大，所以截留作用很小。但当滤布表面沉积大量粉尘后，截留作用就显著增大。

②惯性碰撞

当含尘气流接近滤布纤维时，气流将绕过纤维，而尘粒由于惯性作用继续直线前进，撞击到纤维上就被捕集，所有处于粉尘轨迹临界线内的大尘粒均可到达纤维表面而被捕集。这种惯性碰撞作用随粉尘粒径及流速的增大而增强。

③扩散和静电作用

小于1μm的尘粒在气体分子的撞击下脱离流线，像气体分子一样做布朗运动，如果在运动过程中和纤维接触，即可从气流中分离出来，这种现象称为扩散作用。它随气流速度的降低、纤维和粉尘粒径的减小而增强。一般粉尘和滤布都可能带有电荷，当两者所带电荷相反时，粉尘易被吸附在滤布上；反之，若两者带有同性电荷，粉尘将受到排斥。因此，如果有外加电场，则可强化静电效应，从而提高除尘效率。

④重力沉降

当缓慢运动的含尘气流进入除尘器后，粒径和密度大的尘粒可能因重力作用自然沉降下来。

3.4.2 过滤材料

袋滤器的关键是滤布。对滤布的要求是容尘量大、吸湿性小、效率高、阻力低；使用寿命长，耐温、耐磨、耐腐蚀、机械强度高。表面光滑的滤料容尘量小，清灰方便，适用于含尘浓度低、黏性大的粉尘，采用的过滤速度不宜过高；表面起毛（绒）的滤料容尘量大，粉尘能深入滤料内部，可以采用较高的过滤速度，但必须及时清灰。

3.4.3 袋式除尘器的结构形式

（1）按滤袋形状分类

除尘器的滤袋主要有圆袋和扁袋。圆袋除尘器结构简单，便于清灰，应用最广；扁袋除尘器单位体积过滤面积大，占地面积小，但清灰、维修较困难，应用较少。

（2）按含尘气流进入滤袋方向分类

按含尘气流进入滤袋的方向，袋式除尘器可分为内滤式和外滤式。内滤式含尘气体首先进入滤袋内部，故粉尘积于滤袋内部，便于从滤袋外侧检查和换袋；外滤式含尘气体由滤袋外部到滤袋内部，适用于脉冲喷吹等清灰。

（3）按进气的方向不同分类

根据进气方式的不同，可分为下进气和上进气。下进气方式是含尘气流从除尘器下部进入除尘器内，除尘结构较简单，但由于气流方向与粉尘沉降的方向相反，清灰后会使细粉尘重新附积在滤袋表面，使清灰效果受到影响。上进气方式是含尘气流由除尘器上部进入除尘器内，粉尘沉降方向与气流方向一致，粉尘在袋内迁移距离较下进气远，能在滤袋上形成均匀的粉尘层，过滤性能比较好，但除尘结果较复杂。

（4）按清灰方式分类

多数袋式除尘器是按清灰方式命名和分类的。常用的清灰方式有三种，分别为机械振动式清灰、逆气流清灰、脉冲喷吹清灰。

图 2-3-21 和图 2-3-22 分别为机械振动袋式除尘器的工作过程示意图和典型的机械振动式布袋式除尘器，它利用马达带动振打机构产生垂直振动或水平振动。机械振动袋式除尘器的过滤风速一般取 1.0～2.0m/min，压力损失为 800～1200Pa。此类型袋式除尘器的优点是工作性能稳定，清灰效果较好，缺点是滤袋常受机械力作用，损坏较快，滤袋检修与更换工作量大。

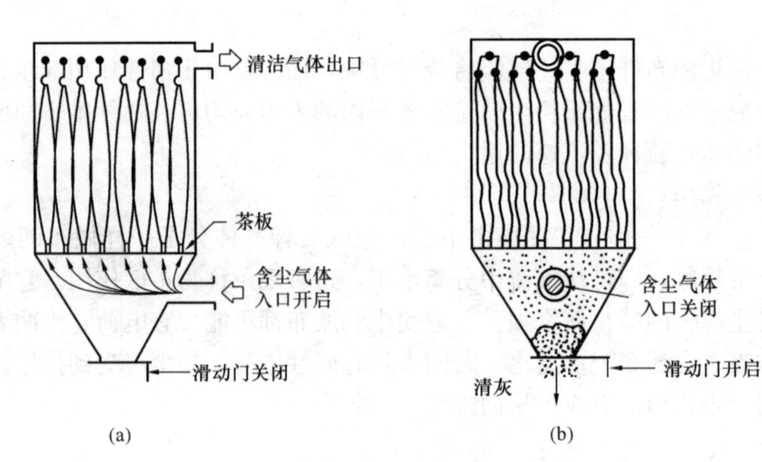

图 2-3-21 机械振动式袋式除尘器工作过程

（a）过滤；（b）清灰

逆气流清灰 图 2-3-23 为逆气流清灰袋式除尘器的工作过程示意图。逆气流清灰是利用反吹气流使滤袋瞬时涨缩，并将集尘抖落的清灰方式。逆气流清灰袋式除尘器的过滤风速

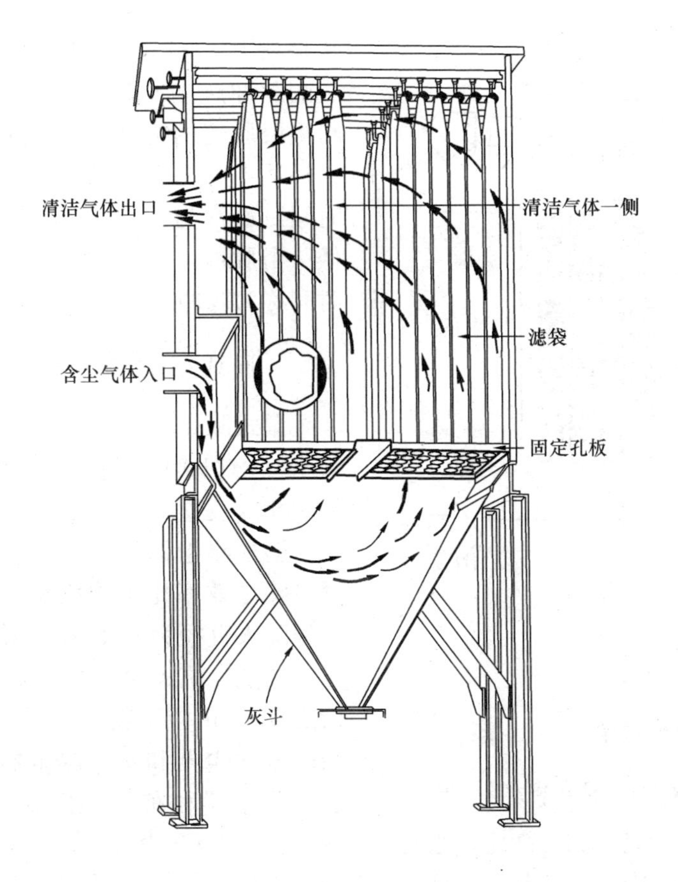

图 2-3-22　典型机械振动式布袋除尘器

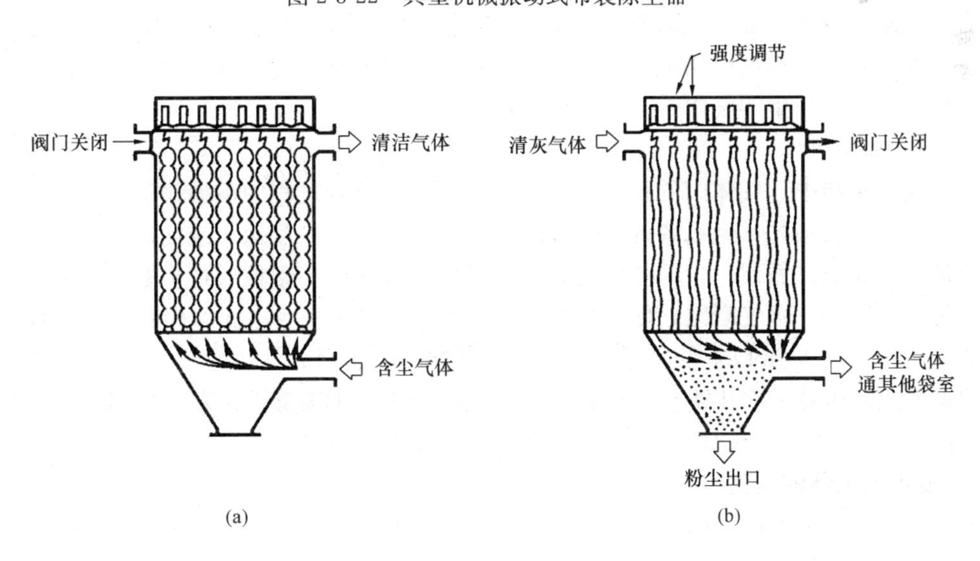

图 2-3-23　逆气流清灰袋式除尘器工作过程

(a) 过滤；(b) 清灰

一般为 0.5～2.0m/min，压力损失控制范围 1000～1500Pa。这种清灰方式的除尘器结构简单，清灰效果好，滤袋磨损少，特别适用于粉尘黏性小、玻璃纤维滤袋的情况。

脉冲喷吹清灰　图 2-3-24 为脉冲喷吹清灰袋式除尘器的工作过程示意图。脉冲喷吹清

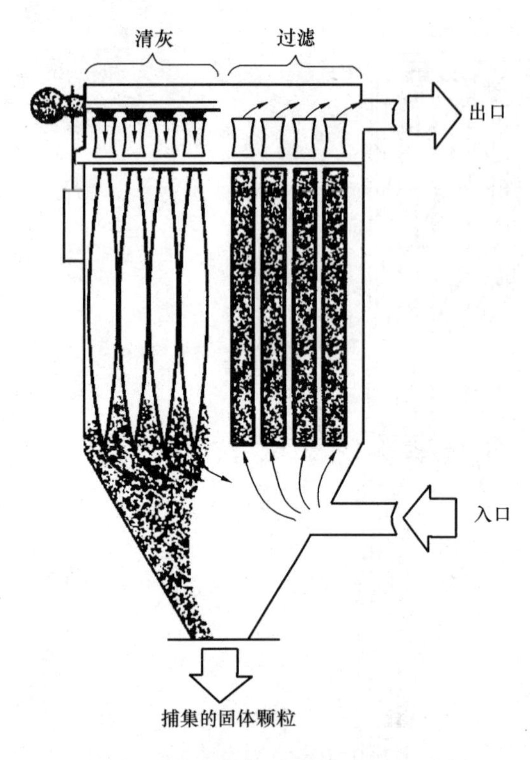

图 2-3-24　脉冲喷吹清灰袋式除尘器

灰是利用 4～7atm 的压缩空气反吹，压缩空气的脉冲产生冲击波，使滤袋振动，从而使粉尘层脱落的清灰方式。脉冲喷吹清灰必须选择适当压力的压缩空气和适当的脉冲持续时间（通常为 0.1～0.2s），每清灰一次，叫做一个脉冲，全部滤袋完成一个清灰循环的时间称为脉冲周期，通常为 60s。

3.5　湿式除尘器

湿式除尘器是使含尘气体与液体（一般为水）密切接触，使其中的颗粒物由气相转入液相的装置。

湿式除尘器的优点是：在耗用相同能耗时，除尘效率比干式机械除尘器高；可以有效地除去直径为 0.1～20μm 的液态或固态粒子，高能耗湿式除尘器（文丘里湿式除尘器）清除 0.1mm 以下粉尘粒子仍有很高效率，可与静电除尘器和布袋除尘器相比；可适用于静电除尘器和布袋除尘器不能胜任的条件，如能够处理高温、高湿气流，高比电阻粉尘及易燃易爆的含尘气体；在去除粉尘粒子的同时，亦能脱除气态污染物，既起除尘作用，又起到冷却、净化的作用。湿式除尘器的缺点是：产生泥浆或废液，处理比较麻烦，容易造成二次污染；净化含有腐蚀性的气态污染物时，洗涤水具有一定程度的腐蚀性，因此要特别注意设备和管道腐蚀问题；不适用于净化含有憎水性和水硬性粉尘的气体；寒冷地区使用湿式除尘器，容易结冻，应采取防冻措施。

3.5.1　湿式除尘机理

在湿式除尘器中，气体中的粉尘粒子是在气液两相接触过程中被捕集的。虽然湿式除尘与过滤的工作介质不同，但二者的主要机理基本相同，其中直接捕集或促进捕集的主要作用有：通过惯性碰撞、截留，尘粒与液滴或液膜发生接触；微小尘粒通过扩散与液滴接触；加湿的尘粒相互凝并；蒸气凝结，促进尘粒凝并。对于粒径为 1～5μm 的尘粒，第一种机理起主要作用，粒径在 1μm 以下的尘粒，后三种机理起主要作用。

根据湿式除尘器的净化机理，湿式除尘器大致分为重力喷雾洗涤器、旋风洗涤器、自激喷雾洗涤器、板式洗涤器、填料洗涤器、文丘里洗涤器、机械诱导喷雾洗涤器等。

3.5.2　湿式除尘器的类型

根据气液分散情况的不同，湿式除尘器可分为三种类型：

（1）液滴洗涤类

主要有重力喷雾塔、离心喷洒洗涤器、自激喷雾洗涤器、文丘里洗涤器和机械诱导喷雾洗涤器等。这类洗涤器主要以液滴为捕集体。

（2）液膜洗涤类

如旋风水膜除尘器、填料层洗涤器等，尘粒主要靠惯性、离心等作用撞击到水膜上而被捕集。

(3) 液层洗涤器

如泡沫除尘器，含尘气体分散成气泡与水接触，主要作用因素有惯性、重力和扩散等。

3.5.3　重力喷雾洗涤器

重力喷雾洗涤器又称喷雾塔，其结构形式如图 2-3-25 所示。重力喷雾洗涤器是洗涤器中最简单的一类。当含尘气体通过喷淋液体所形成的液滴空间时，因尘粒和液滴之间的惯性碰撞、截留及凝聚等作用，较大的粒子被液滴捕集。夹带了尘粒的液滴将由于重力而沉于塔底。重力喷雾洗涤器结构简单，压力损失小，一般在 250Pa 以下，操作稳定，但耗水量大，设备庞大，占地面积大，除尘效率低，经常与高效洗涤器联用。

3.5.4　填料塔

填料塔是以塔内的填料作为气液两相间接触构件的传质设备，工作示意如图 2-3-26 所示。液体从塔顶经液体分布器喷淋到填料上，并沿填料表面流下。气体从塔底送入，经气体分布装置分布后与液体呈逆流连续通过填料层的空隙，在填料表面上，气液两相密切接触进行传质。填料塔属于连续接触式气液传质设备，两相组成沿塔高连续变化，在正常操作状态下，气相为连续相，液相为分散相。

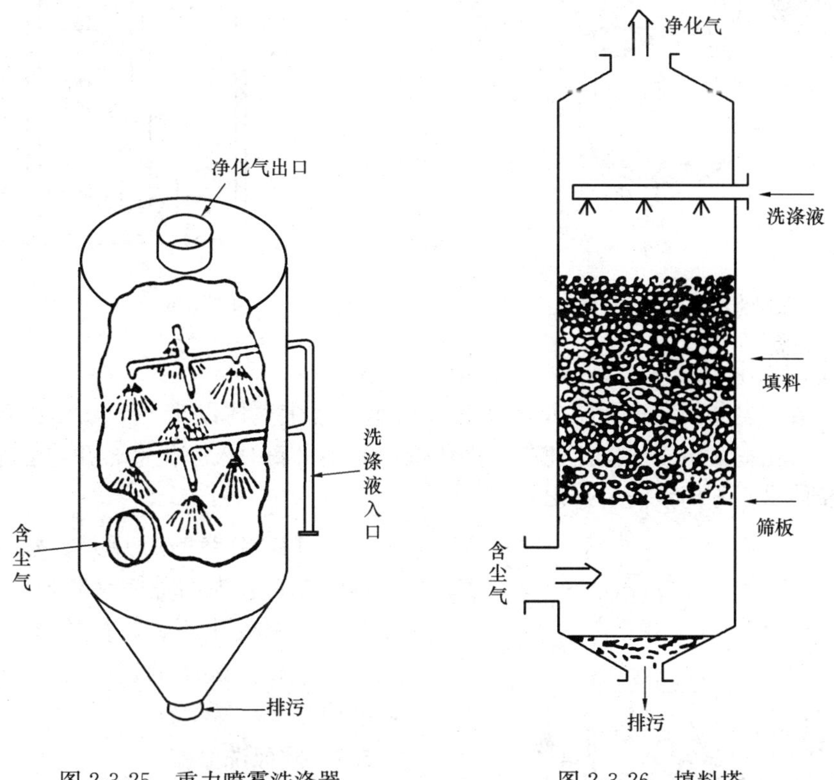

图 2-3-25　重力喷雾洗涤器　　　　图 2-3-26　填料塔

填料塔具有生产能力大、分离效率高、压降小、持液量小、操作弹性大等优点。填料塔也有一些不足之处，如填料造价高；当液体负荷较小时不能有效地润湿填料表面，使传质效率降低；不能直接用于有悬浮物或容易聚合的物料，以免填料堵塞。

3.5.5　板式塔鼓泡洗涤除尘器

板式塔鼓泡洗涤除尘器又称泡沫除尘器，工作示意如图 2-3-27 所示，其结构如图 2-3-28 所示。含尘气体由下部进入，穿过筛板，将筛板上的液层强烈搅动，形成泡沫，气液充分接触，尘粒进入水中。净化后的气体通过上部挡水板后排出，污水从底部经水封排至沉淀池。泡沫除尘器的优点是结构简单、投资少、除尘效率高。缺点是耗水量大，在气体流量大时断面气速不易保持均匀；初始含尘浓度过高或供水量不足，容易引起筛板堵塞。

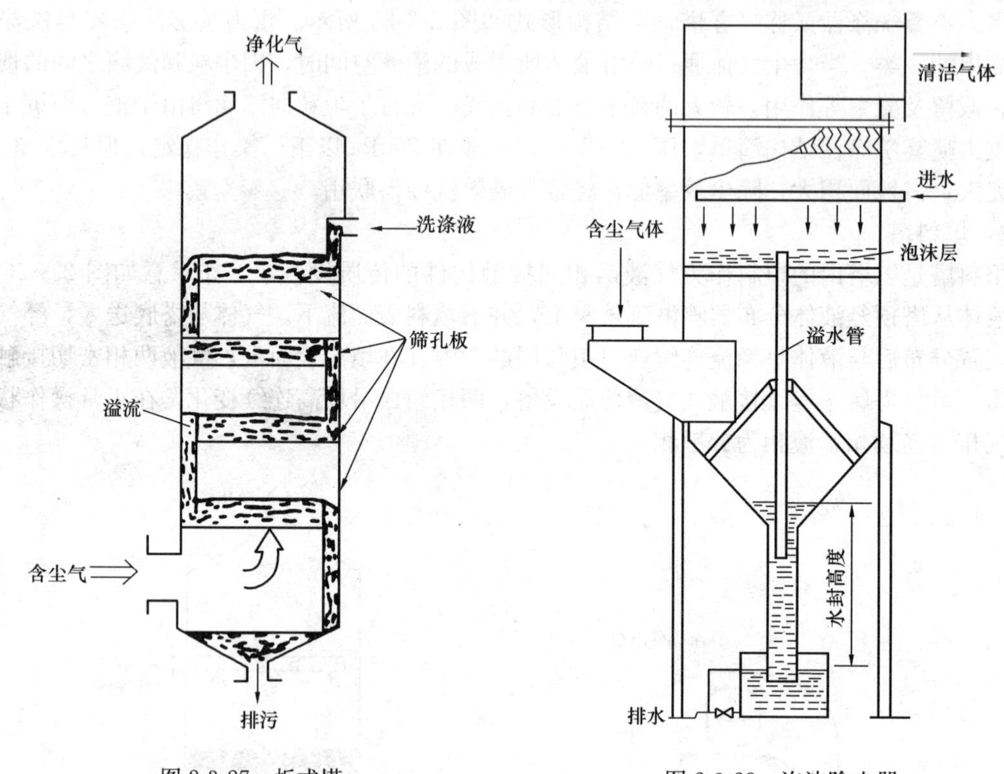

图 2-3-27　板式塔　　　　图 2-3-28　泡沫除尘器

3.5.6　自激水浴除尘器

自激水浴除尘器的结构形式如图 2-3-29 所示。含尘气体以 18～30m/s 的高速，经由 S 形通道进入净化室。由于气体流速高，静压低，能将水滴引入净化室，并与之充分接触，净化后气体经挡水板分离液滴后排出。

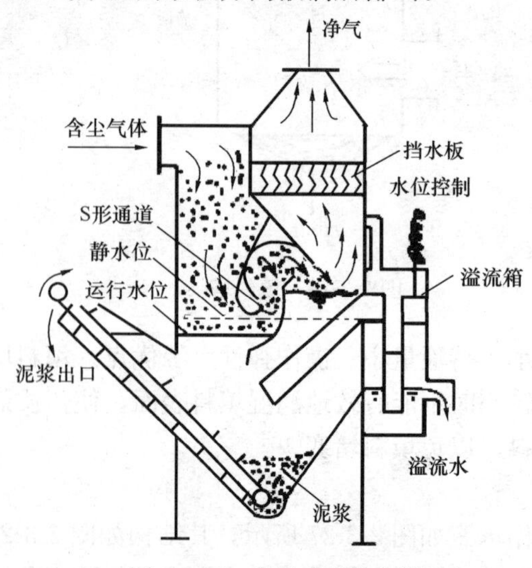

图 2-3-29　自激水浴除尘器

这种除尘器的特点是：效率高而稳定，处理气量在较大的范围（60%～110%）内变动时，效率变化不大；初始含尘浓度和粉尘性质变化，对效率的影响也较小；该种除尘器结构紧凑，体积较小。

3.5.7　旋风洗涤器

在干式旋风除尘器内部以环形方式安装一排喷嘴，就构成一种最简单的旋风洗涤器。

（1）立式旋风水膜除尘器

立式旋风水膜除尘器有切向喷雾和中心喷雾两种形式（图 2-3-30 和图 2-3-31）。切向喷雾旋风水膜除尘器喷雾沿切向喷向筒壁，使壁面形成一层很薄的不断下流的水膜，含尘气流由筒体下部导入，旋转上升，靠离心力甩向壁面的粉尘为水膜所黏附，沿壁面流下排走。中心喷雾旋风水膜除尘器是在除尘器中心喷雾，其原理与切向喷雾除尘器相同。

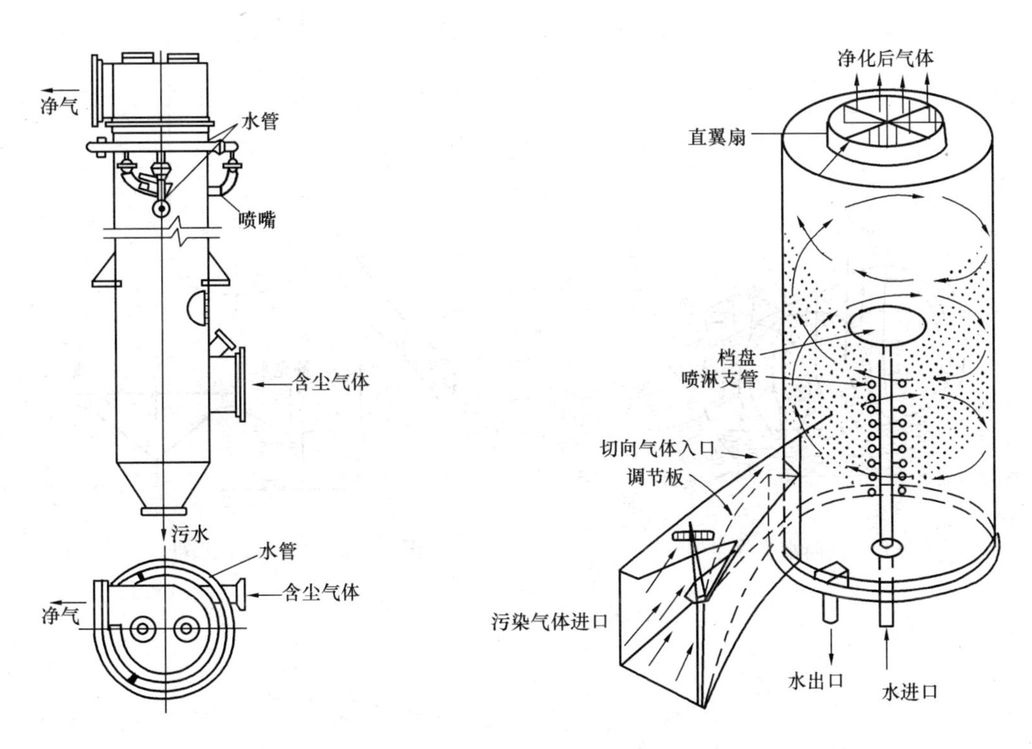

图 2-3-30　切向喷雾的旋风水膜除尘器　　图 2-3-31　中心喷雾的旋风除尘器

（2）卧式旋风水膜除尘器

卧式旋风水膜除尘器又称旋筒水膜除尘器，其构造如图 2-3-32 所示。其内筒、外筒和内外筒之间的螺旋形导流片构成气流通道。含尘气体由一端切向进入，在内外筒之间沿螺旋形导流片做旋转运动。气体中的尘粒在离心力的作用下，被甩至外筒的内壁，气体流过除尘器的下部水面时，由于气流的冲击和旋转运动，在外筒内壁上形成一层不断流动的水膜（厚约 3～5mm）。被甩到外筒内壁上的尘粒，被不断流动的水膜冲洗而进入泥浆槽。在形成水膜的同时，还会产生水雾，它能将离心分离不了的较细颗粒捕集下来。净化后的气体，流过挡水板后排出。

3.5.8　文丘里洗涤器

文丘里除尘器是一种高效湿式除尘器，其捕集效率可达 99%以上，设备体积不大，但动力消耗大，一般为 3000～20000Pa。

文丘里洗涤器主要是由文丘里管（文氏管）和脱水装置两部分组成，如图 2-3-33 所示。文氏管包括收缩管、喉管和扩散管三个部分，如图 2-3-34 所示。含尘气体由进气管进入收缩管后，流速逐渐增大，气流的压力能逐渐转变为动能，在喉管入口处，气速达到最大，一般为 50～180m/s，洗涤液（一般为水）通过沿喉管周边均匀分布的喷嘴进入，液滴被高速气流雾化和加速，从而增大了气液界面，尘粒与液滴之间发生有效碰撞而被捕集夹带尘粒的液滴通过旋转气流调节器进入离心分离器（旋风除尘器），在离心分离器中带尘液滴被截留，并经排液管排出。净化的气体排入大气。

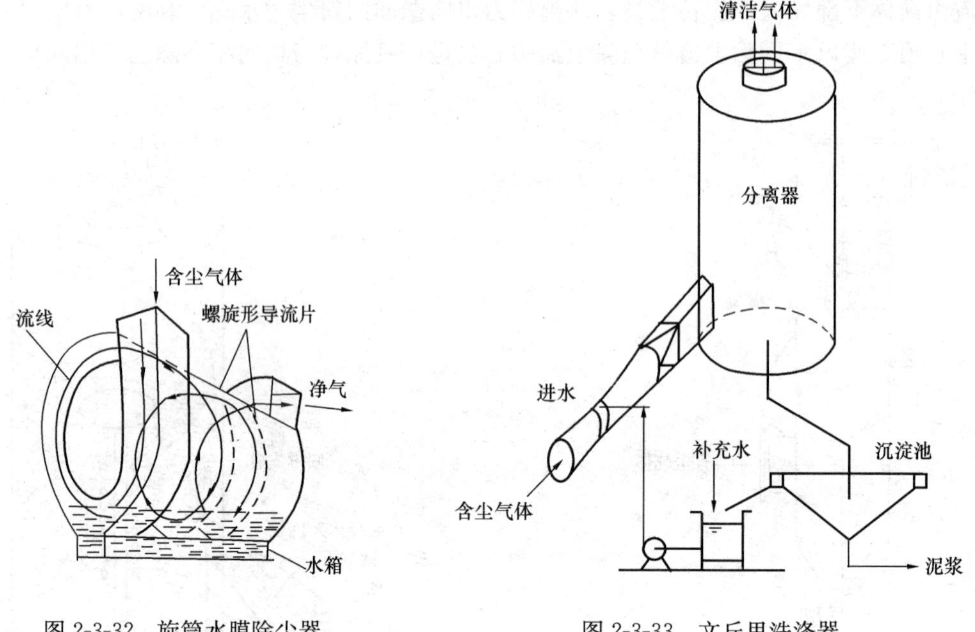

图 2-3-32　旋筒水膜除尘器　　　　图 2-3-33　文丘里洗涤器

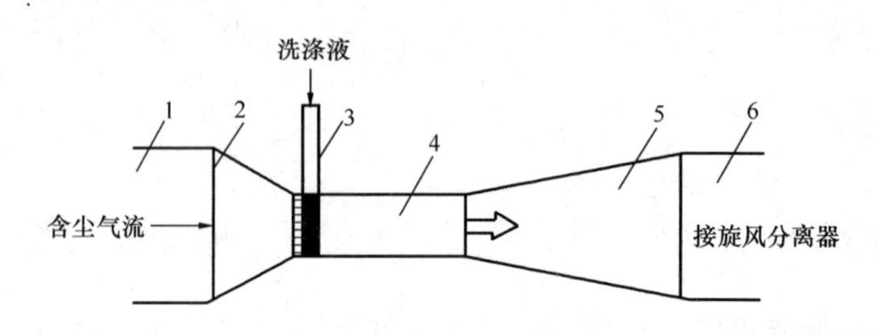

图 2-3-34　文丘里管

1—进气管；2—收缩管；3—喷嘴；4—喉管；5—扩散管；6—连接管

在文丘里除尘器中，充分的雾化是实现高效除尘的基本条件。气液两相的相对速度增加，雾化程度也将增加，碰撞捕集效率也随之增加，因此气流入口速度必须较高。

3.6　除尘器的比较和选择

3.6.1　除尘器合理选择

选择除尘器时必须全面考虑有关因素，如除尘效率、压力损失、一次投资、维修管理等，其中主要的是除尘效率。以下问题要特别引起注意：

1. 选用的除尘器必须满足排放标准规定的排放要求

对于运行状况不稳定的系统，要注意烟气处理量变化对除尘效率和压力损失的影响。如旋风除尘器除尘效率和压力损失，随处理烟气量增加而增加；但大多数除尘器（如电除尘器）的效率却随着处理烟气量的增加而下降。

2. 粉尘颗粒的物理性质对除尘器性能具有较大影响

黏性大的粉尘容易黏结在除尘器表面，不宜采用干法除尘；比电阻过大或过小的粉尘，不宜采用电除尘；纤维性或憎水性粉尘不宜采用湿法除尘。

不同的除尘器对不同粒径颗粒的除尘效率是完全不同的，选择除尘器时必须首先了解欲捕集粉尘的粒径分布，再根据除尘器除尘分级效率和除尘要求选择适当的除尘器。表 2-3-6 列出了典型粉尘对不同除尘器进行试验后得出的分级效率，可供参考。试验用的粉尘是二氧化硅尘，密度 $\rho_p = 2.7\text{g/cm}^3$。

表 2-3-6　除尘器的分级效率

除尘器名称	总效率（%）	不同粒径（μm）时的分级效率（%）				
		0～5	5～10	10～20	10～44	>44
带挡板的沉降室	58.6	7.5	22	43	80	90
普通的旋风除尘器	65.3	12	33	57	82	91
长锥体旋风除尘器	84.2	40	79	92	99.5	100
喷淋塔	94.5	72	96	98	100	100
电除尘器	97.0	90	94.5	97	99.5	100
文丘里除尘器（ΔP=7.5kPa）	99.5	99	99.5	100	100	100
袋式除尘器	99.7	99.5	100	100	100	100

图 2-3-35 表示出不同类型除尘器可以捕集粉尘的大致粒径区间，供选择除尘器时参考。

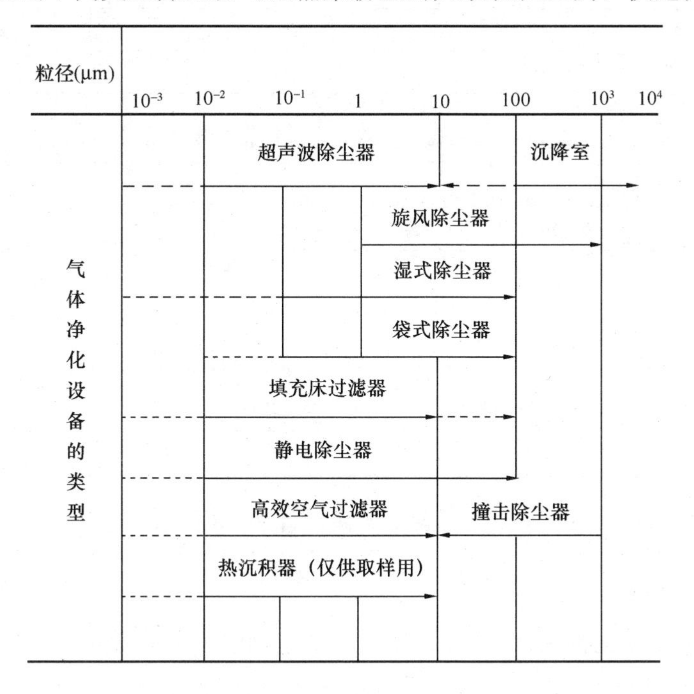

图 2-3-35　气体净化设备可能捕集的大致粒径范围

3. 气体的含尘浓度

对湿式除尘器可减少泥浆处理量，节省投资及减少运转和维修工作量。一般说，为减少喉管磨损及防止喷嘴堵塞，对文丘里、喷淋塔等湿式除尘器，希望含尘浓度在 10g/m^3 以下，袋式除尘器的理想含尘浓度为 $0.2\sim10\text{g/m}^3$，电除尘器希望含尘浓度在 30g/m^3 以下。

4. 烟气温度和其他性质是选择除尘设备时必须考虑的因素

对于高温、高湿气体不宜采用袋式除尘器。如果烟气中同时含有 SO_2、NO 等气态污染物，可以考虑采用湿式除尘器，但是必须注意腐蚀问题。

5. 选择除尘器时，需要考虑手机粉尘的处理问题

有些工厂工艺本身设有泥浆废水处理系统，或采用水力输灰方式，在这种情况下可以考虑采用湿法除尘，把除尘系统的泥浆和废水纳入工艺系统。

6. 选择除尘器需要考虑的其他因素

选择除尘器还必须考虑设备的位置、可利用的空间、环境条件等因素，设备的一次投资（设备、安装和工程等）以及操作和维修费用等经济因素。设备公司和制造厂家可以提供有关这方面的情况。表 2-3-7 给出了常见除尘系统投资费用和运行费的比较。需要指出的是：任何除尘系统的一次投资只是总费用的一部分，所以，仅以一次投资作为选择系统的准则是不全面的，还需要考虑其他费用，包括安装费、动力消耗、装置杂项开支以及维修费。以袋式除尘器为例，一次投资和年运行费用包括的细目以及所占比例由表 2-3-8 给出。

表 2-3-7　常见除尘设备的投资费用和运行费用

设　备	投资费用	运行费用
高效旋风除尘器	100	100
袋式除尘器	250	250
电除尘器	450	150
塔式洗涤器	270	260
文丘里洗涤器	220	500

表 2-3-8　袋式除尘器的一次投资及年运行费

一次投资		年运行费	
细目	所占比例（%）	细目	所占比例（%）
除尘器本体	30～70	劳务	20～40
烟道及烟囱	10～30	动力	10～20
基础及安装	5～10	滤布及部件更换	10～30
风机及电动机	10～20	装置杂项开支	25～35
规划及设计	1～10	—	—

表 2-3-9 是各种除尘器的综合性能表，可供设计选用除尘器时参考。

表 2-3-9　常用除尘器的性能

除尘器名称	适用的粒径范围（μm）	效率（%）	阻力（Pa）	设备费	运行费
重力沉降室	＞50	＜50	50～130	少	少
惯性除尘器	20～50	50～70	300～800	少	少
旋风除尘器	5～30	60～70	800～1500	少	中
冲击水浴除尘器	1～10	80～95	600～1200	少	中下
卧式旋风水膜除尘器	＞5	95～98	800～1200	中	中
冲击式除尘器	＞5	95	1000～1600	中	中上
文丘里除尘器	0.5～1	90～98	4000～10000	少	大
电除尘器	0.5～1	90～98	50～130	大	中上
袋式除尘器	0.5～1	95～99	1000～1500	中上	大

3.6.2　除尘设备的发展

国内外除尘设备的发展，着重在以下几个方面：

1. 除尘设备趋向高效率

由于对烟尘排放浓度要求越来越严格，世界各地趋于发展高效率的除尘器。在工业大气污染控制中，电除尘器与袋式除尘器占了压倒优势。日本除尘设备销售额中，电除尘器及袋式除尘器占的比例分别为45.5%及44%，而湿式除尘器仅为5.5%，旋风式为2.1%。我国新增法典设备中，主要以30×10^4kW以上大容量机组为主。为使大容量机组的风机不磨损，保证安全经济发电，要求经除尘后的烟气含尘浓度控制在较低水平。

2. 发展处理大烟气量的除尘设备

当前工艺设备朝大型化发展，相应需处理的烟气量也大大增加。如500t平炉的烟气量达$50\times10^4\mathrm{m^3/h}$之多，600MW发电机组锅炉烟气量达$2.3\times10^6\mathrm{m^3/h}$，没有大型除尘设备是不能满足要求的。国外电除尘器已经发展到500～600$\mathrm{m^2}$，大型袋式除尘器的处理烟气量每小时可达几十万到数百余万立方米，上万条滤袋集中在一起形成“袋房”，扁袋占用空间少，这种除尘装置正得到迅速发展。

3. 着重研究提高现有高效除尘器的性能

国内外对电除尘器的供电方式、各部件的结构、振打清灰、解决高比电阻粉尘的捕集等方面做了大量工作，从而使电除尘器运行可靠，效率稳定。对于袋式除尘器着重于改进滤料及其清灰方式，使其适宜于高温、大烟气量的需要，扩大应用范围。湿式除尘器除了继续研究高效文丘里管除尘器外，主要研究低压降、低能耗以及污泥回收利用设备。

4. 发展新型除尘设备

宽间距或脉冲高压电除尘器、环形喷吹袋式除尘器、顺气流喷吹袋式除尘器等，都是近20年来发展起来的新型除尘设备。多种除尘机理共同作用的新型除尘设备也进展迅速，如带电水滴湿式洗涤器、带电袋式除尘器等。

5. 重视除尘机理及理论方面的研究

工业发达国家大都建立一些能对多种运行参数进行大范围调整的试验台，研究现有各种除尘设备的基本规律、计算方法，作为设计和改进设备的依据，另一方面探索一些新的除尘机理，试图应用到除尘设备中去。

习题与思考题

1. 用一单层沉降室处理含尘气流，已知含尘气体流量$Q=1.5\mathrm{m^3/s}$，气体密度$\rho_G=1.2\mathrm{kg/m^3}$，气体黏度$\mu=1.84\times10^{-5}$kg/（m·s），颗粒真密度$\rho_P=2101.2\mathrm{kg/m^3}$，沉降室宽度$W=1.5$m，要求对粒径$d_P=50\mu$m的尘粒应达到60%的捕集效率。试求沉降室的长度。

2. 含尘粒直径为1.09μm的气体通过一重力沉降室，宽20cm，长50cm，共8层，层间距0.124cm，气体流速是8.61L/min，并观测到其捕集效率为64.9%。问需要设置多少层才能得到80%的捕集效率？

3. 简述旋风除尘器中的颗粒物的分离过程及影响粉尘捕集效率的因素。

4. 有一单一通道板式电除尘器，通道高为5m，长6m，集尘板间距离为300mm，处理含尘气量为600$\mathrm{m^3/h}$，测得进出口含尘浓度分别为9.30$\mathrm{g/m^3}$和0.5208$\mathrm{g/m^3}$。参考以上参数重新设计一台电除尘器，处理气量为9000$\mathrm{m^3/h}$，要求除尘效率99.7%，问需多少通道数？

5. 袋式除尘器处理烟气量为3600m^3/h，过滤面积为1000m^3，初始含尘浓度为8g/m^3，捕集效率为99%，已知清洁滤布阻力系数$\zeta_0=6\times10^7 m^{-1}$，烟气黏度$\mu=1.84\times10^{-5} Pa\cdot s$，要求滤袋压力损失不超过1800Pa，烟尘层的平均阻力系数$R=8\times10^8 m/kg$，试确定清灰周期和清灰后的压力损失。

6. 袋式除尘器处理常温含石灰的气体量为1000m^3/h（标态），初始含尘浓度9g/m^3，捕集效率为99%，清洁滤布的阻力损失为120Pa，粉尘层的平均阻力系数为$4\times10^9 m/kg$，气体性质近似于空气，滤袋压力损失不超过1600Pa，采用脉冲喷吹清灰。试确定：（1）过滤速度（m/min）；（2）粉尘负荷（kg/m^2）；（3）最大清灰周期（min）；（4）滤袋面积（m^2）；（5）滤袋的尺寸（直径d和长度L）和滤袋条数n。

7. 袋式除尘器净化含尘浓度为12g/m^3的烟气，已知烟尘的比表面积平均径$d_P=0.5\mu m$，烟尘的密度$\rho_P=3g/cm^3$，过滤速度$v_f=1m/min$，采用短纤维滤布，当过滤时间为23min时，烟尘负荷增至$m=0.2kg/m^2$，求此时的烟尘层的阻力损失及平均捕集效率。

8. 简述产生气液界面的方式，为什么文氏洗涤器可达到很高的捕集效率？

9. 水以液气比12L/m^3的速度进入文氏管，喉管气速116m/s，气体黏度为$1.845\times10^{-5} Pa\cdot s$，颗粒密度$\rho_P=1.78g/cm^3$，平均粒径$d_P=1.2\mu m$，$f$取0.25，处理气量$Q_G=3600m^3/h$（标态）。试计算：（1）文氏管的尺寸；（2）压力损失；（3）捕集效率。

第4章　气态型污染物的控制

学　习　提　示

本章要求学生了解气态型污染净化原理，掌握硫氧化物、氮氧化物以及挥发性有机污染物的控制技术，熟悉臭氧以及一些其他气态污染物的控制技术。

学习重点：气态型污染净化原理，硫氧化物、氮氧化物以及挥发性有机污染物的控制技术。

学习难点：净化原理，硫氧化物，氮氧化物控制技术。

4.1　气态型污染净化原理

气态污染物种类繁多，物理、化学性质各不相同，因此其净化方法也多种多样。按照净化原理分，可分为物理净化法和化学转化法，习惯上又将这些常用的净化方法分为五类：冷凝，燃烧，吸收，吸附和催化转化。利用物质的溶解度的不同来分离气态污染物的方法称为吸收法；利用物质吸附饱和度的差异来分离气态污染物的方法称为吸附法；利用气体露点的不同来分离污染物的方法称为冷凝法。另外可将气态污染物进行化学转化使其变为无害或易于处理的物质，这类方法有催化转化法和燃烧法。

4.1.1　冷凝分离

废气净化中的冷凝方法就是将废气冷却，使其温度降低到污染物的露点以下，气相污染物凝结析出的方法。在冷凝过程中，由于被冷凝的物质仅发生物理变化，其化学性质不变，所以可以回收利用。

1. 冷凝分离的原理

冷凝法的原理是利用气态污染物在不同温度及压力下具有不同的饱和蒸汽压，在降低温度或加大压力下，某些污染物凝结出来，以达到净化或回收的目的，甚至可以借助于控制不同的冷凝温度，将不同的污染物分离出来。

冷凝法由于受到冷凝温度的限制，净化效率往往不高，约为30%～50%，冷凝后的尾气往往达不到排放要求，需要进一步处理。所以冷凝法一般用来进行高浓度废气的回收，很少单独用来进行废气净化。

2. 冷却方式和冷凝设备

根据冷却介质与废气是否直接接触，冷却方式分为直接冷却和间接冷却。

(1) 直接冷却

直接冷却是冷却介质与废气直接接触进行热交换，冷却效果好，设备简单；但要求废气中的组分不会与冷却介质发生化学反应，也不互溶，否则难以回收利用。

直接接触冷却常用的热交换设备是喷淋塔。最简单的喷淋塔为空塔，如图2-4-1所示。冷却介质自上而下喷淋，被冷却气体自下而上流动。为了防止雾滴带出，塔顶加除雾器。空塔的热交换效果较差，为了增加气液接触面积，均匀气体在塔内的停留时间，可加装挡板或

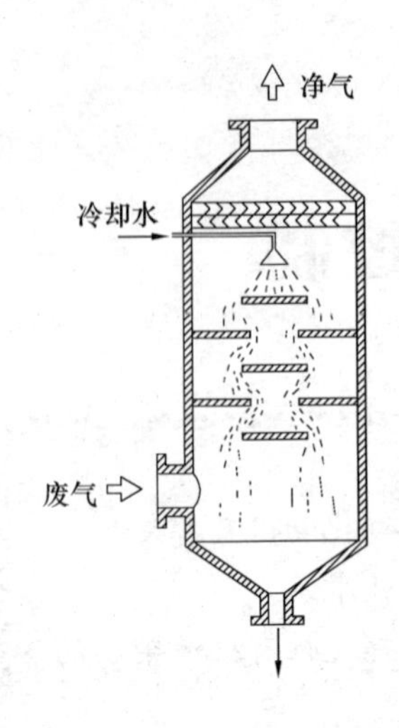

图 2-4-1　喷淋冷却塔

填料。喷淋塔一般可按空塔气速 2m/s 和塔内有效停留时间 1s 设计。通过喷淋塔的气流压降约为 250～500Pa。

(2) 间接冷却

间接冷却时废气与冷却介质不直接接触，因此不会相互影响，但热交换设备稍复杂，冷却介质用量较大。为了避免由于固态物质在热交换表面沉积而妨碍热交换，要求废气不含微粒物或胶粘物。

间接冷却常用的冷却介质有空气、水或氟利昂等。间接冷却采用各种表面冷却器作冷凝器。冷却介质为水或氟利昂时，用管壳式冷凝器。风冷时采用管式或翅片式冷凝器。管壳式冷凝器是广泛使用的冷凝设备，在外壳内有多根管道，被冷却气体在壳内(管外)流动，冷却介质在管内流动。为了增加冷却介质在冷凝器内的停留时间，增加热交换量，壳内一般加挡板。

4.1.2　燃烧

气态污染物中，少数无机物（如 CO）和大部分有机物是可燃的。焚烧净化法就是利用热氧化作用将废气中的可燃有害成分转化为无害物或易于进一步处理的物质的方法。燃烧法的优点是：净化效率高，设备不复杂，如果污染物浓度高还可以回收余热。难以回收或回收价值不大的污染物，用焚烧法净化较为适宜。但在污染物浓度低的情况下，采用焚烧法要添加辅助燃料，因此为了提高经济性，必须注意焚烧后的热能回收问题。

采用焚烧法应仔细分析废气成分，确定焚烧反应的中间和最终产物不是污染物，若废气中的污染物含硫、氯等元素，焚烧后往往含有二氧化硫、氮氧化物、氯化氢等污染物，还需要二次处理。对于处于爆炸范围内的废气的焚烧净化处理要特别注意安全，防止发生回火、爆炸等事故。

1. 燃烧过程分类

按燃烧过程是否使用催化剂，可分为催化燃烧和非催化燃烧两类。催化燃烧是一种催化氧化反应，其反应温度较低，产生的氮氧化物少，但要求废气中不可燃的固体微粒含量少，并不含硫、砷等有害元素。非催化燃烧设备简单，反应温度高，但可能产生氮氧化物等二次污染。非催化燃烧又可分为直接燃烧和热力燃烧两种。

直接燃烧又称为直接火焰燃烧，当废气中可燃物浓度较高，无需补充辅助燃料，燃烧产生的热量足以维持燃烧过程连续进行，可采用直接燃烧。

如果废气中可燃物含量较少，燃烧产生的热量不足以维持燃烧过程继续进行，就必须添加附加燃料，这种燃烧方式称为热力燃烧。热力燃烧中，辅助燃料首先与部分废气混合并燃烧，产生高温气体，然后大部分废气与高温气体混合，可燃污染物在高温下与氧反应，转化成非污染物后排放。

2. 热回收方式

热力燃烧产生的热量一般可以通过以下方式加以利用。

(1) 用于燃烧系统本身，如预热待处理废气和燃烧所用的空气，从而减少辅助燃料的消耗。

(2) 用于其他需要加热的系统中，如加热新鲜空气，作为干燥或烘烤装置的工作气体；或加热水、油等，产生需要的蒸汽或热油。

4.1.3　吸收净化

利用气体混合物中各组分在一定液体中溶解度的不同而分离气体混合物的操作称为吸收净化。在空气污染控制工程中，这种方法已广泛应用于含 SO_2、NO_x、HF、H_2S 及其他气态污染物的废气净化上，成为控制气态污染物排放的重要技术之一。

吸收过程通常分为物理吸收和化学吸收两大类。物理吸收主要是溶解，吸收过程中没有或仅有弱化学反应，吸收质在溶液中呈游离或弱结合状态，过程可逆，热效应不明显。化学吸收过程存在化学反应，一般有较强的热效应。如果发生的化学反应是不可逆的，则不能解吸。化学吸收过程的吸收速率和净化效率都明显高于物理吸收，所以净化气态污染物多采用化学吸收。

1. 吸收过程的基本原理

混合气体与吸收剂接触过程中，气体中可吸收组分（吸收质）向液相吸收剂进行质量传递（吸收过程），同时也发生液相中的吸收质组分向气相逸出的质量传递（解吸过程）。当吸收过程和解吸过程的传质速率相等时，气液两相就达到了动态平衡。平衡时气相中的组分分压称为平衡分压，液相吸收剂（溶剂）所溶解组分的浓度称为平衡溶解度，简称溶解度。溶解度越大，越有利于吸收过程。气体在液体中的溶解度与溶剂的性质有关，并受温度和压力的影响。

当仅发生物理吸收时，常用亨利定律来描述气液相间的相平衡关系。当总压不高时，在一定的温度下，稀溶液中溶质的溶解度与气相中溶质的平衡分压成正比，即

$$P_i^* = E_i x_i$$

式中　P_i^*——溶液表面吸收质 i 的气相平衡分压（Pa）；

　　x_i——平衡状态下，吸收质 i 的液相摩尔分率；

　　E_i——亨利系数（Pa）。

亨利定律还有其他的表达方式，在使用时一定要注意其量纲和表达式的一致性。

当吸收过程中发生化学吸收时，则吸收质与吸收剂二者之间必然同时满足相平衡和化学平衡关系：

$$\begin{array}{ll} \text{气相} & aA_{(g)} \\ \text{相平衡} & \Updownarrow \\ \text{液相} & aA_{(l)} + bB_{(l)} \Longleftrightarrow mM + nM \end{array}$$

由于存在化学反应，使吸收到液相中的一部分 A 组分转变为产物，导致 A 组分在液相的浓度较物理吸收低，从而降低了其气相分压，也就是说提高了吸收净化效果。同时，化学吸收往往还能提高对污染物的吸收容量。

2. 吸收剂和吸收设备

（1）对吸收剂的要求

吸收剂是吸收操作的关键之一。对吸收剂的要求是：对吸收质的溶解度大，选择性好，以提高吸收效果，减少吸收剂用量；蒸汽压低，避免吸收剂的损失并造成新的污染；沸点高，熔点低；无毒性，无腐蚀性，化学稳定性好；易于解吸、再生；价廉，易得。

（2）吸收剂的选择

对于物理吸收，要求溶解度大，可以根据化学上相似相溶规律选择吸收剂。

对于化学吸收，选择与污染物起化学反应，特别是快速反应的物质。最常用的是中和反应，因为许多重要的空气污染物是酸性气体（如 SO_2、NO_x、HF 等），可以用碱或碱性盐

溶液吸收。选择化学吸收剂应注意反应产物的性质，要使产物无害或易于回收利用。

水是一种良好的工作介质，符合上述大部分要求，是许多吸收过程（特别是物理吸收）的首选对象。水既可以直接作吸收剂，也可用水溶液作吸收剂。

（3）吸收剂的再生

吸收剂使用到一定程度，需要更换，使用后的吸收剂可直接回收利用，或处理后排放。多数情况下，需对吸收剂解析再生。

物理吸收剂的再生方法有：负压解吸、通惰性气体或贫气解吸、水蒸气解吸或加热解吸。化学吸收液的解吸比较复杂，对于可逆反应，可采用前述物理解吸的方法；对于不可逆反应，需针对生成物的特点，采取吸附、离子交换、沉淀、电解等方法再生。

（4）吸收设备

为了强化吸收过程，降低设备的投资和运转费用，吸收设备应满足的要求有：气液间有较大的接触面积和足够的接触时间；气液扰动强烈，吸收阻力低；操作稳定，弹性好；压降小；耐磨，耐蚀，运转安全可靠；结构简单，便于制造、安装、维修。

在有害气体治理中，处理的是一些气量大、污染物浓度低的废气，一般都是选择极快速反应或快速反应，过程主要受扩散过程控制，因而选用气相为连续相、液相为分散相的型式较多，如喷淋塔、填料塔、湍球塔、文丘里吸收器等，这些型式相界面大，气相湍流动程度高，有利于吸收。因此喷淋塔、填料塔等应用较广，在有些场合也应用板式塔及其他塔型。

4.1.4　吸附净化

气体吸附是用多孔固体吸附剂将气体混合物中的一种或数种组分浓集于固体表面，而与其他组分分离的过程。被吸附到固体表面的物质称为吸附质，附着吸附质的物质称为吸附剂。气体吸附净化方法是一种常见的气态污染物净化方法，特别适用于处理低浓度废气和高净化度要求的场合。该法的主要优点是效率高、可回收、设备简单；主要缺点是吸附容量小、设备体积大。

1. 吸附过程

（1）物理吸附与化学吸附

根据吸附剂表面与被吸附物质之间作用力的不同，吸附可分为物理吸附和化学吸附。

物理吸附是由于分子键范德华力引起的，它可以是单层吸附，也可以是多层吸附。

化学吸附是由吸附质与吸附剂之间的化学键力而引起的，是单层吸附，吸附需要一定的活化能。

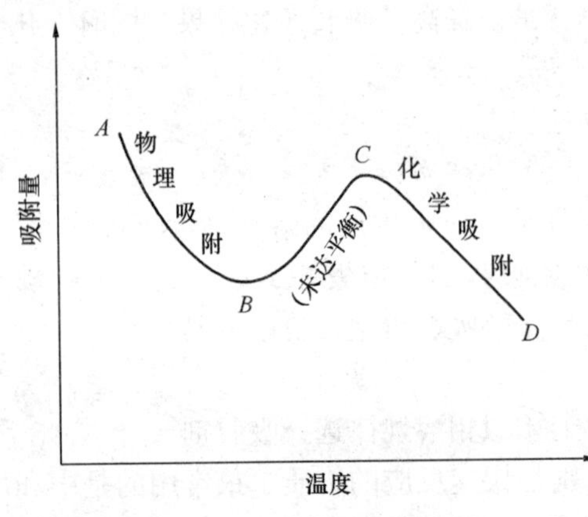

图 2-4-2　吸附过程

应当指出，同一污染物可能在较低温度下发生物理吸附，若温度升高到吸附剂具备足够高的活化能时，可能发生化学吸附（图 2-4-2）。两种吸附可能同时发生。

（2）吸附平衡

气固两相长时间接触，吸附与脱附即达到动态平衡。在一定的温度下，吸附量与吸附质平衡分压之间的关系曲线被称为等温吸附线。

（3）吸附剂及其再生

①吸附剂与水处理中所用的吸附剂要求相仿，用于气体净化的吸附剂需具备如下特性：

比表面积大；具有选择性吸附作用；具有高机械强度、化学稳定性和热稳定性；吸附容量大；来源广泛，造价低廉；具有良好的再生性能。常用吸附剂有活性炭、活性氧化铝、硅胶、分子筛等。

活性炭是应用最早、用途最广的一种优良吸附剂。活性炭由含碳原料（如果壳、动物骨骼、煤和石油焦）在不高于773K温度下炭化，通水蒸气活化制成，形状有颗粒状（球状、柱状和不规则形状）、纤维状和粉末状。纤维活性炭是近年来发展的新型吸附材料，纤维活性炭比表面积大，微孔多而均匀，且微孔直接通向外表面，吸附分子内扩散距离较短，因而吸附脱附性能好，且有密度小、可进一步加工成型等优点。

含水氧化铝在严格控制加热速度下脱水，形成多孔结构，即得活性氧化铝（极性吸附剂）。活性氧化铝的机械强度高，可用于气体干燥和含氟废气净化。

用酸处理硅酸钠溶液得硅酸凝胶，经水洗后在398～403K温度下脱水至含湿量在5%～7%即可得到硅胶（极性吸附剂）。硅胶有很强的亲水性，可吸湿至自身质量的50%，难于吸附非极性分子。

分子筛是一种人工合成的泡沸石，是具有微孔的立方晶体硅酸盐。分子筛的微孔丰富，吸附容量大，孔径均一，又是离子型吸附剂，有较强的吸附选择性，对一些极性分子在较高温度和较低分压下也有很强的吸附能力。

②再生在吸附过程中，当吸附剂持续吸附吸附质达到饱和以后即失去吸附能力，为了重复使用或回收有效成分，需要将吸附在吸附剂上的吸附质脱附，使吸附剂得到再生。脱附再生的方法包括加热脱附、减压解吸、置换再生等方式。

加热脱附：恒压条件下，吸附剂的吸附容量随温度降低而增大，随温度升高而减小。所以，可在较低的温度下吸附，再用高温气体吹扫脱附。这种高低温交替进行的操作过程又称变温吸附。常用的加热脱附介质有水蒸气、空气、惰性气体等。加热再生给热量大，脱附较完全，但一般吸附剂导热性较差，冷却缓慢，因而再生时间较长。

减压脱附：恒温条件下，吸附剂的吸附容量随系统压强降低而减小，所以可以在高压下吸附，低压下脱附。这种操作过程又称为变压吸附。减压脱附不需要加热，所以再生时间短，但设备存在死空间，脱附回收率低。

置换脱附：对某些热敏感物质，如饱和烃，因其在较高温度下容易聚合，故采用与吸附剂亲和能力比原吸附质（污染物）亲和能力更强的物质（脱附剂）将已被吸附的物质置换出来，使吸附质脱附的方法。此法又称为变浓吸附。

2. 吸附设备

吸附设备可分为固定床、回转床、移动床和流化床。在空气污染控制中最常用的是由两个以上的固定床组成的半连续式吸附流程。

4.1.5 催化转化

催化转化是使气态污染物通过催化床层发生催化反应，使污染物转化为无害或易于处理和回收利用的物质的方法。该法与其他净化方法的区别在于，无需使污染物与主气流分离，因而避免了其他方法可能产生的二次污染，又使操作过程得到简化。催化转化的另一个特点是对不同浓度的污染物都具有很高的转化率，因此，在大气污染控制工程中得到较多的应用。如碳氢化合物转化为二氧化碳和水、工业尾气和烟气中的NO_x转化为氮、SO_2转化为SO_3并回收利用、有机挥发性气体VOCs和臭气的催化燃烧净化以及汽车尾气的催化净化等。该法的缺点是催化剂价格较高，废气预热要消耗一定的能量。

1. 催化作用与催化剂

化学反应速率因加入某种物质而改变，而加入物质的数量和性质在反应终了时却不变的作用称为催化作用，加入的物质称为催化剂。能加快反应速率的催化作用称为正催化，减慢反应速率的称为负催化。根据催化剂和反应物的物相，催化过程可分为均相催化和非均相催化两类。催化剂和反应物的物相相同，其反应过程称为均相催化，催化剂和反应物的物相不同，其反应过程称为非均相催化。一般气体净化采用加快反应速率的固体催化剂，其反应是非均相正催化作用。

根据化学反应不同可分成催化氧化和催化还原两类。催化氧化法净化就是让废气中的污染物在催化剂作用下被氧化成非污染物或更易于处理的物质。例如将不易溶于水的 NO 氧化成 NO_2 的活性炭催化氧化。催化还原法净化是让废气中的污染物在催化剂作用下，与还原性气体反应转化为非污染物。例如废气中的 NO_2 在 Pt 或稀土等催化剂作用下，被甲烷、氢、氨等还原为 N_2。

众所周知，任何化学反应的进行都需要一定的活化能，而活化能的大小直接影响到反应速率的快慢，它们之间的关系可用阿累尼乌斯方程表示：

$$K = A \cdot \exp(-E/RT)$$

式中 K——反应速率常数，单位与反应级数有关；

A——频率因子，单位与 K 相同；

E——活化能，kg/mol；

R——气体常数，kJ/(K・mol)；

T——绝对温度，K。

催化作用可以改变反应历程，降低活化能，从而提高反应速率。

催化剂的显著特征是对于正逆反应的影响相同，不改变化学平衡；具有选择性；加速化学反应，而本身的化学组成在反应前后保持不变。

催化剂通常由主活性物质、助催剂和载体组成。主活性物质能单独对化学反应起催化作用，因而可作为催化剂单独使用，用于气体净化的主要是金属和金属盐；助催剂本身没有催化作用，但它的少量加入能明显提高主活性物质的催化性能；载体用以承载主活性物质和助催剂，它的基本作用在于提供大的比表面积，以节约活性物质，载体材料通常为氧化铝、铁矾土、石棉、陶土、活性炭、金属等，形状多为网状、球状、柱状、蜂窝状（阻力小，比表面积大，填放方便）。

催化转化法选用催化剂的原则：所选择的催化剂应具有很好的活性和选择性、良好的热稳定性、机械稳定性和化学稳定性以及经济性。净化气态污染物常用的几种催化剂及组成见表 2-4-1。

表 2-4-1 净化气态污染物常用的几种催化剂及组成

用途	主活性物质	载体
有色冶炼烟气制酸，硫酸厂尾气回收制酸等 $SO_2 \rightarrow SO_3$	V_2O_5 含量 6%～12%	SiO_2（助催化剂 K_2O 或 Na_2O）
硝酸生产及化工等工艺尾气 $NO_2 \rightarrow N_2$	Pt、Pd 含量 0.5%	$Al_2O_3-SiO_2$
	$CuCrO_2$	Al_2O_3-MgO

续表

用　途	主活性物质	载　体
碳氢化合物的净化 $CO+HC \longrightarrow CO_2+H_2O$	Pt、Pd、Rh	Ni、NiO、Al_2O_3
	CuO、Cr_2O_3、Mn_2O_3、稀土金属氧化物	Al_2O_3
汽车尾气净化	Pt（0.1%）	硅铝小球，蜂窝陶瓷
	碱土，稀土和过渡金属氧化物	α-Al_2O_3、γ-Al_2O_3

2. 催化反应器

工业上常用的气-固相催化反应器分为固定床、移动床及流化床，而以固定床反应器应用最广泛。固定床反应器的优点是轴向返混少，反应速度较快，因而反应器体积小，催化剂用量少；气体在反应器内停留时间可严格控制，温度分布可适当调节，因而有利于提高转化率和选择性；催化剂磨损小；可在高温高压下操作。固定床反应器的主要缺点是传热条件差，不能用细粒催化剂，催化剂更换、再生不方便，床层温度分布不均。

根据反应热的大小和对温度的要求，选择反应器的结构类型，尽量降低反应器阻力，反应器应易于操作，安全可靠，结构简单，造价低廉，运行与维护费用经济。

4.1.6　生物净化

废气的生物处理，就是利用微生物的生命活动过程，把废气中的气态污染物转化为少害甚至无害的物质。生物处理不需要再生过程与其他高级处理，与传统的物理化学净化方法相比，生物法具有投资运行费用低、较少二次污染等优点，在处理低浓度、生物可降解性好的气态污染物时更显其优越性。生物法作为一种新型的气态污染物的净化工艺在国外已得到越来越广泛的研究与应用，在德国、荷兰、美国及日本等国的脱臭及近几年的有机废气的净化实践中已有许多成功采用生物法的实例，如屠宰场、肉类加工厂、金属铸造厂、固废资源化处理厂的臭气处理。

1. 生物净化原理

生物净化废气机理如图 2-4-3 所示。

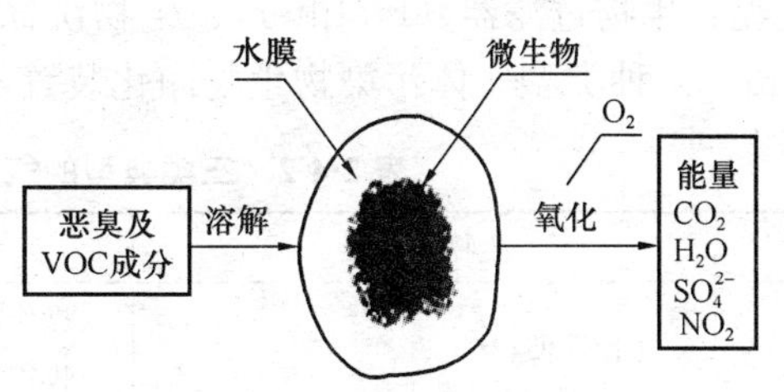

图 2-4-3　生物净化机理

与废水生物处理工艺相似，生物净化气态污染物过程也同样是利用微生物的生命活动将废气中的污染物转化为二氧化碳、水和细胞物质等。与废水生物处理的重大区别在于：气态污染物首先要经历由气相转移到液相或固相表面液膜中的传质过程，然后才能在液相或固相表面被微生物吸收降解。与废水的生物处理一样，气态污染物的生物净化过程也是人类对自然过程的强化与工程控制。其过程的速度取决于：①气相向液固相的传质速率（这与污染物的理化性质和反应器的结构等因素有关）；②能起降解作用的活性生物质的量；③生物降解速率（与污染物的种类、生物生长的环境条件、抑制作用等有关）。

2. 生物净化方法

根据处理介质的不同将废气生物处理法分为活性污泥法、微生物悬浮液法、土壤法和堆肥法。

（1）活性污泥法

利用污水处理厂剩余的活性污泥配置混合液，作为吸收剂处理废气。该方法对脱除复合型臭气效果很好，脱臭效率可达99%，而且能脱除很难治理的焦臭。

活性污泥混合液对废气的净化效率与活性污泥的浓度、酸碱度、溶解氧量、曝气强度等因素有关，还受营养盐的浓度和投加方式的影响。在活性污泥中添加50%（质量）的粉状活性炭，能提高分解能力，并起到消泡作用。吸收设备可用喷淋塔、板式塔和鼓泡反应器等。

（2）微生物悬浮液法

用微生物、营养物和水组成的吸收剂处理废气，适于吸收可溶性气态污染物。该方法的原理、设备和操作条件与活性污泥法基本相同，由于吸收液接近清液，因此设备不易堵塞。

（3）土壤法

土壤法是利用土壤中胶状颗粒物的吸附作用将废气中的气态污染物浓缩到土壤中，再利用土壤中的微生物将污染物转化成无害的形式。

所用的土壤以地表沃土为好，因为地表300～500mm的土层内集中存在着细菌、放线菌、霉菌、原生动物、藻类及其他微生物，每克沃土中微生物可达数亿个。土壤中微生物生活的适宜条件是：温度278～303K，湿度50%～70%，pH为7～8。土壤处理装置以固定床形式为主。

（4）堆肥法

好氧发酵的熟化堆肥中生存着许多的微生物，其数量要远大于土壤中的微生物的量，且其中含有丰富的营养成分，能为微生物提供适宜的生长环境，因而净化效果要较土壤法好。处理装置与土壤法基本相同。堆肥的种类有污泥堆肥、农林堆肥和城市固体废弃物堆肥等，从研究的情况来看，以城市固体废弃物的堆肥净化效果最好。

3. 主要的气体净化生物反应器类型

气体生物净化反应器可以按照它们的液相是否流动以及微生物群落是否固定，分为三种类型：生物过滤器（Biofilter）、生物洗涤器（Bioscrubber）和生物滴滤器（Biotricklingfilter）。三种类型气体污染物生物净化装置优缺点比较见表2-4-2。

表2-4-2　三类典型的气态污染物生物净化装置优缺点比较

	生物过滤器	生物滴滤器	生物洗涤器
优点	操作简便； 投资少； 运行费用低； 对水溶性低的污染物有一定去除效果； 适合于去除恶臭类污染物	操作简便； 投资少； 运行费用低； 适合于中等浓度污染气体的净化； 可控制pH值； 能投加营养物质	操作控制弹性强； 传质好； 适合于高浓度污染气体的净化； 操作稳定性好； 便于进行过程模拟； 便于投加营养物质
缺点	污染气体的体积负荷低； 只适合于低浓度气体的处理； 工艺过程无法控制； 滤料中易形成气体短流； 滤床有一定的寿命期限； 过剩生物质无法去除	有限的工艺控制手段； 可能会形成气体短流； 滤床会由于过剩生物质较难去除而堵塞失效	投资费用高； 运行费用高； 过剩生物质量可能较大； 需处置废水； 吸附设备可能会堵塞， 只适合处理可溶性气体

4.1.7　气体污染物控制新技术

1. 光催化氧化法

光催化氧化法是利用光能或与催化剂联合作用使气态有机污染物在常温下发生氧化的过程。常温氧化技术无须对污染气流进行较大幅度的加热和冷却，因而能量消耗相对较少。

现有研究表明，光催化氧化可以使大多数烷烃、芳香烃、卤代烃、醇、醛和酮等有机物降解，还可以使有机酸发生脱碳反应。Alberici 等人在相同实验条件下，研究了 17 种挥发性有机物的光催化降解规律，结果发现，只有甲苯、异丙基苯、四氯化碳、甲基氯仿和吡啶等化合物的降解活性较差，其余 12 种挥发性有机物的光催化降解效果均很好。另一些研究还表明，含氮化合物较含磷、硫或氯化合物的降解速度慢。但目前，对挥发性有机物的气相光催化降解产物一直存在争议，一般认为挥发性有机化合物的光催化降解比较完全，主要生成 CO_2 和 H_2O，但目前越来越多的研究发现，光催化降解有大量的副产物生成，反应的最终产物形式取决于反应时间、反应条件等因素。

2. 膜分离技术

膜法气体分离的基本原理是根据混合气体中各组分在压力的推动下透过膜的传递速率不同，从而达到分离目的。对不同结构的膜，气体通过膜的传递扩散方式不同，因而分离机理也各异。目前常见的气体通过膜分离的机理有两种：①气体通过多孔膜的微孔扩散机理；②气体通过非多孔膜的溶解-扩散机理。

膜分离技术的核心是膜，膜的性能主要取决于膜材料及成膜工艺。按材料的性质区分，气体分离膜材料主要有高分子材料、无机材料和金属材料三大类。就目前气体膜分离技术的发展而言，膜组件及装置的研究已日趋完善，而膜的发展仍有相当大的潜力。若在膜上有所突破，气体膜分离技术必将得到更大的发展。

膜分离方法可用于处理很多类型的污染物，包括苯、甲苯、二甲苯、甲基乙基酮、三氯甲烷、三氯乙烯、溴代甲烷、二氯甲烷、氯乙烯等。据报道，膜分离法的净化效果可达 90%～99.9%。膜分离法能回收有用物质，无二次污染，膜分离过程是一个连续的过程，使用比较方便，可应用于浓度波动较大的场合。采用的模件化结构易于安装和扩充处理能力。当气流中有机物浓度达到 1000ppm 时，其经济性可与活性炭吸附相当。膜分离工艺最有希望的应用之处是用于净化那些冷凝和活性炭吸附效果不好的低沸点有机物和氯代有机物。膜分离法还可以应用于一些不适合活性炭吸附处理的场合，如一些低分子量的化合物和易于在活性炭表面聚合的化合物。其优于活性炭吸附之处在于省去了解吸和浓缩气进一步处理的麻烦。

3. 等离子净化技术

等离子净化技术系利用高能电子射线激活、电离、裂解工业废气中各组分，从而发生氧化等一系列复杂化学反应，将有害物转化为无害物或有用的副产物加以回收的方法。

等离子体被称为物质的第 4 种形态，由电子、离子、自由基和中性粒子组成，是导电性流体，总体上保持电中性。等离子体按粒子温度的不同可分为热平衡等离子体和非热平衡等离子体。热平衡等离子体中离子温度和电子温度相等；而非热平衡等离子体中离子温度和电子温度不相等，电子的温度高达数万度，中性分子的温度只有 300～500K，整个体系的温度仍不高，所以又称为低温等离子体。等离子体中存在很多电子、离子、活性基和激发态分子等有极高化学活性的粒子，使得很多需要更高活化能的化学反应能够发生。

非平衡等离子体的产生方法很多，常见的有电子束照射法和气体放电法。

电子束照射法是利用电子加速器产生的高能电子束，直接照射待处理气体，通过高能电子与气体中的氧分子及水分子碰撞，使之离解、电离，形成非平衡等离子体，继而与污染物进行反应，使之氧化去除。该技术产生于20世纪70年代，由日本原子能研究所与荏原制作公司共同开发，最先应用于烟气脱硫、脱硝的研究中，结果表明其有效性和经济性优于常规技术。但是目前电子束照射法用于产生高能电子束的电子枪价格昂贵，电子枪及靶窗的寿命短。此外X射线的屏蔽与防护问题也不易解决，从而限制了它的实际应用。

气体放电法产生非平衡等离子体的种类较多，按电极结构和供能方式的差异，可将气体放电方法分为：电晕放电、介质阻挡放电和表面放电等。无论采用何种放电方法产生等离子体，它们的催化作用原理是一致的，都是以高能电子与气体分子碰撞反应为基础。其净化机理包括两个方面：①在产生等离子体的过程中，高频放电产生瞬间高能量，打开某些有害气体分子的化学键，使其分解成单质原子或无害分子；②等离子体中包含大量的高能电子、离子、激发态粒子和具有强氧化性的自由基，这些活性粒子的平均能量高于气体分子的键能，它们和有害气体分子发生频繁的碰撞，打开气体分子的化学键，同时还会产生的大量HO·、H_2O·、O·等自由基和氧化性极强的O_3，它们与有害气体分子发生化学反应生成无害产物。

4.2 二氧化硫的污染控制技术

含硫化合物在大气中存在的主要形式是SO_2、H_2S、H_2SO_4和硫酸盐（SO_4^{2-}），主要来自矿物燃料的燃烧、有机物的分解和燃烧、海洋上的浪沫及火山爆发等。其中，燃料的燃烧占很大比例。

目前SO_2的控制方法有燃烧前脱硫、燃烧过程中脱硫和燃烧后脱硫（也称为烟气脱硫）3种。其中，烟气脱硫（flue gas desulfurization，FGD）是目前公认的，也是应用最广泛、效率最高的脱硫技术，同时还是控制SO_2排放的主要手段。

4.2.1 燃料脱硫

采用低硫燃料是控制SO_2污染的一项根本性措施。但由于天然的低硫燃料有限，因而燃烧前脱硫问题日益重要起来。燃烧前脱硫又称为燃料脱硫，指在燃料进入燃烧器之前所进行的处理、加工，主要包括燃料的替换、洗选加工、形态转换等技术。燃料脱硫主要是重油和煤的脱硫，而燃煤前的脱硫则是重点。

1. 煤炭脱硫

1）煤中硫的形态

煤中的硫根据其存在形态，可以分为有机硫、无机硫两大类。有机硫是指与煤的有机结构相结合的硫，如硫醇类化合物（R-SH）、硫醚（R-S-R）、二硫醚酸（R-S-S-R）、噻吩类杂环硫化物和硫醌化合物等。无机硫是以无机物形态存在的硫，通常以晶粒状态夹杂在煤中，如硫铁矿硫和硫酸盐硫，其中以黄铁矿硫（FeS_2）为主。还有少量的白铁矿、砷黄铁矿（FeAsS）、黄铜矿（$CuFeS_2$）、石膏（$CaSO_4 \cdot 2H_2O$）、绿矾（$FeSO_4 \cdot 7H_2O$）、方铅矿（PbS）、闪锌矿（ZnS）等。此外，有些煤中还有少量以单质状态存在的硫。

根据能否在空气中燃烧，煤中硫又可分为可燃硫和不可燃硫。有机硫、硫铁矿硫和单质硫都能在空气中燃烧，属于可燃硫。在煤燃烧过程中，不可燃硫残留在煤灰中，所以又称为固定硫，硫酸盐硫就属于固定硫。煤中各种形态硫的总和称为全硫。煤中各种形态硫的比例直接影响煤炭脱硫方法的选择。

2）煤炭脱硫技术

煤燃烧前脱硫即煤炭脱硫是通过各种方法对煤进行净化，去除原煤中所含的硫分、灰分等杂质。

表 2-4-3 为煤炭脱硫的主要技术。

表 2-4-3　煤炭脱硫技术

技　术	工作原理	特　点	SO_2削减率（%）
煤的替换			
	用含硫量低的燃料替换煤	不需另外的处理设施，简便易行，但受资源分布限制	50～80
选　煤			
物理法	利用相对密度、表面性质、磁力、电力或其他物理属性的差异来分离煤中杂质	工艺较简单，费用适度，但脱硫率低	10～50
化学法	用化学方法去除煤中以化学键结合的硫分	脱硫率高，但能耗和费用高，有化学处理费用问题	60～90
生物法	用特别的菌种来去除煤中的硫分	脱硫率高，费用适度，目前需寻找特别菌种	＞90
煤的加工和转化			
型煤	用机械方法将煤与固硫剂一起压制成一定强度、形状的煤制品	有提高热效、脱硫双重作用，投资小，费用低，目前需寻找廉价黏结剂	40～60
煤的汽化	在一定温度和压力下的反应器将煤转化为气体	工艺较简单，脱硫率高，但使用时有煤气输送及安全问题	85～99
煤的液化	直接液化是用物化方法将煤炭直接液化；间接液化是先汽化，后液化	脱硫率高，燃料运输贮存方便，但费用高	
煤液混合物	将细煤粉与加入适量添加剂的液体混合配成	燃料运输贮存方便，更节能，工艺简单，费用适度，脱硫率高	

这里主要介绍选煤技术。选煤技术有物理法、化学法和微生物法 3 种。目前我国广泛采用的是物理选煤法。

（1）煤炭物理脱硫技术

燃煤脱硫的物理方法有多种分类。按照矿物的不同密度可以分为重介质、跳汰、摇床、螺旋分选、水介质旋流器等；按矿物的表面特性分，主要有浮选、选择性絮凝、油聚团电选等；按矿物的磁性差别分选，主要是高梯度磁选。

①跳汰选煤

跳汰选煤是各种密度、粒度及形状的物料在不断变化的流体作用下使物料床层与水之间发生相对脉动，从而实现轻重物料的分层和分离。跳汰过程的特征表现是异类群混合物床层具有的密度差别。

与重介质选煤相比，跳汰法可以省掉许多工艺和大量设备，因此建设投资少、成本低、工作可靠、经济效益显著，所以跳汰选煤在煤炭分选中占据着十分重要的地位。

②重介质选煤

重介质选煤技术是基于阿基米德原理，即浸没在液体中的颗粒所受到的浮力等于颗粒所排开的同体积的液体的质量。这种方法严格按照密度分选的方法，因此，分选介质密度在煤和矸石之间。在这样的条件下，煤颗粒在分选介质中存在 3 种状态：下沉、上浮和悬浮。颗粒在分选介质中运动时，受到重力、浮力和介质的阻力作用，起初相对悬浮液做加速运动的颗粒，最终将以某一恒定的相对速度，相对于悬浮液运动。当固体的密度 ρ_s 大于液体的密度 ρ 时，原粒下沉；当 ρ_s 小于 ρ 时，颗粒将上浮；ρ_s 等于 ρ 时，颗粒处于悬浮状态。颗粒越大，速度越大，分选速度越快，分选效率也越高。在重介质分选过程中，颗粒粒度和形状只影响分选的速度，这也是重介质选煤之所以成为效率最高的重力选煤法的原因。

重介质选煤的特点是分选效率高、适应性强、分选粒度范围宽、生产过程易于实现自动化，缺点是增加了重介质的净化回收工序，而且设备磨损比较严重。

目前，国内外普遍采用磁铁矿粉和水配制的悬浮液作为选煤的分选介质。国内外选煤用的重介质选煤设备主要有分选大于 6mm 或 13mm 的块煤斜轮重介质分选机、立轮重介质分选机以及分选末煤的重介质旋流器。

重介质选煤适用于分选排矸、难选煤和极难选煤，低密度分选用于脱除黄铁矿，选粗精煤（来提高精煤的质量）。尤其是对大于 0.2mm 的煤泥，重介质旋流器的分选精度优于跳汰选煤和浮选法；对 0.1～0.2mm 的煤泥，重介质旋流器与浮选法相近。因此，在条件适合时，用重介质分选取代浮选，可以解决不宜浮选的氧化煤粉的分选问题。

③浮选法

浮选法是在气-液-固三相界面的分选过程，它包括水中的矿粒黏附到气泡上，然后上浮到煤浆液面并被收入泡沫产品的过程。

矿粒能否黏附到气泡上取决于水对该矿粒的润湿性。因此，浮选法是利用矿物的表面润湿性差别对煤进行分选的方法。随着煤颗粒的减小，物料的表面积迅速增大，表面性质对分离过程的影响也随之增大，并起到决定性的作用。当水对矿粒表面只能有很少的润湿性，该表面称为疏水表面，这时气泡就能黏附到该表面上；反之，润湿性强的表面，称为亲水表面，气泡就难以或不能黏附到上面。

煤具有天然的可浮性，而煤中的灰分和黄铁矿的可浮性较弱，因此，可通过浮选设备把精煤选出。浮选法主要用于处理粒径小于 0.5mm 的煤粉。

浮选脱硫通常有 3 种方法：多段浮选、抑制黄铁矿浮煤、在抑煤的同时浮选黄铁矿。但是浮选脱出黄铁矿硫的效率很差，其原因是：水力夹带、诱发的疏水性和颗粒解离不完善或表面污染，使大多数煤粒直接附着在气泡上，从而被回收到泡沫产物中，以致黄铁矿硫的除硫效率下降。

浮选法的影响因素主要有浮选原料的性质和工艺因素。其中，最重要的是煤的变质程度和氧化程度、粒度组成、密度组成、矿浆浓度、药剂浓度、浮选机充气搅拌的影响。

④高梯度强磁分离煤脱硫技术

煤中所含的有机硫为逆磁性，而大部分无机硫为顺磁性。干法强磁分离脱硫是以空气为载流体，使煤粉均匀分散于空气中，然后使其通过高梯度强磁分离区，在此区，顺磁性黄铁矿等被聚磁基质所捕获，其他有机物通过分离区后成为精煤产品。湿法强磁分离脱硫是以水

（或油、甲醇）等作为载流体，基本方法与干法分选相同。湿法脱硫具有流程简单、脱硫效果好等优点，因此，多采用以水煤浆为原料的工艺。此工艺能达到70%的无机硫脱除率和57.4%的总硫脱除率，同时脱除灰分物质约30%。目前，该技术的发展方向是超导高梯度强磁分离，它采用超导技术，能耗降低，有良好的发展前景。

⑤微波辐射法

当微波能照射煤时，煤中黄铁矿中的硫最容易吸收微波，有机硫次之，煤基质基本上不吸收。煤微波脱硫的原理是：煤和浸提剂组成的试样在微波电磁场作用下，产生极化效应，从而削弱煤中硫原子和其他原子之间的化学亲和力，促进煤中硫与浸提剂发生化学反应，从而生成可溶性硫化物，通过洗涤从煤中除去。此法可以去除煤中的无机硫、有机硫。微波辐射法可达到50%以上的脱硫率。

（2）煤炭化学脱硫技术

煤炭化学脱硫方法一般采用强酸、强碱和强氧化剂，在一定温度和压力下，通过化学氧化、还原提取、热解等步骤来脱除煤中的黄铁矿。化学分选特别适用于物理分选排除了大部分矿物质后的最后一道工序。化学分选需要高活性的化学试剂，工艺过程大多是在高温高压下进行，对煤质有较大的影响，而且大多数化学分选工艺的成本较高，因而在一定程度上限制了燃煤化学脱硫方法的使用。

燃煤化学脱硫可分为物理化学脱硫方法和纯化学脱硫方法。物理化学脱硫即浮选，化学脱硫方法包括碱法脱硫、气体脱硫、氧化脱硫等。

①碱法脱硫

碱法脱硫是在煤中加入KOH、NaOH或$Ca(OH)_2$，在200～400℃下处理，然后用水洗，可以脱除全部黄铁矿和一半有机硫。FeS_2在较低温度下被脱除，而有机硫的脱除程度则随着温度的升高而增加。也有人用熔融的Na_2CO_3或20%的Na_2CO_3水溶液分步处理，可脱除75%左右的总硫。

②气体脱硫

气体脱硫是在高温下，用能与煤中黄铁矿或有机硫反应的气体处理煤，生成挥发性含硫气体，从而脱除煤中的硫。使用这种方法的脱硫率可达86%。

在350～550℃时，用水蒸气和空气可脱除30%的黄铁矿硫。在600℃时，用H_2可以使FeS_2全部转化为H_2S和Fe，但在高温下，气流中的H_2S和脱硫的物种之间存在物料平衡，这会阻碍进一步脱硫。在900℃时，用N_2或H_2处理，可脱除80%的硫，但脱硫效果比用空气处理差，因此，脱硫效率可能受氧扩散入煤和二硫化铁所控制。

③氧化脱硫

氧化脱硫是在酸性或氢氧化铵存在的条件下，将硫化合物在含氧溶液中氧化，生成易于脱除的硫和硫酸盐，从而使硫与煤分离。在酸性条件下，只能脱除黄铁矿硫，脱除率达90%；在碱性溶液中，还可以脱掉30%～40%的有机硫。

（3）煤炭生物脱硫技术

由矿山、煤矿渗排的废水呈强酸性，说明某些生物具有溶解矿石而繁衍的特性。美国因此开发了细菌浸出技术，自低品位铜矿中回收铜，其铜产量占全国总产铜量的10%以上。煤炭微生物脱硫便是在细菌浸出金属的基础上，应用于煤炭工业的一项生物工程新技术。

煤炭生物脱硫原理须从无机硫和有机硫两方面来分析。

①煤炭中无机硫的生物脱除原理如图 2-4-4 所示，是基于某些嗜酸耐热菌在生长过程中消化吸收 Fe^{3+}、S 等。此作用可促进黄铁矿硫的氧化分解与脱除，从而硫的脱除率可达 90%以上。总反应可以用下式描述：

$$2FeS_2 + \frac{12}{5}O_2 + H_2O \longrightarrow 2Fe^{3+} + 4SO_4^{2-} + 2H^+$$

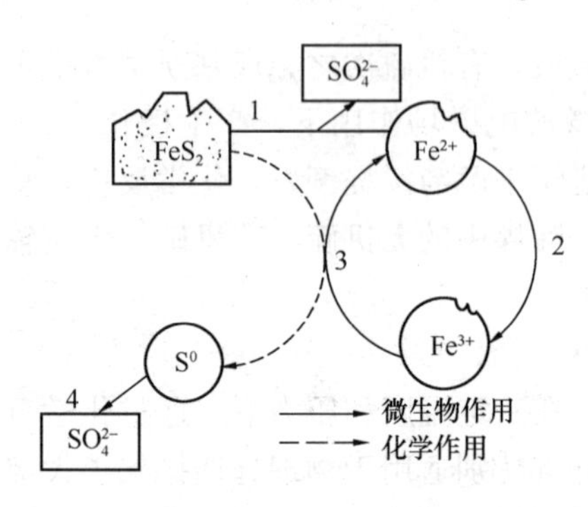

图 2-4-4　黄铁矿（FeS_2）氧化溶解机理

1—微生物氧化溶解；2—微生物铁氧化；3—化学氧化；4—硫氧化

上式实际上表示了细菌脱硫过程的两种作用形式：直接作用形式和间接作用形式。直接作用是微生物附着在黄铁矿表面发生氧化溶解作用，直接作用的产物是硫酸和 Fe^{2+}，进而 Fe^{2+} 被氧化成为 Fe^{3+}。由于 Fe^{3+} 有氧化性，又与其他的黄铁矿发生化学氧化作用，而自身被还原为 Fe^{2+}，同时生成单质硫。单质硫在微生物作用下被氧化成硫酸而除去。这一系列循环式氧化还原反应称为间接作用。在这个过程中，Fe^{3+} 是中介体，由于微生物和化学氧化两者相互作用，加速了黄铁矿的溶解，微生物的重要性在于使 Fe^{2+} 变成了 Fe^{3+} 的铁氧化作用，以及单体硫变成硫酸的硫氧化作用。而中间产物（Fe^{2+} 和单质硫）又能被微生物用做能源，促进微生物繁殖。

目前已知能脱除无机硫的微生物有氧化亚铁硫杆菌（*thiobacillus ferrooridans*）、氧化硫杆菌（*thiobacillus thiooxidans*）以及能在 70℃高温下生长发育的古细菌（*sulfolobusacido-cardarius*，*acid-ianusbrierleyi*）。这些细菌从铁和硫等无机物氧化中获得能量，并能固定空气中的 CO_2 而繁殖，属自养菌。

②由于有机硫在煤中是以与碳原子键合存在的，比无机硫难脱除，而且脱硫机理也完全不同。根据二苯并噻吩（DBT）的分解研究结果推测，脱硫微生物具有酶的作用，使 C—S 链断裂。在微生物的作用下 DBT 分解有两种途径。

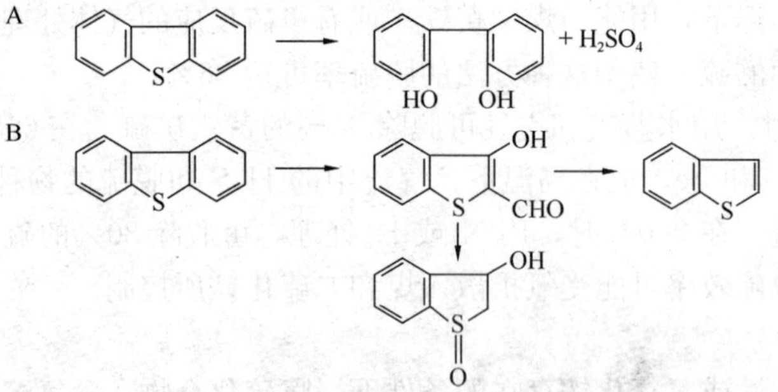

A　+ H_2SO_4　HO　OH

B　OH　CHO　OH

A 途径不破坏碳骨架，将硫变成硫酸而脱除。现已知道，经人工变异遗传因子的假单胞菌属能按 A 途径分解 DBT。此类细菌不以硫为能源，而以分解的有机物为能源而繁殖。属异养菌。按 A 途径，有机硫的最大脱除率为 57%（12h）或 91%（212d）。B 途径氧化分解碳骨架，将 DBT 变成水溶性产物，但硫原子仍残留在 DBT 的分解产物中，从而使去除嵌在碳骨架中的硫原子的可能性很小。

煤的微生物脱硫具有反应条件温和、对煤质损害小、能脱除煤中的大部分硫、处理量大、不受场地限制等优点。其成本与某些分选技术相当，应用前景十分广阔。但这种方法的脱硫周期长、工艺复杂，还不适应工业脱硫的要求。

2. 重油脱硫

燃油在燃烧过程中全部硫分以氧化物的形式转移到排烟中，所以使用前必须进行脱硫。石油中所含的硫分以复杂的有机化合物形式存在，实现燃油脱硫是十分困难的。要脱除油中的硫分，必须在高温（950℃）或高温和氧化剂同时配合的作用下，彻底地加工燃料，破坏原来的组织，并产生新的固态、液态和气态产物。通常使用的重油脱硫方法有：催化碱洗脱硫和加氢催化精制脱硫。另外，可以将重油催化裂化转化为气体，通过燃气脱硫来实现燃油的脱硫目标。

燃气脱硫包括天然气的脱硫以及燃料转化为气态燃料以后进行脱硫。一般煤气中含硫组分包括硫化氢（H_2S）、羟基硫（CSH）、二硫化碳（CS_2）、噻吩（C_2H_4S）、硫醚（CH_3S-CH_3）、硫醇（CH_3HS）等，其中以硫化氢、羟基硫和二硫化碳为主，而硫化氢占煤气总硫的 90%以上，所以燃气的脱硫主要指硫化氢的脱除。

目前，重油脱硫存在着脱硫率低、费用高等问题，据国外报道，若将硫分降到 0.5%，重油价格将增加 35%～50%，因此还要进一步研究更经济有效的脱硫技术。

4.2.2　燃烧过程脱硫

1. 脱硫原理

燃烧中脱硫所用到的脱硫剂主要是石灰石，其脱硫原理如下：

$$CaCO_3 \xrightarrow{880℃} CaO + CO_2$$

在氧化性气氛中，

$$CaO + SO_2 \longrightarrow CaSO_3$$

$$CaSO_3 + \frac{1}{2}O_2 \longrightarrow CaSO_4$$

$$CaO + \frac{1}{2}O_2 + SO_2 \longrightarrow CaSO_4$$

在还原性气氛中，煤中的硫分会生成 H_2S，存在如下反应：

$$CaCO_3 + H_2S \longrightarrow CaS + H_2O + CO_2$$

$$CaO + H_2S \longrightarrow CaS + H_2O$$

当炉内温度高于 1300℃时，已生成的 $CaSO_4$，会分解成 SO_2。所以采用石灰石为脱硫剂时，若温度过高，脱硫效果会很差。由此可见，用石灰石脱硫时，对于不同燃烧方式的燃煤设备，其使用方法、使用条件及脱硫效果都不同。

2. 燃烧过程脱硫技术

燃烧中脱硫的方法主要有型煤固硫、循环流化床燃烧脱硫和炉内喷钙脱硫技术。

（1）型煤固硫

①型煤固硫原理

型煤固硫技术主要是用石灰、沥青和无硫纸浆黑液等作为胶粘剂，将煤粉加工成一定形状和体积的煤。这样既可减少燃烧过程中 SO_2 的排放，同时可提高燃烧热效率。

固硫剂的热分解合成反应除了前面介绍的反应以外，还发生如下的反应。

热分解反应

$$Ca(OH)_2 \longrightarrow CaO + H_2O$$

固硫剂合成反应

$$Ca(OH)_2 + SO_2 \longrightarrow CaSO_3 + H_2O$$

$$CaO + SO_2 \longrightarrow CaSO_3$$

中间产物歧化反应

$$4CaSO_3 \longrightarrow CaS + 3CaSO_4$$

固硫产物的高温分解

$$CaSO_3 \longrightarrow CaO + SO_2$$

$$CaSO_4 \longrightarrow CaO + SO_2 + O$$

②型煤固硫的影响因素

影响型煤脱硫效率的主要因素是钙硫比（r），r 越大，固硫效果越好，但费用也高。在满足 SO_2 排放要求的情况下，r 应取低值，以减少固硫费用。原煤含硫量、固硫剂粒径等对 r 的取值都有影响。

(2) 循环流化床燃烧脱硫

①循环流化床脱硫原理

循环流化床锅炉是指利用高温除尘器使飞出的物料又返回炉膛内循环利用的硫化燃烧方式。图 2-4-5 是多物料循环流化床燃烧的示意图。当飞扬的物料逸出气流床后便被一个高效初级旋风分离器从烟气中分离出来，并使其流进外置式换热器中，有一部分物料从换热器中再回到燃烧室中，而大部分飞扬的物料溢流至外置式换热器的换热段，被冷却后再循环至燃烧室中。

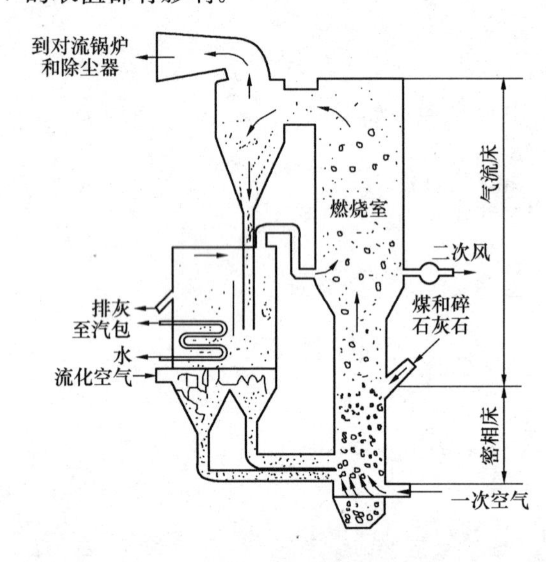

图 2-4-5　多物料循环流化床燃烧

在多物料循环流化床中将石灰石等廉价的原料与煤粉碎成同样的细度，与煤在炉中同时燃烧，在 800～900℃时，石灰石受热分解出 CO_2，形成多孔的 CaO 和 SO_2 反应生成硫酸盐，达到脱硫的目的。

②影响脱硫效率的主要因素

影响脱硫效率的主要因素有 Ca/S 比、燃烧温度、运行压力、床深和气流速度、脱硫剂颗粒尺寸及其微孔性质以及脱硫剂的种类等。通常情况下，当流化速度一定时，脱硫率随 Ca/S 摩尔比增加而增加；当 Ca/S 比一定时，脱硫率随硫化速度降低而升高。一般地，要达到 90%的脱硫率，常压循环床和增压流化床的 Ca/S 比分别为 1.8～2.5 和 1.5～2.0。750℃以下，石灰石的分解困难。1000℃以上生成的硫酸盐又将分解。因此 Ca/S 一定时，床层温度应为 800～850℃。为控制床温，可在床层内布置一部分管束（内部通水），它既是吸热强度很大的受热面，保证炉内温度适当，不至烧熔炉渣而影响正常运行，又可使 NO_2 生成量和灰分中的钠、钾的挥发量大为减少。

(3) 炉内喷钙脱硫技术

该方法工艺简单、投资费用低，主要应用在电站锅炉中，在欧洲已成功地应用于 15～

700MW 的电站煤粉炉中。

①喷钙脱硫原理

喷钙脱硫的反应机理主要是钙基脱硫原理。在采用白云石（$CaCO_3 \cdot MgCO_3$）作为吸收剂时，还会发生如下反应。

$$MgCO_3 \longrightarrow MgO + CO_2$$

$$MgO + SO_2 + \frac{1}{2}O_2 \longrightarrow MgSO_4$$

②喷钙脱硫的影响因素

影响脱硫效率的主要因素有固体吸收剂的分解温度、反应温度、“烧僵”与脱硫剂的最佳喷射位置和脱硫剂的选择等。

4.2.3 燃煤烟气脱硫

1. 吸收法脱硫

1）石灰石-石灰法

（1）石灰石-石灰湿法

这种方法是以石灰石和石灰浆液作为脱硫剂，在吸收塔内与含有 SO_2 的烟气充分接触，反应生成硫酸钙和亚硫酸钙，从而除去烟气中的 SO_2。吸收过程所发生的主要反应见表 2-4-4。如果烟气中含有氧，则还会发生以下反应。

$$2CaSO_3 \cdot \frac{1}{2}H_2O + O_2 + 3H_2O \longrightarrow 2CaSO_4 \cdot 2H_2O$$

$$Ca(HSO_3)_2 + \frac{1}{2}O_2 + H_2O \longrightarrow CaSO_4 \cdot 2H_2O + SO_2 \uparrow$$

表 2-4-4 石灰石-石灰湿法烟气脱硫各阶段主要反应

脱硫剂	反应机理
$CaCO_3$	$SO_2 + H_2O \longrightarrow H_2SO_3$ $H_2SO_3 \longrightarrow H^+ + HSO_3^-$ $H^+ + CaCO_3 \longrightarrow Ca^{2+} + HCO_3^-$ $Ca^{2+} + HSO_4^- + \frac{1}{2}H_2O \longrightarrow CaSO_3 \cdot \frac{1}{2}H_2O + H^+$ $H^+ + HCO_3^- \longrightarrow H_2CO_3$ $H_2CO_3 \longrightarrow CO_2 + H_2O$
CaO	$SO_2 + H_2O \longrightarrow H_2SO_3$ $H_2SO_3 \longrightarrow H^+ + HSO_3^-$ $CaO + H_2O \longrightarrow Ca(OH)_2$ $Ca(OH)_2 \longrightarrow Ca^{2+} + 2OH^-$ $Ca^{2+} + HSO_4^- + \frac{1}{2}H_2O \longrightarrow CaSO_3 \cdot \frac{1}{2}H_2O + H^+$ $H^+ + OH^- \longrightarrow H_2O$

（2）石灰石-石灰膏法

①脱硫原理

该脱硫过程以石灰石或石灰浆液作为吸收剂，主要分为吸收和氧化两个步骤。其整个过程所发生的主要反应如下。

吸收：

$$CaO + H_2O \longrightarrow Ca(OH)_2$$

$$Ca(OH)_2 + SO_2 \longrightarrow Ca(SO)_3 \cdot \frac{1}{2}H_2O + \frac{1}{2}H_2O$$

$$CaCO_3 + SO_2 + \frac{1}{2}H_2O \longrightarrow Ca(SO)_3 \cdot \frac{1}{2}H_2O + CO_2 \uparrow$$

$$Ca(SO)_3 \cdot \frac{1}{2}H_2O + SO_2 + \frac{1}{2}H_2O \longrightarrow Ca(HSO_4)_2$$

氧化：

$$2CaSO_3 \cdot \frac{1}{2}H_2O + O_2 + 3H_2O \longrightarrow 2CaSO_4 \cdot 2H_2O$$

$$Ca(HSO_3)_2 + \frac{1}{2}O_2 + H_2O \longrightarrow CaSO_4 \cdot 2H_2O + SO_2 \uparrow$$

②工艺流程

石灰石-石灰膏法的工艺流程很多，如三菱重工法、三井-开米柯法、日立法等。其典型的工艺流程如图 2-4-6 所示。将配好的石灰浆液用泵送入吸收塔顶部，将含 SO_2 的烟气从塔底送入。在吸收塔内经洗涤、增湿可除去大部分的烟尘，净化后的烟气从塔顶排空。石灰浆液在吸收 SO_2 后，成为含有亚硫酸钙和亚硫酸氢钙的混合液，在母液槽中用硫酸将其混合液的 pH 值调整为 4～4.5，用泵送入氧化塔，在氧化塔内 60～80℃下，被 4.9×10^5 Pa 的压缩空气氧化。生成的石膏经增稠器使其沉积，上清液返回吸收系统循环，石膏浆经离心机分离得到石膏。

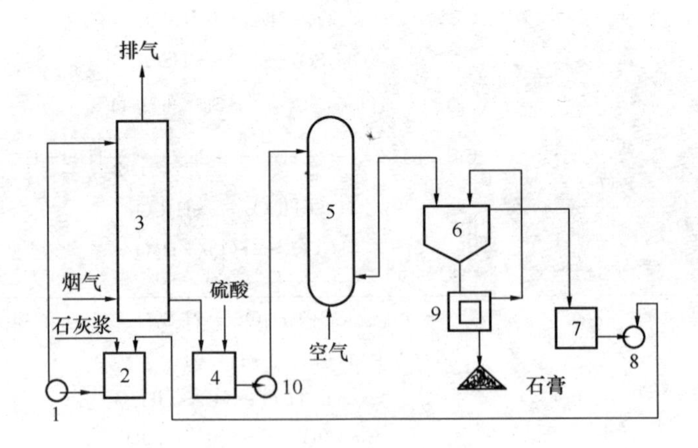

图 2-4-6 石灰石-石灰膏法典型工艺流程

1，8，10—泵；2—循环槽；3—吸收塔；4—母液槽；5—氧化塔；6—增稠器；7—中间槽；9—离心机

(3) 石灰石-石灰抛弃法

石灰石-石灰抛弃法与石灰石-石灰膏法的区别在于：吸收过程产生的废渣（亚硫酸钙和一部分硫酸钙的混合物）不再回收利用。

①工艺流程

典型的石灰石-石灰抛弃法脱硫工艺流程如图 2-4-7 和图 2-4-8 所示。

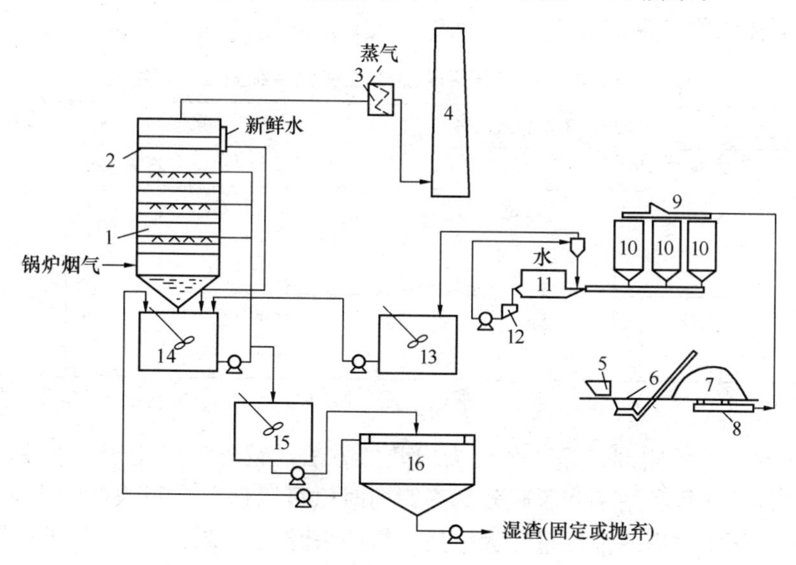

图 2-4-7　典型的石灰石抛弃法脱硫系统（一）

1—吸收塔；2—除雾器；3—换热器；4—烟囱；5—给料器；6—运输机；7—石灰石料箱；8—进料器；9—自动倾斜运送器；10—贮灰仓；11—水箱；12—钢球磨；13—新调制浆供槽；14—循环槽；15—均衡槽；16—沉淀器

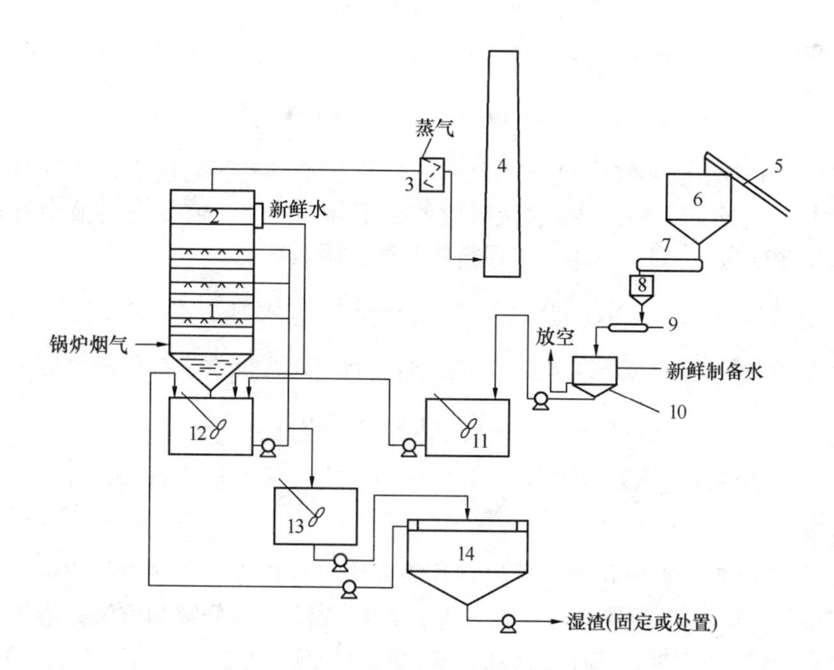

图 2-4-8　典型的石灰石抛弃法脱硫系统（二）

1—吸收塔；2—除雾器；3—换热器；4—烟囱；5—封闭式运送器；6—石灰贮槽；7—运送皮带；8—石灰料灰；9—涡轮运送机；10—熟化器；11—新鲜石灰浆供料槽；12—循环槽；13—均衡槽；14—沉淀槽

②脱硫固体废物的处理

石灰石-石灰抛弃法的固体废物处理方法有两种，即回填法和不渗透的池存储法。表 2-4-5 给出了其固体废物的组成。

表 2-4-5　典型石灰石-石灰抛弃法脱硫系统固废干基组成

成　分	质量分数（%）	成　分	质量分数（%）
石灰石系统		石灰系统	
$CaCO_3$	33	$CaCO_3$	5
$CaCO_3\cdot\frac{1}{2}H_2O$	58	$CaCO_3\cdot\frac{1}{2}H_2O$	73
$CaSO_4\cdot H_2O$	9	$CaSO_4\cdot H_2O$	11
		$Ca(OH)_2$	11

2）氨法

以氨作为 SO_2 的吸附剂，是一种较为成熟的方法，较早地应用于工业中。其主要优点是吸附剂费用低，并且利用率和脱硫效率高，同时氨可以保留在吸收产物中制成含氮肥料。但氨易挥发，因而吸收剂的消耗量较大，另外氨的来源受地域以及生产行业的限制较大。尽管如此，氨法仍然是一种治理 SO_2 的有效方法。根据吸收液再生方法不同，可分为氨-酸法、氨-亚硫酸铵法和氨-硫酸铵法。在氨法的这些脱硫方法中，其吸收原理和过程是相同的。

（1）氨法烟气脱硫概述

氨法吸收基本原理：氨法吸收是将氨水通入吸收塔内，使其与含有 SO_2 的废气接触，其主要反应为：

$$(NH_4)_2HSO_3+H_2O+SO_2\longrightarrow 2NH_4HSO_3$$

$$NH_3+H_2O+SO_2\longrightarrow (NH_4)_2SO_3$$

在吸收过程中所生成的酸式盐 NH_4HSO_3 对 SO_2 不具有吸附能力，随着吸收过程的进行，循环液中 NH_4HSO_3 增多，吸收液吸收能力下降。此时，需要向溶液中补充氨，使部分 NH_4HSO_3 转变为 $(NH_4)_2SO_3$，以保持吸收液的吸收能力。

$$NH_4HSO_3+NH_4\longrightarrow (NH_4)_2SO_3$$

当处理废气中含有 O_2 或 SO_3 时，如电厂烟道排气，可能发生如下副反应：

$$2(NH_4)_2SO_3+O_2\longrightarrow 2(NH_4)SO_4$$

$$2(NH_4)_2SO_3\cdot H_2O+SO_3\longrightarrow (NH_4)_2SO_4+2NH_4HSO_3$$

（2）氨-酸法

氨-酸法是治理低浓度 SO_2 的一种很有效的方法，它具有工艺成熟、方法可靠、操作方便、设备简单等优点。氨-酸法是将吸收 SO_2 后的吸收液用酸分解的方法。酸解用酸可采用硫酸、硝酸和磷酸，但实际中应用最多的是硫酸。目前这种方法已广泛应用于硫酸生产的尾气治理。

①氨-酸法的一段吸收工艺

a. 工艺流程

典型的吸收工艺如图 2-4-9 所示，该工艺分为 3 个过程，即 SO_2 吸收、吸收液的酸解和

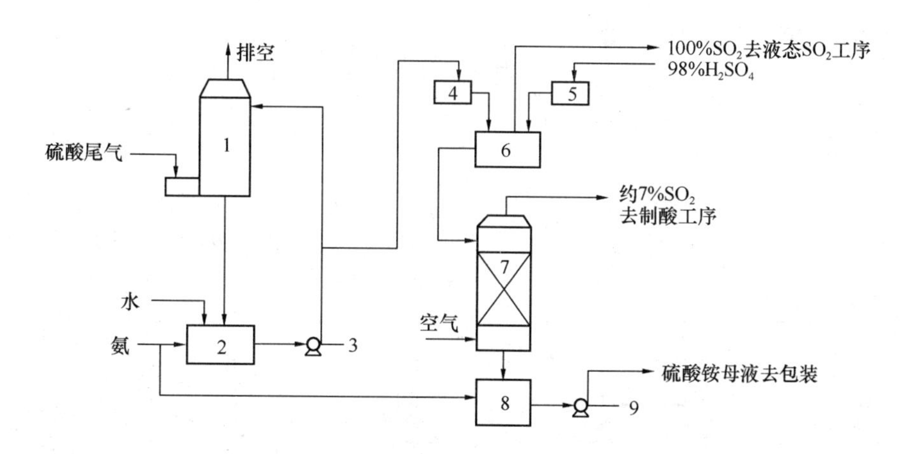

图 2-4-9　氨-酸法工艺流程

1—吸收塔；2—循环槽；3—循环泵；4—母液高位槽；5—硫酸高位槽；6—混合槽；7—分解塔；8—中和槽；9—硫酸母液泵

过量酸的中和。

含有 SO_2 的废气从吸收塔的底部进入，循环液从塔顶进入与 SO_2 逆流进行传热和传质。净化后的尾气从塔顶排空，吸收液在循环槽中补充氨和水，以维持碱度并在吸收过程中循环使用。当 $(NH_4)_2SO_3$-NH_4HSO_3 达到一定的浓度比时，将其部分吸收液送至混合槽，在此与高浓度的硫酸混合进行酸解，从中分解出 SO_2 用来制酸。酸解后的液体在中和槽中用氨中和过量的酸。采用氨作中和剂是为了使中和产物与酸解产物一致。中和后得到的硫酸铵溶液送去生产硫酸铵肥料。

上述流程是单塔吸收的一段式氨吸收工艺，该流程操作简单，设备数量少，不消耗蒸气，但分解液酸度高（分解液酸度为 40～45tt；tt——滴度，惯用浓度单位，1tt＝1/20mol），氨、酸消耗量大，从分解塔放出约 7%的 SO_2，只能返回制酸系统用于制酸，SO_2 的吸收率也只能达到 90%左右。

b. 酸解

为了使酸解反应进行完全，需用大于理论值的过量酸，一般用酸量大于理论值的30%～50%，酸解反应如下。

硫酸酸解：

$$(NH_4)_2SO_3 + H_2SO_4 \longrightarrow (NH_4)_2SO_4 + SO_2 + H_2O$$

$$2NH_4HSO_3 + H_2SO_4 \longrightarrow (NH_4)_2SO_4 + 2SO_2 + 2H_2O$$

硝酸酸解：

$$(NH_4)_2SO_3 + 2HNO_3 \longrightarrow 2NH_4NO_3 + SO_2 + H_2O$$

$$NH_4HSO_3 + HNO_3 \longrightarrow NH_4NO_3 + SO_2 + H_2O$$

磷酸酸解：

$$(NH_4)_2SO_3 + 2H_3PO_4 \longrightarrow 2NH_4H_2PO_4 + SO_2 + H_2O$$

$$NH_4HSO_3 + H_3PO_4 \longrightarrow NH_4H_2PO_4 + SO_2 + H_2O$$

c. 中和

在酸解反应时，为了使反应进行的完全，使用了过量的酸，为此需对多余的酸进行中和，中和剂仍然用氨，中和反应如下：

$$H_2SO_4 + 2NH_3 \longrightarrow (NH_4)_2SO_4$$

中和时，氨的加入量略高于理论值。

②两段或多段吸收工艺

在氨-酸法吸收 SO_2 的过程中，既要保证较高的 SO_2 吸收率，又要降低氨、酸的消耗，采用一段流程不能满足要求，因此发展了两段或多段吸收法。两段吸收法的流程如图 2-4-10 所示。第一段为浓缩段。在第一段吸收中，吸收液中含有较多的 NH_4HSO_3。虽然此吸收液吸收 SO_2 的能力较差，但它处理的是高浓度废气，利用进气中较高的 SO_2 分压作推动力，使吸收后的引出液含有较多的 NH_4HSO_3，可降低酸解时的酸耗。第二段为吸收段。经第一段吸收后的废气进入第二段吸收，废气中 SO_2 浓度降低，但此段吸收液碱度较高，具有较强的吸收 SO_2 的能力，可以将 SO_2 尽量吸收完全。

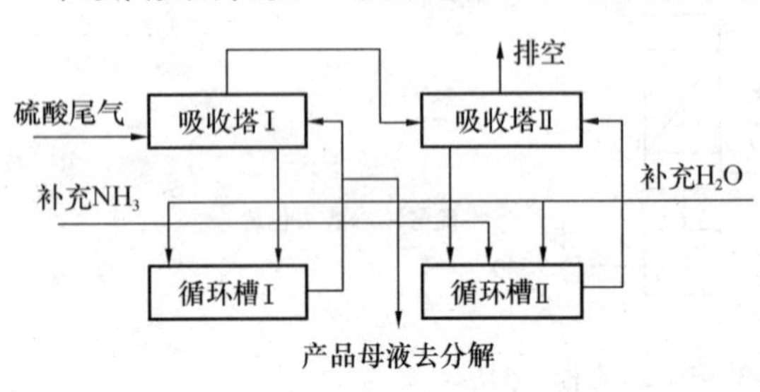

图 2-4-10　两段氨-酸法吸收流程

(3) 氨-亚硫酸铵法

用氨-亚硫酸铵法吸收低浓度的 SO_2，扩大了氨的应用范围，这种方法对吸收 SO_2 后的吸收液不再用酸分解，而是直接将吸收液加工为亚硫酸铵，既可节约硫酸又可减少氨耗。

①基本原理

采用固体碳酸氢铵作为氨源，吸收过程中发生的主要反应如下：

$$2NH_4HCO_3 + SO_2 \longrightarrow (NH_4)_2SO_3 + H_2O + 2CO_2 \uparrow$$

$$(NH_4)_2SO_3 + SO_2 + H_2O \longrightarrow 2NH_4HSO_3$$

吸收过程中，主要的吸收剂仍是 $(NH_4)_2SO_3$。在吸收过程中仍然需要不断补充 NH_4HSO_3 和水，目的是为了不断产出 $(NH_4)_2SO_3$，以保持吸收液的酸碱度和对 SO_2 的较高吸收能力。

硫酸尾气中通常含有少量的 SO_3，所以会发生如下的副反应：

$$2(NH_4)_2SO_3 + SO_3 + H_2O \longrightarrow (NH_4)_2SO_4 + NH_4HSO_3$$

吸收 SO_2 后的溶液是高浓度的 NH_4HSO_3 溶液，呈酸性，需用固体 NH_4HCO_3 加以中和。

$$NH_4HSO_3 + NH_4HCO_3 \longrightarrow (NH_4)_2SO_3 \cdot H_2O + CO_2 \uparrow$$

该反应为吸热反应，溶液温度不经冷却即可降到 0℃左右。由于 $(NH_4)_2SO_3$ 比 NH_4HSO_3 在水中的溶解度小（表 2-4-7），NH_4HSO_3 转化为 $(NH_4)_2SO_3$ 后，由于过饱和而从溶液中析出。

表 2-4-7　$(NH_4)_2SO_3$-NH_4HSO_3-H_2O 系统内的溶解度

温度（℃）	饱和溶液的成分（%）			温度（℃）	饱和溶液的成分（%）		
	$(NH_4)_2SO_3$	NH_4HSO_3	H_2O		$(NH_4)_2SO_3$	NH_4HSO_3	H_2O
0	10	60	30	30	13	67	20
20	12	65	23				

②工艺流程

亚铵法的工艺流程如图2-4-11所示。该方法的脱硫过程主要分3个步骤，即吸收、中和、分离。为了提高固体亚铵结晶的产率，吸收SO_2后引出中和的吸收液半成品必须是高浓度NH_4HSO_3溶液，同时系统必须维持较高的碱度以保证SO_2的吸收完全。

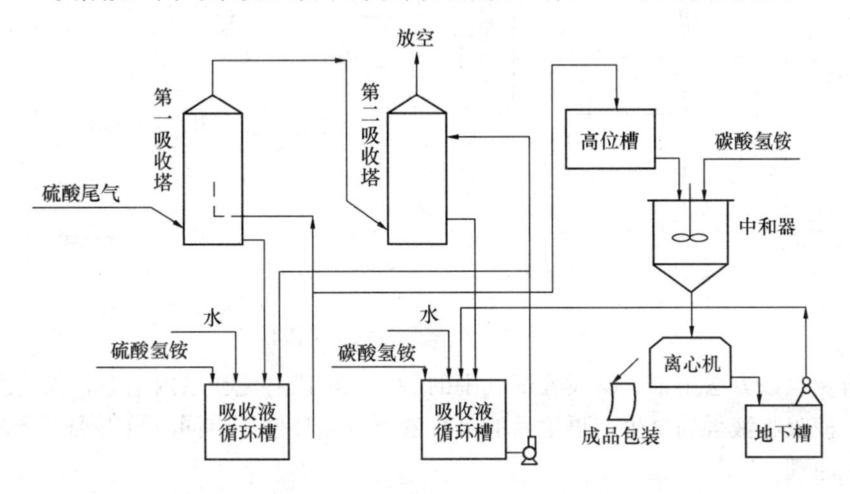

图2-4-11　固体亚硫酸铵法工艺流程

（4）氨-硫酸铵法

①工艺原理

氨法脱硫的前两种方法都要求尽量防止和抑制氧化副反应的发生，避免将吸收液中的$(NH_4)_2SO_3$氧化为$(NH_4)_2SO_4$，以保证吸收液对SO_2的吸收效率。但在氨-硫酸铵法中，须促使循环吸收液的氧化，氧化产物是该方法的最终产品，由此导致了氨-硫酸铵法在工艺、设备等方面与前两种方法存在不同。

在脱硫过程中，为了保证对SO_2的吸收能力，吸收液中应保持足够的亚硫酸盐的浓度。因此，亚硫酸盐不可能在吸收塔内完全氧化，在吸收塔后必须设置专门的氧化塔，以保证亚硫酸盐的全部氧化。

在吸收液送入氧化塔之前，一般先将吸收液用NH_3进行中和，使吸收液中NH_4HSO_3全部转化为$(NH_4)_2SO_3$，以防止SO_2从溶液内逸出。反应过程如下：

$$NH_4HSO_3 + NH_3 \longrightarrow (NH_4)_2SO_3$$

在氧化塔内将吸收液氧化成$(NH_4)_2SO_4$溶液：

$$2(NH_4)_2SO_3 + O_2 \longrightarrow (NH_4)_2SO_4$$

②工艺流程

氨-硫酸铵法的工艺流程主要分为3个部分，即吸收、氧化和后处理。该方法与氨的其他方法相比，所用设备较少，不消耗酸，没有SO_2的副产品生出，因而不需要加工SO_2的设备。这种方法不仅简便而且节省了投资。其工艺流程如图2-4-12所示。

3）双碱法

双碱法的种类很多，这里主要介绍钠碱双碱法和碱性硫酸铝-石膏法。

（1）钠碱双碱法

钠碱双碱法用到两种性质的碱，第一碱通常为Na_2CO_3或$NaOH$溶液，第二碱通常为

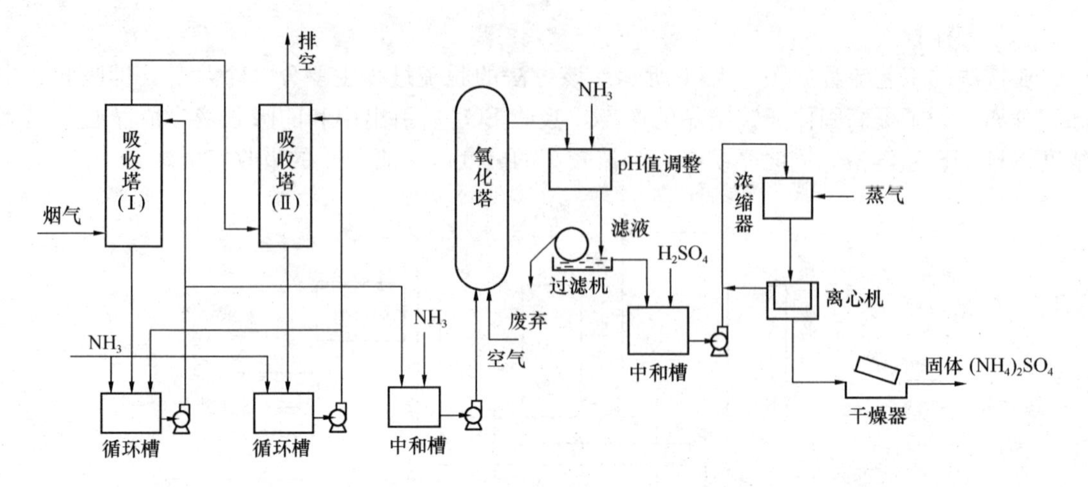

图 2-4-12　氨-硫酸铵法工艺流程

石灰石或石灰。该方法用第一碱吸收烟气中的 SO_2，可以避免在塔内结垢；脱硫废液再与第二碱反应，使吸收液得到再生，再生后的吸收液可以循环使用，同时也得到了产品石膏。

①脱硫原理

a. 吸收反应

$$2NaOH + SO_2 \longrightarrow Na_2SO_3 + H_2O$$

$$Na_2CO_3 + SO_2 \longrightarrow Na_2SO_3 + CO_2$$

$$Na_2SO_3 + SO_2 + H_2O \longrightarrow 2NaHSO_3$$

该过程的主要副反应为：

$$2Na_2SO_3 + O_2 \longrightarrow 2Na_2SO_4$$

b. 再生反应

$$CaO + H_2O \longrightarrow Ca(OH)_2$$

$$2NaHSO_3 + Ca(OH)_2 \longrightarrow Na_2SO_3 + CaSO_3 \cdot \frac{1}{2}H_2O\downarrow + \frac{3}{2}H_2O$$

$$Na_2SO_3 + Ca(OH)_2 + \frac{1}{2}H_2O \longrightarrow 2NaOH + CaSO_3 \cdot \frac{1}{2}H_2O\downarrow$$

当采用石灰石粉末作再生剂时：

$$2NaHSO_3 + CaCO_3 \longrightarrow Na_2SO_3 + CaSO_3 \cdot \frac{1}{2}H_2O\downarrow + CO_2\uparrow + \frac{1}{2}H_2O$$

将再生过程中生成的亚硫酸钙氧化，可制得脱硫石膏。

c. 氧化反应

$$2CaSO_4 \cdot \frac{1}{2}H_2O + O_2 + 3H_2O \longrightarrow 2Ca_2SO_4 \cdot 2H_2O$$

②工艺流程

钠碱双碱法典型工艺流程如图 2-4-13 所示。将该法所得的亚硫酸钙滤饼（约含 60% H_2O）重新浆化为含有 10%固体的料浆，加入硫酸降低 pH 值后，在氧化器内用空气进行氧化可制得石膏。

(2) 碱性硫酸铝-石膏法

碱性硫酸铝-石膏法使用碱性硫酸铝溶液作为第一碱吸收SO_2，吸收SO_2后的吸收液经氧化后用第二碱石灰石中和再生，再生出的碱性硫酸铝在吸收中循环使用。

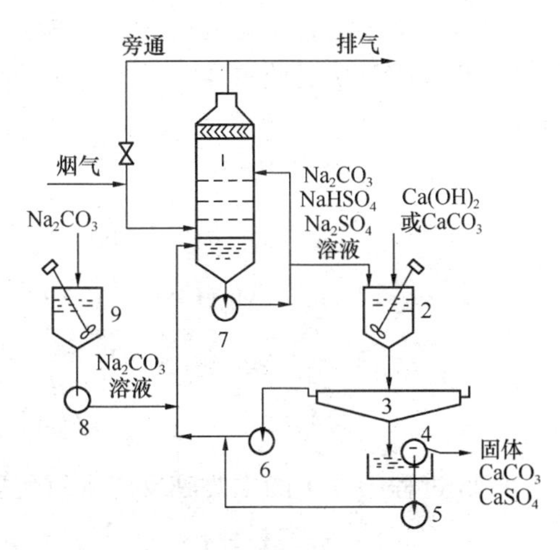

图 2-4-13 钠碱双碱法典型工艺流程

1—洗涤器；2—混合器；3—稠化器；4—真空过滤器；5～8—泵；9—混合槽

①脱硫原理

该方法的反应过程分3个步骤：吸收、氧化和中和。

a. 吸收反应

$$Al_2(SO_4)_3 \cdot Al_2O_3 + 3SO_2 \longrightarrow Al_2(SO_4)_3 \cdot Al_2(SO_3)_3$$

b. 氧化

用空气中的氧将$Al_2(SO_3)_3$氧化为$Al_2(SO_4)_3$。

$$Al_2(SO_4)_3 \cdot Al_2(SO_3)_3 + 3O_2 \longrightarrow 4Al_2(SO_4)_3$$

c. 中和

$$2Al_2(SO_4)_3 + 2CaCO_3 + 6H_2O \longrightarrow Al_2(SO_4)_3 \cdot Al_2O_3 + 3CaSO_4 \cdot 2H_2O\downarrow + 3CO_2\uparrow$$

将含有SO_2的烟气从吸收塔的底部送入，在吸收塔内用第一碱对其洗涤，吸收其中的SO_2，尾气经除沫后排空。吸收后的溶液送入氧化塔对其进行氧化，氧化后的吸收液大部分返回吸收塔循环，其余部分送去中和。将中和溶液引入除镁中和槽，用$CaCO_3$中和，然后送往沉淀槽中沉降，将含镁离子的溢流液弃去不用，以保持镁离子浓度在一定水平以下。将含有Al_2O_3沉淀的沉淀槽底流，相继送入1号中和槽和2号中和槽，用石灰石粉将其中和到一定的碱度，然后送入增稠器，上清液返回吸收塔，底流经分离得石膏产品。

②工艺流程

碱性硫酸铝-石膏法工艺流程如图2-4-14所示。

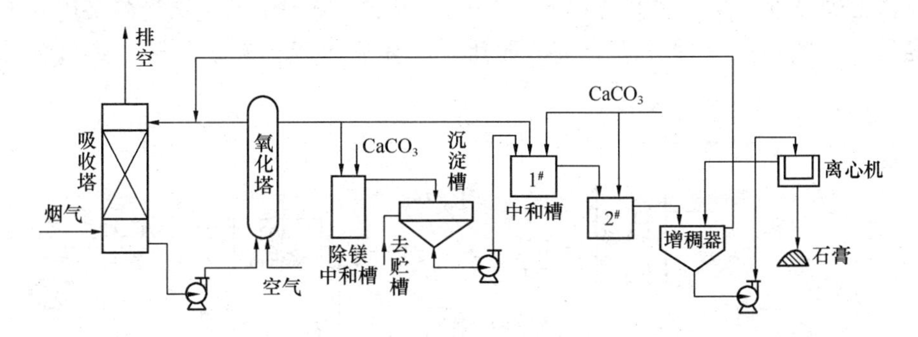

图 2-4-14 碱性硫酸铝-石膏法工艺流程

4) 金属氧化物法

一些金属氧化物对SO_2都具有较好的吸收能力，例如氧化镁、氧化锌、二氧化锰以及氧化铜等。下面主要介绍氧化镁法和氧化锌法。

(1) 氧化镁法

①脱硫原理

氧化镁法是用其浆液对烟气中的 SO_2 进行吸收，可生成含结晶水的亚硫酸镁和硫酸镁，然后将此反应物从吸收液中分离出来进行干燥、煅烧分解，最终生成氧化镁。其反应过程如下：

a. 对 SO_2 的吸收反应

$$MgO + H_2O \longrightarrow Mg(OH)_2$$

$$Mg(OH)_2 + SO_2 + 5H_2O \longrightarrow MgSO_3 \cdot 6H_2O$$

$$MgSO_3 \cdot 6H_2O + SO_2 \longrightarrow Mg(HSO_3)_2 + 5H_2O$$

$$Mg(HSO_3)_2 + Mg(OH)_2 + 10H_2O \longrightarrow 2MgSO_3 \cdot 6H_2O$$

吸收过程中发生的主要副反应（氧化反应）：

$$Mg(HSO_3)_2 + \frac{1}{2}O_2 + 6H_2O \longrightarrow MgSO_4 \cdot 7H_2O + SO_2$$

$$MgSO_3 + \frac{1}{2}O_2 + 7H_2O \longrightarrow MgSO_4 \cdot 7H_2O$$

$$Mg(OH)_2 + SO_3 + 6H_2O \longrightarrow MgSO_4 \cdot 7H_2O$$

b. 分离、干燥

$$MgSO_3 \cdot 6H_2O \xrightarrow{\Delta} MgSO_3 + 6H_2O\uparrow$$

$$MgSO_4 \cdot 7H_2O \xrightarrow{\Delta} MgSO_4 + 7H_2O\uparrow$$

c. 分解过程

在煅烧过程中，为了还原硫酸盐，要添加焦炭或煤，则会发生如下反应：

$$C + \frac{1}{2}O_2 \longrightarrow CO$$

$$CO + MgSO_4 \longrightarrow CO_2\uparrow + MgO + SO_2\uparrow$$

$$MgSO_3 \xrightarrow{\Delta} MgO + SO_2$$

②工艺流程

氧化镁浆液吸收 SO_2 的工艺流程如图 2-4-15 所示。流程中的洗涤设备采用开米柯式文丘里洗涤器。吸收后的浆液先进行离心脱水，干燥后再经回转炉煅烧（煅烧温度 800～

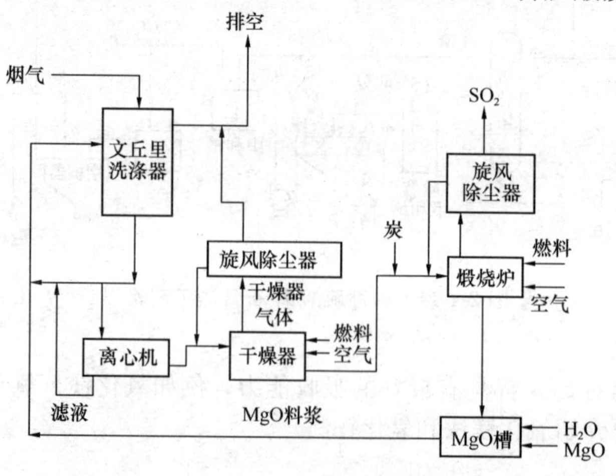

图 2-4-15　MgO 浆洗-再生法工艺流程

1100℃)，可得到氧化镁和 SO_2 气体。煅烧生成的气体组分为 10%～13%SO_2，3%～5% O_2，<0.2%CO，<13%CO_2，其余为 N_2 气。回转炉所得 MgO 进入 MgO 浆液槽，重新水合后循环使用，系统中所需补充的 MgO 为 5%～20%。

(2) 氧化锌法

氧化锌法适合治理锌冶炼烟气的制酸系统中所排出的含 SO_2 尾气。它是一种用氧化锌料浆吸收烟气中 SO_2 的方法。

①脱硫原理

该方法的主要过程为吸收和再生。

a. 吸收

$$ZnO + SO_2 + \frac{5}{2}H_2O \longrightarrow ZnSO_3 \cdot \frac{5}{2}H_2O$$

$$ZnO + 2SO_2 + H_2O \longrightarrow Zn(HSO_3)_2$$

$$ZnSO_4 + SO_2 + H_2O \longrightarrow Zn(HSO_3)_2$$

$$Zn(HSO_3)_2 + ZnO + 4H_2O \longrightarrow 2\left(ZnSO_4 \cdot \frac{5}{2}H_2O\right)$$

b. 再生

$$ZnSO_3 \cdot \frac{5}{2}H_2O \xrightarrow{\Delta} ZnO + SO_2\uparrow + \frac{5}{2}H_2O$$

②工艺流程

氧化锌法工艺流程如图 2-4-16 所示。其工艺过程可分为如下 4 个步骤。

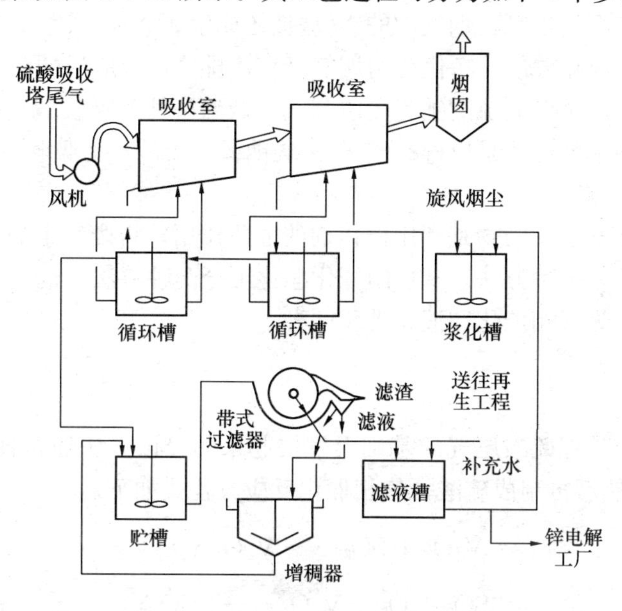

图 2-4-16　氧化锌吸收、过滤工序的工艺流程

a. 吸收浆液配制

用旋风除尘器将从锌精矿沸腾焙烧炉中排出的烟气中的氧化锌颗粒收集起来，用此颗粒配制吸收浆液。这些氧化锌颗粒作为吸收剂是比较理想的，见表 2-4-11。

表 2-4-11 旋风除尘去烟尘性质

化学组成（%）				化学组成（%）			
总 Zn	ZnO 中 Zn	总硫	硫酸盐中硫	>150 目	>250 目	>325 目	<325 目
64.1	55.2	1.59	1.16	3.0	26.2	29.0	41.8

b. 吸收

含有 SO_2 的烟气进入吸收室与吸收液充分接触，为避免设备结垢，可以采用湍流塔或铝流吸收器。脱硫后气体经除沫后排空。吸收浆液 pH 值控制在 4.5～5.0 时，脱硫效率可达到 95%。

c. 过滤

吸收后的浆液用过滤器过滤，滤液返回配浆槽，为避免吸收液中锌离子浓度过大，滤液的一部分送住电解车间生产电解锌。控制滤渣含水量为 20%～30%送往沸腾焙烧炉。

d. 再生

将含水约 30%的滤渣送入沸腾焙烧炉中与锌精矿一起加热焙烧，焙烧分解的氧化锌颗粒作为吸收剂使用，所得 SO_2 与锌精矿焙烧尾气一起送去制酸。

5）新型吸收剂

新型吸收方法主要有硫酸亚铁法、有机胺法烟气脱硫、尿素法、亚硫酸钠循环法、柠檬酸钠循环法、过氧化氢法等。硫酸亚铁工艺是以 $FeSO_4$ 为吸收剂，$NaClO_3$ 为氧化剂，吸收烟气中的二氧化硫，最终制备一种聚铁水处理剂；有机胺法烟气脱硫是利用有机胺溶剂的碱性吸收烟气中的酸性气体二氧化硫，并利用解吸装置使二氧化硫从胺液中脱离出来，得到高纯度和饱和二氧化硫，有机胺再生并循环使用，二氧化硫可用来制硫酸或硫磺；尿素法以尿素溶液为吸收剂，与烟气接触，烟气中的 NO_x 被还原生成 N_2，尿素反应生成 CO_2 和 H_2O，SO_2 则与尿素反应生成硫酸铵，净化后的烟气可直接排放，反应后的溶液可制成硫酸铵化肥出售；亚硫酸钠循环法是以亚硫酸钠为吸收剂，在低温条件下吸收烟气中的二氧化硫，生成亚硫酸氢钠；柠檬酸钠循环法是以柠檬酸-柠檬酸钠缓冲溶液作为吸收液。

2. 催化转化法脱硫

催化转化法去除气态污染物是利用催化剂的催化作用，将废气中的有害气体转化为无害物质或易于去除物质的一种方法。SO_2 的催化净化可分两种方法：催化氧化和催化还原。其中，催化氧化还可分为气相催化和液相催化两种。

（1）催化氧化法

①气相催化法

气相催化法是在处理硫酸尾气的基础上发展起来的，该方法通常使用 V_2O_5 作催化剂，将 SO_2 氧化成 SO_3 然后再制成硫酸，气相催化反应方程式如下。

$$V_2O_5 + SO_2 \longrightarrow V_2O_4 + SO_3$$

$$2SO_2 + O_2 + V_2O_4 \longrightarrow 2VOSO_4$$

$$2VOSO_4 \longrightarrow V_2O_5 + SO_3 + SO_2$$

$$2SO_2 + 2H_2O + O_2 \xrightarrow{\text{催化剂}} 2H_2SO_4$$

该反应是放热可逆反应，其平衡关系如下：

$$\lg K_P = \frac{5134}{T} - 4.951$$

反应体系平衡时，反应物和反应产物的浓度以及平衡常数之间的关系如下：

$$K_P = \frac{p_{SO_3}}{p_{SO_2} p_{O_2}^{1/2}}$$

上述平衡关系也决定了 SO_2 的平衡转化率，对一般的常压操作有：

$$x = \frac{K_P}{K_P + \sqrt{\frac{100 - 0.5ax}{b - 0.5ax}}}$$

式中　a——SO_2 起始含量，%；

b——O_2 起始含量，%。

从上式中可以看出，平衡常数随温度的降低而增高，同时 SO_2 的平衡转化率也增高；但温度越低，反应速率就会越慢。因此，使用催化剂促进反应进行时，必须在催化剂的活性范围内进行。为了使最终的转化率高，在实际工业中采用了变温措施。在反应初期，由于平衡体系还远离平衡状态，为了加速反应，可采用高温操作；在反应的后期，反应体系已接近平衡状态，可采用低温操作，使反应向深度发展，以获得高转化率。

烟气脱硫的催化工艺流程如图 2-4-17 所示，与传统的工艺流程有很大的差别。它必须首先除尘，转化生成的热量可利用锅炉的节能器和空气预热器输送出来。通常采用一转一吸的过程即可达到 90%左右的净化率。

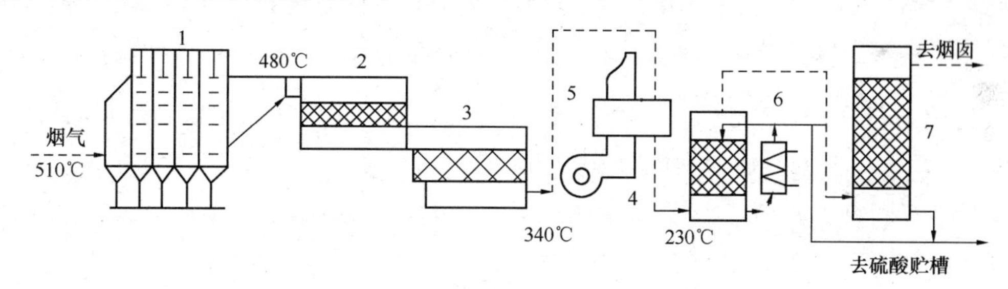

图 2-4-17　烟气脱硫催化氧化工艺流程

1—除尘器；2—反应器；3—节能器；4—风机；5—空气预热器；6—吸收塔；7—除雾器

②液相催化法

液相催化法治理废气中的 SO_2 是利用溶液中的 Fe^{3+} 或 Mn^{2+} 作为催化剂，用水或稀硫酸作为吸收剂，将 SO_2 吸收后直接氧化为硫酸。其转化过程可分为两个步骤：吸收和氧化。

吸收反应：

$$Fe_2(SO_4)_3 + SO_2 + 2H_2O \longrightarrow 2FeSO_4 + 2H_2SO_4$$

氧化反应：

$$2FeSO_4 + SO_2 + O_2 \longrightarrow Fe_2(SO_4)_3$$

总反应式可表示为：

$$2SO_2 + O_2 + 2H_2O \xrightarrow{Fe^{3+}} 2H_2SO_4$$

日本的千代法烟气脱硫就是利用这一原理实现的。所得硫酸再与石灰石反应生成石膏。

其流程如图 2-4-18 所示，该流程用 Fe^{3+} 含量为 2%～3%的稀硫酸作吸收液。由于烟气中氧的含量少，SO_2 在吸收塔中不能充分氧化，多数只转化为亚硫酸，因而需设氧化塔专门氧化，所得稀硫酸返回吸收塔循环。又因为 SO_2 在稀硫酸中溶解度小，且随酸度的增加而减小，循环的稀硫酸含量控制为 5%。达到这个含量，将其导入结晶槽，加入石灰石粉反应生成石膏。

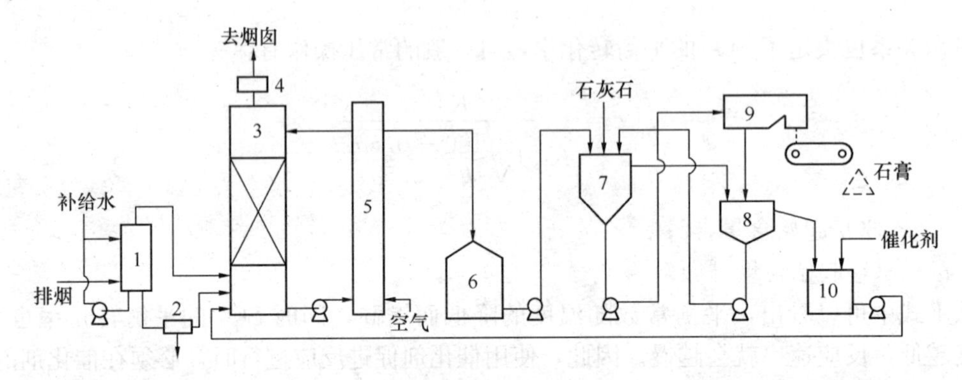

图 2-4-18　千代法工艺流程

1—除尘器；2—压滤器；3—吸收塔；4—除雾器；5—氧化塔；6—吸收液槽；7—结晶槽；8—增稠槽；9—离心分离器；10—母液槽

(2) 催化还原法

催化还原法脱硫是用 H_2S 或 CO 将 SO_2 还原为硫，反应如下。

$$SO_2 + 2H_2S \xrightarrow{\text{活性炭}} 2H_2O + 3S$$

$$SO_2 + 2CO \longrightarrow 2CO_2 + S$$

由于操作过程中 H_2S 和 CO 二次污染问题及催化剂中毒问题尚未得到适宜的解决，因此催化还原法处理 SO_2 气体还未达到实用的阶段。

3. 烟气脱硫新技术

烟气脱硫的新技术有电子束烟气脱硫技术、脉冲电晕放电烟气脱硫技术、膜吸收法和微生物法等。

4.3　氮氧化物的污染控制技术

氮氧化物（NO_x）是造成大气污染的主要污染物之一。本节在简要介绍氮氧化物性质和来源的基础上，先讨论燃烧过程中氮氧化物的形成机理，然后介绍固定源氮氧化物的控制技术。

4.3.1　氮氧化物性质及来源

我们通常所说的氮氧化物主要包括：N_2O、NO、N_2O_3、NO_2、N_2O_4 和 N_2O_5。大气中 NO_x 主要是以 NO、NO_2 形式存在，大气环境中的 NO_2 主要来源于大气中 NO 的氧化，NO_2 和 N_2O_3 与水反应生成硝酸和亚硝酸，生成的亚硝酸不稳定，又会分解为硝酸和 NO。但最近研究发现大气中的 N_2O 不仅对全球变暖有显著影响（单个分子的温室效应约为 CO_2 的 200 倍），而且也参与对臭氧层的破坏。

大气中 NO_x 的来源主要有两方面。一方面是由自然界中固氮菌、雷电等自然过程所产生，每年约生成 5.0×10^8 t；另一方面是由人类活动所产生，每年全球的产生量多于

5.0×10^{7}t。人类活动所产生的 NO_x 多集中于城市、工业区等人口稠密地区，因而危害较大。在人为产生的 NO_x 中，由燃料高温燃烧产生的占 90%以上，其次是化工生产中的硝酸生产、硝化过程、炸药生产和金属表面硝酸处理等。从燃烧系统中排出的氮氧化物 95%以上是 NO，其余的主要为 NO_2。由于在环境中 NO 最终转化为 NO_2，因此，估算氮氧化物的排放时都按 NO_2 计。

4.3.2 燃烧过程中氮氧化物的形成机理

燃烧过程中形成的 NO_x 分为三类。一类为由燃料中固定氮生成的 NO_x，称为燃料型 NO_x（fuel NO_x）。天然气基本不含氮的化合物。石油和煤中的氮原子通常与碳或氢原子化合，大多为氨、氮苯以及其他胺类。这些氮化物的结构可表示为 R-NH_2，其中 R 为有机基或氢原子。燃烧中形成的第二类 NO_x 由大气中氮生成，主要产生于原子氧和氮之间的化学反应，这种 NO_x 只在高温下形成，所以通常称作热力型 NO_x（thermal NO_x）。在低温火焰中由于含碳自由基的存在还会生成第三类 NO，通常称作瞬时 NO（prompt NO）。

1. 热力型 NO_x 热力学形成

在高温下产生 NO 和 NO_2 的两个最重要反应是：

$$N_2 + O_2 \rightleftharpoons 2NO \qquad (2\text{-}4\text{-}1)$$

$$NO + \frac{1}{2}O_2 \rightleftharpoons NO_2 \qquad (2\text{-}4\text{-}2)$$

反应式（2-4-2）的平衡常数 K_p 列于表 2-4-16。在实际燃烧过程中，反应式（2-4-1）和式（2-4-2）同时发生。对于 NO_2 的形成，K_p 随温度升高而减小，因此低温时有利于 NO_2 形成。在较高温度下 NO_2 分解为 NO，当温度高于 1000K 时，NO_2 生成量比 NO 低得多。

这些热力学数据说明：

①在室温条件下，几乎没有 NO 和 NO_2 生成，并且所有 NO 转化为 NO_2；

②在 800K 左右，NO 和 NO_2 生成量仍然微不足道，但 NO 的生成量已经超过 NO_2；

③在常规的燃烧温度（>1500K），有可观量的 NO 生成，然而 NO_2 的量仍然是微不足道的。

表 2-4-16　NO 氧化为 NO_2 反应的平衡常数

$NO+\frac{1}{2}O_2 \longrightarrow NO_2$	T（K）	K_p
$K_P = \frac{(p_{NO_2})^2}{(p_{NO_2})(p_{O_2})^{1/2}}$	300	10^{-6}
	500	1.2×10^2
	1000	1.1×10^{-1}
	1500	1.1×10^{-2}
	2000	3.5×10^{-3}

2. 瞬时 NO 的形成

在燃烧的第一阶段，来自燃料的含碳自由基与氮分子发生如下反应：

$$CH + N_2 \rightleftharpoons HCN + N$$

反应生成的原子 N 通过反应与 O_2 反应，增加了 NO 的生成量；部分 HCN 与 O_2 反应生成 NO，部分 HCN 与 NO 反应生成 N_2。目前还没有任何简化的模型可以预测这种机理生成 NO 的量，但是在低温火焰中生成 NO 的量明显高于根据泽利多维奇模型预测的结果。通常将这种机理形成的 NO 称为瞬时 NO。可以相信低温火焰中形成的 NO 多数为瞬时 NO。

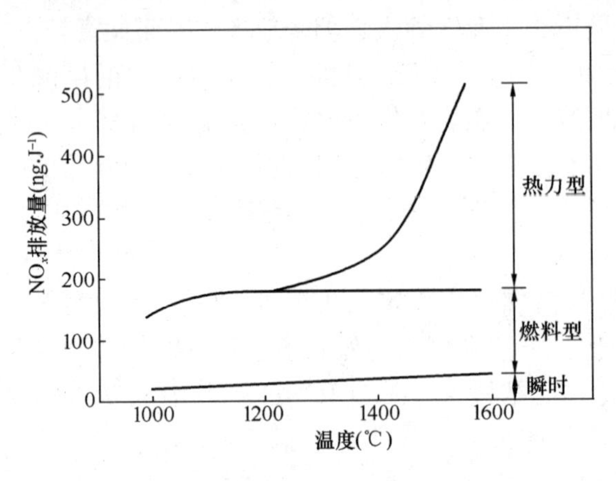

图 2-4-19　三种 NO 形成机理在煤燃烧过程中 NO_x 排放总量的贡献

由图 2-4-19 可以看出，温度对瞬时 NO 形成的影响较弱，其生成量平均为 30g/GJ。

3. 燃料型 NO_x 的形成

近来研究表明，燃用含氮燃料的燃烧系统也会排出大量 NO_x，燃料中氮的形态多为以 C—N 键存在的有机化合物，从理论上讲，氮气分子中 N≡N 的键能比有机化合物中 C—N 键的键能大得多，因此氧倾向于首先破坏 C—N 键。

化石燃料的氮含量差别较大，石油的平均含氮量为 0.65%（重量），而大多数煤的含氮量为 1%～2%。当燃用含氮燃料时，含氮化合物在进入燃烧区之前，很可能产生某些热离解。因此，在生成 NO 之前将会出现低分子量的氮化物或一些自由基（NH_2、HCN、CN、NH_3 等）。现在广泛接受的反应过程是：大部分燃料氮首先在火焰中转化为 HCN，然后转化为 NH 或 NH_2；NH_2 和 NH 能够与氧反应生成 NO＋H_2O，或者它们与 NO 反应生成 N_2 和 H_2O。因此，在火焰中氮燃料转化为 NO 的比例依赖于火焰区内 NO/O_2 之比。一些试验结果表明，燃料中 20%～80%的氮转化为 NO_x，最近测得在含有 0.5%氮（杂）苯的煤油燃烧过程中，接近 100%的燃料氮转化为 NO_x。

所有试验数据都表明：燃料中的氮化物氧化成 NO 是快速的，反应所需时间与燃烧器中能量释放反应的时间差不多。燃烧区附近的 NO 实际浓度显著超过计算的量，其原因在于使 NO 量减少到平衡浓度的下列反应都较缓慢。

$$O + NO \longrightarrow N + O_2$$

$$NO + ON \longrightarrow N_2O + O$$

在燃烧后区，贫燃料混合气中 NO 浓度减少的十分缓慢，NO 生成量较高；而富燃混合气中 NO 浓度减少得比较快；NO 生成量相对较低，NO 的生成量仅与温度略有关系。因此，它是一个低活化能步骤。

为了减少烃和一氧化碳的排出，应该使用较贫的燃料物，但使用含氮燃料可能会提高 NO 生成量。在某些状态下，NO 可以通过 CH 基和 NH 基来还原，这些基在富燃料系统中浓度比较大。

含氮燃料形成 NO 的反应动力学至今仍不十分清楚，已提出的理论包括：①运用 CN 基作为中间物；②当键破坏时释放出原子态氮；③部分平衡机理。

综合考虑燃烧过程中三种 NO 的形成机理，有人给出了如图 2-4-20 所

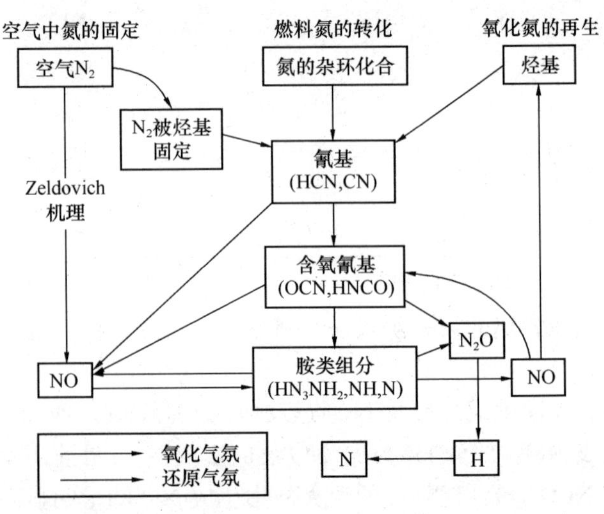

图 2-4-20　燃烧过程中氮氧化物的形成路径

示的简化的 NO 形成路径。实际上，燃烧过程中 NO 的形成包含了许多其他反应，许多因素影响 NO 的生成量，三种机理对形成 NO 的贡献率随燃烧条件而异。图 2-4-20 给出了煤燃烧过程三种机理对 NO 排放的相对贡献。

4.3.3　烟气脱硝技术

除通过改进燃烧技术控制 NO_x 排放外，有些情况还要对冷却后的烟气进行处理，以降低 NO_x 的排放量，通常称为烟气脱硝。目前已开发了多项烟气脱硝技术，有些还在研究中。

烟气脱硝是一个棘手的难题。原因之一是由于要处理的烟气体积太大，例如，1000MW 的电厂排出的烟气可达 $3\times10^6 m_N^3/h$，NO_x 的排放速率约 4500kg/h，其浓度是相当低的（体积分数为 $2.0\times10^{-4}\sim1.0\times10^{-3}$）。在未处理的烟气中，与 SO_2 对比，可能只有 SO_2 浓度的 1/3～1/5。原因之二在于 NO_x 的总量相对较大，如果用吸收或者吸附进行脱硝，必须考虑废物最终处置的难度和费用。只有当有用组分能够回收，吸收剂或吸附剂能够循环使用时才可考虑选择烟气脱硝。

最近有一种将 NO_x 催化还原或非催化还原为 N_2 的技术，相对于吸收和吸附过程有明显的优势。该技术需要加入帮助 NO_x 还原的添加剂，通常为自然界存在的气态物质，不产生任何固态或液态的二次废物。对于火电厂烟气 NO_x 污染控制，目前有两类商业化的烟气脱硝技术，分别称为选择性催化还原法（selectiv catalytic reduction，SCR）和选择性非催化还原法（selectiv noncatalytic reduction，SNCR）。

1. 选择性催化还原法（SCR）脱硝

SCR 过程是以氨作还原剂，通常在空气预热器的上游注入含 NO_x 的烟气。此处烟气温度约 290～400℃，是还原反应的最佳温度。在含有催化剂的反应器内的 NO_x 被还原为 N_2 和水，催化剂的活性材料通常由贵金属、碱性金属氧化物和沸石等组成，如下所示，被选择性的还原：

$$4NH_3 + 4NO + O_2 \longrightarrow 4N_2 + 6H_2O$$

$$8NH_3 + 6NO_2 \longrightarrow 7N_2 + 12H_2O$$

与氨有关的潜在氧化反应包括：

$$4NH_3 + 5O_2 \longrightarrow 4NO + 6H_2O \qquad (2\text{-}4\text{-}3)$$

$$4NH_3 + 3O_2 \longrightarrow 4N_2 + 6H_2O \qquad (2\text{-}4\text{-}4)$$

温度对还原效率有显著影响，提高温度能改进 NO_x 的还原，但当温度进一步提高，氧化反应变得越来越快，从而导致 NO_x 的产生。图 2-4-21 为典型的选择性催化还原催化剂对 NO_x 还原率随温度的变化。铂、钯等贵金属催化剂的最佳操作温度为 175～290℃；金属氧化物催化剂，例如以二氧化钛为载体的五氧化二钒催化剂，在 260～450℃下操作效果最好；对于沸石催化剂，通常可在更高温度下操作。

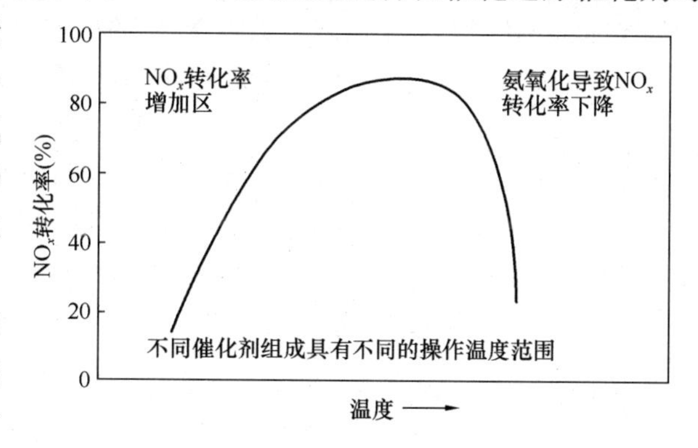

图 2-4-21　典型 SCR 催化剂对 NO_x 还原率随温度的变化

工业实践表明，SCR 系统对 NO_x 的转化率为 60%～90%。压力损失和催化转化器空间气速的选择是 SCR 系统设计的关键。据报道，催化转化器的压力损失介于 5～7mbar，取决于所用催化剂的几何形状，例如平板式（具有较低的压力损失）或蜂窝式。当NO_x的转化率为60%～90%时，空间气速可选为2200～7000/h。由于催化剂的费用在SCR系统的总费用中占较大比例，从经济的角度出发，总希望有较大的空间气速。

催化剂失活和烟气中残留的氨是与SCR工艺操作相关的两个关键因素。长期操作过程中催化剂“毒物”的积累是失活的主因，降低烟气的含尘量可有效地延长催化剂的寿命。由于三氧化硫的存在，所有未反应的NH_3都将转化为硫酸盐，下式是一种可能的反应路径：

$$2NH_3(g)+SO_3(g)+H_2O \longrightarrow (NH_4)_2SO_4(s)$$

生成的硫酸铵为亚微米级的微粒，易于附着在催化转化器内或者下游的空气预热器以及引风机。随着SCR系统运行时间的增加，催化剂活性逐渐丧失，烟气中残留的氨或者“氨泄漏”也将增加。根据日本和欧洲SCR系统运行的经验，最大允许的氨泄漏约为5×10^6（体积分数）。

2. 选择性非催化还原法（SNCR）脱硝

在选择性非催化还原法（SNCR）脱硝工艺中，尿素或氨基化合物作为还原剂将NO_x还原为N_2。因为需要较高的反应温度（930～1090℃），还原剂通常注进炉膛或者紧靠炉膛出口的烟。主要的化学反应为：

$$4NH_3+6NO \longrightarrow 5N_2+6H_2O \tag{2-4-5}$$

可能的竞争反应包括反应式（2-4-3）和式（2-4-4）。还原剂必须注入最佳温度区，以确保反应式（2-4-5）占主导；如果温度超过1100℃，反应式（2-4-3）和式（2-4-4）将变得重要；如果温度低于所希望的区间，残留氨量将会增加。

基于尿素为还原剂的SNCR系统，尿素的水溶液在炉膛的上部注入，总反应可表示为：

$$CO(NH_2)_2+2NO+0.5O_2 \longrightarrow 2N_2+CO_2+2H_2O$$

上述方程式表明，1mol的尿素可以还原2mol的NO_x，但实际运行时尿素的注入量控制尿素中N和NO的摩尔比在1.0以上，多余的尿素假定降解为氮、氨和二氧化碳。

工业运行的数据表明，SNCR工艺的NO还原率较低，通常在30%～60%的范围。

3. 吸收法净化烟气中的NO_x

氮氧化物能够被水、氢氧化物和碳酸盐溶液、硫酸、有机溶液等吸收。当用碱溶液[如NaOH或Mg（OH)$_2$]吸收NO_x时，欲完全去除NO，必须首先将一半以上的NO氧化为NO_2，或者向气流中添加NO_2。当NO/NO_2比等于1时，吸收效果最好。在烟气进入洗涤器之前，烟气中的NO约有10%被氧化为NO_2，洗涤器大约可以去除总氮氧化物的20%，即等摩尔的NO和NO_2碱溶液吸收NO_x的反应过程可以简单地表示为：

$$2NO_2+2MOH \longrightarrow MNO_3+MNO_2+H_2O$$

$$NO+NO_2+2MOH \longrightarrow 2MNO_2+H_2O$$

$$2NO_2+NaCO_3 \longrightarrow NaNO_3+NaNO_2+CO_2$$

$$NO+NO_2+Na_2CO_3 \longrightarrow 2NaNO_2+CO_2$$

式中，M可为K^+、Na^+、Ca^{2+}、Mg^{2+}、$(NH_4)^+$等。

用强硫酸吸收氮氧化物已广为人知，其生成物为对紫外光谱敏感的亚硝基硫酸$NOHSO_4$，后者在浓酸中是非常稳定的。反应式为：

$$NO+NO_2+2H_2SO_4 \longrightarrow 2NOHSO_4+H_2O$$

烟气中的所有水分会被酸吸收，吸收后的水将会使上述反应向左移动。为减少水的不良影响，系统可在较高温度下（>115℃）操作，以使溶液中水的蒸汽压等于烟气中水的分压。

此外，熔融碱类或碱性盐也可作吸收剂净化含 NO_x 的尾气。

4. 吸附法净化烟气中的 NO_x

吸附法既能比较彻底地消除 NO_x 的污染，又能将 NO_x 回收利用。常用的吸附剂为活性炭、分子筛、硅胶、含氨泥煤等。

与其他材料相比，活性炭具有吸附速率快和吸附容量大等优点。但是，活性炭的再生是个大问题。此外，由于大多数烟气中有氧存在，对于活性炭材料防止着火或爆炸也是一个问题。

氧化锰和碱化的氧化亚铁表现出了技术上的潜力，但吸附剂的磨损是主要的技术障碍，离实际应用尚有较大距离。

最近，正在开发氮氧化物和二氧化硫联合控制技术。例如，美国匹兹堡能源技术中心采用浸渍了碳酸钠的 γ-Al_2O_3 圆球作为吸附剂，同时去除烟气中的氮氧化物和二氧化硫，处理过程包括吸附、再生等步骤。主要反应过程可表示为：

$$2NaCO_3 + Al_2O_3 \longrightarrow 2NaAlNO_2 + CO_2$$

$$2NaAlNO_2 + H_2O \longrightarrow 2NaOH + H_2O$$

$$2NaOH + SO_2 + 0.5O_2 \longrightarrow Na_2SO_4 + H_2O$$

$$2NaOH + NO + 1.5O_2 \longrightarrow 2NaNO_3 + H_2O$$

$$2NaOH + NO_2 + 0.5O_2 \longrightarrow 2NaNO_3 + H_2O$$

采用天然气、一氧化碳可以对吸附剂进行再生，再生反应如下：

$$4Na_2SO_4 + CH_4 \longrightarrow 4Na_2SO_3 + CO_2 + 2H_2O$$

$$3Na_2SO_3 + 3CH_4 \longrightarrow 4Na_2S + 3CO_2 + 6H_2O$$

$$Al_2O_3 + Na_2SO_3 \longrightarrow 2NaAlO_2 + SO_2$$

$$Al_2O_3 + Na_2S + H_2O \longrightarrow 2NaAlO_2 + H_2S$$

该技术对烟气中二氧化硫的去除率达 90%，对氮氧化物的去除率达 70%～90%，但需要大量吸附剂，设备庞大，投资大，运行动力消耗也大。

5. 等离子体法

等离子法包括电子束法和脉冲电晕法。电子束法是利用电子加速器获得高能电子，而脉冲电晕法是利用脉冲电晕放电获得活化电子。用脉冲高压电源来代替加速器产生等离子体的脉冲电晕等离子法，用几万伏高压脉冲电晕放电可使电子被加速到 5～20eV。可以打断周围气体分子的化学键而生成氧化性极强的 OH·、O·、HO_2、O_3 等自由原子、自由基等活性物质，在有氨注入下与 SO_2 和 NO_x 反应生成 $(NH_4)_2SO_4$、NH_4NO_3 做农用化肥。其技术特点是系统简单紧凑，无需用水及废水处理系统。但从目前的应用效果来看，成本和系统操作可靠性是其在应用上的主要问题，目前还没有大规模商业化应用。

6. 微生物法

NO_x 的生物化过程是利用微生物的生命活动将废气中的氮氧化物转化为简单而无害的氮气和微生物的细胞质。该法的基本原理是：首先气相中的 NO_x 通过溶解或吸附等传质过程转移至液相，如 NO_2 通过形成 NO^{3-} 或 NO^{2-} 而溶于水中，NO 被吸附在液相中的微生物或固体物表面而进入液相；然后在外加碳源的情况下借助于微生物的生命代谢活动，通过微生物对分布于液相中的含 N 化合物的吸收和微生物体内的氧化、还原、分解等生物代谢作用，把部分吸收的含N化合物转化为微生物生长所需的营养物质，组成新的细胞，使微生物生长繁殖；另一部分含N化合物则被微生物分解为简单而无害的氮气或容易处理的NO^{3-}或NO^{2-}，同时释放出微生物生长和活动所需的能量。生化法净化废气通常可分为生物洗涤、生物过滤及生物滴滤等几种形式。

微生物法对氮氧化物的脱除效率很高，具有工艺简单、能耗低、投资及运行费用少、无二次污染等优点。但工业应用化程度很低，主要处于实验室研究阶段。目前对微生物法脱除NO_x的研究大多是在很小的气体流量进行的，或者仅以相对易溶于水的NO_2为研究对象。具体原因为：①烟气处理的实际流量通常很大，且烟气中的NO_x主要是以NO的形式存在，而NO水体溶解度很小，几乎无法进入到液相介质中去，难以与微生物进行有效接触；②微生物表面的吸附能力很差，从而降低了NO的实际净化率。因此，今后的研究必须要从强化NO_x气液传质过程和优化微生物体内转化反应过程这两个方面着手，才能使微生物气体净化技术得到良好的发展，否则在烟气脱氮中很难有实际应用的前景。

4.4 臭氧的污染控制技术

4.4.1 臭氧层变化与臭氧洞

臭氧（O_3）是氧的同素异形体，在大气中含量很少，但其浓度变化会对人类健康和气候带来很大的影响。臭氧存在于地面以上至少10km高度的地球大气层中，其浓度随海拔高度而异。平流层中的臭氧吸收掉太阳放射出的大量对人类、动物及植物有害波长的紫外线辐射（240～329nm，称为UV-B波长），为地球提供了一个防止紫外辐射有害效应的屏障。但另一方面，臭氧遍布整个对流层，却起着温室气体的不利作用。

在平流层中臭氧耗损，主要是通过动态迁移到对流层，在那里得到大部分具有活性催化作用的基质和载体分子，从而发生化学反应而被消耗掉。臭氧主要是与HO_x、NO_x、ClO_x和BrO_x中含有的活泼自由基发生同族气相反应。

1985年，英国科学家法尔曼等人首先提出“南极臭氧洞”的问题。他们根据南极哈雷湾观测站的观测结果，发现从1957年以来，每年早春（南极10月份）南极臭氧浓度都会发生大规模的耗损，极地上空臭氧层的中心地带，臭氧层浓度已极其稀薄，与周围相比像是形成了一个“洞”，直径达上千公里，“臭氧洞”就是因此而得名的。这一发现得到了许多其他国家的南极科学站观测结果的证实。卫星观测结果表明，臭氧洞在不断扩大，至1998年臭氧洞的覆盖面积已相当于三个澳大利亚。而且，南极臭氧洞持续的时间也在加长。这一切迹象表明，南极臭氧洞的损耗状况仍在恶化之中。

臭氧层的损耗不只发生在南极，在北极上空和其他中纬度地区也都出现了不同程度的臭氧层损耗现象。只是与南极的臭氧破坏相比，北极的臭氧损耗程度要轻得多，而且持续时间相对较短。我国的科学工作者（中国气象科学院的周秀骥）也报道了在我国的青藏高原存在一个臭氧低值中心，中心出现于每年6月，中心区臭氧总浓度年递减率达0.345%，这在北半球是非常异常的现象。

4.4.2 臭氧层的变化对人类的影响

由于臭氧层被破坏，照射到地面的紫外线B段辐射（UV-B）将增强，预计UV-B辐照水平的增加不仅会影响人类，而且对植物、野生生物和水生生物也会有影响。

1. 对人类健康的影响

臭氧层破坏后，人们直接暴露于UV-B辐射中的机会增加了。UV-B辐射会损坏人的免疫系统，使患呼吸道系统的传染病人增多；受到过多的UV-B辐射，还会增加皮肤癌和白内障的发病率。全世界每年大约有10万死于皮肤癌，大多数病例与UV-B有关。据估计平流层臭氧每损耗1%，皮肤癌的发病率约增加2%。总的来说，在长期受太阳照射的地区的浅色皮肤人群中，50%以上的皮肤病是阳光诱发的，即肤色浅的人比其他种族的人更容易患各种由阳光诱发的皮肤癌。此外，紫外线照射还会使皮肤过早老化。

2. 对植物的影响

一般说来，UV辐射使植物叶片变小，因而减少俘获阳光进行光合作用的有效面积。有时植物的种子质量也受到影响。各种植物对UV辐射的反应不同。对大豆的初步研究表明，UV辐射会使其更易受杂草和病虫害的损害。臭氧层厚度减少25%，可使大豆减产20%～25%。

3. 对水生系统的影响

UV-B的增加，对水生系统也有潜在的危险。水生植物大多数贴近水面生长，这些处于水生食物链最底部的小型浮游植物最易受到平流层损耗的影响，而危及整个生态系统。研究表明，UV-B辐射的增加会直接导致浮游植物、浮游动物、幼体鱼类、幼体虾类、幼体螃蟹以及其他水生食物链中重要生物的破坏。研究人员已发现臭氧洞与浮游植物繁殖速度下降12%有直接关系，而美国能源与环境研究所的报告表明，臭氧层厚度减少25%导致水面附近的初级生物产量降低35%，光亮带（生产力最高的海洋带）减少10%。

4. 对其他方面的影响

有研究指出，UV-B增加会使一些市区的烟雾加剧。一个模拟实验发现，在同温层臭氧减少33%，温度升高4℃时，费城及纳什维尔的光化学烟雾将增加30%或更多。

另一种经济上很重要的影响是，臭氧耗竭会使塑料恶化、油漆退色、玻璃变黄、车顶脆裂。

4.4.3 保护臭氧层的对策

1. 开发消耗臭氧层物质的替代技术

在现代经济中，氟利昂等物质应用非常广泛，要全面淘汰必须首先找到氟利昂等的替代物质和替代技术。在特殊情况下需要使用，也应努力回收，尽可能重新利用。目前，科技人员正在研究开发非氟利昂类型的替代物质和方法，如水清洗技术、氨制冷技术等。发达国家已经以比预期更快的速度和更低的成本，停止了CFCs的使用。泡沫行业使用水、二氧化碳、碳氢和HCFC，制冷和空调行业大都用HCFC作为替代品。

2. 制定淘汰消耗臭氧层物质的措施

为推动氟利昂替代物质和技术的开发和使用，逐步淘汰消耗臭氧层物质，许多国家采取了一系列政策措施，一类是传统的环境管制措施，如禁用、限制、配额和技术标准，并对违反规定实施严厉处罚。欧盟国家和一些经济转轨国家广泛采用了这类措施。一类是经济手段，如征收税费，资助替代物质和技术开发等；英国对生产和使用消耗臭氧层物质实行了征税和交易许可证等措施；另外，许多国家的政府、企业和民间团体还发起了自愿行动，采取各种环境标志，鼓励生产者和消费者生产和使用不带有消耗臭氧层物质的材料和产品。其中绿色冰箱标志得到了非常广泛的应用。

3. 开展淘汰消耗臭氧层物质国际行动

1985年，在联合国环境署的推动下，28个国家通过了保护臭氧层的《维也纳公约》。1987年，46个国家联合签署了《关于消耗臭氧层物质的蒙特利尔议定书》，对8种破坏臭氧层的物质（简称受控物质）提出了削减使用的时间要求。1990年、1992年和1995年，在伦敦、哥本哈根、维也纳召开的议定书缔约国会议上，对议定书又分别作了3次修改，扩大了受控物质的范围，现包括氟利昂（也称氟氯化碳CFC）、哈龙（CFCB）、四氯化碳（CCl_4）、甲基氯仿（CH_3CCl_3）、氟氯烃（HCFC）和甲基溴（CH_3Br）等，并提前了停止使用的时间。根据修改后的议定书的规定，发达国家到1994年1月停止使用哈龙，1996年1月停止使用氟利昂、四氯化碳、甲基氯仿；发展中国家到2010年全部停止使用氟利昂、哈龙、四氯化碳、甲基氯仿。中国于1992年加入了《蒙特利尔议定书》。

为了实施议定书的规定，1990年6月在伦敦召开的议定书缔约国第二次会议上，决定设立多边基金，对发展中国家淘汰有关物质提供资金援助和技术支持。1991年建立了临时多边基金，1994年转为正式多边基金。到1995年底，多边基金共集资4.5亿美元，在发展中国家共安排了1100多个项目。

到1995年，经济发达国家已经停止使用大部分受控物质，但经济转轨国家没有按议定书要求削减受控物质的使用量。发展中国家按规定到2010年停止使用，受控物质使用量目前仍处于增长阶段。图2-4-22总结出了消耗臭氧层物质消费趋势。

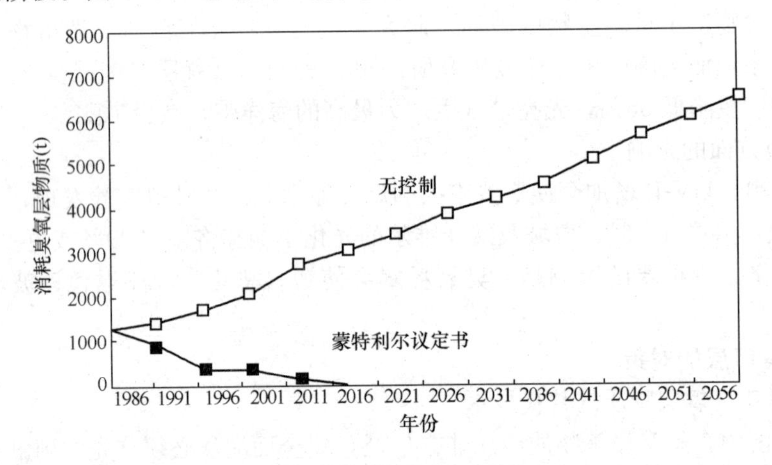

图2-4-22　消耗臭氧层物质消费趋势

在各项国际环境条约中，蒙特利尔议定书的执行情况是最好的之一。目前，向大气层排放的消耗臭氧层物质已经开始逐渐减少，从1994年起，对流层中消耗臭氧层物质浓度开始下降。尽管CFCs排放在下降，但其在平流层的浓度还在继续上升，这是因为前些年排放的长寿命CFCs还在上升进入平流层。预计在未来几年中，平流层中消能臭氧层物质的浓度将达到最大限度，然后开始下降。但是，由于氟利昂相当稳定，可以存在50～100年，即使议定书完全得到履行，臭氧层的耗损也只能在2050年以后才有可能完全复原。另据1998年6月世界气象组织发表的研究报告和联合国环境规划署作出的预测，大约再过20年，人类才能看到臭氧层恢复的最初迹象，只有到21世纪中期臭氧层浓度才能达到20世纪60年代的水平。

4.5　挥发有机污染物的控制技术

4.5.1　燃烧法控制VOCs污染

燃烧法净化时所发生的化学反应主要是燃烧氧化作用及高温下的热分解。因此，这种方法只能适用于净化那些可燃的或在高温情况下可以分解的有害物质。对化工、喷漆、绝缘材料等行业的生产装置中所排出的有机废气，广泛采用燃烧净化的手段。由于有机气态污染物燃烧氧化的最终产物是 CO_2 和 H_2O，因而使用这种方法不能回收到有用的物质，但由于燃烧时放出大量的热，使排气的温度很高，所以可以回收热量。

1. VOCs 燃烧转化原理及燃烧动力学

①燃烧反应

燃烧反应是放热的化学反应，可用普通的热化学反应方程式来表示，例如：

$$C_8H_{17}+1225O_2 \longrightarrow 8CO_2+8.5H_2O+Q$$

$$C_8H_6+7.5O \longrightarrow 6CO_2+3H_2O+Q$$

$$H_2S+1.5O_2 \longrightarrow SO_2+H_2O+Q$$

式中　Q——反应时放出的热量，J。

（2）燃烧动力学

VOCs 燃烧反应速率，即单位时间浓度减少量，可以表示为：

$$-\frac{dc_{VOCs}}{dt}=v=k'c_{VOCs}^{n}c_{O_2}^{m}$$

式中　v——燃烧速率；

k——燃烧动力学速率常数；

c_{VOCs}——VOCs 的浓度；

n——反应级数。

对多数化学反应，动力学速率常数 k 和温度 T 之间的关系由阿累尼乌斯方程表示：

$$k=A\exp\left(-\frac{E}{RT}\right)$$

式中　A——频率分数，实验常数，与反应分子的碰撞频率有关；

E——活化能，实验常数，与分子的键能有关；

R——气体常数；

T——反应温度，K。

2. 燃烧工艺

目前在实际中使用的燃烧净化方法有直接燃烧、热力燃烧和催化燃烧。

（1）直接燃烧

直接燃烧亦称为直接火焰燃烧，它是把废气中可燃有害组分当作燃料直接燃烧。因此，该方法只适用于净化含可燃有害组分浓度较高的废气，或者用于净化有害组分燃烧时热值较高的废气，因为只有燃烧时放出的热量能够补偿散向环境中的热量时，才能保持燃烧区的温度，维持燃烧的持续。多种可燃气体或多种溶剂蒸气混合存在于废气中时，只要浓度值适宜，也可以直接燃烧。如果可燃组分的浓度高于燃烧上限，可以混入空气后燃烧；如果可燃组分的浓度低于燃烧下限，则可以加入一定数量的辅助燃料（如天然气等）维持燃烧。

直接燃烧的设备包括一般的燃烧炉、窑，或通过某种装置将废气导入锅炉作为燃料气进行燃烧气直接燃烧。直接燃烧的温度一般需在 1100℃左右，燃烧的最终产物为 CO_2、H_2O 和 N_2。直接燃烧法不适于处理低浓度废气。

（2）热力燃烧

热力燃烧用于可燃有机物质含量较低的废气的净化处理，工艺流程如图 2-4-23 所示。这类废气中可燃有机组分的含量往往很低，本身不能维持燃烧。因此，在热力燃烧中，被净化的废气不是作为燃烧所用的燃料，而是在含氧量足够时作为助燃气体，不含氧时则作为燃烧的对象。在进行热力燃烧时一般是需燃烧其他燃料（如煤气、天然气、油等），把废气温度提高到热力燃烧所需的温度，使其中的气态污染物进行氧化，分解成为 CO_2、H_2O、N_2 等。热力燃烧所需温度较直接燃烧低，在 540～820℃即可进行。

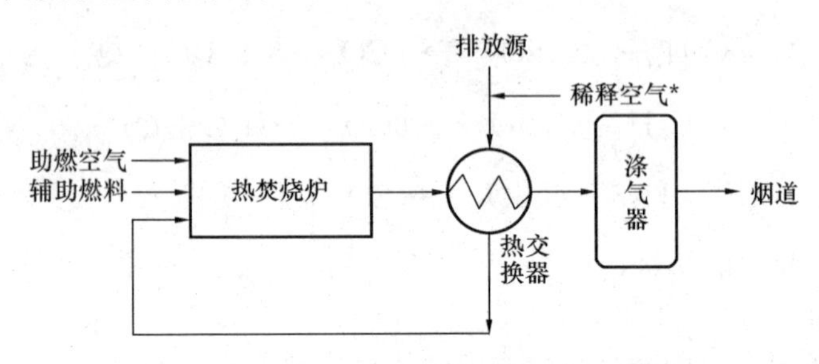

图 2-4-23　热力燃烧工艺

辅助燃料一般不能直接与全部要净化处理的废气混合，那样会使混合气中可燃物的浓度低于燃烧下限，以致不能维持燃烧。如果废气以空气为主，即含有足够的氧，就可以用部分废气使辅助燃料燃烧，使燃气温度达到 1370℃左右，用高温燃气与其余废气混合达到热力燃烧的温度。这部分用来助燃辅助燃料的废气叫助燃废气，其余部分废气叫旁通废气。若废气以惰性气体为主，即废气缺氧，不能起助燃作用，则需要用空气助燃，全部废气均作为旁通废气。热力燃烧的过程可分为三个步骤：辅助燃料燃烧——提供热量；废气与高温燃气混合——达到反应温度；在反应温度下，保持废气有足够的停留时间，使废气中可燃的有害组分氧化分解——达到净化排气的目的。

在热力燃烧下，废气中有害的可燃组分经氧化生成 CO_2 和 H_2O，但不同组分燃烧氧化的条件不完全相同。对大部分物质来说，在温度为 740～820℃，停留时间为 0.1～0.3s 即可反应完全；大多数碳氢化合物在 590～820℃即可完全氧化，而 CO 和浓的碳烟粒子则需较高的温度和较长的停留时间。因此，温度和停留时间是影响热力燃烧的重要因素。此外，高温燃气与废气的混合也是热力燃烧的关键，在一定的停留时间内如果不能混合完全，就会导致有些废气没有上升到反应温度就已逸出反应区外，因而不能得到理想的净化效果。

由上可知，在供氧充分的情况下，反应温度、停留时间、湍流混合构成了热力燃烧的必要条件。不同的气态污染物，在燃烧炉中完全燃烧所需的反应温度和停留时间不完全相同，某些含有机物的废气在燃烧净化时所需的反应温度和停留时间列于表 2-4-13 中。

表 2-4-13　废气燃烧净化所需的温度、时间条件

废气净化范围	燃烧炉停留时间（h）	反应温度（℃）
碳氢化合物 （HC 销毁 90%以上）	0.3～0.5	680～820
碳氢化合物+CO （CH+CO 销毁 90%以上）	0.3～0.5	680～820

续表

废气净化范围	燃烧炉停留时间（h）	反应温度（℃）
臭味		
（销毁 50%～90%以上）	0.3～0.5	540～650
（销毁 90%～99%以上）	0.3～0.5	590～700
（销毁 99%以上）	0.3～0.5	650～820
烟和缕烟		
白烟（雾滴缕烟消除）	0.3～0.5	430～540
CH：CO 销毁 90%以上	0.3～0.5	680～820
黑烟（炭粒和可燃粒）	0.7～1.0	760～1100

热力燃烧可以在专用的燃烧装置中进行，也可以在普通的燃烧炉中进行。进行热力燃烧的专用装置称为热力燃烧炉，其结构应满足热力燃烧时的条件要求，即应保证获得 760℃以上的温度和 0.5s 左右的接触时间，这样才能保证对大多数碳氢化合物及有机蒸气的燃烧净化。热力燃烧炉的主体结构包括两部分：燃烧器，其作用为使辅助燃料燃烧生成高温燃气；燃烧室，其作用为使高温燃气与旁通废气湍流混合达到反应温度，并使废气在其中的停留时间达到要求。按所使用的燃烧器的不同，热力燃烧炉分为配焰燃烧系统与离焰燃烧系统两大类。

普通锅炉、生活用锅炉以及一般加热炉，由于炉内条件可以满足热力燃烧的要求，因此可以用作热力燃烧炉、这样做不仅可以节省设备投资，而且可以节省辅助燃料。但在使用普通锅炉等进行热力燃烧时应注意：①废气中所要净化的组分应当几乎全部是可燃的，不燃组分如无机烟尘等在传热面上的沉积将会导致锅炉效率的降低；②所要净化的废气流量不能太大，过量低温废气的引入会降低热效率并增加动力消耗；③废气中的含氧量应与锅炉燃烧的需氧量相适应，以保证充分燃烧，否则燃烧不完全所形成的焦油等将污染炉内传热面。

（3）催化燃烧法

催化燃烧实际上为完全的催化氧化，即在催化剂作用下，使废气中的有害可燃组分完全氧化为 CO_2 和 H_2O。催化燃烧法已成功地应用于金属印刷、绝缘材料、漆包线、炼焦、油漆、化工等多种行业中净化有机废气。特别是在漆包线、绝缘材料、印刷等生产过程中排出的烘干废气，因废气温度和有机物浓度较高，对燃烧反应及热量回收有利，具有较好的经济效益、因此应用广泛。

与其他种类的燃烧法相比，催化燃烧法具有如下特点：催化燃烧为无火焰燃烧，安全性好；要求的燃烧温度低（大部分烃类和 CO 在 300～450℃之间即可完成反应），故辅助燃料消耗少；对可燃组分浓度和热值限制较小；为使催化剂延长使用寿命，不允许废气中含有尘粒和雾滴。

用于催化燃烧的催化剂多为贵金属 Pt、Pd，这些催化剂活性好、寿命长、使用稳定。目前稀土催化剂的研究已取得一定成效。国内已研制使用的催化剂有：以 $A1_2O_3$ 为载体的催化剂，此载体可作成蜂窝状或粒状等，然后将活件组分负载上，现已使用的有蜂窝陶瓷钯催化剂、蜂窝陶瓷铂催化剂、蜂窝陶瓷非贵金属催化剂、γ-Al_2O_3 粒状铂催化剂、γ-Al_2O_3

稀土催化剂等；以金属作为载体的催化剂，可用镍铬合金、镍铬镍铝合金、不锈钢等金属作为载体，已经应用的有镍铬丝蓬体球钯催化刘、铂钯/镍 60 铬 15 带状催化剂、不锈钢丝网钯催化剂以及金属蜂窝体的催化剂等。

用于催化燃烧的各种催化剂及其性能见表 2-4-14。

表 2-4-14 用于催化剂燃烧的各种催化剂及其性能

催化剂品种	活性组分组分含量（%）	$2000m^3/h$ 下 90%转化温度（℃）	最高使用温度（℃）
$Pt\text{-}Al_2O_3$	0.1～0.5	250～300	650
$Pd\text{-}Al_2O_3$	0.1～0.5	250～300	650
Pd，Ni，Cr 丝或网	0.1～0.5	250～300	650
Pd-蜂窝陶瓷	0.1～0.5	250～300	650
Mn，Cu，Al_2O_3	5～10	350～400	650
Mn，Cu，$Cr\text{-}Al_2O_3$	5～10	350～400	650
Mn-Cu，$Co\text{-}Al_2O_3$	5～10	350～400	650
Mn，Fe，Al_2O_3	5～10	350～400	650
稀土催化剂	5～10	350～400	700
锰矿石颗粒	25～35	300～350	500

催化燃烧法的工艺流程如图 2-4-24 所示。针对不同的废气，可以采用的催化燃烧工艺有分建式与组合式两种。在分建式流程中，预热器、换热器、反应器均作为独立设备分别设立，其间用相应的管路连接，一般应用于处理气量较大的场合；组合式流程将预热、换热及反应等部分组分安装在同一设备中，即所谓催化燃烧炉。流程紧凑，占地小，一般用于处理气量较小的场合。不论采用何种工艺形式，其流程的组成具有如下共同的持点：

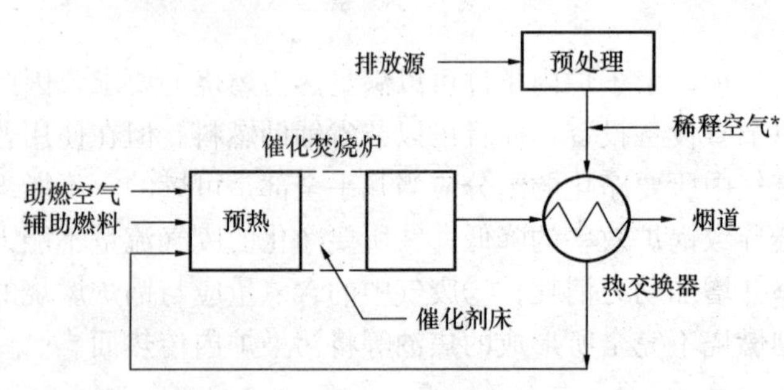

图 2-4-24 催化燃烧炉系统

①进入催化燃烧装置的气体首先要经过预处理，除去粉尘、液滴及有害组分，避免催化床层的堵塞和催化剂的中毒。

②进入催化床层的气体温度必须要达到所用催化剂的起燃温度，催化反应才能进行。因此对于低于起燃温度的进气，必须进行预热使其达到起燃温度。气体的预热方式可以采用电加热也可以采用烟道气加热，目前应用较多的为电加热。

③催化燃烧反应放出大量的反应热，燃烧尾气温度较高，对这部分热量必须回收。

（4）燃烧工艺性能

燃烧工艺性能见表 2-4-15，从表 2-4-15 可知，燃烧法适合于处理浓度较高的 VOCs 废气，一般情况下去除率均在 95%以上。直接燃烧法虽然运行费用较低，但由于燃烧温度高，容易在燃烧过程中发生爆炸，并且浪费热能产生二次污染，因此目前较少采用；热力燃烧法通过热交换器回收了热能，降低了燃烧温度，但当 VOCs 浓度较低时，需加入辅助燃料，以维持正常的燃烧温度，从而增大了运行费用；催化燃烧法由于采用热交换、预热器、催化剂等措施使燃烧温度显著降低，从而降低了燃烧费用，但由于催化剂容易中毒，因此对进气成分要求极为严格，不得含有重金属、尘粒等易引起催化剂中毒的物质，同时催化剂成本高，使得该方法处理费用较高。

表 2-4-15　燃烧法处理 VOCs 运行性能

燃烧工艺	直接燃烧法	热力燃烧法	催化燃烧法
浓度范围（mg · m^3）	＞5000	＞5000	＞5000
处理效率（%）	＞95	＞95	＞95
最终产物	CO_2，H_2O	CO_2，H_2O	CO_2，H_2O
投资	较低	低	高
运行费用	低	高	较低
燃烧温度（℃）	＞1100	700～870	300～450
其他	易爆炸、热能浪费且易产生二次污染	回收热能	VOCs 中如含重金属、尘粒等物质，则会引起催化剂中毒，预处理要求较严格

在燃烧和焚化过程中，不完全燃烧是一个永久的难题。燃烧过程形成的许多中间产物本身是有害的，例如，乙醛、二噁英、呋喃。废气中 VOCs 的不完全燃烧有可能产生比初始气体更有害的污染物。

4.5.2　吸收（洗涤）法控制 VOCs 污染

溶剂吸收法采用低挥发或不挥发性溶剂对 VOCs 进行吸收，再利用 VOCs 分子和吸收剂物理性质的差异进行分离。吸收效果主要取决于吸收剂的吸收性能和吸收设备的结构特征。

1. 吸收工艺及吸收剂

（1）吸收工艺

吸收（洗涤）法控制 VOCs 污染的典型工艺如图 2-4-25 所示。

含 VOCs 的气体由底部进入吸收塔，在上升的过程中与来自塔顶的吸收剂逆流接触而被吸收，被净化后的气体由塔顶排出。吸收了 VOCs 的吸收剂通过热交换器后，进入汽提塔顶部，在温度高于吸收温度或（和）压力低于吸收压力时得以解吸，吸收剂再经过溶剂冷凝器冷凝后进入吸收塔循环使用。解吸出的 VOCs 气体经过冷凝器、气液分离器后以纯 VOCs 气体的形式离开汽提塔，被进一步回收利用。

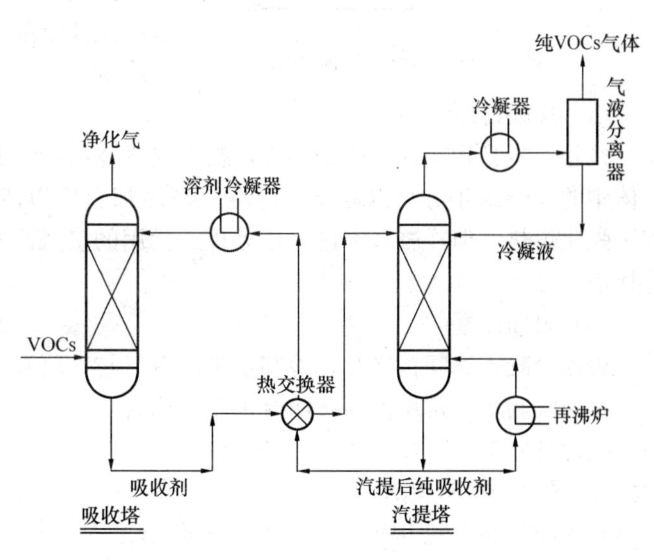

图 2-4-25　VOCs 吸收工艺

该工艺适用于 VOCs 浓度较高、温度较低和压力较高的场合。

(2) 吸收剂

吸收剂必须对被去除的 VOCs 有较大的溶解性。同时，如果需回收有用的 VOCs 组分，则回收组分不得和其他组分互溶；吸收剂的蒸气压必须相当低，如果净化过的气体被排放到大气，吸收剂的排放量必须降到最低；洗涤塔在较高的温度或较低的压力下，被吸收的 VOCs 必须容易从吸收剂中分离出来，并且吸收剂的蒸气压必须足够低，不会污染被回收的 VOCs；吸收剂在吸收塔和汽提塔的运行条件下必须具有较好的化学稳定性及无毒无害性；吸收剂分子量要尽可能低（同时需考虑低吸收剂蒸气压的要求），以使吸收能力最大化。

2. 吸收设备

用于 VOCs 净化的吸收装置，多数为气液相反应器，一般要求气液有效接触面积大，气液湍流程度高，设备的压力损失小，易于操作和维修。目前工业上常用的气液吸收设备有喷洒塔、填料塔、板式塔、鼓泡塔等。其中在喷洒塔、填料塔中，气相是连续相，而液相是分散相，其特点是相界面积大，所需气液比亦比较大。在板式塔、鼓泡塔中，液相是连续相而气相为分散相。VOCs 吸收净化过程，通常污染物浓度相对较低、气体量大，因而选用气相为连续相、湍流程度较高、相界面大的如填料塔、湍球塔型较为合适，填料塔的气液接触时间、气液比均可在较大范围内调节，且结构简单，因而在 VOCs 吸收净化中应用较广。

4.5.3　冷凝法控制 VOCs 污染

冷凝法不适宜处理低浓度的有机气体，而常作为其他方法净化高浓度废气的前处理，以降低有机负荷，回收有机物。典型的带制冷的冷凝系统工艺流程如图 2-4-26 所示。

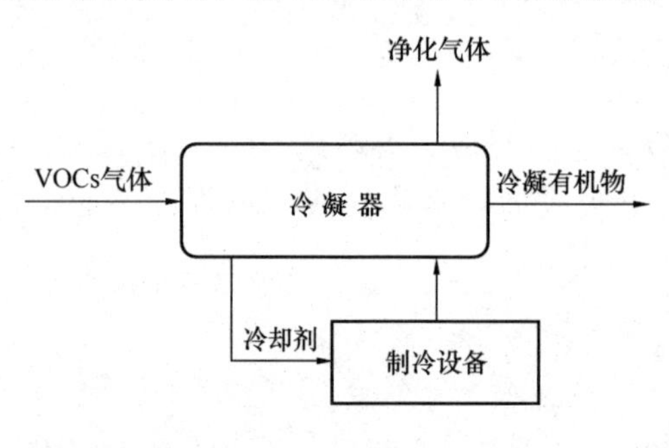

图 2-4-26　冷凝系统流程图

两种最常用的冷凝方法是表面冷凝和接触冷凝。表面冷凝的常用设备是壳管式热交换器。典型情况下，冷却剂通过管子流动，而蒸气在管子外壳冷凝，被冷凝的蒸气在冷却管上形成液层后被排到收集槽进行储存或处理。在表面冷凝器中，冷凝剂既不与蒸气接触也不与冷凝物接触。与表面冷凝相反，在接触冷凝中，则是通过直接向气体中喷射冷却液的方法使 VOCs 气体进行冷凝。

(1) 接触冷凝

接触冷凝是指在接触冷凝器中，被冷凝气体与冷却介质（通常采用冷水）直接接触而使气体中的 VOCs 组分得以冷凝，冷凝液与冷却介质以废液的形式排出冷却器。接触冷凝有利于强化传热，但冷凝液需进一步处理。常用的接触冷凝设备有喷射器、喷淋塔、填料塔和筛板塔。

(2) 表面冷凝

表面冷凝也称间接冷却，冷却壁把冷凝气与冷凝液分开，因而冷凝液组分较为单一，可以直接回收利用。常用的间接冷凝设备有列管冷凝器、翅管空冷冷凝器、淋洒式冷凝器以及螺旋板冷凝器等。

4.5.4　吸附法控制 VOCs 污染

含 VOCs 的气态混合物与多孔性固体接触时，利用固体表面存在的未平衡的分子吸引力或化学键力，把混合气体中 VOCs 组分吸附留在固体表面，这种分离过程称为吸附法控制 VOCs 污染。吸附操作已广泛应用于石油化工、有机化工的生产部门，成为一种重要的操作单元。在大气污染控制领域，吸附法因为吸附剂的选择性强，能有效分离其他过程难以分开的混合物，能有效地去除低浓度有毒有害物质而得以广泛应用。

1. 吸附工艺

VOCs 污染控制的吸附工艺流程如图 2-4-27 所示。

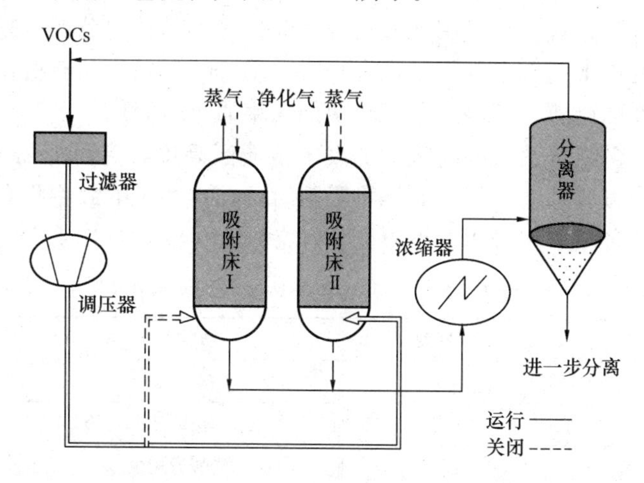

图 2-4-27　活性炭吸附 VOCs 工艺

含 VOCs 的混合气体先去除颗粒状污染物后，再经过调压器调整压力，然后进入吸附床进行吸附净化，净化后的气体排入大气环境。当吸附床Ⅰ内的活性炭饱和后，通过阀门转换至吸附床Ⅱ进行吸附。向吸附床Ⅰ通入蒸气进行脱附，解吸出来的蒸气（空气）混合物冷凝后由浓缩器、分离器进行分离，脱附后的活性炭用热空气干燥后循环使用，该法适用于处理中低浓度 VOCs 尾气，吸附效果取决于吸附剂性质，VOCs 种类、浓度、性质和吸附系统的操作温度、湿度、压力等因素。在一般情况下，不饱和化合物比饱和化合物吸附更完全，环状化合物比直链结构的物质更易被吸附。

活性炭吸附 VOCs 性能最佳，原因在于其他吸附剂（如硅胶、金属氧化物等）具有极性，在水蒸气共存条件下，水分子和吸附剂极性分子进行结合，从而降低了吸附剂吸附性能，而活性炭分子不易与极性分子相结合，从而提高了吸附 VOCs 能力。但是，也有部分 VOCs 被活性炭吸附后难以再从活性炭中除去（表 2-4-16），对于此类 VOCs，不宜采用活性炭作为吸附剂，而应选用其他吸附材料。

表 2-4-16　难以从活性炭中除去的 VOCs

丙烯酸	丙烯酸乙酯	谷朊醛	皮考林
丙烯酸丁酯	2-乙基己醇	异佛尔酮	丙酸
丁酸	丙烯酸二乙基酯	甲基乙基吡啶	二异氰酸甲苯酯
丁二胺	丙烯酸异丁酯	甲基丙烯酸甲酯	三亚乙基四胺
二乙酸三胺	丙烯酸异葵酯	苯酚	戊酸

2. 多组分吸附

假如被吸附的气体或蒸气由几种化合物组成，吸附现象就变得复杂了。虽然实践中常常遇到多组分气体或蒸气的吸附，但至今这方面研究较少。活性炭对混合蒸气中各个组分的吸附是有差别的。一般来讲，化合物的被吸附性与其相对挥发性近似呈负相关，一些有机液体的相对挥发度见表 2-4-17。因此，含有多组分有机蒸气的气流通过活性炭层时，在开始阶段各组分均等地吸附于活性炭上。但是随着沸点较高组分在床内保留量的增加，相对挥发性大的蒸气开始重新汽化。达到穿透点后，排出的蒸气大部分由挥发性较强的物质组成，在此阶段，较高沸点的组分开始置换较低沸点的组分，并且每种其他组分都重复这种置换过程。气流中存在两种或两种以上的挥发性有机化合物时：①分子量较大的有机化合物的吸附有取代低分子量有机化合物的趋势，即轻组分以较快的速率通过吸附床。因此，可实现轻组分与重组分的分离。另外，多组分蒸气同时吸附加大了传质区高度，有可能需要增长吸附床长度。②炭的保持力可能会减弱。③多组分有机物吸附时，给定系统的效率将会降低。④混合物的爆炸下限将直接随各种单一组分爆炸下限变化，必须十分注意操作安全问题。

表 2-4-17　一些有机液体的相对挥发度

物质名称	相对挥发度	物质名称	相对挥发度
乙醚	1.0	乙醇（94%）	8.3
二硫化碳	1.8	正丙醇	11.1
丙酮	2.1	醋酸异戊酯	13.0
乙酸甲酯	2.2	乙苯	13.5
氯仿	2.5	异丙醇	21.0
乙酸乙酯	2.9	异丁醇	24.0
四氯化碳	3.0	正丁醇	33.0
苯	3.0	二乙醇-甲醚	34.5
汽油	3.5	二乙醇-乙醚	43.0
三氯乙烯	3.8	戊醇	62.0
二氯乙烷	4.1	十氢化萘	94.0
甲苯	6.1	乙二醇-正丁醚	163.0
醋酸正丙酯	6.1	1，2，3，4-四氢化萘	190.0
甲醇	6.3	乙二醇	262.5

设沸点较低的物质为 A，沸点较高的物质为 B，且 ρ_A 和 ρ_B 分别表示空气中吸附质 A 和吸附质 B 的含量，含 A、B 两种吸附质的气流通过吸附层。图 2-4-28 表示当吸附质透过吸附层时，吸附质沿吸附剂层长度的分布状况。根据图 2-4-28，吸附层全长 L 为各层长度 L_1、L_2、L_3、L_4 的总和。其中 L_1 为两种物质完全饱和的吸附层长度，物质 A 的吸附容量等于 a_{AB}（a_{AB}是与物质 A 的浓度为 ρ_A 而物质 B 的浓度为 ρ_B 的气流呈平衡时，物质 A 的吸附容量），L_1 层中物质 B 的吸附容量为 a_{BA}；L_2 为被物质 A 饱和的吸附层长度，其中物质 A 的吸附容量为 a_A；L_4 是能吸附物质 A 的工作层。

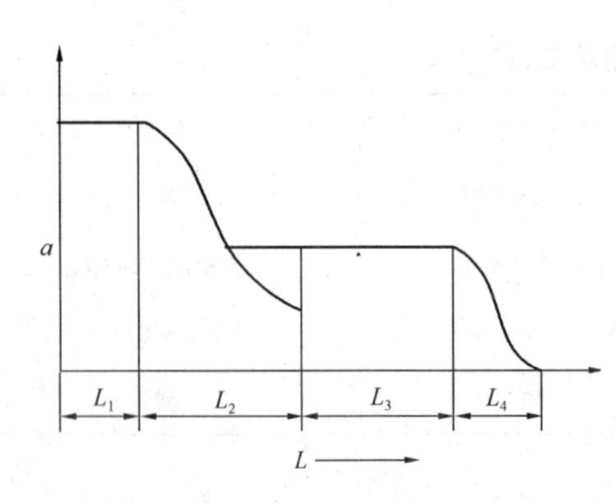

图 2-4-28　吸附容量沿吸附层长度的分布

由于物质 B 的存在，物质 A 的吸附量减少，所以 a_A 大于 a_{AB}。当吸附物质 B 的工作层向前推进时，那里原来吸附的物质 A 有一部分被取代下来。因此，在 L_3 这一段中物质 A 在气流中的含量较原来的 ρ_A 高，以 ρ'_A 表示，根据经验公式：

$$\rho'_A = \rho_A + \rho_B \cdot a$$

其中 a 为取代系数，可按下式求得：

$$a = (a_A - a_{AB})/a_{BA}$$

由于缺乏 a_{AB} 和 a_{BA} 的数据，因而常常无法计算取代系数，作为近似计算可以假定取代系数为 1，因此：

$$\rho'_A = \rho_A + \rho_B$$

据此假定，在缺乏混合蒸气吸附等温线的情况下可做近似计算。从组分 A 的吸附等温线求出与气相浓度 ρ'_A 呈平衡的吸附容量，即对应的 ρ'_A 的静平衡活度值。然后按吸附质 A 计算保护作用时间。

4.5.5　生物法控制 VOCs 污染

生物法控制 VOCs 污染是近年发展起来的空气污染控制技术，该技术已在德国、荷兰得到规模化应用，有机物去除率大都在 90%以上。与常规处理法相比，生物法具有设备简单、运行费用低、较少形成二次污染等优点，尤其在处理低浓度、生物降解性好的气态污染物时更显其经济性。

1. 生物法处理 VOCs 工艺

在废气生物处理过程中，根据系统中微生物的存在形式，可将生物处理工艺分成悬浮生长系统和附着生长系统。悬浮生长系统即微生物及其营养物存在于液体中，气相中的有机物通过与悬浮物接触后转移到液相，从而被微生物降解，其典型的形式有鼓泡塔、喷淋塔及穿孔塔等生物洗涤器。而附着生长系统中微生物附着生长于固体介质表面，废气通过由滤料介质构成的固定塔层时，被吸附、吸收，最终被微生物降解。其典型的形式有土壤、堆肥、填料等材料构成的生物过滤塔。生物滴滤塔则同时具有悬浮生长系统和附着生长系统的特性，系统分类见表 2-4-18。

表 2-4-18　生物法处理工艺系统分类

微生物利用形式	液相分布	
	连续相	非连续相
悬浮生长	生物洗涤塔	
附着生长	生物滴滤塔	生物过滤塔

2. 生物法工艺性能比较及其应用前景

(1) 生物法工艺性能

生物法工艺性能比较见表 2-4-19。从表中可知，不同成分、浓度及气量的 VOCs 各有其适宜的有效生物净化系统。净化气量较小、浓度较大且生物代谢速率较低的气体污染物时，可采用以穿孔板式塔、鼓泡塔为吸收设备的生物洗涤系统。以增加气液接触时间和接触面积，但系统压降较大；对易溶气体则可采用生物喷淋塔；对于大气量、低浓度的 VOCs 可采用过滤系统，该系统工艺简单、操作方便；而对于负荷较高，降解过程易产酸的 VOCs 则采用生物滴滤系统。目前，VOCs 往往具有气量大、浓度低、且大多数较难溶于水的特点，因此较多采用生物过滤法。而对成分复杂的 VOCs，由于其理化性能、生物降解性能、毒性等有较大差异，适宜菌种亦不尽相同，因此建议采用多级生物系统进行处理。

表 2-4-19　生物法工艺性能比较

工艺	系统类别	使用条件	运行特性	备　注
生物洗涤器	悬浮生长系统	气量小，浓度高，易溶，生物代谢速率较低的 VOCs	系统压降较大，菌种易随连续相流失	对较难溶气体可采用鼓泡塔，多孔板塔等气液接触时间长的吸收设备
生物滴滤器	附着生长系统	气量小，浓度低，有机负荷较高以及降解过程中产酸的 VOCs	处理能力大，工况易调节，不易堵塞，但操作要求较高，不适合处理人口浓度高和气量波动大的 VOCs	菌种易随流动相流失
生物过滤器	附着生长系统	气量小，浓度低的 VOCs	处理能力大，操作简便，工艺简单，能耗少，运行费用低，对混合型 VOCs 的去除率较高，具有较强的缓冲能力，无二次污染	菌种繁殖代谢快，不会随流动相流失，从而大大提高去除率

（2）适用范围

生物法可处理的有机化合物种类包括：

烃类：苯、甲苯、二甲苯、乙烷、石脑油、环已烷等；

卤烃：三氯乙烯、四氯乙烯、三氯乙烷、二氯甲烷、三氯苯、三氯甲烷、四氯化碳等；

酮类：丙酮、环已酮等；

酯类：醋酸乙酯、醋酸丁酯、甲基环已烷等；

乙醚类：乙酸乙酯、二氧杂环已烷、糠醛、甲基溶纤剂等；

醇类：甲醇、乙醇、异丙醇、丁醇等；

重合用单分子物体：氯乙烯、丙烯酸、丙烯酸酯、苯乙烯、醋酸乙烯等。

该技术适应的行业有：汽车、造船、摩托车、自行车、家用电器、钢琴、集装箱生产厂的喷漆、涂装车间或生产线产生的有机废气；印铁制罐、化式塑料、印刷油墨、电缆、漆包线等流水线产生的有机废气；制鞋粘胶、制革揉革过程中产生的有机废气；污水处理厂、垃圾处理厂、屠宰厂产生的臭气；化学品生产、储藏过程中产生的有机废气；胶卷生产和制药过程中产生的有机废气。

目前，国外运行的生物过滤系统很多，并在此基础上，研究开发封闭式的成套生物法处理装置，以利于过程控制和监测。通过选择合适的支撑材料来改善气流条件，强化传质能力；通过选择比表面积大的滤料和细胞化固定技术，来增加单位滤塔体积的生物量，为高负荷处理提供条件；通过控制适当的微生物生长的环境参数，来提高污染物转化率。国内仅就滴滤塔运行工况进行了初探。随着人们对生物法净化有机废气这一经济有效的处理工艺认识的加深，以及对各类气态污染物净化要求的提高，必将推动该技术广泛应用，进而有效地解决 VOCs 引起的污染。

4.5.6　膜分离法

膜分离法是采用对有机物具有选择性渗透的高分子膜，在一定压力下使 VOCs 渗透而达到分离的目的。基本机理是基于气体中各组分透过膜的速度不同、透过膜的能力不同，因为每种组分透过膜的速度与该气体的性质、膜的特性与膜两边的气体分压有关。当 VOCs 气体进入膜分离系统后，膜选择性地让 VOCs 气体通过而被富集。脱除了 VOCs 的气体留在未渗透侧，可以达标排放；富集了 VOCs 的气体可以通到冷凝回收系统进行有机溶剂的回收。膜分离法适用于处理中高浓度的废气。

4.5.7 光催化氧化法

1976 年 Carey 报道了在紫外光照射下，纳米 TiO_2 可使废水中的多氯联苯光催化脱氯，开辟了光催化技术在环保领域的应用先河。近几十年来，光催化氧化应用于环境污染物的治理已经成为环境科学研究的热点。

光催化法是在光和光催化剂作用下将有机物氧化成 CO_2 和 H_2O 的方法。光催化剂为半导体材料，如 TiO_2、ZnO、CdS、WO_3、Fe_2O_3、PbS、Ga_2O_3、ZnO-SnO_2、TiO_2/Fe_3O_4 等，在光照下可以将吸收的光能直接转变为化学能，可以激发出“电子-空穴”对（一种高能粒子），这种“电子-空穴”和周围的水、氧气发生反应后，就产生了具有极强氧化能力的自由基活性物质，因此能够使许多通常情况下难以发生的反应在比较温和的条件下顺利进行。

光催化处理有机污染物具有方法简单、使用范围广等优点。但是由于光催化剂需要附着在填料、器壁或其他载体上，并且需要有紫外光进行照射，因此对反应器的结构要求较为严格，设计不合理会有光照不充分的情况发生。而且在低浓度条件下，污染物的光催化降解速度较慢，并且光催化氧化分解污染物要经过许多中间步骤，生成有害中间产物，某些副产物会附着在催化剂表面，使催化剂表面的活性中心减少，降低催化效率。

4.5.8 电晕法

电晕法处理 VOCs 的原理是通过陡峭、脉冲窄的高压电晕，在常温下获得非平衡态 VOCs 离子体，而产生大量的高能电子或高能电子激发产生 O、·OH、N 等活性粒子，并且还可以产生臭氧。各种活性粒子和臭氧会与 VOCs 发生化学反应，破坏 VOCs 分子中的 C—C、C═C 或 C—H 等化学键，由于 O、·OH 和臭氧都具有强氧化能力，结果使碳氢化合物氧化分解成 CO_2 和 H_2O。这一技术的最大特点是可以高效、便捷地对多种污染物进行破坏分解，使用的设备简单，占用的空间较小，并适合于多种工作环境。

4.5.9 综合处理技术

综合处理技术主要是指将多个传统处理工艺有机结合，比如吸收—解吸—变压吸附组合工艺、吸附催化氧化技术等，这类综合处理技术具有极强的针对性和互补性，处理效果远远优于单一方法。

4.6 其他污染物的大气污染控制技术

4.6.1 酸雾的治理

1. 酸雾的来源

酸雾是指雾状的酸类物质。酸雾在空气中的粒径比雾的粒径小，但比烟的湿度要大，是介于烟气与水雾之间的物质。酸雾的粒径一般在 0.1～10μm 之间，并且具有较强的腐蚀性。酸雾形成的机理有两种：一种是酸溶液表面蒸发，酸分子进入空气，吸收水分并凝结形成雾滴；另一种是酸溶液内有化学反应，形成气泡上浮到液面后爆破，将液滴带出。

在当今的生产和生活中，酸雾主要产于化工、冶金、轻工、纺织、机械制造和电子产品等行业的用酸工序中，如制酸、酸洗、电镀、电解、酸蓄电池充电和其他生产过程。酸雾一般有硫酸雾、盐酸雾、硝酸雾、磷酸雾、铬酸雾等。盐酸雾主要产生于氯碱厂及盐酸的生产、贮存和运输过程；硫酸雾产生于湿法制酸及稀硫酸浓缩过程；硝酸雾产生于硝酸制造厂，硝酸的贮存和运输过程，使用硝酸做原料的化工厂、肥料厂及硝酸洗槽；磷酸雾产生于磷酸及磷肥生产过程；铬酸雾产生于电镀镀铬过程及对铝进行表面氧化处理与酸洗的工业槽过程。

2. 酸雾的净化方法

一般的酸雾多用液体吸收或过滤法处理。

(1) 吸收法

①水吸收

由于硫酸、盐酸等均易溶于水，可以用水吸收。用水吸收简单易行，但耗水量大，效率低，产生的低浓度含酸废溶液很难利用，需处理后排放。

②碱液吸收

用碱液吸收中和可以提高吸收效率。一般常用的吸收剂有10%的Na_2CO_3、4%～6%的$NaOH$和NH_3等的水溶液。

(2) 过滤

如果雾滴较大，用过滤法能得到很好的净化效果，如铬酸雾、硫酸雾就用该法净化。

酸雾过滤器的滤层由聚乙烯丝网填充或聚氯乙烯板网交错叠置而成，也可以波纹网或其他填料构成。酸雾在填料层中通过分散的曲折通道流动，由于惯性碰撞和滞留等效应，雾滴被滤层内表面捕集积聚到一定程度，受重力作用而向下流动。

4.6.2 含氟废气的治理

1. 含氟气体的来源

自然界中的火山活动是含氟气体相对集中释放的自然过程，但在人类生活环境中，自然界产生的含氟气体是极微的。人类所产生的含氟气体主要来源于建材行业的水泥、砖瓦、玻璃、陶瓷，化工行业的磷肥、氟塑料生产，冶金行业的铝厂、玻璃纤维生产、火力发电等排放的含氟气体。含氟气体是大气中的主要污染物之一，它主要指的是氟化氢和四氟化硅，此外还有四氟化碳等少量杂质。氟化氢是无色、有强烈刺激性气味和强腐蚀性的有毒气体，且易溶于水形成氢氟酸。氢氟酸具有很强的腐蚀性，可以腐蚀玻璃。四氟化硅是无色窒息性气体，极易溶于水且遇水分解成为氟硅酸。

2. 含氟气体的净化

含氟气体的净化有3种方法，即稀释法、湿法、干法。稀释法就是向含氟气体的厂房送新鲜空气或将含氟气体向高空排放进行自然稀释。这种方法虽然投资和运行费用低廉、管理方便，但在不利的气象条件下往往会把含氟气体从一处转向另一处，而不是一种根本的治理手段，因此一般采用湿法和干法。由于氟化氢和四氟化硅都极易溶于水，湿法常采用水吸收，也可以用碱性溶液或某些盐类溶液来吸收，最终可以得到如氟硅酸、冰晶石、氟硅酸钠等副产品。湿法净化技术的优点在于净化设备体积小、易实现，净化工艺过程可以连续操作和回收各种氟化物，净化效率高、效果好，缺点是会造成二次污染，在寒冷地区还需保温措施。干法是指金属氧化物（如$A1_2O_3$）、石灰石、石灰等吸附氟化氢的方法。

(1) 湿法

湿法净化的基本原理：由于四氟化硅易溶于水生成氟硅酸，且在各种温度下氟硅酸溶液上的四氟化硅蒸气分压不同，如图2-4-29所示。由图可知，温度越低，氟化氢和四氟化硅的溶解度越大，含氟气体吸附效果越好。可见，水吸收方法宜在低温下进行，且随氟硅酸在溶液中浓度的提高，溶液上四氟化硅的蒸气压也增大，当氟硅酸浓度高到一定程度时，用水净化含氟气体的效率就急剧降低，因此控制水溶液中氟硅酸的浓度很重要。

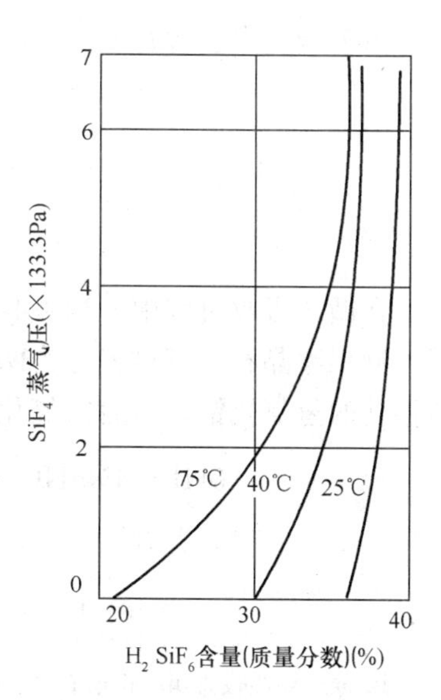

图 2-4-29　H_2SiF_6 溶液上 SiF_4 的蒸气压

① 水吸收法

由于氟化氢和四氟化硅都极易溶于水，所以含氟气体净化常采用水吸收法。采用水吸收法净化含氟气体，氟化氢溶于水生成氢氟酸；四氟化硅溶于水则生成氟硅酸。后者的反应过程分两步进行，首先四氟化硅和水反应生成氟化氢。

$$SiF_4 + 2H_2O \longrightarrow 4HF + SiO_2$$

生成的氟化氢溶液和四氟化硅进一步发生反应生成氢氟酸。

$$2HF + SiF_4 \longrightarrow H_2SiF_6$$

吸收过程中，气膜阻力是控制因素，低温有利于吸收。在一定的 pH 值范围内，通常在 $pH \geqslant 4.5$ 时，采用碱液、氨水和石灰乳吸收对吸收效率影响不是很显著。但为了不使设备很快腐蚀，或为了保证废水合格排放，吸收液中经常加一些石灰，以使氟化物生成难溶于水的氟化钙沉淀而除去。

由于氢氟酸与氟硅酸都具有很强的腐蚀性，所以吸收设备的材质必须是耐腐蚀的，一般可采用塑料、玻璃钢及耐腐蚀的合金钢等。另外在 SiF_4 的吸收操作中，有硅胶析出会造成设备、管道的堵塞和腐蚀，必须注意。在水洗净化含氟废气时，为了提高净化效率，一般都采用多级吸收流程。

由于是气膜控制，故选用设备应是气相连续型的吸收设备，如填料塔、旋流板塔等。但由于废气生成 SiO_2 或氟化钙容易沉淀出来，致使设备堵塞，故在选用含氟废气的吸收设备时，应注意设备的防堵性能要好。用水洗涤吸收净化含氟废气所用的吸收设备有旋流板塔除氟装置、空塔喷淋除氟装置、泼水轮除氟装置、卧式喷淋装置、冲击式吸收装置。

② 碱吸收法

碱吸收法即采用 NaOH、Na_2CO_3、氨水等碱性溶液来吸收并中和废气中的氟化物，其主要目的是回收制取冰晶石，常用的碱性物质是 Na_2CO_3。

其主要原理：一是基于氟化氢和四氟化硅极易溶于水的待性，二是基于酸碱中和的原理。碱吸收法吸收净化效果较好，可用来净化铝厂含 HF 烟气，也可以用来净化磷肥厂含 SiF_4 的废气，同时可以得到副产冰晶石等氟化盐。

a. Na_2CO_3 吸收制取冰晶石

用 Na_2CO_3 溶液洗涤电解铝厂烟气时，烟气中氟化氢与碱液反应生成氟化钠，主要的反应式如下。

$$HF + Na_2CO_3 \longrightarrow NaF + NaHCO_3$$

$$2HF + Na_2CO_3 \longrightarrow 2NaF + CO_2 \uparrow + H_2O$$

由于烟气中还含有 SO_2、CO_2、O_2 等，故还存在以下的副反应：

$$CO_2 + Na_2CO_3 + H_2O \longrightarrow 2NaHCO_3$$

$$SO_2 + Na_2CO_3 \longrightarrow Na_2SO_3 + CO_2$$

$$2Na_2SO_3 + O_2 \longrightarrow 2Na_2SO_4$$

在循环吸收过程中，当吸收溶液中氟化钠达到一定浓度时，再加入定量的偏铝酸钠溶液即可制得冰晶石。其过程分为两步：首先偏铝酸钠被碳酸氢钠或酸性气体分解，析出表面活性很强的氢氧化铝，然后氢氧化铝再与氟化钠反应生成冰晶石。其反应式如下：

$$6HF + 4NaHCO_3 + NaAlO_2 \longrightarrow Na_3AlF_6 + 4Na_2CO_3 + 2H_2O$$

或

$$6HF + 2CO_2 + NaAlO_2 \longrightarrow Na_3AlF_6 + 2Na_2CO_3$$

b. 氨水吸收制取冰晶石

用氨水作吸收剂，洗涤吸收钙镁磷肥生产中排出的含氟废气，最终反应产物为氟化氨，并析出硅胶。反应如下：

$$HF + NH_3 \longrightarrow NH_4F$$

$$3SiF_4 + 4NH_3 + (n+2)H_2O \longrightarrow 2(NH_4)_2SiF_6 + SiO_2 \cdot nH_2O \downarrow$$

$$(NH_4)_2SiF_6 + 4NH_3 + (n+2)H_2O \longrightarrow 6NH_4F + SiO_2 \cdot nH_2O \downarrow$$

在生成的氟化氨溶液中，先后加入硫酸铝和硫酸钠，则硫酸铝先与氟化氨反应生成 $(NH_4)_3AlF_6$ 和硫酸铵，$(NH_4)_3AlF_6$ 再与硫酸钠作用，生成冰晶石和硫酸铵，具体反应如下：

$$12NH_4F + Al_2(SO_4)_3 \longrightarrow 2(NH_4)_3AlF_6 + 3(NH_4)_2SO_4$$

$$2(NH_4)_3AlF_6 + 3Na_2SO_4 \longrightarrow 2Na_3AlF_6 + 3(NH_4)_2SO_4$$

将冰晶石分离后的母液中含有硫酸铵，其可以直接作为液体肥料使用。

(2) 干法

干法净化技术又称为吸附法，是以粉状的吸附剂吸附废气中的氟化物。该净化方法首先是烟气与吸附剂接触，完成吸附过程；二是烟气与吸附剂分开。该过程都是在吸附设备中完成的。在净化砖瓦厂烟气中最早采用的干法脱氟是直接往砖窑内喷石灰，但因喷入的石灰和砖直接接触，烧制过程中黏附在砖表面，影响砖的外观和质量，同时石灰利用率低，此法20世纪70年代后已被淘汰。而后改往烟道喷石灰，该法采用一星形轮喂料器，用气力输送方式，由喷射器自烟道不同部位喷入石灰，同时为满足粉尘气量（标准状况）不能超过 $150mg/m^3$ 的排放标准，下游安排除尘装置。

为提高除氟效率，提出了一些改进措施，如改变原烟道流程，设置一段垂直管道，在垂直管道上升段设置与废气流垂直的折向挡板，以强化烟气和吸收介质的混合，增加吸收介质在烟气流中的停留时间。在上述改进的装置上对 CaO、$CaCO_3$ 及 $Ca(OH)_2$ 的反应吸收能力进行试验的结果表明，用 $CaCl_2$ 活化的 $Ca(OH)_2$ 效果最佳，除氟率可达 95%以上。但该法仍存在石灰利用率低、粉尘难以达到排放标准要求及投资大等问题。

4.6.3　含重金属气体的净化

1. 重金属气体的来源

一般是铅和汞重金属对大气环境有很大的影响，所以是环境保护方面重点治理的对象。重金属铅产生于有色冶金、蓄电池制造和修理、涂料、印刷等工业生产中的铅废气，汽车尾气也可能含铅。铅尘是指含铅物质（如蓄电池极板）在加工和搬运时产生的颗粒物，该颗粒物的粒径一般较大。铅烟指熔化的铅液表面的铅分子进入空气，迅速氧化并凝并形成的颗粒物，该颗粒物很细。

铅是一种银白色软金属，熔点为327℃，沸点为1620℃，易溶于稀硝酸和稀乙酸，在高温空气中能迅速氧化。铅在自然界中常以化合物如$PbCO_3$、$PbSO_4$、$PbCrO_2$的形式存在，厂房空气中铅的化合物以气溶胶如铅烟和铅尘的形式存在。

铅对人体有很大的危害，一般它是通过人体的呼吸道吸入、消化道摄入和皮肤吸收而进入体内且能在体内积蓄。铅引起的急性中毒现象一般表现为恶心、呕吐等；慢性中毒表现为疲倦、食欲不振、便秘、头痛、耳鸣，更严重的有可能精神失常。

汞是银白色的液体金属，能溶解多种金属，并能与除铁、铂外的各种金属生成多种汞齐。汞在空气中以蒸气态存在，虽然室内的墙壁、地坪和家具等均能吸收汞，但在高温时它又会向空气中散发。

汞也能对人体造成危害，它会引起人体中毒，尤其是汞蒸气危害更为严重。汞的急性中毒会引起糜烂性支气管炎、间质性肺炎；慢性的中毒一般表现为食欲不振、乏力、记忆力减退、失眠，严重的有可能精神异常兴奋。

2. 金属气体的净化

（1）含铅废气的净化

含铅废气中的污染物以固体颗粒形式存在，对大的颗粒铅尘可采用高效除尘器，如袋式除尘器或文丘里洗净器等设备来净化。由于铅颗粒很小，用一般的除尘方法很难除去，因此需用超净过滤或化学吸收方法净化。铅烟的净化可采用超细玻璃纤维过滤器。由于氧化铅易溶于乙酸溶液且发生化学反应，所以可用稀乙酸溶液进行吸收净化。其反应方程式为：

$$PbO + 2CH_3COOH \longrightarrow Pb(CH_3COO_2) + H_2O$$

反应的乙酸铅易溶于水，可回收作为化工原料。乙酸容易挥发，为了减少吸收过程中的损失，吸收剂要用较低的浓度，也可以用草酸溶液作吸收剂净化含铅废气。吸收设备可用板式塔或文丘里洗涤器等，但由于稀乙酸腐蚀性较强，设备需采取防腐措施。

（2）含汞废气的净化

由于汞在废气中以蒸气状态存在，因此一般采用吸附法或吸收法净化。采用吸附法净化含汞废气的原理：用充氯或碘的活性炭，也可用细粒MnO_2作吸附剂，先将氯气通入活性炭层，氯被吸附于其中，当含汞废气通过时，汞蒸气被吸附，并与氯反应生成氯化汞。

尤其要注意的是：含汞活性炭需要在密闭容器内焙烧再生。在高温下，汞汽化，氯化汞分解为氯气和汞蒸气，脱附出的汞蒸气冷凝回收。

吸收净化汞蒸气可采用高锰酸钾溶液作为吸收剂。高锰酸钾溶液与汞反应，生成氧化汞和二氧化锰，而二氧化锰和汞接触，又会生成一种配合物。

$$2KMnO_4 + 3Hg + H_2O \longrightarrow 2MnO_2 + 3HgO + 2KOH$$

$$MnO_2 + 2Hg \longrightarrow Hg_2MnO_2$$

生成的配合物可通过电解或氯化锡还原，回收汞，废水经曝气池处理后重复使用。

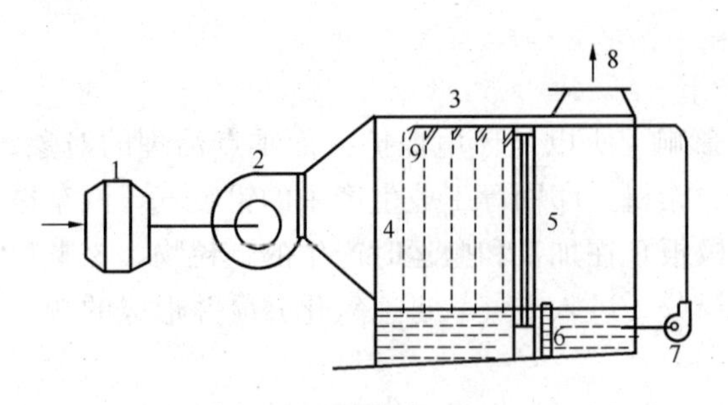

图 2-4-30　含汞废气吸收净化装置

1—过滤器；2—风机；3—水膜吸收塔；4—塑料丝网；5—挡液板；6—滤液网；7—塑料泵；8—排气管；9—喷嘴

汞蒸气的吸收设备如图 2-4-30 所示，该处理过程为：从排气系统来的含汞废气，先经过过滤器将其中的颗粒物去除，再由风机送入水膜吸收塔，在水膜吸收塔中，与气流垂直的方向装有多道塑料丝网，每道上部装有一排塑料喷嘴，用循环泵将高锰酸钾溶液通过喷嘴喷向塑料丝网，在网上形成一层液膜，气体通过塑料丝网时，其中的汞蒸气和高锰酸钾作用，净化后的气体经排出管排放，吸收后的高锰酸钾溶液通过滤液网滤去固体杂质后循环使用。

4.6.4　碳氢化合物的净化

碳氢化合物主要来源于石油、化工、有机溶剂行业的生产过程中，在使用有机溶剂时也会产生相关的废气，以及在油类燃烧过程中，未燃尽的烃类以及燃烧后的产物均可进入大气，因而，现代交通工具的汽车、飞机、轮船等也都是产生碳氢化合物的重要污染源。

碳氢化合物（HC）是污染大气的重要污染物之一。它包括简单的有机化合物和复杂的高分子物。其中烯烃和某些芳香烃化合物在大气及阳光的作用下，还可以和氮氧化物发生反应，形成洛杉矶型的光化学烟雾或工业型光化学烟雾，造成二次污染。而且，碳氢类化合物对人体器官有刺激作用，其中不少对内脏有毒害作用，甚至是致突变物与致癌物。

碳氢化合物废气的净化方法一般有燃烧法、催化燃烧法、吸附法、吸收法、冷凝法。除这些方法以外，还可以采用浓缩燃烧、浓缩回收等方法对含碳氢化合物废气进行治理。常用的碳氢化合物的几种净化方法见表 2-4-21。

表 2-4-21　碳氢化合物废气的净化方法

净化方法	方法要点	使用范围
燃烧法	将废气中的有机物作为燃料燃烧掉或将其在高温下进行氧化分解；温度范围为 600～1100℃	适用于中、高浓度范围废气的净化
催化燃烧法	在氧化催化剂作用下，将碳氢化合物氧化为二氧化碳和水；温度范围为 200～400℃	适用于各种浓度的废气净化，适用于连续排气的场合
吸附法	用适当的吸收剂对废气中的有机物组分进行物理吸附；常温	适用于低浓度废气的净化
吸收法	用适当的吸收剂对废气中的有机物组分进行物理吸收；常温	对废气浓度限值较小，适用于含有颗粒物的废气净化
冷凝法	采用低温，使有机物组分冷却至露点以下，液化回收	适用于高浓度废气的净化

习题与思考题

1. 某混合气体中含有 2%（体积）CO_2，其余为空气。混合气体的温度为 30℃，总压强为 500kPa，从手册中查得 30℃时在水中的亨利系数 $E=1.88\times10^{-5}$ kPa，试求溶解度系数

H 及相平衡常数 m，并计算每100g与该气体相平衡的水中溶有多少gCO_2。

2. 20℃时 O_2 溶解于水中的亨利系数为40100atm，试计算平衡时水中氧的含量。

3. 某新建电厂的设计用煤为：硫含量3%，热值26535KJ/kg。为达到目前中国火电厂的排放标准，采用的 SO_2 排放控制措施至少要达到多少的脱硫效率?

4. 在双碱法烟气脱硫工艺中，SO_2 被 Na_2SO_3 溶液吸收。溶液中的总体反应为：

$$Na_2SO_3+H_2O+SO_2+CO_2 \rightarrow Na^+ + H^+ + OH^- + HSO_3^- + SO_3^{2-} + HCO_3^- + CO_3^{2-}$$

在333K时，CO_2 溶解和离解反应的平衡常数为：

$$\frac{[CO_2 \cdot H_2O]}{P_{CO_2}} = K_{hc} = 0.0163M/atm$$

$$\frac{[HCO_3^-] \cdot [H^+]}{[CO_2 \cdot H_2O]} = K_{c1} = 10^{-6.35}M$$

$$\frac{[CO_3^{2-}] \cdot [H^+]}{[HCO_3^-]} = K_{c2} = 10^{-10.25}M$$

溶液中钠全部以 Na^+ 形式存在，即$[Na]=[Na^+]$；

溶液中含硫组分包括：$[S]=[SO_2 \cdot H_2O]+[HSO_3{}^-]+[SO_3{}^{2-}]$。

如果烟气的 SO_2 体积分数为 2000×10^{-6}，CO_2 的浓度为16%，试计算脱硫反应的最佳pH。

5. 某座1000MW的火车站热效率为38%，基于排放系数，计算下述三种情况 NO_x 的排放量（t/d)：

(1) 以热值为6110kcal/kg的煤为燃料；

(2) 以热值为10000kcal/kg的重油为燃料；

(3) 以热值为8900kcal/m^3 的天然气为燃料。

6. 气体的初始组成以体积计为8.0%CO_2、12%H_2O、75%N_2 和5%O_2。假如考虑 N_2 与 O_2 生成NO的反应，分别计算下列温度条件下NO的平衡浓度。

(1) 1200K；(2) 1500K；(3) 2000K。

7. 采用活性炭吸附法处理含苯废气。废气排放条件为298K、1atm，废气量20000m^3/h，废气中含有苯的体积分数为 3.0×10^{-3}，要求回收率为99.5%。已知活性炭的吸附容量为0.18kg（苯）/kg（活性炭)，活性炭的密度为580kg/m^3，操作周期为吸附4h，再生3h，备用1h。试计算活性炭的用量。

8. 利用冷凝—生物过滤法处理含丁酮和甲苯混合废气。废气排放条件为388K、1atm、废气量20000m^3/h，废气中甲苯和丁酮体积分数分别为0.001和0.003，要求丁酮回收率大于80%，甲苯和丁酮出口体积分数分别小于 3×10^{-5} 和 3×10^{-4}，出口气体中的相对湿度为80%，出口温度低于40℃，冷凝介质为工业用水，入口温度为25℃，出口为32℃，滤料丁酮和甲苯的降解速率分别为0.3和1.2kg/（$m^3\cdot$d)，阻力为150mmH_2O/m。设计直接冷凝—生物过滤工艺和间接冷凝—生物过滤工艺，要求投资和运行费用最少。

第5章　城市机动车污染控制

学　习　提　示

本章要求学生了解城市机动车污染来源、趋势及影响，掌握汽油发动机和柴油机污染的形成及控制，熟悉目前的新型动力车。

学习重点：汽油发动机和柴油机污染的形成及控制。

学习难点：汽油发动机和柴油机污染的形成及控制。

世界性大规模城市化的进程使得越来越多的城市对机动车产生非常严重的依赖，然而汽车单车排放因子高，机动车污染物排放总量大，城市机动车污染分担率高，严重影响城市大气环境质量。为应对气候变化，向低碳经济转型已经成为世界各国必经之路。本章在城市交通趋势及影响的基础上，详细地对汽油发动机、柴油发动机污染的形成及控制进行讨论并研究改善交通方式对污染控制的有效性。

5.1　城市交通趋势及影响

5.1.1　机动车保有量的增长

进入21世纪以来，如何控制机动车尾气污染，提高城市空气环境质量，已成为各城市发展过程中不可逾越的环境问题。据有关专家统计，到21世纪初，汽车排放的尾气占了大气污染的30%～60%。目前全球机动车总数约为6亿辆，预测表明机动车在今后30年内将高速增长，2020～2030年全球机动车总数将突破10亿辆大关。由于我国机动车存在单车污染排放量大、汽车燃油品质普遍较低、排放标准不断提高和缺少统一监管等问题，使汽车尾气污染在各大城市急速蔓延。

5.1.2　交通源对城市空气污染的影响

1. 能源消耗及污染物排放

城市交通运输需要大量的能源，在全世界生产的能源中，20%以上用于交通运输。全球因燃烧矿物燃料而产生的一氧化碳、氮氧化物、碳氢化合物的排放量近50%来自于汽油机和柴油机。

2. 汽车尾气污染物种类及其危害

汽车尾气的危害可分为直接危害和间接危害。科学分析表明，汽车尾气中含有上百种不同的化合物，其中的污染物有固体悬浮微粒、一氧化碳、二氧化碳、碳氢化合物、氮氧化合物、铅及硫氧化合物等。

3. 汽车尾气治理的对策

（1）电动汽车的发展

电动汽车的研发生产可根本地解决汽车尾气污染的问题，它已成为环保汽车发展的技术方向，其中动力电池是电动汽车的核心。开发新型实用、绿色环保的动力电池，成为国内各科研机构和生产企业的努力方向。

在这样的背景下，锂离子电动车动力电池脱颖而出。由于不含镉、铅、汞之类的有害重金属物质，锂电池在生产及使用过程中没有污染物产生，保障了人体的健康，废电池回收过程中污染水源和土壤的难题也因此迎刃而解。装载锂电池的电动车还具备很多其他优势，成为城市交通系统不可缺少的部分，冬季锂电池能够在低温环境正常使用。同时，随时充电、无记忆效应也体现了锂电池优越性能。既可解决汽车尾气污染的问题，又可为解决困扰中国的能源及交通问题提供一种可操作的思路。

（2）乙醇汽油的发展

乙醇汽油是一种由粮食及各种植物纤维加工成的燃料乙醇和普通汽油按一定比例混配形成的新型替代能源。按照中国的国家标准，乙醇汽油是用 90%的普通汽油与 10%的燃料乙醇调和而成。它可以有效改善油品的性能和质量，降低一氧化碳、碳氢化合物等主要污染物排放。它不影响汽车的行驶性能，还减少有害气体的排放量。乙醇汽油作为一种新型清洁燃料，是目前世界上可再生能源的发展重点，符合中国能源替代战略和可再生能源发展方向，技术上成熟安全可靠，在中国完全适用，具有较好的经济效益和社会效益。

其他一些减少汽车尾气污染的措施还有：提高汽油、柴油的质量，减少其中的含硫量；重点发展电喷型汽车，在汽车上安装净化器，城市禁止摩托车行驶，适度限制私人汽车发展；适时报废尾气排放未达标的车型；加大绿色环保的电动车、自行车作为代步工具在城市交通中的比例，都将对净化环境、减少污染提供帮助。

5.2　汽油发动机污染的形成及控制

5.2.1　汽油机的工作原理及污染来源

1. 汽油机工作原理

通常使用的汽油发动机为火花点火的四冲程汽油机。图 2-5-1 为汽油机的一个缸体。典型的汽车发动机通常装有 4 缸、6 缸或 8 缸。

汽油机工作过程中，发动机推动活塞做上下往复运动，通过连杆、曲轴柄带动曲轴旋转，向外输出功率。活塞位于最上端时，曲轴角 $\theta=0°$，这时活塞的位置叫上止点；活塞位于最下端时，$\theta=180°$，这时活塞的位置叫下止点。火花点火发动机的一个工作循环（也叫奥托循环）包括四个冲程。

① 进气冲程

此时，活塞被曲轴带动由上止点向下止点移动，同时，进气门开启，排气门关闭。当活塞由上止点向下止点移动时，活塞上方的容积增大，汽缸内的气体压力下降，形成一定的真空度。由于进气门开启，汽缸与进气管相通，混合气被吸入汽缸。当活塞移动

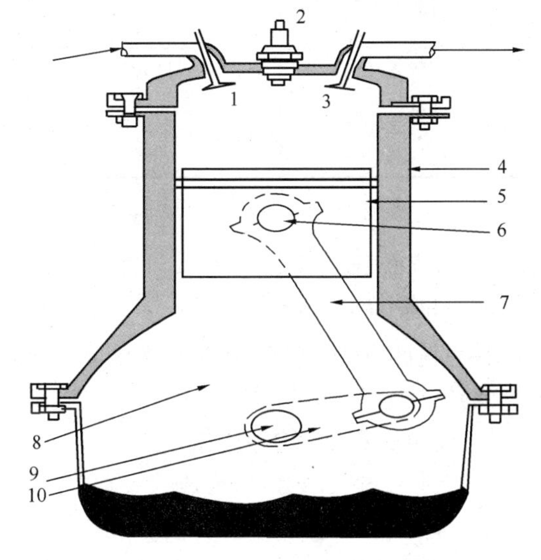

图 2-5-1　四冲程汽油机结构示意图

1—进气门；2—火花塞；3—排气门；4—缸体；5—活塞；6—活塞销；7—连杆；8—曲轴箱；9—曲轴；10—曲轴柄

到下止点时，汽缸内充满了新鲜混合气以及上一个工作循环未排出的废气。

② 压缩冲程

活塞由下止点移动到上止点，进排气门关闭。曲轴在飞轮等惯性力的作用下带动旋转，通过连杆推动活塞向上移动，汽缸内气体容积逐渐减小，气体被压缩，汽缸内的混合气压力与温度随着升高。在接近上止点时，火花塞点火，使缸内气体燃烧。汽缸总容积（V_d）与燃烧室容积（V_c）之比，称为压缩比（ε）。

$$\varepsilon = V_d / V_c$$

一般汽油机 $\varepsilon=6 \sim 10$，而柴油机 $\varepsilon=16 \sim 24$。

③ 做功冲程

高压燃烧气体推动活塞下移，对外做功。

④ 排气冲程

排气门打开，活塞上升，燃烧后的气体从汽缸中排出。排气冲程结束时，活塞位于上止点，接着进行下一个循环。

2. 汽油机的污染来源

汽油机排气中的有害物质是燃烧过程产生的，主要有 CO、NO_x 和 HC（包括芳香烃、烯烃、烷烃、醛类等），以及少量的铅、硫、磷等。其中，硫氧化物和铅化合物可以通过降低燃料中的含硫量以及采用无铅汽油来有效控制。目前排放法规限制的是 CO、HC、NO_x 和柴油车颗粒物等 4 种污染物。

汽油车的曲轴箱通风系统会泄漏排放一定量的污染物。此外，汽油箱通风、化油器泄漏和其他蒸发过程也排放一定量的 HC 化合物。对于一辆没有采用排放控制措施的汽车，其污染物来源和相对排放量见表 2-5-1。

表 2-5-1　汽油车污染来源及其相对比例

排放源	相对排放量（占该污染物总排放量的百分比，%）		
	CO	NO_x	HC
尾气管	98～99	98～99	55～65
曲轴箱	1～2	1～2	25
蒸发排放	0	0	10～20

汽车产生空气污染的根源在于驱动汽车运动的能量产生过程。虽然每升汽油约含有 3.5×10^7 J的能量，但最终传递到汽车轮胎上的动力，却只有其中很小的一部分，60%～70%的能量都转化为热能而浪费了。因此可通过提高发动机的热效率或者其他减少汽车发动机燃料消耗的方法（例如减少车辆自重），对于减少汽车污染物排放总量是很重要的。更为关键的是，提高汽车燃料经济性是削减汽车排放温室气体总量的根本措施。

5.2.2　燃烧过程中污染物的形成

1. 一氧化碳（CO）的形成

CO 是燃料不完全燃烧的产物，决定 CO 排放量的主要因素是空燃比、空气和燃料的混合程度、内壁的淬灭效应等。汽油是多种碳氢化合物的混合物，可以用 $C_X H_Y$ 来表示。虽然 X 和 Y 的值随汽油产地和生产季节而异，它们的典型值为 $X=8$，$Y=17$。汽油完全燃烧的化学方程式如下：

$$C_XH_Y+\left(X+\frac{Y}{4}\right)O_2 \longrightarrow XCO_2+\left(\frac{Y}{2}\right)H_2O$$

CO 的生成机理比较复杂，若以 R 代表碳氢基，则燃料分子 RH 在燃烧过程中生成 CO 大致经历如下步骤：

$$RH \longrightarrow R \longrightarrow RO_2 \longrightarrow RCHC \longrightarrow RCO \longrightarrow CO$$

CO 的产生量主要受混合气浓度的影响。在空气过剩系数 $\alpha<1$ 的工况时，由于缺氧使燃料中的 C 不能完全氧化成 CO_2，CO 作为其中间产物而生成。在 $\alpha>1$ 的工况时，理论上不应有 CO 产生，但实际燃烧过程中，由于混合不均匀造成局部区域 $\alpha<1$ 条件成立，由局部燃烧不完全产生 CO；或者已成为燃烧产物的 CO_2 和 H_2O 在高温时吸热，产生热离解反应，生成 CO；另外，在排气过程中，未燃碳氢化合物 HC 的不完全氧化也会产生少量 CO。燃烧终了时的 CO 浓度一般取决于燃气温度，但由于发动机膨胀过程中缸内温度下降很快，以至于温度下降速度远快于气体中各成分建立新的平衡过程的速度，即产生“冻结”现象，使实际的 CO 浓度要高于排气温度相对应的化学平衡浓度。

假设供给每摩尔燃料的氧气量比完全燃烧所需氧气量少 Z 摩尔，则方程式为：

$$C_XH_Y+\left(X+\frac{Y}{4}-Z\right)O_2 \longrightarrow (X-2Z)CO_2+\left(\frac{Y}{2}\right)H_2O+(2Z)CO$$

从空气中每供入 1mol 的 O_2，会带入 3.78mol 的 N_2，因此，燃烧产物的总摩尔数为：

$$n_{总}=3.78\left(X+\frac{Y}{4}-Z\right)+(X-2Z)+\frac{Y}{2}+2Z$$

CO 的摩尔比为：

$$Y_{CO}=\frac{2Z}{n_{总}}$$

根据该方程可以粗略算出燃烧生成 CO 的量，但是实际燃烧过程是个复杂的动态过程，还应考虑化学动力学对平衡的影响。

2. HC 化合物的形成

汽车排放的 HC 约有 100～200 种成分，它们来自未燃的燃油和润滑油。在以预混火焰形式燃烧的汽油机中，HC 与 CO 一样，也是一种不完全燃烧（氧化）的产物，因而与空气过剩系数 α 有密切关系。但即使在 $\alpha\geqslant1$ 的条件下，往往也会产生很高的 HC 排放，这是因为淬熄和吸附等原因也会生成 HC。

3. NO_x 的生成机理

汽车发动机燃烧过程中主要生成 NO，另有少量的 NO_2。对普通汽油机，其 α 较小，一般 $NO_2/NO_x=1\%\sim10\%$；而对于柴油机，其 α 较大，一般 $NO_2/NO_x=5\%\sim15\%$。

4. 发动机运行条件对污染物排放的影响

发动机产生污染物的量与空燃比直接相关，如图 2-5-2 所示。稀薄燃烧条件下发动机燃烧效率高，生成的 HC 和 CO 浓度低；富燃时燃烧不完全，生成的 HC 和 CO 较多，NO_x 的产生量在理论空燃比附近最高，这是由于燃烧温度较高的缘故。

不同空燃比下汽油机产生的各污染物未按同一刻度作图，CO 的刻度大约为 HC 和 NO_x 的 100 倍。

发动机运转工况不同，污染物的生成量也大不相同。用传统化油器的汽车在加速和高速行驶时，由于燃烧温度高，因而 NO_x 排放浓度较高。CO 在怠速和加速时排放浓度较高，这是因为此时的空燃比偏小，怠速时温度较低并且残余废气比例也较高。减速时，CO 和

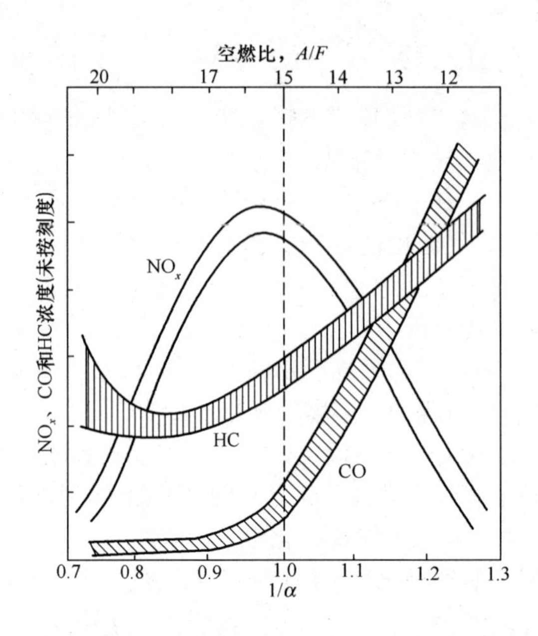

图 2-5-2 CO 和 HC 浓度与空燃比关系

HC 的排放均较高，因为减速时汽油机节气门关闭，而发动机在汽车反拖下继续高速运转，进气管中突然形成高真空度状态，使管壁上的液态燃油急剧蒸发，形成过浓混合气而导致较高的 HC 和 CO 排放，汽油喷射式发动机在减速时不再供油，而且近气管中油膜少，因此 HC 和 CO 排放较少。而带有减速断油装置的改进则使化油器情况也有改善。

此外，在发动机运行过程中，外界空气温度、压力、湿度、使用的燃料等都会影响发动机污染物的形成。

5.2.3 汽车尾气治理技术简介

由于汽车运行严重的分散性和流动性，因而也给净化处理技术带来一定的限制。除了开发在机内净化技术外，还要大力开发机外净化处理技术。一是控制技术，主要是提高燃油的燃烧率，安装防污染处理设备和采取开发新型发动机；二是行政管理手段，采取报废更新，淘汰旧车，开发新型的汽车（即无污染物排放的机动车），从控制燃料使用标准入手。

1. 汽车燃油的改用

（1）采用无铅汽油，以代替有铅汽油，可减少汽油尾气毒性物质的排放量。

（2）掺入添加剂，改变燃料成分。汽油中掺入 15%以下的甲醇燃料，或者采用含 10%水分的水-汽油燃料，都能在一定程度上减少或者消除 CO、NO_x、HC 和铅尘的污染效果。

（3）选用恰当的润滑添加剂——机械摩擦改进剂。在机油中添加一定量（比例为 3%～5%）石墨、二硫化钼、聚四氟乙烯粉末等固体添加剂，加入到引擎的机油箱中，可节约发动机燃油 5%左右。

（4）采用绿色燃料同样可减少汽车尾气有毒气体排放量。用“植物柴油”，按照比例掺入到普通柴油中，可供柴油汽车之用。它可大大减少发动机工作时排放的硫化物、碳氢化合物、一氧化碳和烟尘。

（5）采用多种燃料作为汽车燃料来源。

（6）节约能源，有利环境，大力推广车用乙醇汽油。乙醇和汽油以一定的比例混合而成的汽车燃料，一氧化碳量可降低 1/3 左右，碳氢化合物降低 13.4%。

2. 汽车发动机内部的调试

(1) 减少喷油提前角。减少喷油提前角，可降低发动机工作的最高温度（1500℃），使NO_x的生成量减少。

(2) 改善喷油器的质量，控制燃烧条件（空燃比、燃烧温度、燃烧时间），可使燃料燃烧完全，从而可减少CO、HC和煤烟。

3. 发动机外部尾气净化

发动机外部尾气净化措施即汽车尾气由原有毒气体，变成为无毒气体，再排放到大气中，从而可减少对大气环境的污染。

(1) 采用催化剂：将CO氧化成CO_2，HC氧化成CO_2和H_2O，NO_x被还原成为N_2等。

(2) 水洗：通过水箱，使汽车尾气中的碳烟粒子经过水洗和过滤及蒸汽的淋浴，可粘住碳粒上的有毒物质，使碳粒子胀大而去除。

4. 发动机内部净化处理措施

(1) 正曲轴箱通气系统的设计：把从汽缸窜入曲轴箱的气体（主要是未燃气体）再循环进入进气歧管，使其再次燃烧，改变了过去将其直接排入大气所造成的污染。

(2) 排气再循环设计：发动机排气口用控制阀与进气歧管相连接，使排出的气体经过再次循环，以降低氮氧化物的排放量。

(3) 蒸发排放控制系统的设计：将化油器浮子室中的汽油蒸发汽引入进气系统，而将油箱中的蒸发汽引入储存系统，可大大减少污染物的排放。

5.3 柴油发动机污染物的形成及控制

5.3.1 柴油发动机的工作原理

柴油发动机的工作过程其实跟汽油发动机一样，每个工作循环也经历进气、压缩、做功、排气四个冲程。

柴油机在进气行程中吸入的是纯空气。在压缩行程接近终了时，柴油经喷油泵将油压提高到10MPa以上，通过喷油器喷入汽缸，在很短时间内与压缩后的高温空气混合，形成可燃混合气。由于柴油机压缩比高（一般为16～22），所以压缩终了时汽缸内空气压力可达3.5～4.5MPa，同时温度高达750～1000K（而汽油机在此时的混合气压力会为0.6～1.2MPa，温度达600～700K），大大超过柴油的自燃温度。因此柴油在喷入汽缸后，在很短时间内与空气混合后便立即自行发火燃烧。汽缸内的气压急速上升到6～9MPa，温度也升到2000～2500K。在高压气体推动下，活塞向下运动并带动曲轴旋转而做功，废气同样经排气管排入大气中。

普通柴油机的供油系统是由发动机凸轮轴驱动，借助于高压油泵将柴油输送到各缸燃油室。这种供油方式要随发动机转速的变化而变化，做不到各种转速下的最佳供油量。

共轨喷射式供油系统由高压油泵、公共供油管、喷油器、电控单元（ECU）和一些管道压力传感器组成，系统中的每一个喷油器通过各自的高压油管与公共供油管相连，公共供油管对喷油器起到液力蓄压作用。工作时，高压油泵以高压将燃油输送到公共供油管，高压油泵、压力传感器和ECU组成闭环工作，对公共供油管内的油压实现精确控制，彻底改变了供油压力随发动机转速变化的现象。其主要特点有以下三个方面：(1) 喷油正时与燃油计量完全分开，喷油压力和喷油过程由ECU适时控制；(2) 可依据发动机工作状况去调整各缸喷油压力、喷油始点、持续时间，从而追求喷油的最佳控制点；（3）能实现很高的喷油压力，并能实现柴油的预喷射。

5.3.2 柴油机排放污染物的来源

与汽油发动机相比，柴油发动机通常在较高的空燃比下运行，HC 和 CO 可以得到比较完全的燃烧。直接将液体柴油喷入汽缸中，避免了器壁淬灭和间隙淬灭现象，所以 HC 的排出量通常很低。柴油发动机排放的 HC、CO 一般只有汽油发动机的几十分之一，中小负荷时其 NO_x 排放量也远低于汽油机，大负荷时与汽油机大致处于同一数量级甚至更高。柴油机的颗粒物排放量相当高，约为汽油机的 30～80 倍。表 2-5-2 为汽油机与柴油机污染物排放浓度的对比。

表 2-5-2　汽油机与柴油机污染物排放浓度的对比

排放成分	汽油机	柴油机
CO（%）	0.5～2.5	0.05～0.35
HC（10^{-6}）	2000～5000	200～1000
NO_2（10^{-6}）	2500～4000	700～2000
SO_2（%）	0.008	<0.02
碳烟（g·m^3）	0.005～0.05	0.10～0.30

因此，有别于汽油车以降低 CO、HC 和 NO_x 为主要排放控制目标，柴油机主要是以控制微粒（黑烟）和 NO_x 排放为目标。与汽油车不同的还有，柴油车基本不存在曲轴箱泄漏排放和燃油蒸发排放。

5.3.3 柴油机污染物的形成过程

柴油机燃烧过程中 CO 和 NO_x 的产生机理与汽油机基本相同，这里重点介绍柴油机 HC 和碳烟的形成机理。

1. 柴油机中 HC 的生成机理

由于柴油机的燃烧是扩散燃烧，绝大部分工况的过量空气系数 α 远大于汽油机，而且混合气浓度梯度极大，不同区域的可在 0～∞之间，火焰外围区域 α 趋向于∞，即几乎没有燃油（尤其是小负荷时），因而受淬熄效应和油膜及碳吸附的影响很小，这是柴油机 HC 排放低于汽油机的原因。一般认为柴油机燃烧过程中 HC 的产生主要有两种途径：其一是由于混合气过稀以致在燃烧室内不能满足自燃及扩散火焰传播的条件；其二是混合气过浓而不能着火及燃烧。在超出着火界限的过浓或过稀的混合气区域会产生局部失火，如靠近喷油射束中心区域会形成过浓混合气，而喷油射束的周边区域会过度混合产生过稀混合气。

燃烧过程后期低速离开喷油器的燃油混合及燃烧不良，也会产生部分 HC 排放。喷油器压力室容积对 HC 排放有重要影响，如图 2-5-3 所示为喷油器压力室容积对 HC 排放的影响。一般喷油器针阀密封座以下有一小空间，称为压力室。所谓压力室容积实际上还包括各喷孔的容积。喷油结束时，压力室容积中充满燃油；随燃烧和膨胀过程的进行，这部分柴油被加热和汽化，并以液态或气态低速进入燃烧室内。由于这时混合及燃烧速度都极为缓慢，使得这部分柴油很难充分燃烧和氧化，从而导致大量的 HC 产生。随压力室容积的减少，

HC 排放明显下降；当压力室容积为 0 时，HC 排放浓度减低到体积分数约为 1.5×10^{-4}，对比压力室容积为 $1.35mm^3$ 时的 HC 排放浓度（体积分数近 6.0×10^{-4}），可以认为原机的 HC 排放中，由压力室容积造成的 HC 排放占到总量的 3/4 左右。同理，二次喷射或后滴等不正常喷油也会造成 HC 排放的上升。

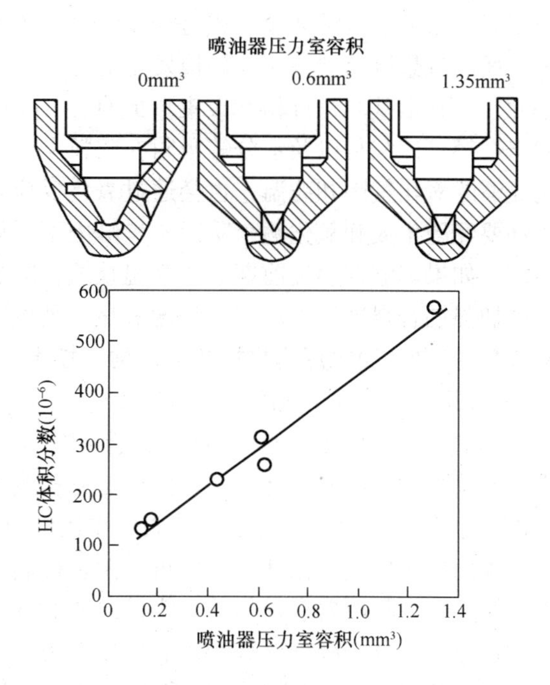

图 2-5-3　喷油器压力室容积对 HC 排放的影响

2. 颗粒物及碳烟的生成机理

（1）颗粒物的成分

柴油机颗粒物的直径大约在 0.1～10μm 范围内，其中对人体和大气环境危害最大的是 2.5μm 以下的颗粒物 $PM_{2.5}$。近年来，随着排放法规的加严和柴油车的技术进步，颗粒物和碳烟的总排放量有明显下降，但细颗粒所占比重却在增大。柴油机微粒是由三部分组成的，即（干）碳烟 DS、可溶性有机物（SOF）和硫酸盐（表 2-5-3）。其中 SOF 基本来自于未燃烧的柴油和润滑油，两者所占比重一般可认为大致相等。微粒中各种成分所占的百分比并不是一成不变的，它会随工况、发动机类型和技术水平，以及油品特性等因素的不同而变化。

表 2-5-3　柴油机的微粒组成

成　　分	质量分数（%）
干碳烟（DS，dry soot）	40～50
可溶性有机成分（SOF，soluble organic fraction）	35～45
硫酸盐	5～10

（2）碳烟及颗粒物的生成机理

碳烟是烃类燃料在高温缺氧条件下裂解而形成的，其详细过程和机理，即从燃油分子到生成碳烟颗粒整个过程中的化学动力学及物理变化过程尚不十分清楚。一般认为，当燃油喷射到高温的空气中时，轻质烃很快蒸发汽化，而重质烃会以液态暂时存在。这些细小的重质烃液油在高温缺氧条件下，直接脱氢碳化，成为焦炭状的液相析出型碳粒，粒度一般比较大。而蒸发汽化了的轻质烃，经过一系列复杂途径，产生气相析出型碳粒，粒度相对较小。气相碳烟的生成途径如图 2-5-4 所示。首先，气相的燃油分子在高温缺氧条件下发生部分氧化和热裂解，生成各种不饱和烃类，如乙烯、乙炔及其较高的同系物和多环芳烃；它们不断脱氢形成

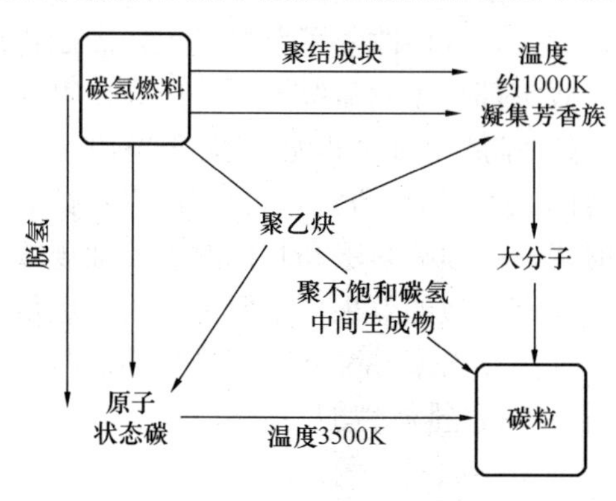

图 2-5-4　碳烟生成途径

原子级的碳粒子，逐渐聚合成直径 2nm 左右的碳烟核心（碳核）；气相的烃和其他物质在碳核表面的凝聚以及碳核相互碰撞发生的凝聚，使碳核继续增大，成为直径 20～30nm 的碳烟基元；而碳烟基元经过相互聚集形成直径 1μm 以下的球状或链状的多孔性聚合物。重馏分的未燃烃、硫酸盐以及水分等吸附在碳粒上，形成颗粒物排放。已经生成的碳烟，只要能遇到足够的氧化氛围和高温，也会通过氧化反应，部分甚至完全氧化掉。在整个燃烧过程中，碳烟要经历生成和氧化两个阶段。汽缸内不同局部区域的氧化条件不同，浓烟的氧化速率也不同。如果能够在燃烧前期避免高温缺氧，减少碳烟的生成；而在燃烧后期保证高温富氧条件并加强混合强度，以加速碳烟的氧化，则可以实现优化燃烧来控制碳烟颗粒的排放。

5.3.4 控制柴油机污染物排放的发动机技术

1. 废气再循环（EGR）

柴油机废气再循环的作用与汽油机相同，主要也是降低热力型 NO_x。由于柴油机排气中氧含量相对汽油机要高得多，因而必须提高 EGR 流率（可以达 25%～40%）。EGR 虽然可以明显降低 NO_x，但由于进气加热作用和过量空气系数下降，会造成碳烟和耗油率的恶化，采用冷却废气再循环方法则可以明显抑制发动机性能的恶化。废气再循环还有其他方面的积极作用，如改善启动加热，降低怠速时耗油量，提高低负荷下的排温，从而提高催化反应的转化率，并能降低燃烧噪声和爆发压力。

低负荷时 EGR 对发动机影响不大，甚至使燃油耗率和 HC 排放性能略有改善，EGR 对柴油机性能的负面影响，主要表现在大中负荷时。因此，实际应用中应随工况不同而改变 EGR 流率。另外，柴油机排气中 SO_2 生成的硫酸对 EGR 管道系统、阀门以及汽缸壁面有腐蚀作用，还会使润滑油劣化，同时，排气中回流的颗粒物会加大汽缸套、活塞环等的磨损，这些都是应用中尚未完全解决的问题。目前，EGR 主要应用在柴油轿车和一些轻型车上，重型柴油车较少采用。

2. 改进供油系统

改进供油系统的关键技术有：采用高压喷射（最高喷油压力可达 150～180MPa），喷油规律及结构参数优化，预喷射法，多段喷射法，缩小喷油嘴孔径并增加孔数，以及推迟喷油提前角等。

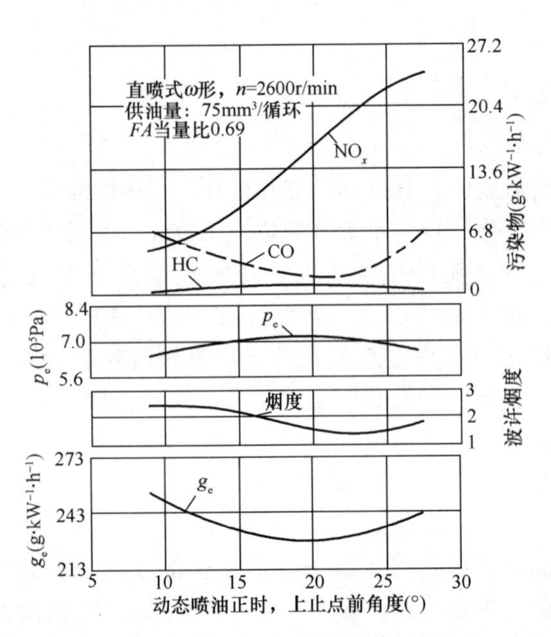

图 2-5-5 喷油提前角对排放性能的影响

应用高压喷射技术以及缩小喷油嘴孔径并增加孔数的效果，使得柴油喷雾颗粒进一步细化，增强了燃油与空气的接触混合，着火期缩短，因而改善了燃烧过程，碳烟排放和热效率都有了明显改善。一般高压喷射会使 NO_x 排放增加，但如果配合采用推迟喷油时间或 EGR 等方法，可以使 NO_x 排放也同时降低。预喷射法和其他改善喷油规律的方法具有类似的效果，主要是在改善燃烧效果，提高热效率并降低碳烟排放的同时，尽量避免 NO_x 排放性能的明显恶化。

推迟供油提前角是降低各种类型燃烧室 NO_x 生成的主要措施。图 2-5-5 是喷油提前角对排放性能的影响，延迟喷射可以降低 NO_x 的排放，但是由于燃烧延迟了，CO 和碳烟颗粒物的排放量都增加，动力性和燃料效率将降低。最佳喷油提前角的确定，必须综合考虑动力性、经济性和排放特性，根据不同工况进行自动调控。

5.3.5 柴油车排气后处理技术

柴油车排气净化后处理技术主要有过滤捕集法和催化转化法。其中催化转化法与汽油发动机基本类似，主要分为氧化型催化转化器和 NO_x 还原催化转化器。柴油机排气中的大量微粒主要靠过滤器、收集器等装置来捕获，然后通过清扫或燃烧的办法去除，使颗粒捕集器再生使用。

1. 氧化催化剂

柴油机氧化催化剂能氧化尾气排放颗粒物中的大部分可溶性有机物、气态的 HC 和 CO、臭味和其他一些有毒有机物（如 PAH、醛类等）。因为不捕集固态的颗粒物，氧化催化剂不需要再生，可以长期连续使用。这类催化剂已成功应用于轻型柴油车，并被看好可移植到重型柴油车上。在不影响燃料消耗和 NO_x 排放的情况下，净化挥发性 HC 和 CO 的效率可达 80%，对 SOF 的去除率也能达到 70%左右，因此可在一定程度上减少柴油车的颗粒物排放。

虽然柴油车不存在排气铅中毒问题，但是，低温时排气中碳粒、焦油等附着在催化剂表面，也会使其活性降低。为此，必须避免低负荷或变工况下发动机的燃烧恶化，也可使催化器尽量靠近排气歧管安装，以保证催化剂有足够的工作温度。氧化催化剂应用于重型柴油机的主要困难是，尾气中的 SO_2 会被氧化为硫酸盐，反而增加颗粒物的排故，并导致催化剂慢性中毒。因此，使用低硫柴油是非常重要的。图 2-5-6 为柴油车上使用氧化催化剂时排气温度对颗粒物净化效率的影响。由此可见，氧化型催化转化器的最佳工作温度范围是 200～350℃。

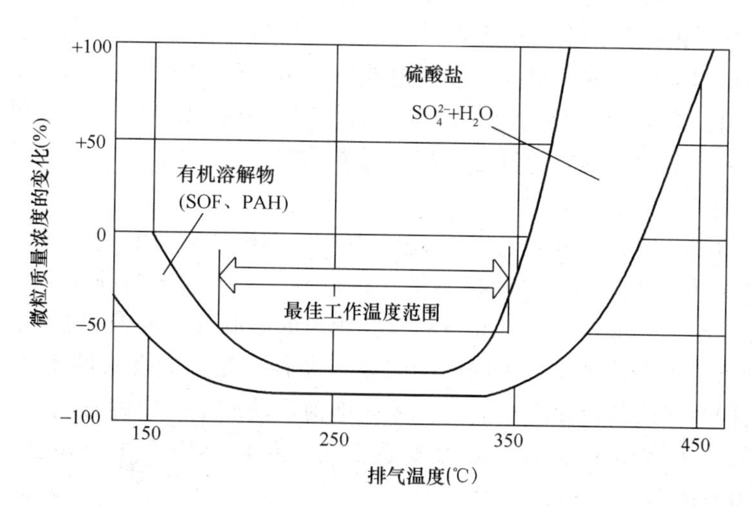

图 2-5-6 柴油车上使用氧化催化剂时排气温度对颗粒物净化效率的影响

2. 颗粒捕集器

颗粒捕集器是高效净化柴油机排气颗粒物的一种过滤技术，它利用一种内部孔隙极微小、能捕获微粒物的过滤介质来捕集排气中的微粒，捕集到的绝大部分是干的或吸附着可溶性有机成分的碳粒。然后采取不同的方法来燃烧（氧化）清除过滤器中收集的颗粒物，使颗粒捕集器再生后循环使用。

3. 柴油机稀燃氮氧化物催化剂

由于柴油机是在稀燃条件下运行，普通汽油机的三效催化剂不能用于控制柴油机 NO_x 的排放。这方面的技术目前正处于开发阶段，但由于柴油机排气中 O_2 浓度高，排气温度低，HC 和 CO 等还原剂的浓度很低，而且柴油尾气中的 SO_2 和微粒可能使催化剂失活。因此，对催化净化技术的要求很苛刻，开发难度相当大。

目前利用尾气中未燃尽 HC 为还原剂的 NO_x 净化催化剂，获得了 20%的净化效率。为了获得更高的还原效率，必须考虑从外部添加还原剂。选择性非催化还原、选择性催化还原、非选择性催化还原、吸附催化还原等四种技术路线都有人进行研究。

5.4 新型动力车

5.4.1 电动汽车

电动汽车是指以车载蓄电池为动力的汽车，一般由车载电源（电池和充电器等）、驱动电机及控制器、底盘和车身组成。除动力系统不同于普通汽车外，电动汽车的其他性能要求与一般汽车相同，即包括安全性和动力性的各项指标。电动汽车的最大特点是在行驶过程中不排放任何有害气体，是目前唯一的零排放车。

5.4.2 燃料电池汽车

燃料电池车（FCV）是在汽车上直接将化学能转换为电能作为驱动力的车辆，其发电效率可高达 55%以上。这种电池与蓄电池不同，它是通过捕捉原子化合成分子时释放出的电子而直接将化学能转化为电能的燃料电池。优点是无需充电，能量高；缺点是成本高，燃料贮藏和运输较为困难。近几年，燃料电池在研制、开发和商品化方面取得了巨大进展。美国能源部的报告指出：燃料电池的研制和开发已达到历史性突破的边缘。可以认为，燃料电池在全面进入机动车市场和能源市场的道路上已无难以突破的实质性障碍。

燃料电池车只需消耗汽油车所需能源的一半，而且驱动过程本身不排放污染物和温室气体，其应用前景是非常诱人的。早期的燃料电池车是靠来自天然气或甲醇的氢驱动的，或者直接利用石油产品。未来的燃料电池也许可以靠太阳能分解水产生的氢为燃料，用这种方法，从燃料反应到汽车行驶的整个过程，都接近零排放。

5.4.3 混合动力车

混合动力电动车（HEV）的技术原理是让内燃机在燃烧效率相对稳定的行驶条件下发电，并将电能储存进电池，借助电动机驱使车辆行驶。它不仅废气排放少、能耗低、噪声小，而且也不像纯电动车那样受每次充电后行驶距离的限制，能够像一般汽油车一样长距离行驶。由于混合动力车集成了两套不同的动力系统和各自相关的燃料储备/辅助系统，在制动时蓄电池还要回收多余的能量。因此，比单一电池驱动或单一内燃机汽车在构造上复杂很多。目前，HEV 作为城市交通的新动力源而备受关注，丰田汽车公司已于 1997 年推出 Coaster 混合动力电动车。

混合动力车汲取了纯电池驱动汽车和传统内燃机车的设计思路。与电动汽车最相近的，称作扩展电池混合动力车，它利用 50～100kW 的蓄电池组，能提供很好的加速和行驶性能，全部利用电力行程可达 80km，绝大部分时间可在零排放状态下运行。附带 5～10kW 的发动机，可使行程再扩大 80km，但不能保持持续不变的速度。

第二类是双模式混合动力车。该车型也能持续 80km 零排放行驶，但装的是 25～40kW 的发动机。由于具备更长的行驶能力和更高的速度，配备大型发动机的双模式混合动力车能替代传统的汽油车。不过，在非零排放模式（Non-ZEVMode）下行驶时，它的排放和燃油消耗也很高。

接近传统内燃机汽车的是内燃机-电力混合动力车，驱动这种车的能量都来自随车储备的汽油或其他化石燃料。电动机提供电力，并将过剩的电能用于随车蓄电池、调速轮和超级电容，用于提供变化的峰值功率。发动机在几乎常速的稳定状态下断续地工作。这种车的排放水平和汽油消耗比内燃机汽车低得多，但不能在全电力模式下行驶，因而不能被看作零排放车。

习题与思考题

1. 简述汽油发动机的运行条件对污染物排放的影响。
2. 简述汽油发动机 CO、HC 的形成过程。
3. 设某汽车行驶速度为 80km/h 时，4 缸发动机的转速为 2000r/min，已知该条件下汽车的油耗为 8L/100km，请计算每次燃烧过程喷入发动机气缸的汽油量。
4. 试解释污染物形成与空燃比关系图中 NO_x 为何呈圆拱状。
5. 简述柴油发动机中 HC 和碳烟的生成机理。
6. 分析比较柴油、汽油发动机在形成 CO、HC、NO_x 和微粒等污染物方面的异同之处。
7. 简述汽车尾气的净化原理及方法。
8. 如何全面控制城市机动车尾气污染？

第3篇　固体废弃物的处理与处置工程

第1章　固体废弃物的污染概述

学 习 提 示

本章要求学生了解固体废物的来源和分类、掌握固体废物的性质，熟悉固体废物的污染危害并理解控制固体废物污染的相关管理系统。

学习重点：固体废物的来源和分类。

学习难点：固体废物的管理系统。

1.1　固体废弃物的来源及分类

1.1.1　固体废弃物的来源

人类活动、生物体新陈代谢和自然环境演变，只要消耗物质资源，都会产生固体废弃物。就人类活动而言，社会化的生产、分配、交换、消费环节都会产生固体废弃物，而产品生命周期中的产品规划、设计、原材料采购、制造、包装、流通和消费等过程一样会产生固体废弃物。

原始人类时期，固体废物主要是人类、动物的粪便以及动植物残渣；17～18世纪，固体废物则主要来自于自然物机械加工产生的屑末等；进入19世纪末20世纪初期，有毒有害元素或人工合成物的废渣（尤其是汞、铅、砷、氰化物等有毒废渣）成为主要的固体废弃物；而20世纪以来，固体废物的来源则更为广泛，工业过程产生的废料、分类不详细的生活垃圾甚至原子核裂变产生的放射性废渣等都是现代生活主要的固体废物。表3-1-1列举出了部分生产源产生的主要固体废物。

表3-1-1　部分生产源产生的主要固体废物

产生源	产出的固体废物
居民生活	食物、垃圾、庭院植物修建物、燃料灰渣、金属、玻璃、陶瓷、塑料、碎砖瓦、脏土、粪便、废器具等
商业	除上述废物外，另有管道、碎砌体、沥青及其他建筑材料，有易爆、易燃腐蚀性、放射性废物以及废汽车、废电器等
建筑材料行业	金属、陶瓷、石膏、水泥、黏土、石棉、砂石等
矿业	废石、尾矿、金属、废木、砖瓦、水泥、砂石等
食品加工行业	肉、谷物、水果、蔬菜、硬壳果、烟草等

续表

产生源	产出的固体废物
橡胶、皮革、塑料等行业	废橡胶、塑料、皮革、纤维、染料、金属等
医疗、保健机构	废器具、废药、化学试剂、敷料等
核工业、放射性医疗机构	放射性废渣、污泥、金属、废弃建筑材料等
石油化工行业	化学药剂、涂料、油毡、沥青、塑料等
农业	秸秆、蔬菜、水果、农药、畜禽粪便等
电器、仪器仪表行业	金属、玻璃、化学药剂、研磨料、绝缘材料等
造纸、印刷等行业	化学药剂、废弃木材、金属填料、塑料等

1.1.2　固体废弃物的分类

固体废物按其组成可分为有机废物和无机废物；按其形态可分为固态、半固态和液态废物；按其污染特性可分为危险废物和一般废物；按其来源可分为工业固体废物、矿业固体废物、农业固体废物、有害固体废物和城市垃圾（图3-1-1）。为了采取不同的处理方式对固体废物进行管理、无害化处理和综合利用，我国在1995年颁布的《中华人民共和国固体废物污染环境防治法》（该法案已由中华人民共和国第十届全国人民代表大会常务委员会第十三次会议于2004年12月29日修订通过，自2005年4月1日起施行最新修订版）中，将固体废物分为：(1) 城市固体废物或城市生活垃圾；(2) 工业固体废物；(3) 危险废物。

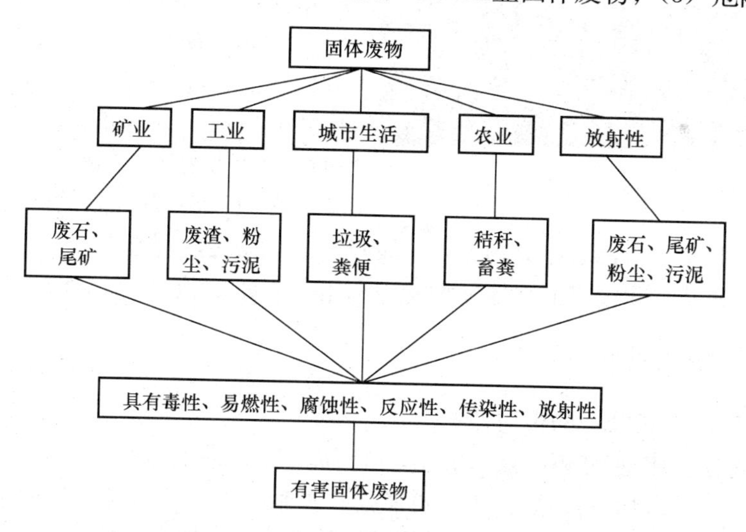

图3-1-1　按来源分类的固体废物示意图

城市固体废弃物或城市生活垃圾是指在城市居民日常生活中或为日常生活提供服务的活动中产生的固体废物，以及被法律、行政法规视作城市生活垃圾的固体废物，如厨余物、废纸、废塑料、废织物、废金属、废玻璃陶瓷碎片、粪便、废旧电器等，城市居民家庭、城市商业、餐饮业、旅馆业、旅游业、服务业、市政环卫、交通运输业、文书卫生业和行政事业单位、工业企业单位以及水处理污泥等都是城市固体废物的来源。城市固体废弃物的成分复杂多变，有机物含量较高，同时城市垃圾产生比较分散，不易于收集。2011年我国全国城市生活垃圾的清运量为16395万吨，无害化处理13089万吨，无害化处理率达到79.7%，而其中卫生填埋处理量为10063万吨、焚烧处理2599.3万吨、其他处理426万吨（数据来源于《我国工业固体废物处理利用行业2012年发展综述》)。

工业固体废物是指在工业生产或原料加工过程中所产生或排出的固体废物。按行业可分为如下几类：(1) 矿业固体废物：一般指采矿过程中产生的废石和选矿过程中产生的尾矿等；(2) 冶金工业固体废物：指金属冶炼过程中排出的残渣，如高炉渣、钢渣；(3) 能源工业固体废物：指煤炭开采、加工、利用过程排放的煤矸石、粉煤灰等；(4) 石油化工工业固体废物：一般指炼油和油品精制过程排出的碱渣、酸渣；(5) 轻工业固体废物：产生于轻工生产过程，如粮食、食品加工过程排弃的下角料等；(6) 其他工业固体废物：如机械和木材加工业产生的碎屑、刨花等。工业固体废物具有数量庞大、种类繁多以及处理困难等特点。2012年，我国全国的工业固体废物产生量为329046万吨，综合利用量（含利用往年贮存量）为202384万吨，综合利用率达到了60.9%（数据来源于《2012年中国环境状况公报》)。

图 3-1-2　危险废物

危险废物是指列入国家废物名录或根据国家规定的危险废物鉴别标准和鉴别方法认定的具有易燃性、有毒性、腐蚀性、反应性、传染疾病性、放射性等危险特性的固体废物（图 3-1-2)。危险废物通常来源十分广泛，工、农、商、医等部门乃至家庭生活中都有可能产生危险废物，而由于不适当的处理、储存、运输、处置，危险废物还可能会引起各种疾病甚至死亡，对人体健康及生态环境都构成了很大的威胁。2011年，我国的危险废物产生量达到了3431万吨，是2010年（1587万吨）的两倍多，同时综合利用量、处置量和储存量都有相应的提高，而我国的危险废物排放量从2009年开始做到了零排放（数据来源于《我国工业固体废物处理利用行业2012年发展综述》)。

1.2　固体废弃物的性质

1.2.1　"资源"和"废物"的相对性

固体废物是在一定时间和地点被丢弃的物质，是放错地方的资源，因此固体废物的"废"具有明显的时间和空间特征。从时间来看，固体废物仅仅是受到目前的科技水平和经济条件的限制，暂时无法加以利用，但随着时间的推移，科技水平的提高，经济的发展以及资源与人类需求矛盾的日益凸现，今日的废物必然会成为明日的资源；从空间角度看，废物仅仅是相对于某一过程或某一方面没有或失去价值，并非对所有过程和所有方面都无价值，某一过程中的废物很有可能成为另一过程的原料。例如，煤矸石发电、高炉渣生产水泥、生活垃圾可养蚯蚓等。"资源"和"废物"的相对性是固体废物最主要的特征。

1.2.2　成分的多样性和复杂性

固体废物成分复杂、种类繁多、大小各异，既有有机物也有无机物，既有非金属也有金属，既有有味的也有无味的，既有无毒物又有有毒物，既有单一物质又有聚合物，既有边角料又有设备配件等。这种成分的复杂和多样化为后期固体废物的合理处理增加了很大的难度。

1.2.3　危害的潜在性、长期性和灾难性

固体废物对环境的污染不同于废水、废气和噪声，它呆滞性大、扩散性小，对环境的影响主要是通过水、气和土壤进行的。而其中污染成分的迁移转化（如浸出液在土壤中的迁移）是一个缓慢的过程，其危害可能在数年以至数十年后才能显现出来。固体废物，特别是有害废物对环境造成的危害往往是灾难性的。

1.3　固体废弃物的危害

固体废物具有宿、源双重性，它不仅是污染的源头同时也是富集多种污染成分的终极的状态。例如，一些有害气体或飘尘，通过治理，最终富集成为废渣；一些含重金属的可燃固体废物，通过焚烧处理，有害金属会浓集于灰烬中。这些“终态”物质中的有害成分，在长期的自然因素作用下，又会通过环境介质——大气、水体和土壤，参与生态系统的物质循环，具有潜在的、长期的危害性。因此，固体废物，尤其是有害固体废物在处理或处置不当时，会通过各种途径造成人体健康的危害和环境的污染。如工业废物所含化学成分形成的化学物质污染能使人致病；而生活垃圾是多种病源微小物的滋生地，能形成病原体型污染，传播疾病；大量的固体废物不经处理长期随意堆放还可能造成燃烧、爆炸、接触中毒、严重腐蚀等特殊损害。固体废物对环境的污染可具体到以下几方面：

1.3.1　固废堆渣侵占土地，污染土壤

固体废物产生以后，须占地堆放，堆积量越大，占地越多。2012 年我国仅工业固体废物产生量就高达 329046 万吨，而其综合利用率仅为 60.9%，大部分未经处理的固体废物的随意堆弃占据着大量的土地。而随着生产的发展和消费的增长，固体废物占地的矛盾也日益尖锐。

同时，我国许多城市利用市郊设置垃圾堆场，这对土壤造成了严重的破坏。垃圾场中产生的浸出液会影响土壤的基本物理化学特性，导致土壤物质循环系统受到干扰，危害了植物的生长，最后通过食物链危害到人体的健康。而未经处理或未经严格处理的固体废弃物尤其是有害固体废物，经过风化、雨淋、地表径流等作用，其有毒液体将渗入土壤，杀死土壤中的微生物，破坏可耕地土壤的团粒结构和理化性质，致使土壤保水、保肥能力降低，污染严重的地方甚至达到寸草不生的程度（图 3-1-3）。

图 3-1-3　被固废污染的土壤

1.3.2　污染水体

首先，固体废弃物的不合理处置可能会淤塞水域。固废未经无害化处理的随意堆放，将导致其随天然降水或地表径流流入河流、湖泊等水域，长期淤积会造成水面缩小，甚至会导致水利工程设施的效益降低或废弃。

其次，固废在堆放腐败过程中会产生大量的酸性和碱性有机污染物，并会将垃圾中的重金属溶解出来，这使得固废成为了有机物、重金属和病原微生物三位一体的水体污染源。任意堆放或简易填埋的固体废物，经过雨水浸淋及自身的分解，其内部所含水量和淋入堆放垃圾中的雨水产生的渗滤液中含有汞、铅等微量有害元素，如处理不当，则会流入周围地表水

体或渗入土壤，造成地表水或地下水的严重污染，直接影响和危害水生生物的生存和水资源的利用（图 3-1-4）。

图 3-1-4　包头尾矿坝

1.3.3　污染大气

堆放的固体废物中的细微颗粒、粉尘等可随风飞扬，使得道路的能见度下降。据研究表明：当风力在 4 级以上时，粉煤灰或尾矿堆表层的 $\phi=1\sim1.5$cm 以上的粉末将出现剥离，其飘扬的高度可达 20～50m 以上，在风季期间可使平均视程降低 30%～70%。另外，在堆放过程中，固废在温度、水分的作用下，其中某些有机物质会发生分解或化学反应，产生许多致癌、致畸性的有害气体（如氨、硫化物等），而固体废物在运输和处理过程中同样会产生有害气体或粉尘，这些气体和粉尘都不可避免地污染着我们的大气环境（图 3-1-5）。

图 3-1-5　城市空气污染

1.3.4　影响市容和环境卫生

在我国，工业固体废物的产生量逐年增加，2012 年，尽管我国的工业固体废物综合利用率达到了 60.9%，但仍然有大量的工业固体废物没有得到合理的处理就直接排入环境中，造成了环境污染，也影响了人们的生存空间。与此同时，生活垃圾、粪便等城市垃圾的清运能力也有待提高，2011 年我国全国城市生活垃圾的无害化处理率达到 79.7%，未经无害化处理的城市垃圾大部分都堆放在城郊交界的一些死角。固体废物的综合处理率较低，不仅严重影响城市的容貌和环境卫生，更对人的健康构成了潜在威胁。

我国是世界上十大塑料制品生产和消费国之一。仅 2013 年上半年，我国的塑料制品累计产量就高达 2930.02 万吨，其中日用塑料制品累计产量达 221.98 万吨（数据来源于《2013 年上半年我国塑料制品产量情况》）。而这些日用塑料的大部分又以废旧薄膜、塑料袋和泡沫塑料餐具的形式被丢弃在环境中，不仅影响景观，造成“视觉污染”，同时因其难以降解更对生态环境造成潜在的危害（图 3-1-6）。

图 3-1-6　固体废物严重影响环境卫生

1.4　固体废弃物的管理系统

随着经济和工业技术的快速发展以及人类生活水平的不断提高，各国政府对于固体废物的管理重视度也越来越高，表 3-1-2 为部分国家相关固体废物的管理法规。

表 3-1-2　各国家固体废物相关法规

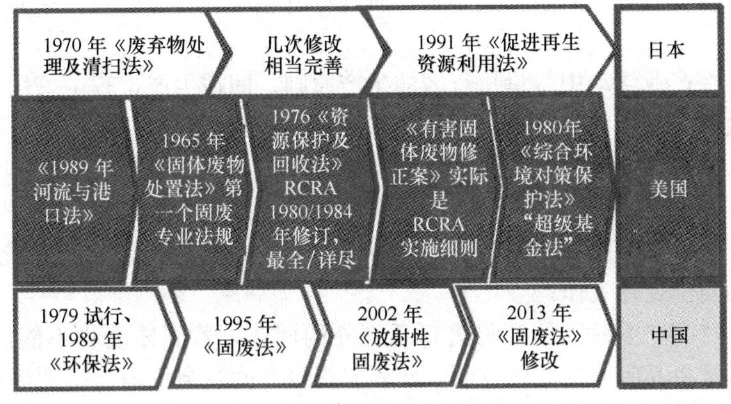

国家					
日本	1970 年《废弃物处理及清扫法》	几次修改相当完善	1991 年《促进再生资源利用法》		
美国	《1989 年河流与港口法》	1965 年《固体废物处置法》第一个固废专业法规	1976《资源保护及回收法》RCRA 1980/1984 年修订，最全/详尽	《有害固体废物修正案》实际是 RCRA 实施细则	1980年《综合环境对策保护法》“超级基金法”
中国	1979 试行、1989 年《环保法》	1995 年《固废法》	2002 年《放射性固废法》	2013 年《固废法》修改	

我国固体废物管理体系是：以环境保护主管部门为主，结合有关的工业主管部门以及城市建设主管部门，共同对固体废物实行全过程管理。各主管部门在所辖的职权范围内，建立相应的管理体系和管理制度，其中《中华人民共和国固体废物污染环境防治法》对各个主管部门的分工有着明确的规定。

1.4.1　固体废物的管理原则

1.“三化”基本原则

我国固体废物污染控制与管理工作起始于 20 世纪 80 年代初期，起步较晚。1995 年 10 月 30 日，《中华人民共和国固体废物污染环境防治法》在第八届全国人大常委会第 16 次会议上获得通过，于 1996 年 4 月 1 日正式实施。该法律的颁布与实施为固体废物管理体系的建立与完善奠定了法律基础。该法首先确立了我国固体废物管理的基本技术政策——“三化”原则，即“减量化、资源化、无害化”。

减量化就是通过预防减少或避免源头的固体废物产生量，主要是采用“绿色技术”和“清洁生产工艺”，合理地开发利用资源，提高物料和能源的利用率，最大限度地减少固体废物的产生和排放。减量化不仅是指减少固体废物的数量和体积，还包括了尽可能地减少其种类，降低危险废物中有害成分的浓度，减轻或消除其危险特性等。

资源化是对于源头不能削减的废物和消费者产生的废物加以回收、再使用、再循环，使它们回到经济循环中去。固体废物资源化是固体废物的主要归宿。资源化的概念包括以下三个方面：(1) 物质回收：即处理废物并从中回收指定的二次物质，如纸张、金属等；(2) 物质转换：即利用废物制取新形态的物质，如利用炉渣生产水泥和建筑材料、利用有机垃圾生产堆肥等；(3) 能量转换：即从废物中回收能量，作为热能和电能，通过热解技术回收燃料、利用堆肥化生产沼气等。

无害化是指将已产生的、且暂时不能综合利用的固体废物，经过物理、化学或生物的方法，对其进行对环境无害或低危害的安全处理或处置，以达到废物的消毒、解毒或稳定化的目的，防止其长时间危害环境。

2. 固体废物全过程管理原则

由于固体废物本身往往是污染的源头，所以《中华人民共和国固体废物污染环境防治法》确立了对固体废物进行全过程管理的原则，即对固体废物从产生、收集、运输、利用、贮存、处理和处置的全过程及各个环节都实行控制管理，同时开展污染防治，故亦称为“从摇篮到坟墓”的管理原则。这主要是基于固体废物从产生到最终处置的各个环节都有造成污染危害的可能性，因而有必要对整个过程及其每一个环节都实施控制和监督。固体废物的全过程管理可以大致分为五个阶段，其中每一阶段都有相应的管理要求，从而达到对全过程实行监管的目的：

第一阶段：在产业活动中尽量执行清洁生产原则，即在生产过程中采用清洁的资源与能源，减少生产过程中废料的排放量，尽量提高原料与能源的利用效率，并且积极改进生产工艺技术，淘汰污染严重的落后生产工艺与设备；

第二阶段：对生产过程中产生的固体废物尽量进行系统内的回收，可以通过生产工艺的改进将某环节产生的固体废物利用到下一环节的生产中，实现固体废物系统内的循环利用，减少后续固废的安全处理工作；

第三阶段：对已产生的固体废物进行系统外的回收，若固体废物不能进行系统内的回收，那么可以尽量将其应用到其他方面，使其实现自身的剩余价值，得到最充分的利用，减少排入环境中废物的量；

第四阶段：对已经产生的、并且暂时不能再被利用的固体废物必须进行无害化、稳定化的处理，尽量减少固体废物后续对环境的污染；

第五阶段：对已经经过无害化、稳定化处理的固体废物需要进行最终处置，最终处置是固体废物污染控制的末端环节，在该环节中必须保证固体废物得到安全、环保的处理，彻底解决固体废物的归宿问题。

3. 集中和分散相结合的处置原则

该原则主要是针对不同的固体废物产生方式而实行不同的处置方式。对于固废产生源分布比较分散、固废产生数量不是很大的情况，一般对固体废物采用集中处理或处置的方式；而对于产生单一或少数固废品种但是固废数量较多的单位和企业，则允许该单位或企业依据各自情况对固废实行分散治理。

4. 分类管理原则

分类管理原则主要是针对危险废物而言，该原则要求将城市生活垃圾、工业固体废物和危险废物分别进行管理，严禁将危险废物与非危险废物混合进行处理或处置，这是为了防止危险废物的危害性进一步扩大，增加对环境的污染。同时对于不同种类的固废其处理方式也有所不同，所以，对固体废物实行分类管理还有利于固体废物的后续处理，降低经济和人员成本。目前，我国已经出台了固体废物的分类管理制度，在《中华人民共和国固体废物污染环境防治法》中也对其做出了明确的规定。

1.4.2 固体废物的管理制度

我国对于固废的管理出台的相关规定和制度部分如下：

(1) 废物交换制度：一个行业或企业的废物很可能是另一个行业或企业的原料，通过信息系统对固体废物进行交换，这种废物的交换不同于一般意义上的废物综合利用，它是利用信息技术实行废物资源合理配置的系统工程。

(2) 分类管理制度：严格实行固体废物的分类管理，我国在《中华人民共和国固体废物污染环境防治法》第50条中明确规定了“禁止混合收集、贮存、运输、处置性质不相容的未经安全性处理的危险废物，禁止将危险废物混入非危险废物中贮存”。

(3) 排污收费制度：严格而言，任何单位都是禁止向环境中排放固体废物的，但对于那些按照规定和环境保护标准建成工业固体废物的处理与处置场所、设施，或者经改造这些场所、设施所到达环境保护标准之前产生的固体废物来讲，相关单位需要交纳一定的排污费，该项制度在《中华人民共和国固体废物污染环境防治法》中有明确规定。

(4) 工业固体废物和危险废物申报登记制度：根据该项制度，主管部门可以掌握工业固体废物和危险废物的种类、产生量、流向以及对环境的影响等情况，这就有效地防止了固体废物对于环境的污染。

(5) 固体废物进口审批制度：我国在《中华人民共和国固体废物污染环境防治法》中明确规定“禁止中国境外的固体废物进境倾倒、堆放、处置”、“禁止经中华人民共和国过境转移危险废物”、“国家禁止进口不能用作原料的固体废物”、“限制进口可以用作原料的固体废物”，该制度有效地遏制了“洋垃圾入境”问题，防止境外固体废物对我国的污染。

(6) 建立废物信息系统和转移跟踪制度：废物从产生到处置的每一个环节都应该实行申报、登记、监督跟踪管理，所有废物相关信息都会存入信息系统以方便追踪，同时管理部门对废物业主和经营者实行监督管理以及指导。

(7) 经营单位许可证制度：固体废物的储存、转运、加工处理以及处置必须严格执行经营许可证制度。经营者原则上应独立于生产者，另外相关人员也必须经过专业培训，并取得专业资格证书，同时持有经营许可证，定期接受管理机构的监督检查。

1.4.3 固体废物管理的技术标准

我国固体废物管理的国家标准基本由原国家环保总局和原建设部在各自的管理范围内制定，主要包括下列四大类：

1. 固体废物的分类标准

这类标准主要用于对固体废物进行分类，包括了《国家危险废物名录》、《危险废物鉴别标准》(GB 5085.1～7—2007)、《城市垃圾产生源分类及垃圾排放》(CJ/T 368—2011) 等。

2. 固体废物监测方法标准

这类标准主要用于对固体废物环境污染进行监测，大体上包括了固体废物的样品采集、样品处理以及样品分析方法等标准。如《工业固体废物采样制样技术规范》（HJ/T 20—1998）、《危险废物鉴别标准》（GB 5085.1～7—2007）、《危险废物鉴别技术规范》（HJ/T 298—2007）、《生活垃圾焚烧污染控制标准》（GB 18485—2001）、《危险废物焚烧污染控制标准》（GB 18484—2001）等。

3. 固体废物污染控制标准

固体废物污染控制标准是对固体废物污染环境进行控制的标准，它是固废管理标准中最重要的标准，同时也是环境影响评价等一系列管理制度的基础。目前，我国现行的固体废物污染控制标准主要有：《城市垃圾产生源分类及垃圾排放》、《一般工业固体废物贮存、处置场污染控制标准》（GB 18599—2001）、《生活垃圾焚烧污染控制标准》、《生活垃圾填埋场污染控制标准》（GB 16889—2008）、《危险废物填埋污染控制标准》（GB 18598—2001）、《危险废物焚烧污染控制标准》、《危险废物贮存污染控制标准》（GB 18597—2001）等。

4. 固体废物综合利用标准

为了推行综合利用，并避免在综合利用中产生二次污染，原国家环保总局已经制定了一系列有关固体废物综合利用的规范和标准。目前，已经实行的综合利用标准有《农用粉煤灰中污染物控制标准》（GB 8173—1987）、《城镇垃圾农用控制标准》（GB 8172—1987）、《电炉回收二氧化硅微粉》（GB/T 21236—2007）、《泡沫混凝土砌块用钢渣》（GB/T 24763—2009）等。

1.4.4 管理措施

1. 相关管理部门与内容

在我国，各级环境保护主管部门、国务院有关部门和地方人民政府有关部门、各级人民政府环境卫生行政主管部门都有各自的关于管理固体废物的任务，各级管理部门的管理职责从基层的城市垃圾监管到国家级的固体废物的相关法律、法规的制定，从社区、街道的固废处理到控制国外废物的越境转移等，各部门的管理工作范围都十分的明确、细致，这为我国的固体废物污染控制以及治理创造了良好的条件。下面简单介绍一下各级管理部门的主要工作内容。

（1）各级环境保护主管部门对固体废物污染环境的防治控制实施统一监督管理。其主要工作内容有：

① 制定有关固体废物管理的规定、规则和标准；

② 建立固体废物污染环境的监测制度；

③ 审批产生固体废物的项目以及建设贮存、处置固体废物的项目的环境影响评价；

④ 验收、监督和审批固体废物污染环境防治设施的“三同时”及其关闭、拆除；

⑤ 对固体废物转移、处置进行审批和监督；

⑥ 进口可用作原料废物的审批；

⑦ 制定防治技术政策，组织推广先进的生产工艺和设备；

⑧ 制定工业固体废物污染环境防治工作规划；

⑨ 组织工业固体废物和危险废物的申报登记；

⑩ 对所产生的危险废物不处置或处置不合格的单位实行行政代执行审批；

⑪ 对固体废物污染事故进行监督、调查和处理。

（2）国务院有关部门、地方人民政府有关部门在各自的职责范围内主要负责固体废物污染环境的防治的监督管理工作。他们的主要工作内容是：

① 对管辖范围内的有关单位的固体废物污染环境防治工作进行监测管理；

② 对造成固体废物严重污染环境的企事业单位进行限期治理；

③ 制定防治工业固体废物污染环境的技术政策，组织推广先进的防治工业固体废物污染环境的生产工艺和设备；

④ 组织、研究、开发和推广减少工业固体废物产生量的生产工艺和设备，限期淘汰产生严重污染环境的工业固体废物的落后生产工艺、落后设备；

⑤ 制定工业固体废物污染环境防治工作规划；

⑥ 组织建设工业固体废物和危险废物的贮存、处置设施。

（3）各级人民政府环境卫生行政主管部门负责城市生活垃圾的清扫、贮存、运输和处置的监督管理工作。主要工作内容：

① 组织制定有关城市生活垃圾管理规定和环境卫生标准；

② 组织建设城市生活垃圾的清扫、贮存、运输和处置设施，对其运转进行监督管理；

③ 城市生活垃圾的清扫、贮存、运输和处置经营单位进行统一管理。

2. 管理方法

（1）划定有害废物与非有害废物的种类和范围

有害固体废物是一种比较特殊的固体废物，它的影响可能是长期的、延续的、难以治理的，同时它对环境或人类身体健康的威胁远远大于其他固体废物。明确且有效的从众多固体废物中区别出有害固体废物，有利于及时处理、处置有害废物，最大限度地减少其对环境的污染。划定有害废物与非有害废物种类和范围有两种方法：

① 名录法：根据经验与实验，将有害固体废物的品名列成一览表，将非有害固体废物列成排除表，用以表明某种废物属于有害废物或非有害废物，再由国家管理部门以立法形式予以公布，我国新版的《国家危险废物名录》于 2008 年 8 月 1 日起施行［原《国家危险废物名录》（环发〔1998〕89 号）同时废止］。现行的名录中新增了两类废物类别：HW48 有色金属冶炼废物、HW49 其他废物（指无法划分到已有类别的危险废物）。

② 鉴别法：在专门的立法中，我国对有害废物的特性及其鉴别分析方法以“标准”的形式予以规制，依据鉴别分析方法，测定废物的特性，进而判定其属于有害固体废物或非有害固体废物。我国的《危险废物鉴别标准》中包括了固体废物的腐蚀性鉴别、急性毒性鉴别、浸出毒性鉴别、反应性鉴别和易燃性鉴别。

（2）建立完善的固体废物管理法规

防治固体废物的污染和利用固体废物的政策都是可以通过立法手段体现出来的，世界上每个国家几乎都已经根据本国的自身地域特点和经济发展状况制定了适合本国的固体废物管理法律、法规，这些法律、法规不仅改善了各自国家的环境污染，同时也为地球整体的环境改善作出了一定的贡献。

我国政府于 1990 年 3 月签署了《控制危险废物越境转移及其处置巴塞尔公约》，正式成为该公约缔约国之一。1995 年 10 月 30 日，经过了十余年的修改、补充的《中华人民共和国固体废物污染环境防治法》在第八届全国人大常委会第十六次会议上获得通过，它同时成为了我国最重要、也是最基本的国家法律，该法于 1996 年 4 月 1 日开始实施，2004 年 12 月 29 日进行修订，自 2005 年 4 月 1 日开始再次正式实施。另外，我国还制定了《资源综合利用目录》，建立了“固体废物环境标准体系”，实施控制了有害废物的越境转移等。

但是，就目前而言，相比于其他的发达国家，我国在固体废物管理的相关法律、法规方面还有许多需要完善的地方，对于已经实施的法律、法规还应不断作出补充与改进，制定合理的新型政策，使其更加符合我国的实际情况和发展需求。

习题与思考题

1. 固体废弃物的来源有哪些？
2. 名词解释：固体废弃物、城市固体废物、工业固体废物、危险废物。
3. 如何理解固体废物是放错了位置的资源？
4. 如何理解固体废物的污染具有“源头”和“终态”双重性？
5. 略述固体废弃物对环境造成的影响。
6. 简述“三化”原则的含义。

第 2 章　城市垃圾的处理

学　习　提　示

本章要求学生主要掌握城市生活垃圾的收集及清运，了解各种城市垃圾的压实、破碎、分选处理方法。

学习重点：城市垃圾的收集、运输。

学习难点：城市垃圾的收集、运输。

2.1　城市垃圾的收集、储存与运输

城市垃圾的分类是整个生活垃圾管理体系的基础，生活垃圾的运输、处理和回收都是在分类的基础上进行，分类应该由谁来实现，应该在什么阶段分，如何分，都是值得探讨的问题。表 3-2-1 列出的是部分国家和地区生活垃圾分类工作相关的执行人员与机构。目前我国城市垃圾分类的主体有居民、拾荒者等，分类方式几乎都是采取的源头粗分法。

表 3-2-1　部分国家和地区生活垃圾分类的相关执行机构

国家/地区	执行人员/机构
美国	居民、回收物经营者、商业机构、生产者
加拿大	居民、私营企业、环保团体、地方市政部门、非营利代理机构
日本	居民、当地市政当局、废物生产者
韩国	居民、市政当局、生产者、废物处理企业
菲律宾	政府、拾荒者、环卫工人、非正式团体、回收公司、废品回收站
香港	居民、食物环境卫生署、私人公司、生产商、生产力促进局、商业机构、减少废物委员会、社会团体
印度	居民、拾荒者、非正规部门、当地市政部门
法国	居民、公共企业、环境部
丹麦	居民、工业协会、废物公司、承包商、公共的废弃物管理组织
英国	生产者、非营利制造和非公共团体、地方当局
德国	居民、地区废物管理机构、收集处理公司、生产厂家、销售者、行业组织
瑞典	居民、政府回收站、废物回收公司、垃圾处理公司
澳大利亚	行业协会等
台湾	居民、废物处理公司、资源回收管理基金管理委员会
马来西亚	废物管理全部私有化，私人投资财团
泰国	工业部、私人团体
土耳其	地方市政部门、私人投资者、废品商人
新加坡	环境部下属国营企业、私营企业、个体户

城市生活垃圾的收运是城市垃圾处理系统中相当重要的一个环节，其耗资最大，操作过程也最复杂。我国的城市垃圾的收运原则是：首先应满足环境卫生的要求，其次应考虑在达到各项卫生目标的同时，费用最低，并有助于降低后续处理阶段的费用。

2.1.1 城市垃圾的收集

1. 收集系统

城市垃圾的收集类型根据收集时间可分为定期收集和随时收集两类，根据是否进行垃圾分类又可分为混合收集和分类收集两类。定期收集一般是指按固定的时间周期对特定废物进行收集的方式，该方法比较适用于危险废物和大型垃圾的收集；而随时收集则针对于产生量无规律的固体废物。

混合收集是指收集未经任何处理的原生垃圾的收集方式，它的优点是比较简单易行，收集费用低，但是在混合收集过程中，各种废物相互混杂、黏结，降低了废物中有用物质的纯度和再利用价值，同时增加了处理的难度，提高了处理费用；分类收集是指按废物组分收集的方法，这种方法可以提高回收物料的纯度和数量，减少需处理的垃圾量，因而有利于废物的进一步处理和再利用，并能够较大幅度地降低废物的运输及处理费用。

城市垃圾的收集应尽可能地有利于垃圾的后续处理，同时兼顾收集方式的可行性，采用何种收集类型来完成某一地区的垃圾收集，一般应考虑垃圾的产生方式、种类以及该地区设备、建筑的相关性质等诸多因素。

目前，垃圾的收集系统分为固定式和移动式两种，即固定容器收集法和移动容器收集法。

（1）移动容器收集法

移动容器收集法是指将某集装点装满的垃圾连同容器一起运往中转站或处理处置场，卸空后再将空容器送回原处，然后，收集车再到下一个容器存放点重复上述操作过程（一般操作法）。当然，也可将卸空的容器送到下一个集装点，而不是送回原处，同时把该集装点装满垃圾的容器运走，这种收集法也称改进移动容器收集法（改进工作法）。具体操作过程如图 3-2-1 和图 3-2-2 所示。

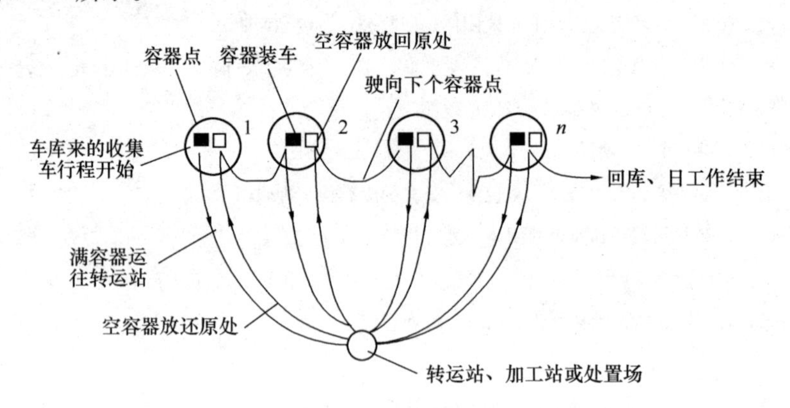

图 3-2-1 移动容器收集法操作过程（一般操作法）

收集成本的高低，主要取决于收集时间长短，因此对收集操作过程的不同单元时间进行分析，可以建立设计数据和关系式，求出某区域垃圾收集耗费的人力和物力，从而计算出收集成本。计算时可以将收集操作过程分为四个基本用时，即集装时间、运输时间、卸车时间和非收集时间（其他用时）。各部分具体计算如下：

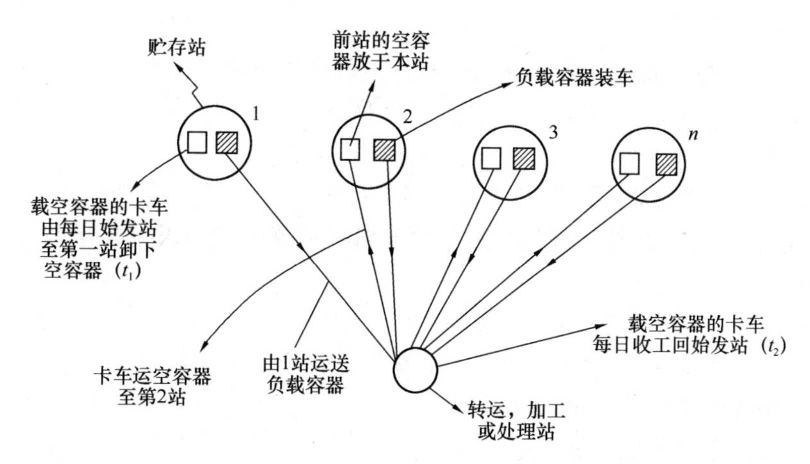

图 3-2-2　移动容器收集法操作过程（改进工作法）

①集装时间（P_{hcs}）

针对一般法，每次行程集装时间包括容器点之间行驶时间、满容器装车时间及卸空容器放回原处时间三部分。用公式表示为：

$$P_{hcs}=t_{pc}+t_{uc}+t_{dbc}$$

式中　P_{hcs}——每次行程集装时间，h/次；

t_{pc}——满容器装车时间，h/次；

t_{uc}——空容器放回原处时间，h/次；

t_{dbc}——容器间行驶时间，h/次，若应用改进工作法进行垃圾收集则容器间的行驶时间为 0。

②运输时间（h）

运输时间指收集车从集装点行驶至终点所需时间，加上离开终点驶回原处或下一个集装点的时间，不包括停在终点的时间。当装车和卸车时间相对恒定时，运输时间则取决于运输距离和速度。从大量的不同收集车的运输数据分析，发现运输时间可以用下式近似表示：

$$h=a+bx$$

式中　h——运输时间，h/次；

a——经验常数，h/次；

b——经验常数，h/m；

x——往返运输距离，m/次。

③卸车时间（S）

专指垃圾收集车在终点（转运站或处理处置场）逗留时间，包括卸车及等待卸车时间。每一行程卸车时间用符号 S 表示。

④非收集时间

非收集时间指在收集操作全过程中非生产性活动所花费的时间。常用符号 ω（%）表示非收集时间占总时间的百分数。

综上所述，一次移动容器收集法收集清运操作行程所需时间（T_{hcs}）可用下式表示：

$$T_{hcs}=(P_{hcs}+S+h)/(1-\omega)$$

或用下式表示：

$$T_{hcs} = (P_{hcs} + S + a + bx)/(1 - \omega)$$

当求出 T_{hcs}后，则每日每辆收集车的行程次数就可用下式求出：

$$N_d = H/T_{hcs}$$

式中 N_d——每天行程次数，次/d；

H——每天工作时数，h/d。

每周所需收集的行程次数，即行程数，可根据收集范围的垃圾清除量和容器平均容量，用下式求出：

$$N_w = V_w/(cf)$$

式中 N_w——每周收集次数，即行程数，次/周（若计算值带小数时，需进值到整数值）；

V_w——每周清运垃圾产量，m^3/周；

f——容器平均容量，m^3/次；

c——容器平均充填（或利用）系数。由此，每周所需作业时间 D_w（h/周）为：

$$D_w = N_w T_{hcs}$$

应用上述公式，即可计算出移动容器收集操作条件下的工作时间和收集次数。

【例】 某住宅区生活垃圾量约 280m^3/周，拟用一垃圾车负责清运工作，实行改良操作法的移动式清运。已知该车每次集装容积为 8m^3/次，容器利用系数为 0.67，采用 8h 工作制。试求为及时清运该住宅垃圾，每周需出动清运多少次？累计工作多少小时？经调查已知：平均运输时间为 0.512h/次，容器装车时间为 0.033h/次；容器放回原处时间 0.033h/次，卸车时间 0.022h/次，非生产时间占全部工时 25%。

解： 按公式 $P_{hcs} = t_{pc} + t_{uc} + t_{dbc} = (0.033 + 0.033 + 0)$h/次$=0.066$h/次

清运一次所需时间，按公式 $T_{hcs} = (P_{hcs} + S + h)/(1 - \omega)\,h$/次$=[(0.066 + 0.512 + 0.022)/(1 - 0.25)] = 0.80h$/次

清运车每日进行的集运次数，按公式 $N_d = H/T_{hcs} = (8/0.8)$次/d$=10$ 次/d

根据清运车的集装能力和垃圾量，按公式 $N_w = V_w/(cf) = [280/(8 \times 0.67)]$ 次/周$=53$ 次/周

每周所需要的工作时间为：$D_w = N_w T_{hcs} = (53 \times 0.8)$h/周$=42.4$h/周

(2) 固定容器收集法

固体容器收集法是指用垃圾车到各容器集装点装载垃圾，容器倒空后再放回原地，收集车装满后运往转运站或处理处置场。其特点就是垃圾贮存容器始终固定停留在原处不动。固定容器收集法的操作过程如图 3-2-3 所示。

采用固定容器收集法收集垃圾时，因为装车分为机械装车和人工装车两种，故计算方法略有不同。具体方法如下：

①机械装车

每次收集行程时间可用下式表示：

$$T_{scs} = (P_{scs} + S + a + bx)/(1 - \omega)$$

或

$$T_{scs} = (P_{scs} + S + h)/(1 - \omega)$$

式中 T_{scs}——固定容器收集法每次行程时间，h/次；

P_{scs}——每次行程集装时间，h/次；

S——每次行程卸车时间，h/次；

a——经验常数，h/次；

b——经验常数，h/m；

x——往返运输距离，m/次；

h——运输时间，h/次；

ω——非收集时间占总时间百分数。

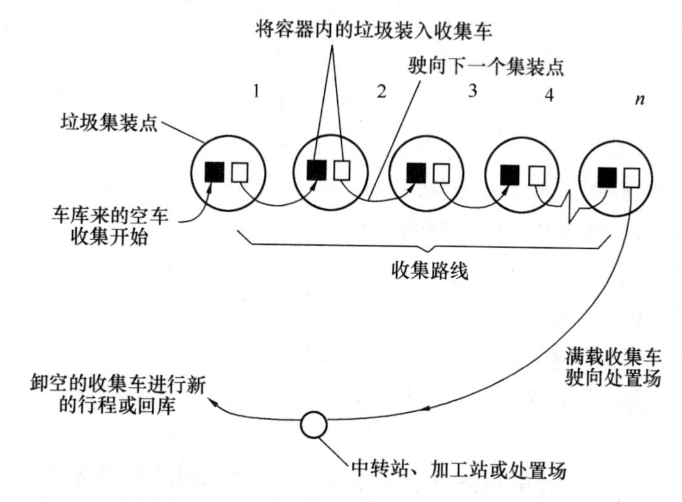

图 3-2-3　固定容器收集法的操作过程

上述公式中，集装时间为：

$$P_{scs} = c_t(t_{uc}) + (N_p - 1)(t_{dbc})$$

式中　c_t——每次行程倒空的容器数，个/次；

t_{uc}——卸空一个容器的平均时间，h/个；

N_p——每次行程经历的集装点数；

t_{dbc}——每次行程各集装点之间平均行驶时间。如果集装点平均行驶时间未知，也可用公式 $h=a+bx$ 进行估算，但注意应以集装点间距离代替往返运输距离 x（m/次）。

每次行程能倒空的容器数直接与收集车容积、压缩比以及容器体积有关，其关系式：

$$c_t = Vr/(cf)$$

式中　V——收集车容积，m^3/次；

r——收集车压缩比；

f——容器平均容量，m^3/次；

c——容器平均充填（或利用）系数。

每周需要的行程次数可用下式求出：

$$N_w = V_w/(Vr)$$

式中　N_w——每周行程次数，次/周；

V_w——每周清运垃圾产量，m^3/周；

V——收集车容积，m^3/次；

r——收集车压缩比。

由此得出每周需要的收集时间为：

$D_w = [N_w P_{scs} + t_w(S + a + bx)]/[(1-\omega)H]$（注意：若单位是 h/周，则不用除以 H）

式中 D_w——每周收集时间，d/周；

t_w——N_w 值进到大整数值；

H——每天工作时数，h/d。

②人工装车

装车方式采用人工装车时，每次的收集行程时间同样可用下式表示：

$$T_{scs}=(P_{scs}+S+a+bx)/(1-\omega)$$

或

$$T_{scs}=(P_{scs}+S+h)/(1-\omega)$$

式中 T_{scs}——固定容器收集法每次行程时间，h/次；

P_{scs}——每次行程集装时间，h/次；

S——每次行程卸车时间，h/次；

a——经验常数，h/次；

b——经验常数，h/m；

x——往返运输距离，m/次；

h——运输时间，h/次；

ω——非收集时间占总时间百分数。

当使用人工装车时，每天进行的收集行程数应为已知值或保持不变。在这种情况下每次行程的集装时间为：

$$P_{scs}=[(1-\omega)H/N_d]-(S+a+bx)$$

式中 H——每天工作时数，h/d；

N_d——每天行程次数，次/d。

每次行程能够收集垃圾的集装点点数（N_p）可由下式估算：

$$N_p=60P_{scs}\,n/t_p$$

式中 n——收集工人数，人；

t_p——每个集装点需要的集装时间，人·min/点。

每次行程的集装点数确定后，即可用下式估算收集车的合适车型尺寸（载重量）：

$$V=V_pN_p/r$$

式中 V_p——每一集装点收集的垃圾平均量，m^3/次；

N_p——每次行程经历的集装点数；

r——收集车压缩比。

每周的行程数，即收集次数：

$$N_w=T_pF/N_p$$

式中 T_p——集装点总数，点；

F——每周容器收集频率，次/周；

N_p——每次行程经历的集装点数。

同样，由此得出了每周需要的收集时间为：

$$D_w=[N_wP_{scs}+t_w(S+a+bx)]/[(1-\omega)H]$$ （注意：若单位是 h/周，则不用除以 H）

式中 D_w——每周收集时间，d/周；

t_w——N_w 值进到大整数值；

H——每天工作时数，h/d。

【例】 某住宅区共有1000户居民，由2个工人负责清运该区垃圾。试按固定式清运方式，计算每个工人清运时间及清运车容积，已知条件如下：每一集装点平均服务人数 3.5 人；垃圾单位产量 1.2kg/（d·人）；容器内垃圾的容重 120kg/m^3；每个集装点设 0.12m^3 的容器 2 个；收集频率每周一次；收集车压缩比为 2；来回运距 24km；每天工作 8h，每次行程 2 次；卸车时间 0.10h/次；运输时间 0.29h/次；每个集装点需要的人工集装时间为 1.76 分/点·人）；非生产时间占 15%。

解：按求集装时间公式：$P_{scs}=(1-\omega)H/N_d-(S+h)=[(1-0.15)\times8/2-(0.10+0.29)]$h/次 = 3.01h/次

一次行程能进行的集装点数目：

$$N_p = 60\,P_{scs}n/t_p = (60\times3.01\times2/1.76)\ \text{点/次} = 205\ \text{点/次}$$

每一集装点每周的垃圾量换成体积数为：

$$V_p = (1.2\times3.5\times7/120)\text{m}^3/\text{次} = 0.285\text{m}^3/\text{次}$$

清运车的容积应大于：

$$V = V_pN_p/r = (0.285\times205/2)\text{m}^3/\text{次} = 29.2\text{m}^3/\text{次}$$

每星期需要进行的行程数：

$$N_w = T_pF/N_p = (1000\times1/205)\ \text{次/周} = 4.88\ \text{次/周}$$

每个工人每周需要的工作时间：

$$\begin{aligned} D_w &= [N_wP_{scs}+t_w(S+a+bx)]/[(1-\omega)H] \\ &= [4.88\times3.01+5(0.10+0.29)](1-0.15)\times8]\text{d/周} \\ &= 2.45\text{d/周} \end{aligned}$$

2. 收集车辆

垃圾收集车的形式有多种多样，不同城市可根据当地的经济、交通、垃圾组成特点、垃圾收运系统的构成等实际情况，开发和选择使用与其相适应的垃圾收集车。国外垃圾收集清运车都有自己的收集车分类方法和型号规格。我国目前尚未形成垃圾收集车的分类体系，型号规格和技术参数也暂时无统一标准。下面简要介绍几种国内常用垃圾收集车的工作过程和特点。

（1）人力车

人力车包括手推车、三轮车等靠人力驱动的车辆，人力车在发达国家已不再使用，但在我国尤其是小城镇或大中城市街道比较狭窄的区域，仍发挥着重要的作用。

（2）自卸式收集车

这是国内最常用的收集车，一般是在普通货车底盘上加装液压倾卸机构和装料箱后改装而成。通过液压倾卸机构可使整个装料箱体翻转，进行垃圾的自动卸料。图 3-2-4 为自卸式收集车的图示。

（3）密封压缩收集车

根据垃圾装填位置，可分为前装式、侧装式和后装式三种类型，其中后装式密封压缩收集车使用较多。这种车是在车箱后部开设投入口，并在此部位装配有一压缩推板装置（图 3-2-5）。由于其具有压缩能力强、装载容积大、作业效率高、对垃圾的适应性强等特点，是国外使用最为广泛的一种收集车。近几年在我国各城市这种密封压缩式收集车的使用也越来越多。这种车与手推车收集垃圾相比，工效可提高 6 倍以上，并可大大减轻环卫工人的劳动强度，缩短工作时间，同时减少了垃圾的二次污染。

图 3-2-4　自卸式收集车

图 3-2-5　后装式密封压缩收集车

选择适合当地具体情况的收集车或收集站，是决定城市垃圾收集的关键步骤，同时合理的收集车数量配备也关系着城市垃圾的收集效率和收集费用。收集车数量的配备可参照下列公式计算：

自卸式收集车数＝该车收集区垃圾日平均产生量/车额定吨位×日单班收集次数定额×完好率(完好率可按 85%计)；

多功能收集车数＝该车收集区垃圾日平均产生量/车箱额定容量×箱容积利用率×日单班收集次数定额×完好率(箱容积利用率可按 50%～70%计，完好率可按 80%计)；

侧装式或后装式密封收集车数＝该车收集区垃圾日平均产生量/桶额定容量×桶容积利用率×日单班装桶数定额×日单班收集次数定额×完好率(桶容积利用率可按 50%～70%计，完好率可按 80%计)。

(3) 收集路线

收集路线是指按服务区域内所布局的垃圾贮存站，收集车辆沿街逐站收集过程的运行路线，不包括满载车向转运站或处理中心运送的往返路程。对于城市垃圾收集路线的规划目的是使收集车如何通过一系列的“单行”或“双行”线沿收集点街道行驶，在满足全部垃圾收集的条件下，使整个行驶距离最短，使空载时行程最小。

收集路线的规划、设计应遵循如下原则：

①每个作业日每条路线限制在一个地区，尽可能紧凑，没有断续或重复的线路；

②工作量平衡，使每个作业、每条路线的收集和运输时间都大致相等；

③收集路线的出发点从车库开始，要考虑交通繁忙和单行街道的因素；

④在交通拥挤时间，应避免在繁忙的街道上收集垃圾。

设计收集路线的步骤一般如下：

①准备适当比例的地域地形图，图上标明垃圾清运区域边界、道口、车库和通往各个垃圾集装点的位置、容器数、收集次数等，如果使用固定容器收集法，应标注各集装点垃圾量；

②资料分析，将资料数据概要列为表格；

③收集路线的初步设计；

④对初步设计的收集路线进行比较，通过反复试算进一步均衡收集路线，使每周各个工作日收集的垃圾量、行驶路程、收集时间等大致相等，最后将确定的收集路线画在收集区域图上。

4. 收集次数与收集时间

城市垃圾的收集次数和收集时间应视当地实际情况而定。如在确定收集次数和时间时应考虑该地区的垃圾产量与性质、收集方法、道路交通、居民生活习俗等，不能一成不变，其原则是希望能在卫生、迅速、低价的情况下达到垃圾收集的目的。在我国各城市住宅区、商业区基本上要求所产垃圾及时收集，即日产日清。而垃圾的收集时间大致可分昼间、晚间及黎明三种。住宅区最好在昼间进行垃圾收集；而商业区则宜在晚间收集，因为此时车辆行人稀少，这样不仅可以减少收集时长，同时在一定程度上保证了收集人员的人身安全。

2.1.2　城市垃圾的储存

1. 垃圾的贮存方式

由于城市垃圾的产生具有不均性和随意性，所以在城市中需配备垃圾贮存器。垃圾产生者和收集者应根据垃圾的数量、特性及环卫部门要求，确定贮存方式，选择合适的垃圾贮存容器，规划容器的放置地点和足够的数目。目前，贮存方式大致可分为家庭贮存、街道贮存、单位贮存和公共贮存。

2. 垃圾贮存容器的分类及要求

由于受经济条件和生活习惯等各方面条件的制约，各国使用的城市垃圾贮存容器类型繁多，形状不一，容器的材质也有很大的区别（图3-2-6）。

图3-2-6　我国街边较为常见的分类垃圾箱

按用途来分，垃圾贮存容器可分为：垃圾桶（箱、袋）和废物箱两种；按容积可分为：垃圾桶和垃圾箱，其中垃圾箱又分为大（容积大于1.1m^3）、中（容积0.1～1.1m^3）和小（容积小于0.1m^3）三种类型；而按材质可分为：钢制、塑制（不耐热）两种。目前，在我国对居民区垃圾提倡使用塑料袋和纸袋来贮存垃圾，以减少垃圾桶的脏污情况，并且减轻随后的清洗工作。

垃圾贮存容器通常需满足以下几点要求：

（1）容器的容积需要适度，既要满足日常收集需要，又不可超过1～3天的贮留期，以防止垃圾发酵、腐败，滋生蚊蝇、散发臭味；

（2）容器需密封性好，可防蝇、防鼠以及防风雪，可配备带盖容器，使城市居民在倾倒垃圾后及时盖上收集容器，同时防止了收集过程中容器的满溢；

（3）垃圾收集容器应易于保洁、便于倒空，内部应光滑易于冲刷，不残留黏附物质；

（4）容器应具有耐腐蚀性、不易燃烧、造价低廉等特点。

3. 垃圾贮存容器的数量设置

垃圾贮存容器的设置数量对相关费用的影响很大，应事先进行规划和估算。某地段需配置多少容器，主要应考虑的因素有服务范围内居民人数、垃圾人均产量、垃圾容重、容器大小和收集次数等。

我国规定容器设置数量按以下方法进行计算。按下式可求出容器服务范围内的垃圾日产生量：

$$W = RCA_1A_2$$

式中 W——垃圾日产生量，t/d；

R——服务范围内居住人口数，人；

C——实测的垃圾单位产生量，t/(人·d)；

A_1——垃圾日产量不均系数，取1.1～1.15；

A_2——居住人口变动系数，取1.02～1.05。

再以下面两个式子求出收集点所需设置的垃圾容器数量：

$$N_{ave} = \frac{A_4 \times V_{ave}}{E \times F}$$

$$N_{max} = \frac{A_4 \times V_{max}}{E \times F}$$

式中 N_{ave}——平时所需设置的垃圾容器数量，个；

E——单个垃圾容器的容积，m^3/个；

F——垃圾容器的填充系数，取0.75～0.9；

A_4——垃圾收集周期，d/次，例如，当每日收集1次时，$A_4=1$；每日收集2次时，$A_4=0.5$；依次类推；

N_{max}——垃圾高峰时所需设置的垃圾容器数量。

4. 城市垃圾的分类贮存

根据城市垃圾各种性质的不同，可以将垃圾进行分类贮存，主要的分类方式有几种：

分二类贮存，按可燃垃圾（主要是纸类）和不可燃垃圾分类；

分三类贮存，按塑料除外的可燃物、塑料、玻璃和陶瓷等不燃物三类；

分四类贮存，按塑料除外的可燃物、金属类、玻璃类、塑料和陶瓷及其他不燃物四类；

分五类贮存，在上述四类外，再分出含重金属的干电池、日光灯管、水银温度计等危险废物作为第五类单独贮存收集。

2.1.3 城市垃圾的运输

在城市生活垃圾收集方法、收集车辆类型、收集劳力、收集次数和收集时间确定以后，就可着手设计收运路线，以便有效使用车辆和劳力。运输路线的合理性对整个垃圾收运水平、收运费用等都有重要的影响。

一条完整的垃圾收集清运路线通常由“收集路线”和“运输路线”组成，其中“收集路线”是指垃圾收集车在指定的收集街区内所行驶经过的实际路线；而“运输路线”是指装满垃圾后，收集车为运往转运站（或处理处置场）所走过的路线。对“运输路线”的最基本要求就是去寻找一条从路线的终端到处置地点之间最直接的道路，从而达到可以尽量减少运输费用的目的。

城市生活垃圾运输主体的不同反映不同的运营模式。各种运输主体有由政府出资运营的运输公司，也有以私人投资运营的私人运输公司。例如莫斯科有80多家企业团体从事垃圾的收运，与此同时政府也拥有大型的运输公司，其比例各占50%左右，形成了一个竞争局面。

另外，各个发达国家根据源头分类的不同，也会有不同的生活垃圾运输设备，但几乎所有的运输车都有数个分室，用以分装已经分类完成的生活垃圾。以生活垃圾二分流法系统为例，该系统的一个最重要优势是可以只用一辆两个分室的收集车收集生活垃圾，减少了公共系统的垃圾收集车数量，相比之下三分流法系统则需要两辆车或一辆车多次往返，或者轮周收集。所以说，运输车辆的数量、大小、路线、运输周期与垃圾源头分类有很大关系。

2.2　城市垃圾的压实

压实又称压缩，是一种通过对废物实行减容从而降低运输成本、延长填埋寿命的预处理技术。目前，压实是一种普遍采用的固体废弃物的预处理方法，但在对固体废弃物进行压实预处理时，必须率先考虑该固废是否适用于压实处理，某些可能引起操作问题的废弃物，如焦油、污泥或液体物料，一般不宜作压实处理。

2.2.1　压实的原理与作用

压实的原理是利用机械的方法增加物料的容重和减少其体积，以达到增加物料聚集程度的目的，压实过程中主要是减少了垃圾间的空隙率，将空气压掉。垃圾压实的作用有二：一是增大容重和减小体积，以便于垃圾的装卸和运输，确保运输安全与卫生，同时降低运输成本和减少填埋占地；二是制取高密度的惰性块料，便于固体废物的贮存、填埋或作其他用途。城市垃圾在经过多次压缩后，其密度甚至可达到 $1380kg/m^3$，体积比压实前可减少 1 倍以上，因而大大提高了运输车辆的装载效率。

在自然堆积状态下，单位体积物料的质量称为该物料的容重，以 kg/L、kg/m^3 或 t/m^3 表示。因为容重易于测量，所以常用容重来表示物料的密实程度。物料经压实处理后，其容重会发生变化。固体废物被压实的程度用压缩比表示。

压缩比是指固体废物压实前、后的体积之比，可用下式来表示：

$$R = V_f / V_i$$

式中　R——固体废物体积压缩比；

V_f——废物压缩前的原始体积；

V_i——废物压缩后的最终体积。

当固体废物为均匀的松散物料时，其压缩比可以达到 3～10。若同时采用破碎和压实两种技术可使压缩比增加到 5～10。

2.2.2　压实设备与流程

固体废物的压实机有多种类型，可分为固定式压实机和移动式压实机。固定式压实机又分为小型家用压实机和工业大型压实机。小型家用压实机可安装在橱框下面，而大型压实机可以压缩整辆汽车，每日可压缩成千吨的垃圾。不论何种用途的压实机，主要都由容器单元和压实单元两部分组成，其中容器单元负责接受废物，而压实单元（分液压或气压操作两种）则负责对物料施加压力。固定式压实器一般设在废物转运站、高层住宅垃圾滑道底部以及需要压实废物的场合。移动式压实器一般安装在垃圾收集车上，接受废物后即行压缩，随后送往处理或处置场地。

一般的固定式压实机的工作过程大致如下：(1) 准备压缩，这时从滑道中落下的垃圾进入料斗；(2) 压缩臂全部缩回处于起始状态，垃圾充入压缩室内；(3) 压缩臂全部伸展，垃圾被压入容器中。图 3-2-7 是较为先进的国外城市垃圾压缩处理工艺流程。

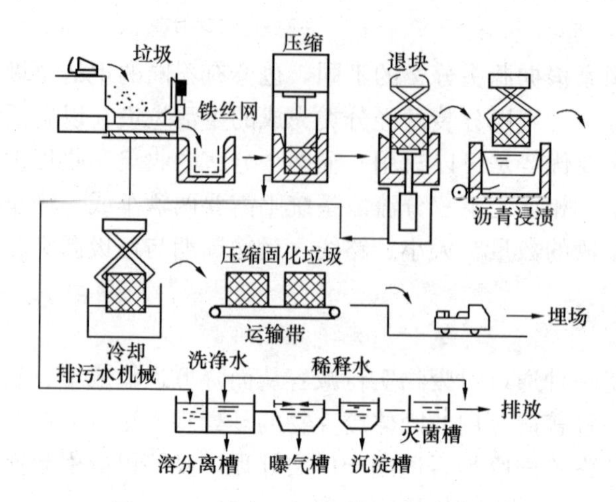

图 3-2-7　城市垃圾压缩处理工艺流程

2.3　城市垃圾的破碎

2.3.1　城市垃圾破碎的意义

为了使进入焚烧炉、填埋场、堆肥系统中的城市垃圾外形减小，必须预先对垃圾进行破碎处理。垃圾的破碎就是减少其颗粒尺寸、使之质地均匀，从而降低空隙率、增大容重的过程。一般情况下，经破碎后的城市垃圾比未经破碎时容重增加 25%～50%，更易于压实，同时还防止了鼠类繁殖，破坏了蚊、蝇滋生条件，减少了火灾发生。垃圾的破碎方法有很多，主要有冲击破碎、剪切破碎、挤压破碎、摩擦破碎，如图 3-2-8 所示。这一处理技术对大规模城市垃圾的运输、物料回收、最终处置以及对提高城市垃圾管理水平无疑具有特殊意义。

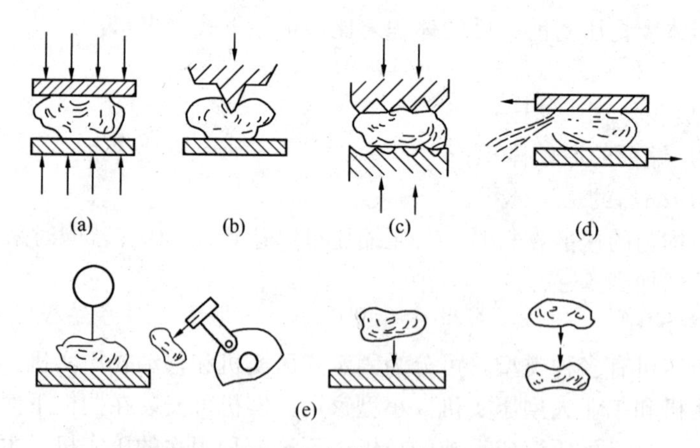

图 3-2-8　城市垃圾的几种常见破碎方式

（a）压碎；（b）劈碎；（c）折断；（d）磨碎；（e）冲击破碎

2.3.2　城市垃圾的机械强度和破碎方法

城市垃圾的机械强度一般是指垃圾抗破碎的阻力。固体废物的机械强度特别是废物的硬度，直接影响到破碎方法的选择。破碎方法一般可分为干式、湿式、半湿式三类。湿式破碎和半湿式破碎是在破碎的同时兼有分级、分选处理，对于含有大量废纸的城市垃圾，近几年来国外已采用半湿式和湿式破碎方式。干式破碎即通常所说的破碎，按其所用外力的不同，可大体分为机械能破碎（压碎、劈碎、折碎、磨碎、冲击破碎）和非机械能破碎。机械破碎是利用工具对固体废物施力而将其破碎；非机械破碎则是利用电能、热能等对固体废物进行破碎的新方法，如热力破碎、低压破碎、超声波破碎。

1. 破碎比与破碎段

（1）破碎比

在破碎过程中，原废物粒度与破碎产物粒度的比值称为破碎比，有两种表示方法。

①极限破碎比（根据最大块直径来选择破碎机给料口宽度）：用废物破碎前的最大粒度（D_{max}）与破碎后最大粒度（d_{max}）的比值来确定的破碎比（i）。

$$i=\frac{D_{max}}{d_{max}}$$

②真实破碎比：用废物破碎前的平均粒度（D_{cp}）与破碎后平均粒度（d_{cp}）的比值来确定的破碎比（i）。

$$i=\frac{D_{cp}}{d_{cp}}$$

极限破碎比一般在工程设计中常被采用；真实破碎比能较真实地反映出破碎程度，在科研和理论研究中常被采用。一般破碎机的平均破碎比在3～30之间；磨碎机破碎比可达40～400以上。

（2）破碎段

固体废物每经过一次破碎机或磨碎机称为一个破碎段。

对固体废物进行多次（段）破碎，其总破碎比等于各段破碎比（i_1，i_2，…，i_n）的乘积，如下式所示：

$$i=i_1\times i_2\times i_3\times\cdots\times i_n$$

破碎段数是决定破碎工艺流程的基本指标，它主要决定了破碎废物的原始粒度和最终粒度。破碎段数越多，破碎的流程就越复杂，工程投资亦相应增加，因此，若条件允许应尽量减少破碎段数。但对有些固体废物的分选工艺，例如浮选、磁选等而言，由于要求入料的粒度很细，破碎比很大，所以往往根据实际需要将几台破碎机依次串联起来组成破碎流程。

2. 破碎流程

一般固体废物的破碎流程分为以下几种：

（1）单纯的破碎流程：其特点是操作控制简单、占地少；对产品粒度要求不高时非常适用；

（2）带预先筛分的破碎流程：该流程相对减少了进入破碎机的总给料量，利于破碎过程的节能；

（3）带检查筛分及兼有检查和预先筛分的破碎流程：该流程基本上能获得全部符合粒度要求的产品。

各破碎工艺如图3-2-9所示。

2.3.3　低温破碎和湿式破碎

下面简单介绍一下破碎技术中的低温破碎和湿式破碎。

1. 低温破碎

（1）低温破碎原理

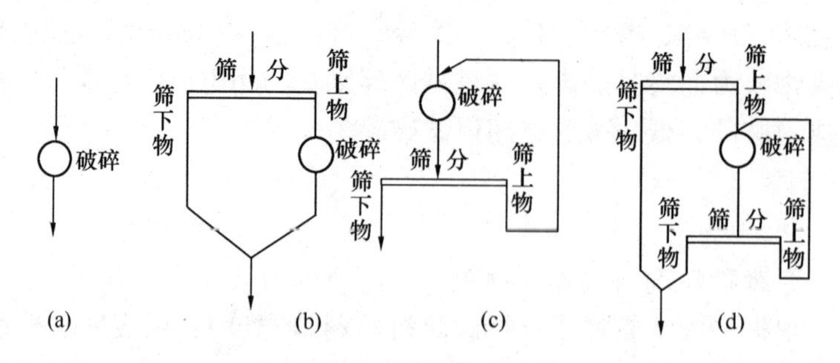

图 3-2-9 各破碎工艺简单示意图

(a) 单纯破碎工艺；(b) 带预先筛分破碎工艺；(c) 带检查筛分破碎工艺；
(d) 带预先筛分和检查筛分破碎工艺

低温破碎技术就是利用了物料在低温条件下变脆的性能而对一些在常温条件下难以破碎的固体废物进行有效的破碎。例如：聚氯乙烯（PVC）脆化点为－5～－20℃，聚乙烯（PE）的脆化点为－95～－135℃，聚丙烯（PP）的脆化点为0～－20℃，对于这三种材料的混合物进行分选和回收，只需控制适宜温度，就可以将其破碎，随后进行分选。

(2) 低温破碎的优点

①破碎后的同一种物料材质均匀，尺寸大体一致，形状较好，便于分离利用；

②复合材料经过低温破碎后，分离性能好，资源的回收率和回收的材质的纯度都比较高，并且很容易分离出混在其中的非塑料物质；

③破碎中使用的制冷剂一般采用无毒、无味、无爆炸性的液氮，原料较为易得；

④对于极难破碎的并且塑性极高的氟塑料废物，采用液氮低温破碎，能够获得碎块和高分散度的粉末。

(3) 低温破碎的处理对象

相比于常温破碎，低温破碎所需的动力减少了3/4，噪声也可降低7dB，振动减轻约1/4～1/5,具有明显优势。但低温破碎通常采用液氮作为制冷剂，且其消耗量较大，同时液氮制备技术需要耗用大量的能源，以达到从液态空气中分离液氮的目的。目前，从经济上考虑，低温破碎的处理对象仅限于在常温下难于破碎的合成材料，如橡胶、塑料等。

2. 湿式破碎

(1) 湿式破碎原理

湿式破碎是利用了特制的破碎机将投入机内的含纸垃圾和大量水流一起剧烈搅拌和破碎成为浆液的过程，从而回收垃圾中的纸纤维等物质。湿式破碎具有以下优点：

①使含纸的城市垃圾变成均质的浆状物，随后可按流体处理法处理；

②破碎过程不会滋生蚊蝇、无恶臭，符合卫生条件；

③噪声低，无发热、粉尘等危害；

④在化学物质、纸和纸浆、矿物等处理中均可使用，可回收有色金属、铁、纸纤维，剩余泥土又可以用做堆肥。

湿式破碎适用于回收垃圾中的纸类、玻璃及金属等材料。

另外，还有一种半湿式选择破碎技术也较为常见。半湿式选择性破碎分离是利用城市垃圾中各种不同物质的强度和脆性的差异，在一定的湿度下破碎成不同粒度的碎块，然后通过网眼大小不同的筛网加以分离回收的过程。该过程通过兼有选择性破碎和筛分两种功能的装置实现，称之为半湿式选择性破碎分选机。

2.3.4　城市垃圾破碎机械

用于城市垃圾的破碎机械大体有三种类型：冲击磨切型、剪切粉碎型与挤压破碎型。常见破碎机有锤式破碎机、剪切式破碎机、鄂式破碎机、冲击式破碎机、辊式破碎机和球磨机等。

1. 锤式破碎机

锤式破碎机可分为单转子和双转子两种。单转子又可分为可逆式和不可逆式两种。目前普遍采用的是可逆式单转子破碎机。其工作原理是：固体废物自上部给料口给入机内，立即遭受高速旋转的锤子的打击、冲击、剪切、研磨等作用而被破碎。锤子以铰链方式装在各圆盘之间的销轴上，同时可以在销轴上摆动，而电动机则带动主轴、圆盘、销轴及锤子以高速旋转。上述这个包括主轴、圆盘、销轴和锤子的部件即称为转子，在转子的下部设有筛板，破碎物料中小于筛孔尺寸的细粒通过筛板排出，而大于筛孔尺寸的粗粒则被阻流在筛板上，并继续受到锤子的打击和研磨，直到达一定颗粒度时，通过筛板排出。

2. 剪切破碎机

剪切破碎机安装有固定刃和可动刃，可动刃又有往复刃和回转刃两种，其作用是将固体废物剪切成段或小块。往复剪切式破碎机的固定刃和可动刃通过下端活动铰轴连结，犹似一把无柄剪刀，开口时侧面呈 V 字型破碎腔，固体废物投入后，通过液压装置缓缓将活动刃推向固定刃，最后将固体废物剪成碎片或小块。

3. 颚式破碎机

颚式破碎机虽然是一种比较古老的破碎设备，但由于其构造简单、工作可靠、制造容易、维修方便，至今仍获得较广泛的应用。颚式破碎机通常是按照可动颚板（动颚）的运动特性来进行分类，目前工业中应用较为广泛的是简单摆动颚式破碎机和复杂摆动颚式破碎机。图 3-2-10 为复杂摆动颚式破碎机结构示意图。

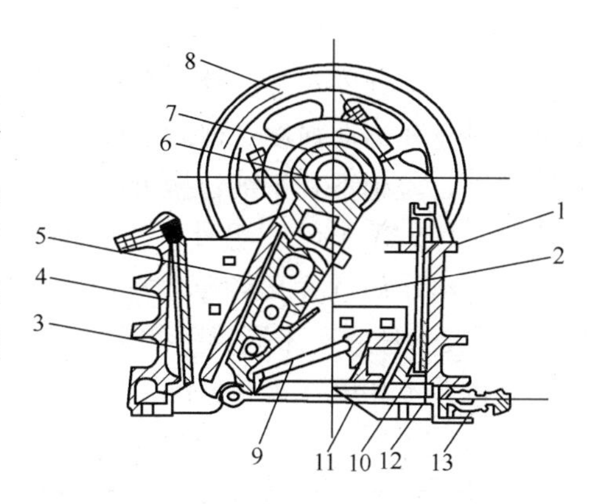

图 3-2-10　复杂摆动颚式破碎机结构示意图

1—机架；2—可动鄂板；3—固定鄂板；4、5—破碎齿板；6—偏心传动轴；7—轴孔；8—飞轮；9—肘板；10—调节楔；11—楔板；12—水平拉杆；13—弹簧

2.4　城市垃圾的分选

分选是指通过各种方法，把垃圾中可回收利用的或不利于后续处理、处置的物料分离出来的过程。这是城市垃圾处理工程中重要的处理环节之一。城市垃圾的分选是实现城市垃圾资源化、减量化的重要手段，通过分选处理可以将垃圾中的有用物质充分的摘选出来加以利用，而将有害的部分分离出来，另外，还可以将不同粒度级别的废弃物加以分离。

分选的基本原理是利用了物料某些性质方面的差异而将混合物质分离，这些性质包括了粒度、密度、磁性、电性、光电性、摩擦性、弹性和表面湿润性等。根据不同的性质可设计制造出各种机械对固体废弃物进行分选，相应的分选方法包括手工捡选、筛选（分）、重力分选、磁力分选、电力分选、浮选、摩擦及弹性分选、光电分选等。下面具体介绍几种较常用的分选方法。

2.4.1 筛选（分）

1. 筛分原理

筛分是利用筛子将物料中小于筛孔的细粒物料透过筛面，而大于筛孔的粗粒物料留在筛面上，完成粗、细料分离的过程。通常用筛分效力来描述筛分过程的优劣。筛分效率（E）是指在筛分时实际得到的筛下产品重量（Q）与入筛废物中所含粒度小于筛孔尺寸的物料重量（Q_0）之比，用百分数表示，即：

$$E=\frac{Q}{Q_0\alpha}\times 100\%$$

式中 Q——筛下产品重量；

Q_0——入筛物料重量；

α——入筛原料中小于筛孔孔径的颗粒重量的百分含量。

2. 影响筛分效率的因素

（1）城市垃圾性质的影响

垃圾中的“易筛粒”（粒度小于筛孔 3/4）含量越多，筛分效率越高；而粒度接近筛孔尺寸的“难筛粒”越多，筛分效率则越低。同时垃圾的含水率和含泥量对筛分效率也有一定影响。城市垃圾的外表水分会使细粒结团或附着在粗粒上而不宜透筛，而当垃圾中含泥量高时，稍有水分也能引起细粒结团，使筛分效率降低。另外，废物形状对筛分效率也有影响，一般球形、立方形、多边形颗粒的废物筛分效率较高。

（2）筛分设备性能的影响

筛子运动强度对筛分效率有较大的影响，筛子的运动强度太高或太低，筛分效率均不会太高，只有在运动强度合适时才能保持较高的筛分效率；在负荷相等时，筛面宽度越窄，废物层越厚，就越不利于细粒接近筛面，而筛面过宽则会使废物筛分时间太短，一般筛面的宽长比为 1∶2.5～1∶3；另外，筛面倾角也关系着筛分效率的高低，倾角过小则不利于筛上产品的排出，而过大又会导致排出速度过快，造成筛分时间短、效率低，一般筛分倾角在 15°～25°较为适宜。不同类型的筛子由于其各自的构造不同，所以其在进行筛分时，一般筛分效率也并不相同（表 3-2-2）。

表 3-2-2 不同类型筛子的筛分效率

筛子类型	固定筛	转筒筛	摇动筛	振动筛
筛分效率（%）	50～60	60	70～80	90 以上

（3）筛分操作条件的影响

在筛分操作中应注意连续均匀给料，使废物沿整个筛面宽度铺成一薄层，这样既充分利用了筛面，又便于细粒透筛，提高了筛子的处理能力和筛分效率。另外，及时清理和维修筛面也是保证筛分效率的重要条件。

3. 筛分设备

（1）固定筛

固定筛由许多平行排列的筛条组成，其可以水平也可以倾斜安装，固定筛有格筛（粗破碎之前）和棒条筛（粗中破碎之前）之分。该筛具有构造简单、不耗动力、设备费用低和维修方便的特点，多适用于粗粒废物（尺寸≥50mm）。

（2）滚筒筛

又称转筒筛、筒形筛，它是筛面为带孔的圆柱形筒体或截头圆锥筒体。在传动装置带动下，筛筒绕轴缓缓旋转（10～15r/min）。为使废物在筒内沿轴线方向前进，圆柱形的筛分面需以筛筒轴线倾角 3°～5°安装。滚筒筛结构如图 3-2-11 所示。由于截头圆锥形筛筒本身已有坡度，其轴线可水平安装。固体废物由筛筒一端给入，被旋转的筒体带起，当达到一定高度后会因重力作用而自行落下，如此不断地起落运动，使小于筛孔尺寸的细粒透筛，而筛上产品则逐渐移至筛筒的另一端排出。

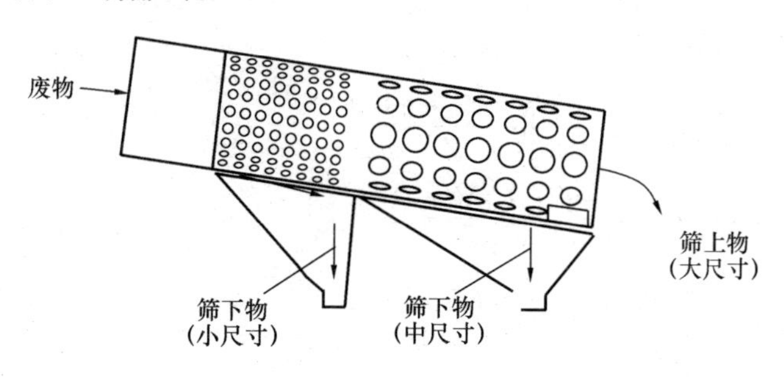

图 3-2-11　滚筒筛结构与工作示意图

（3）振动筛

振动筛是工业部门应用较为广泛的一种设备。它又分为共振筛和惯性筛两种。振动筛主要是通过振动，使物料在筛面上发生离析，使得密度大而粒度小的颗粒透过密度小而粒度大的颗粒的空隙，从而进入下层到达筛面。该类筛可以消除筛孔堵塞的问题，同时有利于湿物料的筛分。共振筛是一种很有发展前途的振动筛，其具有处理能力大、筛分效率高、耗电少以及结构紧凑等优点，应用范围也较广泛，但在具体应用时，共振筛还是存在着制造工艺较为复杂、机体重大、橡胶弹簧易老化等问题。

（4）棒条筛

棒条筛主要用于粗碎和中碎之前。其安装倾角应大于废物对筛面的摩擦角，一般为 30°～35 °，以保证废物沿筛面下滑。棒条筛的筛孔尺寸为要求筛下粒度的 1.1～1.2 倍，一般筛孔尺寸不小于 50mm。棒条筛的筛条宽度应大于固体废物中最大块度的 2.5 倍。目前棒条筛多应用于筛分粒度大于 50mm 的粗粒废物。

2.4.2　重力分选

1. 重力分选原理

重力分选的原理是根据固体废物中不同物质间的密度差异来进行分选。该种分选一般在介质中进行，这主要是因为介质对运动的物质颗粒有浮力和阻力作用，从而使得不同性质的颗粒物的运动状态出现差异，而彼此分离。常用的介质有水、空气、重介质。

一个悬浮在流体介质中的颗粒，其运动速度受到自身重力 F_E、介质阻力 F_D 和介质浮力 F_B 三种力的作用。如图 3-2-12 所示为颗粒的受力分析。

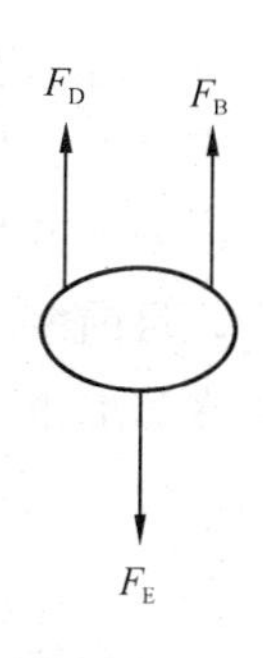

图 3-2-12 颗粒受力分析示意图

重力：

$$F_E = \rho_s \cdot V_g \cdot g$$

式中　ρ_s——颗粒密度；

V_g——颗粒体积，假定颗粒为球形，则：

$$V_g = \frac{\pi}{6} d^3$$

$$F_B = \rho \cdot V_g \cdot g$$

式中　ρ——介质密度。

介质摩擦阻力：　$F_D = 0.5 \cdot C_D \cdot V^2 \cdot \rho \cdot A$

式中　C_D——阻力系数；

V——颗粒相对介质速度；

A——颗粒投影面积（在运动方向上）。

当 F_E、F_B、F_D 三个力达到平衡时，且加速度为零时的速度为末速度，此时有：

$$F_E = F_B + F_D$$

$$\rho_s \cdot V_g \cdot g = \rho \cdot V_g \cdot g + \frac{C_D \cdot V^2 \cdot \rho \cdot A}{2}$$

即：

$$\frac{\pi}{6} d^3 (\rho_s - \rho) g = \frac{\pi d^2}{4} \cdot \frac{C_D V^2 \rho}{2}$$

$$V = \sqrt{\frac{4(\rho_s - \rho) \cdot g \cdot d}{3C_D \cdot \rho}}$$

C_D 与颗粒的尺寸及运动状况有关，通常用雷诺数 Re 来表述。

$$Re = \frac{Vd\rho}{u} = \frac{Vd}{\gamma}$$

式中　u——流体介质的黏度系数；

γ——流体介质的动黏度系数。

如果假定流体运动为层流，则有 $C_D = 24/Re$。可以进一步得出人们所熟知的斯托克斯公式：

$$V = \frac{d^2 g(\rho_s - \rho)}{18u}$$

影响重力分选的因素，从上式可以看出有颗粒的尺寸、颗粒与介质的密度差以及介质的黏度。

按介质不同，城市垃圾的重选一般可分为重介质分选、跳汰分选、风力分选和摇床分选等。

2. 重介质分选

重介质分选的原理是在重介质中使固体废物中的颗粒群按密度分离。通常将密度大于水的介质称为重介质，它是由高密度的固体微粒（加重质）和水构成的固液两相分散体系，为使分选过程有效地进行，需要求使用的重介质具有密度高、黏度低、化学稳定性好、无毒、无腐蚀性、易回收再生等优点。重介质可以分为重液和悬浮液两大类。其中重液包括了可溶性高密度的盐溶液和高密度的有机液体，但由于重液具有价格昂贵、不易回收或有毒等特点，目前多应用于实验室中。悬浮液是指在液体中不溶解的固体被分散并保持流动状态，其由水和加重剂混合而成，比重约为 1.25～4.0，一般要求加重质的粒度小于 200 目，且能够均匀分散于水中，常见的加重质有硅铁。目前，较常用的重介质分选设备是鼓形重介质分选机。

重介质分选的精度很高，入围颗粒粒度范围也较宽，基本适合各种城市垃圾的处理与分选。但也必须指出，当入选颗粒粒度过小，特别是重介质密度与分离物质密度相近时，沉降速度会很小，分离会很慢。同时由于重介质分选是在液相介质中进行，所以不太适合成分过于复杂的城市垃圾的分选。

3. 跳汰分选

跳汰分选是指在垂直变速介质流中按密度分选固废的一种方法。其原理为：将物料给入筛板上，形成了密集的物料层，这时，从筛板下周期性的给入垂直、变速的介质流，透过筛板使床层松散并按密度分层，密度大的颗粒群集中到底层，透过筛板或其他特殊排料装置排出成为重产品，而密度小的颗粒群则进入上层被水平介质流带到机外成为轻产品，从而实现物料分离。跳汰分选的介质可以是水，也可以是空气，目前常用水作为跳汰分选的介质，称为水力跳汰，其设备称跳汰机。

4. 风力分选

风力分选是重力分选的一种，简称风选，又称气流分选，它是以空气为分选介质，在气流作用下使固体废物颗粒按密度和粒度大小进行分选的方法。密度小的颗粒粒度与密度大的颗粒粒度之比，称为等降比，因此可以说风力分选过程是以各种固体颗粒在空气中的沉降规律为基础的（实际上各种重力分选的方法都是利用了混合固体中的各种颗粒在分选介质中随不同受力下的沉降情况而分离的）。其分选设备按照工作气流的主流向可以分为水平、垂直和倾斜三种类型，其中以垂直气流分选器使用最为广泛。垂直气流（立式）风选器的分选精度较高，操作极简便；而水平气流（卧式）风选机构造简单，维修方便，但其分选精度低，一般很少单独使用。采用风力分选设备时，一般要求垃圾中无机物含量较低，同时含水率也较低（小于 45%），并预先破碎到一定粒度。

5. 摇床分选

摇床分选是细粒（微粒）固体物料分选应用最为广泛的方法之一，目前主要用于从含硫铁矿较多的煤矸石中回收硫铁矿，它是一种分选精度很高的单元操作。在摇床分选中最常用的是平面摇床。其工作原理是在倾斜床面上，利用床面的不对称往复运动和薄层斜面水流的综合作用，使细粒垃圾按密度差异在床面上呈扇形分布，从而达到分选的目的。一般情况下，摇床分选的分离效果主要取决于颗粒的运动速度与摇床方向的夹角。

各种重力分选技术都有其各自的应用特点，但由于它们原理基本一致，所以各重选过程均具有以下共同的工艺特点：

（1）固体废物中颗粒间必须存在密度的差异；

（2）分选过程都是在运动介质中进行的；

（3）在重力、介质动力及机械力的综合作用下，使颗粒群松散并按密度分层；

（4）分好层的物料在运动介质流的推动下互相迁移，彼此分离，并获得不同密度的最终产品。

2.4.3　磁力分选

在城市垃圾的处理系统中，磁力分选主要用作回收或富集黑色金属（强磁性组分），或在某些工艺中用来排除物料中的铁质物质。根据各物质的比磁化系数可以选择在何种磁场下进行磁选。而依据固体废物比磁化系数的大小，可将其中各种物质大致分为以下三类：强磁性物质，其比磁化系数(x_0)$>38\times10^{-6}m^3/kg$，在弱磁场磁选机中可分离出这类物质；弱磁性物质，其比磁化系数(x_0)$=(0.19\sim7.5)\times10^{-6}m^3/kg$，可在强磁场磁选机中回收；非磁性物质，其比磁化系数(x_0)$<0.19\times10^{-6}m^3/kg$，在磁选机中可以与磁性物质分离。

1. 磁选

磁选是利用垃圾中各种物质的磁性差异而在不均匀磁场中进行分选的一种处理方法。固体废物颗粒通过磁选机的磁场时受到磁力和机械力（重力、摩擦力、流动阻力、静电引力等）的作用，由于作用在磁性颗粒（$F_{磁} > F_{机}$）与非磁性颗粒（$F_{磁} < F_{机}$）上的合力不同，从而使得它们的运动轨迹也不同，最后实现了分选。

2. 磁流体分选（MHS）

磁流体分选是重选与磁选联合作用的分选过程。它的原理是利用磁流体作为分选介质，在磁场或磁场与电场的联合作用下产生“加重”作用，按固废中各种组分的磁性和密度的差异或磁性、导电性和密度的差异，而使不同的组分得以分离。所谓磁流体是指某种能够在磁场或电场和磁场联合作用下磁化，呈现似加重现象，对颗粒产生磁浮力作用的稳定分散液，磁流体通常采用强电解质溶液、顺磁性溶液和铁磁性胶体悬浮液。似加重后的磁流体密度称为视在密度，视在密度一般高于介质密度数倍。流体的视在密度可以通过改变外磁场强度、磁场梯度或电场强度任意调节，因而能对任意比重组合的垃圾进行有效地分选。

磁流体分选在城市垃圾的处理和利用中占有特殊的位置，它能从城市垃圾中分选出铝、铜、锌、铅等金属。磁流体分选主要有以下两种类型：

（1）磁流体动力分选（MHDS）：是在磁场（均匀磁场或非均匀磁场）与电场的联合作用下，以强电解质为分选介质，按固废中各组分间密度、比磁化率和电导率的差异使不同组分得以分离。普遍在固废中各组分间电导率差异较明显时采用。其优点是电解质溶液价廉易得、分选设备简单、处理能力大。缺点是分离精度较低。

（2）磁流体静力分选（MHSS）：在非均匀磁场中，以顺磁性溶液和铁磁性胶体悬浮液为分选介质，根据固废中各组分间的密度、比磁化率和电导率的差异而使不同组分得以分离。该种分选方法由于不加电场，不存在电场和磁场联合作用产生的特性涡流，故称为静力分选，多在分离精度要求较高时采用。磁流体静力分选的优点是介质黏度小、分离精度高等。缺点是分选设备较复杂、介质价格高、回收困难，处理能力较小。

在进行磁流体分选时对于分选介质应满足以下要求：磁化率高、密度大、黏度低、稳定性好、无毒、无刺激性等。适于作为分选介质的顺磁性盐溶液有 30 余种，如锰、铁、镍、钴盐的水溶液；而适于作为分选介质的铁磁性胶粒悬浮液多用超细粒磁铁矿胶粒作分散质，用油酸、煤油等非极性液体介质，并加表面活性剂为分散剂调制而成。

2.4.4 电力分选

电力分选又称电选，它是利用垃圾中各组分在高压电场中电性的差异而实现分选的一种方法。电选分离过程是在电选设备中进行的，即废物颗粒在有电晕—静电复合电场的电选设备中实现分离。该方法对于各种导体、半导体、绝缘体之间的分离非常简便而有效。主要用于垃圾中的废纸盒与塑料、橡胶与纤维纸、合成皮革与胶卷、各类树脂等混合物的分选。

电力分选机就是通过电力分选法从而实现固体废物分离的机械设备。该设备应具有运转可靠、操作方便、分选指标好等优点，同时能够满足一般固体二次资源分选的要求。常用的电选设备有静电分选机和高压分选机。

静电分选机以鼓式分选机为例，它的工作流程是导电性不同的物料由料斗传到鼓式静电分选机的高压电转鼓上，导电性良好的颗粒瞬间获得与转鼓同号电荷，而非导体则得不到同号电荷，这样导体被抛向远离转鼓的导体产品受槽，非导体随转鼓运动落入离转鼓较近的非导体产品受槽。静电分选机常用于精选作业，适用于各类干燥的金属与非金属混合物的分选，不太适于大颗粒物料的分选[图 3-2-13(a)]。

高压分选机是利用物料导电性能的差异，在高压电晕电场与高压静电电场结合的复合电场中，在电力和机械力的作用下，实现对物料的分离[图 3-2-13(b)]。

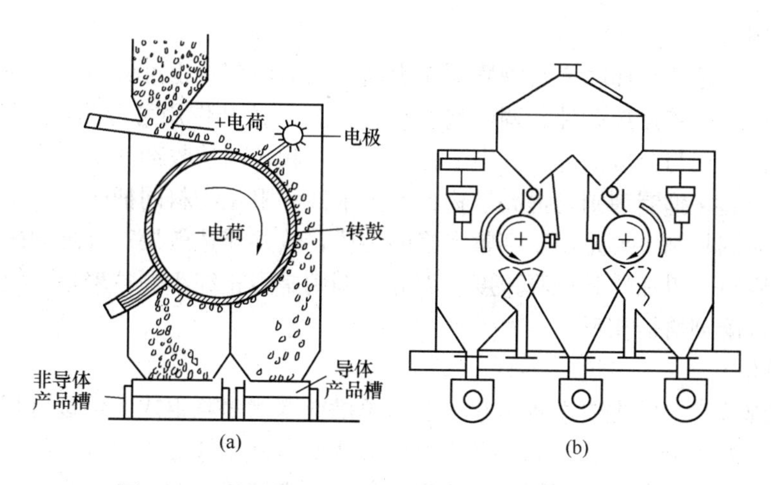

图 3-2-13　静电滚筒式分选机和 YD-4 型高压电选机
（a）静电滚筒式分选机；（b）YD-4 型高压电选机

2.4.5　浮选

1. 浮选原理

浮选，主要是泡沫浮选，它是指在固体废物与水调制的料浆中，加入浮选药剂，并通入空气形成无数细小气泡，使欲选物质颗粒黏附在气泡上，随气泡上浮于料浆表面成为泡沫层，然后刮出回收；不浮的颗粒仍留在料浆内，通过适当处理后废弃。

浮选分为优先浮选和混合浮选两种浮选方式。优先浮选是指将固体废物中有用物质依次一种一种地选出，成为单一物质产品的分选方法；混合浮选则是指将固体废物中有用物质共同选出为混合物，然后再把混合物中有用物质一种一种地分离的分选方式。

2. 浮选药剂

根据药剂在浮选过程中的作用不同，浮选药剂可分为捕收剂、起泡剂和调整剂三大类。

（1）捕收剂

捕收剂能选择性地吸附在欲选物质颗粒表面，使其疏水性增强，可浮性提高。常用的捕收剂分为极性捕收剂和非极性油类捕收剂两种。极性捕收剂由能与物料颗粒表面发生作用的极性基团和起疏水作用的非极性基团两部分组成。当这类捕收剂吸附于颗粒表面时，其分子或离子呈定向排列，极性基团朝向物质颗粒表面，非极性基团朝外形成疏水膜，从而使物质具有可浮性。典型的极性捕收剂有黄药、油酸等，如从煤矸石中回收黄铁矿时，就常用黄药作为捕收剂。非极性油类捕收剂的整个分子是非极性的，难溶于水，具有很强的疏水性。在料浆中由于强烈的搅拌作用，非极性油类捕收剂被乳化成微细的油滴，与物质颗粒碰撞接触时，便黏附于疏水性颗粒表面上，并在其表面上扩展形成油膜，从而大大增加颗粒表面的疏水性，使其可浮性提高。常见的非极性油类捕收剂有煤油等。

（2）起泡剂

起泡剂是一种表面活性物质，主要作用在水一气界面上，它能使其界面张力降低，促使空气在料浆中弥散，形成小气泡，防止了气泡兼并，增大了分选界面，同时提高了气泡与颗粒的黏附和上浮过程中的稳定性。在使用过程中起泡剂应具有用量少但气泡多且分布均匀、大小适宜的特性，同时应无毒性、无腐蚀性、无捕收性能。较常用的起泡剂有：松油、松醇油、脂肪醇等。

(3) 调整剂

调整剂的作用是调整捕收剂与物质颗粒表面之间的作用，也可调整料浆的性质，提高浮选过程的选择性，改善浮选条件。调整剂的种类很多，按其作用可分为：活化剂、抑制剂、介质调整剂、混凝剂与分散剂等。其中活化剂能增强颗粒同捕收剂的作用能力，使难浮的颗粒受到活化而浮起；抑制剂则是提高了物料的亲水性和阻止物料同捕收剂作用，使其可浮性受到抑制；介质调整剂主要是用于调整料浆的性质，改善浮选效果；混凝剂的作用是使细小颗粒聚集成大颗粒，以加快其沉降速度；而分散剂则是阻止细小颗粒聚集，使其处于单体状态，其作用与混凝剂恰恰相反。

3. 浮选设备

浮选机是浮选工艺的主要设备，它一般由单槽或双槽串联组成，浮选过程中料浆的搅拌与充气、气泡与颗粒的黏附、气泡上升并形成泡沫层被刮出或溢流出等过程，都在浮选槽内进行。根据搅拌和充气方式的不同，浮选机分为机械搅拌式、充气式、充气机械搅拌式、气体析出式等。

(1) 机械搅拌式

机械搅拌式浮选机的搅拌与充气都由机械搅拌器实现，它有离心叶轮、星形转子和棒形转子等类型。搅拌器通过在浮选槽内高速旋转来驱动料浆流动，同时叶轮腔内产生负压而吸入空气。搅拌式浮选机的浮选槽周围一般会装设一圈直立的翅板，以阻止料浆产生涡流。

(2) 充气式

充气式浮选机主要靠压入空气进行搅拌并产生气泡，如浮选柱和泡沫分离装置。它的特点是：①无机械搅拌器、无传动部件；②由充气器充气，气泡大小由充气器结构调整；③气泡与料浆的混合为逆流混合。充气式浮选机主要用于处理组成简单、易选的垃圾混合物。

(3) 充气机械搅拌式

该式浮选机是除机械搅拌外，再向浮选槽中充入低压空气的一种浮选机。它的特点是：①充气量易于单独调节；②机械搅拌器磨损小；③分选指标好；④功率消耗低；⑤有效充气量大；⑤机内形成一个料浆上升流。

4. 浮选的工艺过程

(1) 调浆：浮选工作的重要步骤，主要是废物的破碎、磨碎等。一般，浮选密度较大、粒度较粗的颗粒，往往用较浓的料浆，反之浮选密度较小的颗粒，可用较稀的料浆；

(2) 调药：该过程包括提高药效、合理添加、混合用药、料浆中药剂浓度调节与控制等；

(3) 调泡：完成前两步骤后，就可以进行充气浮选。一般情况下，气泡越小、数量越多、气泡在料浆中分布越均匀，浮选效果就越好。

5. 浮选的影响因素

在应用浮选工艺进行分选时，合适的外部条件有利于分选工作的顺利进行，以下是在进行浮选时应注意的几点因素：

(1) 料浆浓度

最适合的料浆浓度，要根据物料的性质与浮选的条件来确定，浮选比重较大或粒度较粗的物料应采用较浓的料浆。另外，在粗选与扫选作业时也趋向于采用较浓的料浆。

(2) 料浆酸碱度

各种物料在采用各种不同浮选药剂进行浮选时，都有一个浮与不浮的pH值，叫做临界pH值，控制临界pH值就能控制各种物料的有效分选。

（3）药剂制度

浮选过程中加入药剂的种类和数量、加药地点和加药方式统称为药剂制度，它对浮选的指标有着重大的影响。而药剂的种类和数量是通过物料的可选性试验确定的。

（4）充气和搅拌

在浮选过程中强化充气作用，可以提高浮选速度，节约水电与药剂量，但若充气量过大，则会把大量垃圾中的泥机械夹带至泡沫产品中，为分选带来困难，最终难以保证分选的效果。

（5）浮选时间

浮选过程中浮选时间的长短，要根据混合物中各物料的可浮性好坏以及对分选效果的要求而定。

（6）水质和料浆温度

浮选一般在常温下进行。料浆加温与否，需依据具体情况经详细的技术经济比较确定。同时还应因地制宜，尽量利用余热和废气。

2.4.6　摩擦与弹性分选

1. 摩擦与弹性分选原理

摩擦与弹跳分选是根据废物中各组分的摩擦系数和碰撞恢复系数的差异，使各种物料在斜面上运动或与斜面碰撞弹跳时，产生不同的运动速度和弹跳轨迹从而实现彼此分离的一种处理方法。进行摩擦分选时，垃圾中的各组分颗粒沿斜面运动，当斜面倾角大于颗粒的摩擦角时，颗粒将沿斜面向下滑动，否则颗粒将不产生滑动；进行弹跳分选时，在颗粒与斜面发生碰撞，碰撞后弹跳的速度（u）和碰撞前速度（v）的比值称为碰撞恢复系数（k），即

$$K=\frac{u}{v}$$

式中　k——颗粒碰撞的弹性性质，当$k=1$时，$u=v$，此时表示颗粒为完全弹性碰撞；当$k=0$时，$u=0$，表示颗粒为塑性碰撞。

2. 摩擦与弹性分选设备

摩擦与弹性分选机是根据废物中各组分的摩擦系数和碰撞恢复系数的差异而进行分选的特殊设备。该设备一般具有一个倾斜的工作面，可以是固定的，如固定斜面分选机、螺旋分选机等；也可以是运动的，如带式筛、反流筛等。以斜面分选机为例，其具体工作过程为：城市垃圾中的砖瓦、铁块、玻璃等与斜板板面产生弹性碰撞，向板面下部弹跳，从斜板分选机下端排出；而纤维织物、木屑等与斜板板面为塑性碰撞，不产生弹跳，因而随斜板运输板向上运动，从斜板上端排出，从而实现分离（图3-2-14）。

2.4.7　光电分选

光电分选是利用物质表面光反射特性的不同而分离物料的方法。该分选技术的工艺流程如下：首先，固体废物预先分级、排队进入光检区；随后，所有颗粒受到光源照射，背景板上显示出颗粒的颜色或色调；如果颗粒颜色与背景颜色不同，反射光经光电倍增管转换为电信号，电子电路分析后，产生控制信号驱动高频气阀，喷射出压缩空气，将其吹离原来的下落轨道，加以收集，而颜色符合要求的颗粒仍按原来的轨道自由下落加以收集，从而实现分离（图3-2-15）。

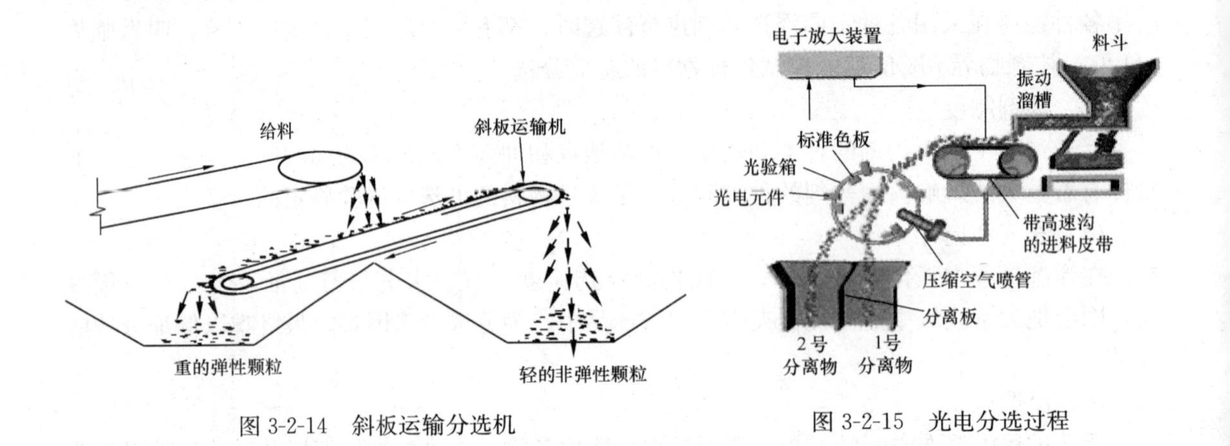

图 3-2-14　斜板运输分选机

图 3-2-15　光电分选过程

2.5　城市垃圾的脱水与干燥

2.5.1　城市垃圾的脱水

废物的脱水处理除了常见于城市污水与工业废水处理厂产生的污泥处理，还常用于类似污泥含水率的其他固体废物的处理，如城市垃圾。城市垃圾中，对于含水率超过 90%的固体废物，必须先脱水减容，以便于包装、运输和资源化利用。固体废物的脱水方法主要有浓缩脱水、机械脱水和自然干化脱水。

1. 浓缩脱水

浓缩常用于固体废物的初步脱水，达到降低垃圾的含水率并减小体积的目的，为后续的输送、利用、处置等创造条件。浓缩脱水常用于对污水处理厂产生的污泥进行脱水，主要是除去污泥中的间隙水，缩小污泥的体积。常用的浓缩的方法主要有重力浓缩法、机械浓缩法等。

重力浓缩法也可以称为重力沉降法，它主要是将垃圾放入浓缩池中利用重力沉降作用达到固水分离的目的。一般情况下，废物在池中的停留时间在 8h 左右，通过重力作用沉淀于池底的颗粒物可由刮板刮至外排口，并输送至后续处理。重力浓缩法可以使含固体物质 0.3%～2.5%的稀污泥浓缩至含固体物质 3%～6%，体积缩小 2～5 倍。该法操作简单，成本费用较低，但其工作效率不高，而且工艺占地面积较大。

2. 机械脱水

机械浓缩法一般采用振动筛或离心机对城市垃圾进行浓缩脱水，其可以有效减少浓缩时间，提高浓缩脱水的效率。

一般情况下，在进行固体废物的机械脱水之前可以向废物中投加混凝剂，如进行污泥的脱水可先向其中投加氯化铁或其他高分子絮凝剂（聚合氧化铝、聚丙烯酰胺等），使污泥成絮凝状，改善污泥的脱水特性，提高其脱水效率。城市垃圾的机械脱水通常包括机械过滤脱水与离心脱水两种类型。机械过滤脱水是以过滤介质两边的压力差为推动力，使水分强制通过过滤介质成为滤液，而固体颗粒被截留成为滤饼，从而达到固液分离的目的；离心脱水是利用高速旋转作用产生的离心力，将密度大于水的固体颗粒与水分离的操作。

机械脱水设备的类型有很多，常采用的有真空抽滤脱水机、带式压滤机、板框压滤机和离心机等。机械脱水法具有占地面积小、工作效率高、卫生条件较好等优点，是比较常用的脱水方法。

3. 自然干化脱水

自然干化脱水又可称为自然蒸发脱水，它是城市污水厂中污泥常采用的一种利用自然蒸发和底部滤料、土壤过滤脱水的方法。一般情况下将需脱水的垃圾或污泥在晒泥场（又称污泥干化场）铺成薄层，随着长时间的曝晒，垃圾中所含的水分一部分向空气中散发，另一部分经过其下的砂层、滤料等渗入土壤，沿着埋在地下的排水管汇聚，并输至处理部门。该方法在干旱、少雨的地区较为常用，它可以将垃圾中的含水率降低三分之一左右。

城市垃圾的自然干化脱水尽管工艺设备较为简单，干化污泥的含水率低，但其干化过程受到垃圾成分、干化时间、气候、季节等因素的影响，而且占用土地面积较大，环境卫生条件也较差，一般比较适于小规模的应用。

2.5.2　城市垃圾的干燥

当城市垃圾经破碎、分选之后对于所得的轻物料要进行能源回收或焚烧时，需对城市垃圾进行干燥处理，干燥操作主要为了达到去水、减重的目的。目前大部分的干燥处理为加热干燥，300～400℃的高温可使垃圾中的含水率降至 10%～15%。常用的干燥器有三种加热方式：对流、传导与辐射，固体废物的干燥过程多采用对流加热。

对于城市垃圾进行干燥处理后，不仅缩减了废物的体积，便于包装、运输，同时还杀死了垃圾中的病原菌和寄生虫卵，有利于城市的环境卫生。

习题与思考题

1. 简述城市垃圾的收集的两种方法并以图示说明。

2. 略述城市垃圾贮存容器的分类以及对贮存容器的要求。

3. 计算题：某住宅区生活垃圾量约 $350m^3$/周，拟采用一垃圾车负责清运工作，实行改良操作法的移动式清运，该垃圾车车库位于住宅区内。已知该车每次集装的容积为 $8m^3$/次，容器利用系数为 0.7，垃圾车采用 8h 工作制。试求为清运该住宅区垃圾，该垃圾车每周需工作多少小时？每日最多能清运多少次？（已知：平均运输时间为 0.52h/次，容器装车时间为 0.033h/次；容器放回原处时间为 0.033h/次，卸车时间为 0.012h/次，非生产时间占全部工时的 25%）。

4. 简述城市垃圾的压实流程。

5. 简单介绍几种分选的方法（包括原理、流程以及分析设备）。

6. 略述城市垃圾的干燥和脱水技术。

第3章　危险废物的处理

学　习　提　示

本章要求学生了解危险废物的性质以及相关鉴别标准，学习危险废物的化学处理方式，重点掌握危险废物的固化处理。

学习重点：危险废物的固化处理。

学习难点：危险废物的固化处理。

3.1　危险废物的性质及鉴别标准

3.1.1　危险废物的特性

危险废物（Hazardous waste）一词起始于1970年的《美国资源回收法》，现今已广泛使用此名词。1976年的《美国资源保护与再生法》对危险废物的定义为：固体废弃物是指这些固体废物或固体废物化合物，由于其特性（如数量、浓度、物理性、化学性及污染性）可以导致或明显影响死亡率的增加和严重的不可挽回或不可逆疾病的增加；或在不恰当处理、贮存、运输、处置或其他方式时对人体健康或环境造成确实存在或潜在的危害。最初该定义仅限于固体物，但后来又修正为包括液体及装在容器内的气体。日本的《日本废弃物处理及清扫法》定义危险废物为：是指废弃物当中具有爆炸性、毒性、感染性以及其他对人体健康和生活环境产生危害的特性并经过政令确定的物质。

我国《中华人民共和国固体废物污染环境防治法》中将危险废物定义为："危险废物是指列入国家危险废物名录或者根据国家规定的危险废物鉴别标准和鉴别方法认定的具有危险特性的废物"。

联合国环境规划署的《控制危险废物越境转移及其处置巴塞尔公约》中列出了"应加控制的废物类别"共45类，"须加特别考虑的废物类别"共2类，同时列出了危险废物"危险特性的清单"共14种特性，主要有爆炸物（H1）、易燃液体（H3）、易燃固体（H4.1）、易于自燃的物质或废物（H4.2）、与水接触后产生易燃气体的物质和废物（H4.3）、氧化（H5.1）、有机过氧化物（H5.2）、急性毒性（H6.1）、感染性物质（H6.2）、腐蚀性（H8）、同空气或水接触后释放有毒气体（H10）、延迟或慢性毒性（H11）、生态毒性（H12）、经处置后仍具有危险特性的物质（H13）。

我国的危险废物特性是指腐蚀性（C）、毒性（T）、易燃性（I）、反应性（R）、感染性（In）。

3.1.2　危险废物的鉴别标准

危险废物特性鉴别的方法分为名录鉴别和标准鉴别。其中名录法主要是以我国的《国家危险废物名录》为依据进行废物的鉴别。而鉴别法是指在专门的立法中，对有害废物的特性及其鉴别分析方法均已以"标准"的形式予以规制，从而可以依据鉴别分析方法，测定废物的特性，判定其属于有害废物或非有害废物。在我国，进行危险废物的鉴别时可以先将废物通过危险废物管理体系进行查询，无法确定后再通过《危险废物鉴别标准》进行危险特性的鉴别，以确定该废物是否为危险废物。图 3-3-1 为我国进行危险废物鉴别的程序示意图。

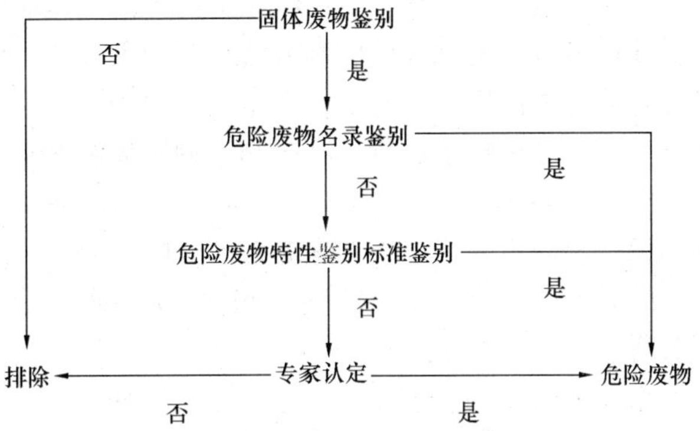

固体废物鉴别
是
否
危险废物名录鉴别
否
是
危险废物特性鉴别标准鉴别
否
是
排除
专家认定
危险废物
否
是

图 3-3-1　危险废物鉴别程序

1.　危险废物名录

目前，大部分国家都已经根据各自国家的地区特点以及发展情况制定了相关的危险废物名录。

2008 年，我国根据《中华人民共和国固体废物污染环境防治法》重新制定了《国家危险废物名录》，新名录于 2008 年 8 月 1 日起实施，同时废除了 1998 年制定的旧版名录。新名录中的“废物类别”是按照《控制危险废物越境转移及其处置巴塞尔公约》划定的类别进行的归类，同时指出对于未列入名录和《医疗废物分类目录》中的固体废物和液态废物，由国务院环境保护行政主管部门组织专家，根据国家危险废物鉴别标准和鉴别方法认定具有危险特性的，也属于危险废物，可以适时增补进名录中（表 3-3-1）。

表 3-3-1　我国的《国家危险废物名录》节选

废物类别	行业来源	废物代码	危险废物	危险特性
HW01 医疗废物	卫生	851—001—01	医疗废物	In
	非特定行业	900—001—01	为防治动物传染病而需要收集和处置的废物	In
HW22 含铜废物	常用有色金属矿采选	091—001—22	硫化铜矿、氧化铜矿等铜矿物采选过程中集（除）尘装置收集的粉尘	T
	印刷	231—006—22 *	使用酸或三氯化铁进行铜板蚀刻产生的废蚀刻液及废水处理污泥	T
	玻璃及玻璃制品制造	314—001—22 *	使用硫酸铜还原剂进行敷金属法镀铜产生的槽渣、槽液及废水处理污泥	T
	电子元件制造	406—003—22	使用蚀铜剂进行蚀铜产生的废蚀铜液	T
		406—004—22 *	使用酸进行铜氧化处理产生的废液及废水处理污泥	T

2. 危险废物的鉴别标准

为了贯彻《中华人民共和国固体废物污染环境防治法》，加强对危险废物的管理，保护环境，保障人体健康，我国特别制定了《危险废物鉴别标准》。该鉴别标准中由以下 7 个标准组成：《危险废物鉴别标准 通则》（GB 5085. 7—2007）、《危险废物鉴别标准 腐蚀性鉴别》（GB 5085. 1—2007）、《危险废物鉴别标准 急性毒性初筛》（GB 5085. 2—2007）、《危险废物鉴别标准 浸出毒性鉴别》（GB 5085. 3—2007）、《危险废物鉴别标准 易燃性鉴别》（GB 5085. 4—2007）、《危险废物鉴别标准 反应性鉴别》（GB 5085. 5—2007）、《危险废物鉴别标准 毒性物质含量鉴别》（GB 5085. 6—2007）。

（1）危险废物鉴别标准　腐蚀性鉴别

腐蚀性通常是指那些对生物接触部位的细胞组织产生损害，或对装载的容器产生明显腐蚀作用的特性。腐蚀性的鉴别方法是测定固体废物的 pH 值。

危险废物的腐蚀性鉴定标准基本按照中国人民共和国国家标准《危险废物鉴别标准　腐蚀性鉴别》中的要求进行。其中制定的固体废物腐蚀性鉴别标准为：

①按照 GB/T 15555.12—1995(《固体废物腐蚀性测定——玻璃电极法》）的规定制备的浸出液，经测定表明 pH 值范围为：pH 小于或等于 2.0 或 pH 大于或等于 12.5；

②在 55℃条件下，对 GB/T 699(《优质碳素结构钢》）中规定的 20 号钢材的腐蚀速率大于或等于 6.35mm/a。

（2）危险废物鉴别标准　急性毒性初筛

危险废物中会有多种有害成分，组分分析难度较大。采样点和采样方法一般按照《危险废物鉴别技术规范》(HJ/T 298—2007）中规定的进行。

鉴别标准则按照中华人民共和国国家标准《危险废物鉴别标准　急性毒性初筛》中的要求进行，具体如下：

①经口摄取：固体物质的口服毒性半数致死剂量（可使青年白鼠口服后，在 14d 内死亡一半的物质剂量）≤200mg/kg，液体物质的口服毒性半数致死浓度≤500mg/kg；

②经皮肤接触：皮肤接触毒性半数致死剂量（使白兔的裸露皮肤持续接触 24h，最可能引起这些试验动物在 14d 内死亡一半的物质剂量）≤1000mg/kg；

③蒸气、烟雾或粉尘吸入：吸入毒性半数致死浓度（使雌、雄青年白鼠连续吸入 1h，最可能引起这些试验动物在 14d 内死亡一半的蒸气、烟雾或粉尘的浓度）≤10mg/L。

该标准由县级以上的人民政府环境保护行政主管部门负责监督实施。

（3）危险废物鉴别标准　浸出毒性鉴别

浸出毒性是指固态的危险废物遇水浸沥后，其中的有害物质迁移转化而浸出的有害物质的毒性。用规定方法［一般选择的浸出方法是硫酸硝酸法（HJ/T 299—2007)］对废物进行浸取，在浸出液中若有一种或几种以上有害成分，其浓度超过限定标准，即该废物是具有浸出毒性的有害废物，如铬渣、铍渣等。

鉴别标准按照中华人民共和国的《危险废物鉴别标准　浸出毒性鉴别》中的要求进行。本标准由县以上地方人民政府环境保护行政主管部门负责监督实施。按照《固体废物　浸出毒性浸出方法　硫酸硝酸法》(HJ/T 299—2007）制备的固体废物浸出液中任何一种危害成分的浓度超过表 3-3-2 所列的浓度值，则该废物是具有浸出毒性的危险废物。表 3-3-2 为节选的浸出毒性的限值项目。

（4）危险废物鉴别标准　易燃性鉴别

表 3-3-2　部分浸出毒性鉴别标准值

序　号	项　目	浸出液最高允许浓度（mg/L）
1	有机汞	不得检出
2	汞及其化合物（以总汞计）	0.05
3	铅（以总铅计）	3
4	镉（以总镉计）	0.3
5	总铬	10
6	六价铬	1.5

序 号	项 目	浸出液最高允许浓度（mg/L）
7	铜及其化合物（以总铜计）	50
8	锌及其化合物（以总锌计）	50
9	铍及其化合物（以总铍计）	0.1
10	钡及其化合物（以总钡计）	100
11	镍及其化合物（以总镍计）	10
12	砷及其化合物（以总砷计）	1.5
13	无机氟化物（不包括氟化钙）	50
14	氰化物（以 CN^- 计）	1.0

鉴别标准按照中华人民共和国国家标准《危险废物鉴别标准 易燃性鉴别》中的要求进行。通常情况下，对于危险废物易燃性的鉴别分为液态、固态、气态三种形态，分别进行易燃性的鉴别，具体鉴别标准如下：

①液态

标准：某废弃物的闪点低于60℃，则该液态废弃物是具有易燃性的危险废物。其中闪点指在标准大气压（101.3kPa）下，液体表面上方释放出的可燃蒸汽与空气完全混合后，可以被火焰或火花点燃的最低温度。

测定方法：按照《闪点的测定宾斯基—马丁闭口杯浊》（GB/T 261—2008）进行测定。

②固态

标准：在常温、常压（25℃、101.3kPa）条件下，因机械摩擦、吸湿或自发性化学反应而具有着火倾向，在加工过程中会发热，或在点火时燃烧剧烈且持续燃烧并产生危害的，则该固态废弃物是具有易燃性的危险废物。

测试方法：糊状、粒状以及能切成条状的固体和粉状易燃性危险废物的鉴别按照《易燃固态危险货物危险特性检验安全规范》（GB 19521.1—2004）进行；对于其他物理形态的固态危险废物的易燃性应根据专业知识来判断；易于自燃的危险废物的鉴别按照《自燃固体危险货物危险特性检验安全规范》（GB 19521.5—2004）进行。

③气态

标准：在20℃、101.3kPa条件下，当压缩气体的体积含量为13%或更低时，与空气的混合物是易燃的，则该气态废弃物是具有易燃性的危险废物；在20℃、101.3kPa条件下，不论下限，当压缩气体的可燃性范围为与至少12%的空气混合时是易燃的，则该气态废弃物是具有易燃性的危险废物。其中压缩气体是指在−50℃下加压包装供运输时完全是气态的气体，包括临界温度小于或等于−50℃的所有气体。

测试方法：按照《易燃气体危险货物危险特性检验安全规范》（GB 19521.3—2004）的要求进行。

（5）危险废物鉴别标准 反应性鉴别

该特性鉴别标准按照中华人民共和国国家标准《危险废物鉴别标准 反应性鉴别》中的要求进行。由于该类有毒有害固体废物的复杂性与分析方法的多样性，通常通过下述定义来判断具有反应性的危险废物。

①具有爆炸性质

常温常压下不稳定，在无引爆条件下，易发生剧烈变化；

标准温度和压力下（25℃，101.3kPa），易发生爆轰或爆炸性分解反应；

受强起爆剂的作用或在封闭条件下加热，能发生爆轰或爆炸反应。

②与水或酸接触产生易燃气体或有毒气体

与水混合发生剧烈化学反应，并放出大量易燃气体和热量；

与水混合能产生足以危害人体健康或环境的有毒气体、蒸气或烟雾；

在酸性条件下，每千克含氰化物废物分解产生≥250mg 氰化氢气体，或者每千克含硫化物废物分解产生≥500mg 硫化氢气体。

③废弃氧化剂或有机过氧化物

极易引起燃烧或爆炸的废弃氧化剂；

对热、震动或摩擦极为敏感的含过氧基的废弃有机过氧化物。

常用的采样点和采样方法均按照《危险废物鉴别技术规范》（HJ/T 298—2007）规定进行，该标准同样由县级以上的人民政府环境保护行政主管部门负责监督实施。

（6）危险废物鉴别标准　毒性物质含量鉴别

本标准为该标准修订后新增标准，具有强制执行的效力，在标准中规定了含有毒性、致癌性、致突变性和生殖毒性物质的危险废物鉴别标准，适用于任何生产、生活和其他活动中产生的固体废物的毒性物质含量鉴别。

毒性物质含量的鉴别标准基本以该标准中的附录 A～F 为依据，符合下列条件之一的固体废物就是危险废物：

①含有标准附录 A 中的一种或一种以上剧毒物质的总含量≥0.1%；

②含有标准附录 B 中的一种或一种以上有毒物质的总含量≥3%；

③含有标准附录 C 中的一种或一种以上致癌性物质的总含量≥0.1%；

④含有标准附录 D 中的一种或一种以上致突变性物质的总含量≥0.1%；

⑤含有标准附录 E 中的一种或一种以上生殖毒性物质的总含量≥0.5%；

⑥含有标准附录 A 至附录 E 中两种及以上不同毒性物质，如果符合下列等式，同样按照危险废物管理：

$$\sum\left[\left(\frac{P_{T^+}}{L_{T^+}}+\frac{P_T}{L_T}+\frac{P_{Carc}}{L_{Carc}}+\frac{P_{Muta}}{L_{Muta}}+\frac{P_{Tera}}{L_{Tera}}\right)\right]\geqslant 1$$

式中　P_{T+}——固体废物中剧毒物质的含量；

P_T——固体废物中有毒物质的含量；

P_{Carc}——固体废物中致癌性物质的含量；

P_{Muta}——固体废物中致突变性物质的含量；

P_{Tera}——固体废物中生殖毒性物质的含量；

L_{T^+}、L_T、L_{Carc}、L_{Muta}、L_{Tera}——各种毒性物质在（1）～（5）中规定的标准值。

⑦含有标准附录 F 中的任何一种持久性有机污染物（除多氯二苯并对二噁英、多氯二苯并呋喃外）的含量≥50mg/kg；

⑧含有多氯二苯并对二噁英和多氯二苯并呋喃的含量≥15μg TEQ/kg。

3. 危险废物鉴别规则

危险废物在进行鉴别的过程中，一般应遵循下述三个规则：

（1）混合规则

混合规则一般适用于在某种危险废物与其他固体废物混合时对于混合后的物质的危害性

的判断，具体有下述两条鉴定标准：

①具有毒性和感染性一种以上危险特性的危险废物在与其他固体废物混合时，混合后的废物属于危险废物；

②仅具有易燃性、反应性或腐蚀性一种危险特性的危险废物与其他固体废物混合时，混合后的固体废物属于危险废物。但是当该种混合后的固体废物经鉴别不具有危险特性时，混合后的固体废物则不属于危险废物。

（2）衍生规则

在有害废物进行了一些化学或物理的处理后，对于鉴定该固体废物是否还是有害废物时可以用到衍生规则：

①在对具有毒性的危险废物进行处理改变其物理特性和化学组成后，这种物质仍然属于危险废物；

②在对仅具有易燃性、反应性或腐蚀性一种危险特征的危险废物进行处理改变其物理特性和化学组成后，这种物质仍然属于危险废物。但是当该种处理后的固体废物经 GB 5085.1～5085.6 鉴别不具有危险特性，处理后的固体废物则不再属于危险废物。

（3）豁免规则

在对具有毒性的危险废物进行处理改变其物理特性和化学组成后，如果某该种特定的危险废物满足了某种特殊规定则可以不按照危险废物进行管理。另外需要进行豁免的废物必须同时满足以下两个条件：

①目前没有有效的手段可以对其进行控制；

②对人体健康和生态环境的污染风险程度在可以接受的程度范围内。

3.2 危险废物的化学处理

危险废物的化学处理是指针对废物中易于对环境造成严重后果的有毒、有害的化学成分，采用化学转化的方法，使之达到无害化或将其转变成为适于进一步处理、处置的形态。化学转化反应的条件一般较为复杂，容易受到多种因素影响，而且化学处理经常要与物理处理联用，在化学处理前后需要进行一定的前处理或后处理。

3.2.1 中和法

中和法主要是利用酸碱中和生成盐和水的反应处理酸性或碱性废水，对固体废物主要是用于化工、冶金、电镀与金属表面处理等工业中产生的酸、碱性泥渣。酸、碱类废物易造成土壤的微观结构改变，并对水体会造成危害，进而影响人们的身体健康。中和反应的设备可以采用罐式机械搅拌或池式人工搅拌，前者多用于大规模中和处理，而后者多用于间断的小规模处理。

1. 酸性废物的处理

对于酸性废物的中和处理主要有过滤中和法和投药中合法。

（1）过滤中合法

过滤中和池一般采用耐酸的材料制成，内部装有碱性滤料，如石灰石、白云石（$CaCO_3 \cdot MgCO_3$）等。酸性废水一般由上而下经过碱性滤料得到中和。过滤中和法在中和硝酸、盐酸时，由于所得的钙盐都具有较大的溶解度，所以石灰石、白云石等碱性滤料都可使用。但在进行硫酸的中和时，若使用石灰石进行中和，由于产生的硫酸钙溶解度小，会覆盖在石灰石表面，阻止中和反应进行，故常采用白云石作为滤料。但是采用白云石中和时反应速率较低，同时它的来源较少，成本费用高。

（2）投药中和法

石灰是较常用的碱性投加剂，它具有价格低廉、原料普遍且易制成乳液进行投加等优点，但投加石灰乳的劳动条件差，而且投加后污泥较多，不利于后续的脱水处理，目前，投加石灰乳的方法在废水中含金属盐时比较常使用。除了石灰乳之外，还可以将苛性钠、碳酸钠等作为碱性药剂，这两种投加剂都具有易于储存、易于投加、反应迅速、溶解度高等优点，但其价格比较昂贵。

2. 碱性废物的处理

相比于酸性废物的处理，碱性废物中和处理工艺则比较简单，目前主要应用的方法是接触和混合反应，比较常用的中和试剂有废酸、烟道气（一般含较多酸性气体，如二氧化碳）等。

3.2.2 氧化还原法

通过氧化或还原的化学处理，将废物中可以发生价态变化的某些有毒成分转化为无毒或低毒，且具有化学稳定性的成分，以便后续的无害化处置或进行资源回收。

1. 氧化法

氧化法是指向有害废水中投加氧化剂使废水中的有毒有害物质转变为无毒无害或毒性小的新物质。氧化法几乎可以处理各类有害废水，如含氰、醛、硫化物等的废水，特别适用于处理废水中难以生物降解的有机物。

（1）臭氧氧化

臭氧是一种强氧化剂，它的氧化能力在天然元素中仅次于氟。臭氧对各种有机基团都具有较强的氧化能力，如芳香烃、杂环化合物、腐殖质等都可与臭氧发生反应，因此臭氧在处理危险废物中可用于除臭、杀菌、除氰化物等。臭氧氧化具有处理效果显著、无二次污染、增加水中溶氧量等优势，同时其制备过程也比较简单，操作方便，但制备臭氧需要消耗较大的电量，并且在应用时臭氧易分解，含量不高。

（2）氯化处理法

在有害废水的处理中比较常用的化学方法是氯化处理法，气态或液态的氯进入水中后会发生下列歧化反应：

$$Cl_2 + H_2O \rightleftharpoons HClO + HCl$$

$$HClO \rightleftharpoons H^+ + ClO^-$$

次氯酸是一种强氧化剂，它可以氧化水中的有毒有害污染物，如硫化物、酚、氰化物等，也常用于消毒、除异味等反应。目前，比较常用的氯化处理药剂有液氯、次氯酸钠、二氧化氯、漂白粉等。

2. 还原法

还原法是指向有害废水中投加还原剂使废水中的有毒有害物质转变为无毒无害或毒性小的新物质，常用的还原剂有铁粉（屑）、锌粉（屑）、硫酸亚铁等。还原法一般常用于含铬渣、含汞的有害废水的处理，下面简单介绍一下常用的处理铬渣的方法。

（1）铬渣湿式还原法

铬渣湿式还原法的处理是利用了碳酸钠溶液处理经过湿磨过筛后的铬渣，使其中酸溶性的铬酸钙与铬铝酸钙转化为水溶性的铬酸钠而被浸出，由浸出液中就可以回收铬酸钠产品。而余渣再用硫化钠溶液处理，使剩余的 Cr^{6+} 还原为 Cr^{3+}，并加硫酸中和，用硫酸亚铁固定

过量的 S^{2-}，经处理后的铬渣已为无毒渣，从而完成了有害铬渣的治理。

（2）铬渣干式还原法

干式还原法的处理是将铬渣与还原煤粉按一定比例充分混合后，在温度高达 900℃的条件下进行密封焙烧，以焙烧过程产生的一氧化碳和氢气作为还原剂对 Cr^{6+} 进行还原解毒，并在密封条件下水淬后形成玻璃体，然后再投加过量的硫酸亚铁与硫酸混合物，以巩固还原效果。解毒后渣中的 Cr^{6+} 含量将非常小，已成为无毒渣，可进行堆存或利用。

3.3　危险废物的固化处理

危险废物的固化处理是利用物理或化学方法将有害固体废物固定或包容在惰性固体基质内，使之呈现化学稳定性或密封性的一种无害化处理方法。简单地说，固化过程就是将固体废物通过化学转变引入某种稳定的晶格中的过程或是将固体废物用惰性材料加以包容的过程。固化所用的惰性材料称为固化剂。有害废物经过固化处理所形成的固化产物称为固化体。

固化处理的基本要求有以下几点：有害废物经固化处理后所形成的固化体应具有良好的稳定性以及足够的机械强度，且最好能作为资源加以利用；固化过程中材料和能量消耗要低，所形成的固化体体积要小；固化工艺过程简单、便于操作；固化剂来源丰富，价廉易得；处理费用要尽量低。

3.3.1　固化方法

固化处理方法可划分为以下四类：

（1）包胶固化：又称为凝结固化，是目前较为常见的固化处理类型。其按固化剂类型的不同可具体分为水泥固化、石灰固化、热塑性材料固化和有机聚合物固化；按包胶结构的不同可分为宏观包胶（将有害废物包裹在包胶体内，使其与环境隔离）和微囊包胶（用包胶材料包覆废物的微粒）。

（2）自胶结固化：一般情况适用于含有大量能成为胶凝剂的废物的固化，如脱硫石膏。

（3）玻璃固化：是将固体废物与玻璃原料一起烧制成玻璃的一种固化方法。

（4）水玻璃固化：是指利用水玻璃加酸后的硬化等性能将固体废物结合、包容及吸附而完成的固化。

下面具体介绍几种较为常用的危险废物的固化处理方法。

1. 水泥固化

（1）固化原理

水泥固化是包胶固化的一种，它是以水泥为固化基质，利用水泥与水反应后可形成坚固块体并能将砂、石等添加料牢固地凝结在一起的特征，将有害废物包容其中，从而达到减小表面积、降低渗透性的目的，使之能在较为安全的条件下运输与处置。固化的过程中主要包括了两种作用：一是凝胶包容作用，主要是指水泥、水、固体废物及添加剂发生水化反应，生成的凝胶将固体废物包容；二是离子沉淀作用，即固体废物中的金属离子会与水泥中的 OH^- 反应而生成难溶于水的沉淀物。

（2）水泥固化的添加剂

水泥固化的处理过程中加入添加剂的主要作用就是改善固化的条件，从而提高固化体的质量。目前，添加剂的种类有以下几种：

吸附剂：主要作用是吸附废物中的有害组分，常用的吸附剂有活性氧化铝、沸石、蛭石等；

缓凝剂：主要作用是为固化过程获得一定的操作时间，常用的缓凝剂有酒石酸、柠檬酸等；

促凝剂：它的作用是提高固化早期的强度，常用的促凝剂有水玻璃、铝酸钠、碳酸钠等；

减水剂：减水剂在固化过程中降低了水灰比，提高了固化体的强度，比较常见的减水剂有硫酸钠等。

(3) 水泥固化的特点及应用

水泥的品种较多，利用其进行危险废物的固化处理时，可根据所需处理的废物的性质，以及当地的水泥生产情况和估算的具体处理费用等因素进行选择。水泥固化是对有害废物处理较为成熟的方法，该方法具有很多优点：固化设备和工艺过程简单；设备的投资、动力消耗和运行费用都比较低；水泥和添加剂都比较价廉易得；对含水率较高的废物可以直接固化；操作在常温下即可进行；对放射性废物的固化容易实现安全运输和自动化控制等。

采用水泥固化技术处理危险废物的主要缺点有：产品体积比原废物增大了约 1.5～2.0 倍，致使最终处置费用可能增大；水泥固化体的浸出率较高，固化后需作涂覆处理；有的废物需进行预处理和投加添加剂，这使得处理的费用增高；水泥的碱性易使铵离子转变为氨气逸出；处理化学泥渣时，生成的胶状物会使得混合器的排料较困难。

目前，水泥固化主要应用于以下有害废物的处理中：电镀污泥的固化处理，以及原子能工业固体与液体废物处理（图 3-3-2）。

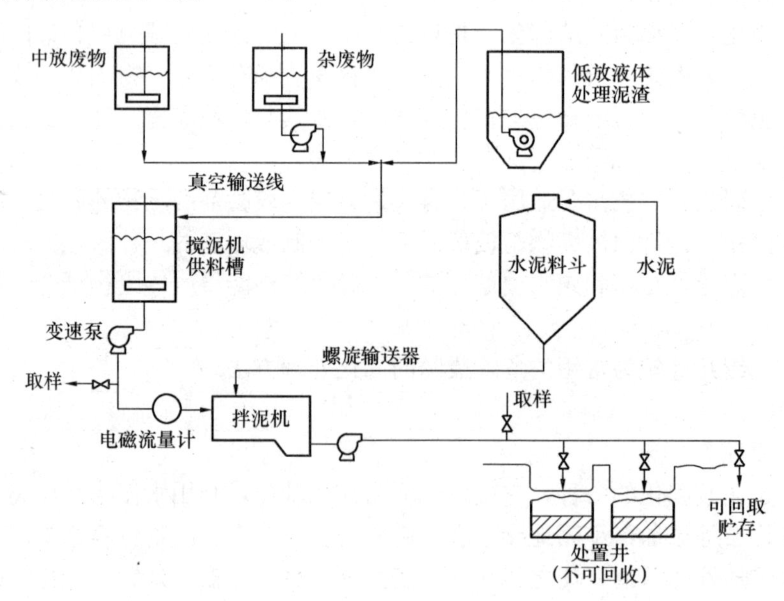

图 3-3-2　放射性固体废物的水泥固化流程

2. 石灰固化

(1) 固化原理

石灰固化是以石灰为固化基质，以粉煤灰、水泥窑灰为添加剂，用于固化石油冶炼污泥、重金属污泥、氧化物及废酸类废渣的一种固化方法。其原理是基于水泥窑灰和粉煤灰中含有活性氧化铝和二氧化硅，能与石灰和含有硫酸盐、亚硫酸盐废渣中的水反应，经凝结、硬化后形成具有一定强度的固化体。石灰固化的工艺与设备大体与水泥固化相似，固化过程中各项工艺参数可通过具体实验来确定。目前，石灰固化的添加剂主要采用粉煤灰与水泥窑灰，但为了提高强度也以可添加其他类型的添加剂。

(2) 固化的特点及应用

石灰固化的优点有：填料来源丰富，价廉易得；固化过程操作简单，不需要特殊的设备，处理费用较低；被固化的废渣不要求经过脱水和干燥等预处理；可在常温下操作等。但与此同时，该固化方法在应用过程中也存在着一些缺点，例如，固化后石灰固化体的增容比比较大；石灰固化体容易受到酸性介质的侵蚀，必须对固化体表面进行涂覆，这样就增加了固化处理的步骤，并提高了固化的费用。

3. 沥青固化

(1) 固化原理

沥青固化属于热塑性材料固化，它以沥青为固化剂与固体废物在一定的温度、配料比、碱度和搅拌作用下产生固化反应，使有害废物均匀地包容在沥青中，形成固化体。一般情况下，固化过程中沥青与固体废物的配料比为（1～2）：1，混合温度230℃。

可作为固化基质的热塑性材料种类较多，除沥青之外，尚有聚乙烯、石蜡、聚氯乙烯等。在常温下这些材料均为较坚固的固体，但在较高温度的条件下，这些材料就具有了可塑性与流动性，利用这种特性就可以对危险废物进行固化处理了。目前，沥青固化主要应用于中、低放射性蒸发残液的固化处理和焚烧灰分的固化处理中（图3-3-3）。

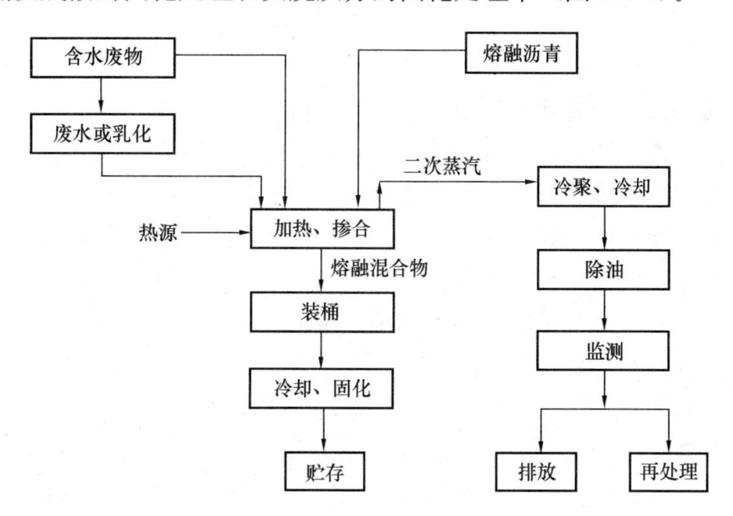

图3-3-3　沥青固化工艺流程

(2) 影响沥青固化体的因素

①影响固化体浸出率的因素

浸出率是衡量固化处理效果的主要指标，通过浸出率的相关公式可以看出样品中所含有的有害物质的量、样品暴露的表面积、样品的质量以及浸出时间等都影响着浸出率的大小。除上述因素外，沥青的性质也是影响沥青固化体浸出率的因素之一，应用于固化的沥青最好具有良好的黏结性、化学稳定性、辐射稳定性及塑性，并对大多数酸、碱、盐类有一定的耐腐蚀性。目前，直馏沥青是效果最好的沥青之一。

②影响固化体化学稳定性的因素

在沥青固化的过程中，沥青会与某些掺入的化合物、氧化剂等发生化学作用，从而影响了固化体的化学稳定性。例如，在固化过程中若掺入硝酸盐或亚硝酸盐会降低沥青的燃点，增加了燃烧的危险性。

4. 玻璃固化

（1）固化原理

这种固化方法是以玻璃原料为固化剂，将待固化的有害废物首先在高温下进行锻烧，使之形成氧化物，然后再与熔融的玻璃原料以一定的配料比混合，在1000℃温度下烧结，冷却后可形成十分坚固而稳定的玻璃固化体。比较常见的固化基质有磷酸盐玻璃和硼硅酸盐玻璃。目前，玻璃固化这种处理方式主要适用于高放射性废物的固化。

（2）固化方法

玻璃固化的方法主要有间歇式固化法和连续式固化法两种：间歇式固化法的蒸发干燥、煅烧、熔融等过程都是在罐内完成，而熔化的玻璃则是在贮存容器中成型；连续式固化法的蒸发、煅烧等过程在煅烧炉中进行，而熔融过程则是在熔融炉中进行，熔融过程可以是连续进料和连续排料，也可以是连续进料和间歇排料。

（3）玻璃固化的特点

采用玻璃固化方法进行有害物质的固化处理的优点有：

①玻璃固化体致密度高，在水及酸、碱溶液中的浸出率均较小，大约为 10^{-7} g/（cm^2 · d）；

②固化体的增容比小；

③在玻璃固化过程中产生的粉尘量少；

④玻璃固化体有较高的导热性、热稳定性和辐射稳定性。

而该方法在应用过程的不足之处也不可忽视，它的主要缺点有：

①用于固化处理的装置较复杂，而且设备腐蚀严重；

②固化处理处理费用比较昂贵；

③工艺相对繁琐，同时工作温度较高；

④挥发量比较大，尤其是放射性核素的挥发量大。

5. 自胶结固化

自胶结固化是利用有害废物本身的胶结性进行的固化处理。以固化含硫酸钙或亚硫酸钙的泥渣为例，其具体流程为：将泥浆在适宜的控制条件下进行煅烧，使其部分脱水直至产生有胶结作用的亚硫酸钙或硫酸钙的半水状态为止，然后与特制的添加剂和填料混合成稀浆，经凝结、硬化后生成像塑料一样硬度的、透水性差的物质，即形成了自胶结固化体。

自胶结固化所用的添加剂——石灰、水泥灰、粉煤灰等为工业废物，同时添加剂的用量较小，只有总量的10%左右，所以自胶结固化是一种值得提倡的以废治废的固化方法。另外，自胶结固化的凝结硬化时间较短，操作也比较方便，对所需处理的废物不需要完全脱水，而且形成的固化体性质稳定，但在煅烧有害泥渣时需消耗一定的能量，比较耗能。目前自胶结固化较多应用于含硫酸钙、亚硫酸钙的泥渣的固化处理中。

6. 水玻璃固化

水玻璃固化充分利用了水玻璃的硬化、结合、包容以及吸附的性能，它以水玻璃为固化剂，无机酸类（如硫酸、硝酸、盐酸和磷酸）为助剂，将两者与固体废物按一定的配料比进行中和与缩合脱水反应后形成凝胶体，将有害废物包容，再经凝结、硬化后逐步形成水玻璃固化体。

3.3.2　衡量固化处理效果的主要指标

1. 浸出率

所谓浸出率指固化体浸于水中或其他溶液中时，其中的有害物质的浸出速度。浸出率的数学表达式如下式：

$$R_{in} = \frac{a_r/A_0}{(F/M)t}$$

式中　R_{in}——标准比表面的样品每天浸出的有害物质的浸出率，g/（d·cm^2）；

a_r——浸出时间内浸出的有害物质的量，mg；

A_0——样品中所含有的有害物质的量，mg；

F——样品暴露的表面积，cm^2；

M——样品的质量，g；

t——浸出时间，d。

在进行固化处理时，固化体的浸出率应越低越好。除此之外，还可用浸出率的大小预测固化体在贮存地点可能发生的情况。

2. 增容比

增容比是指所形成的固化体体积与被固化有害废物体积的比值，表达式为：

$$C_i = \frac{V_2}{V_1}$$

式中　C_i——增容比；

V_2——固化体的体积，m^3；

V_1——固化前有害废物的体积，m^3。

增容比是评价固化处理方法和衡量最终成本的一项重要指标。在对危险废物进行固化处理时，同浸出率一样，增容比也是越低越好。

3. 抗压强度

抗压强度是指外力是压力时的强度极限。对于普通的危险废物而言，经过固化处理后得到的固化体，若进行处置或装桶贮存，对抗压强度要求一般较低，基本控制在 0.1～0.5MPa 即可；如处理后的固化体需用作建筑材料，则对其抗压强度要求较高，一般应大于 10MPa；而对于放射性废物，其固化产品的抗压强度要求各国标准不一，如俄罗斯就要求该类产品的抗压强度应大于 5MPa，英国则要求该类产品的抗压强度达到 20MPa。

习题与思考题

1. 怎样定义危险废物？危险废物具有哪些特性？
2. 简述我国对于危险废物进行鉴别的流程，目前我国有哪些危险废物鉴别标准？
3. 什么是危险废物的化学处理和固化处理？
4. 简述几种危险废物的化学处理方法。
5. 危险废物的固化技术可以分为几类？略述每类固化方法的基本原理。
6. 简述沥青固化工艺的基本流程，以及该种固化方式的特点。

第4章　固体废物的资源利用及最终处置

学　习　提　示

本章要求学生了解固体废物资源化的意义，掌握固体废物的回收以及相关的资源化方式，着重学习固体废物的最终处置。

学习重点：固体废物的最终处置。

学习难点：固体废物的生物转化。

4.1　固体废弃物的资源化意义及资源化系统

4.1.1　固体废物资源化的意义

固体废弃物资源化是指采取管理和工艺措施从固体废弃物中回收物质和能源，加速物质和能量的循环，创造经济价值广泛的技术方法。固体废物的资源化是固体废物的主要归宿。

随着世界经济的高速发展、城市化进程的不断加快，固体废弃物，特别是城市生活垃圾的产量在不断增加，对环境造成的污染也日益严重。在可持续发展的新世纪，固体废弃物资源化处理技术的应用及产业化将具有广阔的前景，其意义就在于在发展经济的过程中，最大限度地减少资源与能源的消耗，使资源与能源得到充分、有效的利用，同时最大限度地减少废物的产量，使废物中有用资源得到最大限度的回收与综合利用，从而取得最大的经济效益。

固体废物的资源化在保护环境的同时，还节约了资源。原始意义上的环境污染物可能通过资源化的方式得到了重复利用，这不仅减少了污染物向环境中的排放，保护了自然环境不被污染，而且资源化后的废物得到利用就意味着减少了其他可能不可再生资源的使用，有利于社会可持续发展的同时，还有利于子孙后代的生存发展。

4.1.2　固体废物资源化系统

固体废物的资源化系统一般可分为三部分：前处理系统、后处理系统以及能源转化系统。

1. 前处理系统

前处理系统主要是废弃物质的回收，即处理废弃物并从中回收指定的二次物质，如纸张、玻璃、金属等物质。

2. 后处理系统

后处理系统即为物质的转换，主要是通过一定技术，利用废弃物中的某些组分制取新形态的物质。例如利用废玻璃和废橡胶生产铺路材料；利用高炉矿渣、粉煤灰等生产水泥和其他建设材料；利用有机垃圾和污泥生产堆肥等。

3. 能源转化系统

能源转化系统主要进行能量的转换，通过化学或生物的方法从废物的处理过程中回收能量，包括热能和电能。例如，通过有机废弃物的焚烧处理回收热量，还可以进一步发电；利用垃圾或污泥厌氧消化产生沼气，作为能源向企业和居民供热或发电；利用废塑料热解制取燃料油和燃料气等。

4.2　材料回收系统

4.2.1　建立材料回收系统

将固体废物中可利用的部分材料充分回收利用不仅是控制固体废物污染的最佳途径，同时其还使得废物再次得到利用，体现了废物的剩余价值。材料进行回收一般要满足的条件有两点：一是产品应满足市场需求的技术规范；二是各类回收物品应有一定的产量。

建立完善的材料回收系统，可以使固体废物中有用的成分得到充分的应用，并可对其进行最合理、最有效的管理。同时实现固体废物回收处理的产业化，整顿、规范固体废物回收市场，实现固体废物（如城市生活垃圾）的分类回收，逐步提高固体废物的无害化处理率和资源化水平。在建立完善的材料回收系统的同时还应开发和推广固体废物回收处理技术。重视固体废物回收技术的开发和创新，争取在使用最少的资源、时间以及人员的条件下，最大限度地回收可再利用材料。并且加大固体废物资源化的科技开发投资力度，支持固体废物资源化关键技术的研究开发，保证回收的材料都能得到充分的利用。

4.2.2　材料回收系统流程

材料的回收系统流程一般包括：对不同类型的物料分别进行不同工艺处理，如破碎、溶解等，使其便于后续的分类处理；通过分类、分选等手段将混合物料按一定的规律分开，如通过磁选机一般可以分出铁金属，而旋风机一般可分离出轻物质。图 3-4-1 为城市垃圾的回收系统。

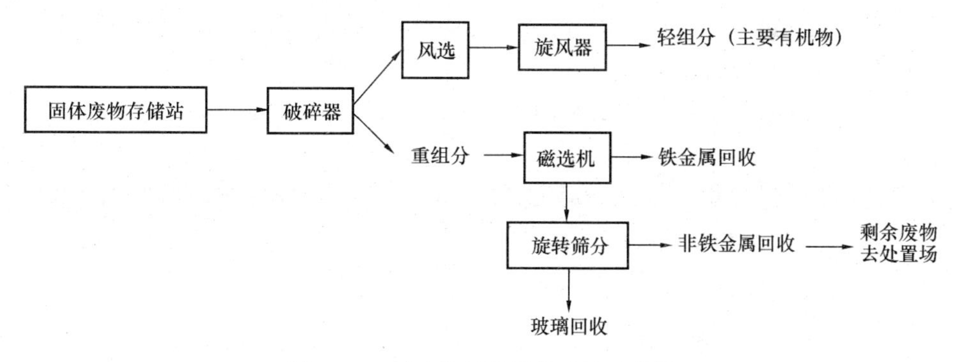

图 3-4-1　城市垃圾的回收系统示意图

4.3　生物转化产品的回收

固体废物中会含有多种可进行生物降解的有机物，这些有机物经过生物转化处理后可能会再成为一种资源。生物转化工艺就是利用微生物氧化（好氧堆肥）、分解（厌氧发酵）有机固体废物的能力处理可降解的有机固体废物，回收转化后的产品加以利用，使其达到无害化和资源化的目的。

4.3.1　固体废物的好氧堆肥处理

堆肥化是在一定的人工控制条件下，依靠自然界中广泛分布的细菌、真菌等微生物，通过生物化学作用，使废物中可降解的有机成分分解为比较稳定的腐殖肥料的过程。堆肥化的产物称为堆肥或人工腐殖质，它是一种深褐色、质地松软、有泥土气味的物质，是一种具有一定肥效的土壤改良剂和调节剂。一般情况下，凡是含有碳水化合物、脂肪、蛋白质等物质的固废均能成为堆肥化的原料，如城市垃圾、有机污泥、农林废物、禽畜粪便。

进行堆肥化有多种方法，根据堆制方式的不同可分为间歇堆积法和连续堆积法；根据原料发酵的状态不同可分为静态发酵法和动态发酵法；根据微生物的生长环境不同又可分为好氧堆肥和厌氧堆肥。本书中将对好氧堆肥进行简单介绍。

好氧堆肥是指在通风良好、氧气充足的条件下，借助好氧菌为主的微生物对有机废物进行吸收、氧化、分解，使其转化为稳定的腐殖质的生物化学过程。一般情况下，好氧堆肥要求的温度较高，极限温度可达80～90℃，所以好氧堆肥又称为高温堆肥。

1. 好氧堆肥的原理

在堆肥化的过程中，首先是有机固体废物中的可溶性物质透过微生物的细胞壁和细胞膜直接被微生物吸收，而不溶性的胶体有机物则附着在微生物体外，依靠着微生物分泌的胞外酶分解为可溶性物质，再渗入细胞内。与此同时，微生物通过自身的代谢活动，进行着分解代谢（氧化还原过程）和合成代谢（生物合成过程），一部分被吸收的有机物被微生物氧化成无机物，并放出生长、活动需要的能量，而另一部分有机物则被微生物转化合成新的细胞物质，使微生物生长繁殖，产生更多的生物体（图 3-4-2）。

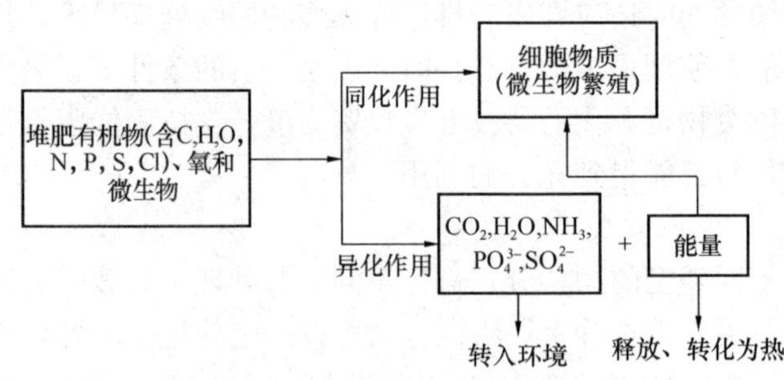

图 3-4-2　好氧堆肥原理的示意图

由上述的堆肥化过程可以得出该过程中有机物的生物化学反应有以下三种：

（1）有机物的氧化反应：

$$C_sH_tN_uO_v \cdot aH_2O + bO_2 \rightarrow C_wH_xN_yO_z \cdot cH_2O + dH_2O\text{（气）} + eH_2O\text{（水）} + fCO_2 + gNH_3 + \text{能量}$$

有机物氧化反应过程中，堆肥成品 $C_wH_xN_yO_z \cdot cH_2O$ 与堆肥原料 $C_sH_tN_uO_v \cdot aH_2O$ 的比值在0.3～0.5，这是由于氧化分解减量化的结果。对于上式中 w、x、y、z 通常的取值范围为：$w=5\sim10$；$x=7\sim17$；$y=1$；$z=2\sim8$。

（2）细胞质的合成反应：

$$nC_xH_yO_z + NH_3 + \left(nx + \frac{ny}{4} - \frac{nz}{2} - 5x\right)O_2 \rightarrow \underset{\text{（细胞质）}}{C_5H_7NO_2} + (n+5)CO_2 + \frac{ny-4}{2}H_2O + \text{能量}$$

（3）细胞质的分解反应：

$$C_5H_7NO_2 + 5O_2 \rightarrow CO_2 + 2H_2O + NH_3 + \text{能量}$$

2. 好氧堆肥的工艺流程

好氧堆肥的工艺流程主要是：前处理→发酵（分为主发酵和后发酵）→后处理→贮存。

（1）前处理阶段

进行好氧堆肥的原料前处理一般包括分选、破碎以及含水率及碳氮比的调整。首先去除废物中的金属、玻璃、塑料和木材等杂质，并将其破碎到40mm左右的粒度，然后选择堆肥原料进行配料，以便调整水分和碳氮比，通常用垃圾和粪便之比为7∶3或者垃圾与污泥之比为7∶3进行混合堆肥。

(2) 发酵阶段

发酵阶段目前较常用二次发酵方式，即包括主发酵和后发酵两个阶段。一次发酵（主发酵）是好氧堆肥的中温与高温两个阶段的微生物代谢过程：中温阶段又称为产热阶段，此时较为活跃的嗜温性微生物主要以糖类和淀粉类物质等可溶性有机物为基质，进行自身的新陈代谢过程；高温阶段则是嗜热性微生物成为了主体，此时主要进行的是微生物的生长繁殖过程。从发酵开始，中温和高温阶段一般需维持10～12天，之后温度开始下降。二次发酵（后发酵）指物料经过一次发酵后，还有一部分易分解和大量难分解的有机物存在，需将其送到后发酵室，堆成1～2m高的堆垛进行二次发酵，此时温度降低，嗜温性微生物重新占据优势，对残余较难分解的有机物进行进一步的分解，腐殖质不断增加并逐步稳定化，当温度稳定在40℃左右时即达腐熟，一般需20～30天。

(3) 后处理阶段

对发酵熟化的堆肥进行处理，进一步去除堆肥中前处理过程中没有去除的杂质并进行必要的破碎过程，经处理后得到的精制堆肥含水应在30%左右，碳氮比为15～20左右。

(4) 贮存阶段

贮存是指堆肥在使用前必须加以堆存管理，一般可直接存放，也可装袋存放，贮存时要注意保持干燥通风，防止堆肥闭气受潮。

3. 好氧堆肥的影响因素

(1) 物理因素

①含水率：堆肥化的过程中含水量在50%～60%为宜，此时微生物的分解速度最快，若含水率过低则会影响微生物的生命活动，而含水率过高也会降低堆肥速度。

②粒度：由于微生物主要是在有机物表面活动，所以物料颗粒的体积、表面积都关系着微生物的活动和堆肥的速度，一般情况下物料颗粒理想的粒度为12～60mm，但具体情况还应具体分析。

③温度：温度对微生物的代谢和繁殖都有很大的影响。通常情况下，堆肥过程中的最佳温度为50～60℃。当温度在55℃左右时，微生物的活性最高，有机物的分解效率也最高。

(2) 化学因素

①供氧量：堆肥的需氧量与堆肥原料中的有机物含量、挥发度、可降解系数等有关，一般情况下，堆肥原料中的有机碳越多，需氧量就越大。

②碳氮比（C/N）：碳和氮是微生物分解所需要的最重要元素，好氧堆肥中碳氮比为30：1是最为理想，在有机垃圾作为堆肥化原料时，碳氮比在20：1～35：1为佳。

③碳磷比（C/P）：堆肥化过程中碳磷比的变化是微生物分解有机物的重要标志，一般生物堆肥化碳磷比75～150为宜。

④pH值：堆肥化过程中微生物的降解活动一般需要微酸性或中性的环境条件。

4. 好氧堆肥的产品

好氧堆肥得到的产品——堆肥，一般作为肥料用于农业，其具有以下几点作用：

(1) 改良土壤：堆肥可增加土壤中的有机质和养分以及改善土壤的结构，可使黏质土壤松散，使砂质土壤结成团粒，同时降低土壤的容重，增加其空孔隙率，促进通风，提高土壤中的保水能力，而且还可吸收K^+、Ca^{2+}等养分，减少了土壤肥分的流失。

(2) 促进植物根系生长：由于腐殖质中含有丰富的微生物、原生动物，将其使用于土壤中时可以改善土壤生物环境的结构和功能，成为防止病原微生物的“屏障”，使农作物不易遭受害虫的侵扰，促进植物的生长，提高作物产量及品质。

除了上述一些优势，堆肥在应用方面还具有一定的不利因素：如施用过多堆肥可能会造成土壤富集有害元素；堆肥的肥力比不是很高，所以其并不能作为农家肥使用，只能是土壤的改良剂或调节剂。

4.3.2 厌氧发酵制沼气

1. 厌氧发酵的原理

厌氧发酵（或厌氧消化）是指在厌氧微生物的作用下，有控制地使废物中可生物降解的有机物转化为 CH_4、CO_2 和稳定物质的生物化学过程，由于厌氧发酵的产物是以 CH_4 为主要成分的沼气，故又称为甲烷发酵（目前还有一种以有机酸为主要发酵产物的厌氧发酵，称为酸发酵）。参与厌氧分解的微生物主要有产酸菌和产甲烷菌两大类，其中产酸菌能将复杂的有机物水解，并进一步分解为以有机酸为主的简单产物；而产甲烷菌是一种绝对厌氧菌，其功能是将有机酸转变为甲烷。

厌氧发酵过程中，首先是不溶性的大分子（如蛋白质、淀粉、脂肪）经水解作用，分解为水溶性的小分子有机物（如氨基酸、葡萄糖、脂肪酸），随后这些小分子有机物被发酵细菌摄入细胞内，经过一系列生化反应，再将代谢产物排出。这些代谢产物在经过产甲烷菌或产氢产乙酸菌的吸收利用，最后转化为二氧化碳和甲烷。厌氧发酵过程中涉及的主要生化反应有：

（1）主要有机物的水解反应：

$$\text{蛋白质} + nH_2O \rightarrow \text{氨基酸} + \text{脂肪酸} + NH_3 + CO_2 + H_2S$$

$$C_3H_5(RCOO)_3\text{（脂肪）} + 3H_2O \rightarrow C_3H_5(OH)_3\text{（甘油）} + 3RCOOH\text{（脂肪酸）}$$

$$2(C_6H_{10}O_5)_n\text{（碳水化合物）} + nH_2O \rightarrow nC_{12}H_{22}O_{11}\text{（双糖）} \rightarrow 2nC_6H_{12}O_6\text{（单糖）}$$

（2）水解产物分解为挥发性脂肪酸反应以及产乙酸的反应：

$$\text{简单可溶性有机物} \xrightarrow{\text{产氢菌和产酸菌}} \text{甲醇} + \text{酮} + \text{醛} + VFA + CO_2 + H_2$$

$$\text{脂肪酸类物质} \rightarrow \text{乙酸}$$

$$H_2 + HCO_3 + H^+ \rightarrow \text{乙酸} + H_2O$$

（3）产甲烷的主要反应：

$$CH_3COOH \rightarrow CO_2 + CH_4$$

$$4H_2 + CO_2 \rightarrow 2H_2O + CH_4$$

$$4HCOOH \rightarrow 3CH_2 + CH_4 + 2H_2O$$

$$4CH_3OH \rightarrow CO_2 + 3CH_4 + 2H_2O$$

2. 厌氧发酵工艺流程

有机物的厌氧发酵过程主要分为液化（水解）、酸化（包括酸化前阶段和酸化后阶段）和气化三个阶段。

（1）水解阶段

这一阶段中复杂的有机高分子物质如蛋白质，将在水解菌产生的胞外酶作用下进行体外酶分解，使固体物质变成可溶于水的简单有机物。此时起到水解作用的细菌主要包括纤维素分解菌、蛋白质分解菌等。

（2）酸化阶段

整个酸化阶段分为两部分：第一部分主要是水解阶段产生的简单的可溶性有机物，在产氢、产酸菌的作用下，分解成挥发性脂肪酸，主要是丙酸、丁酸、乙酸、乳酸，醇、酮、醛、CO_2 和 H_2 等；第二部分主要是第一阶段的产物被进一步转化为乙酸、氢气、碳酸以及新的细胞物质。这一阶段的主导细菌是产乙酸菌，若水中有硫酸盐，还会有硫酸盐还原菌参与产乙酸过程。

（3）产甲烷阶段

在厌氧发酵的最后阶段中乙酸、氢气、碳酸、甲酸和甲醇等被产甲烷菌利用转化为甲烷以及甲烷菌细胞物质。这一阶段的微生物群落主要是两组生理不同的专性厌氧的产甲烷菌群，它们一组将氢气和二氧化碳转化为甲烷，另一组将乙酸脱羧生成甲烷和二氧化碳。

3. 厌氧发酵的影响因素

（1）温度

根据温度的不同，厌氧发酵可以分为三种形式：常温发酵、中温发酵以及高温发酵。常温发酵的转化效率较低，产沼气量不高，病原菌也难于杀灭；中温发酵的温度一般控制在30～39℃，这是甲烷菌的第一个最佳活性温区，此时产沼气量稳定，转化率较高，该过程一般停留时间为 15～30 天，较易于管理，是目前普遍采用的产沼气方式；高温发酵的适宜温度为 48～60℃，这是甲烷菌的第二个最佳活性温区，其产气率最高，处理时间也较短，发酵过程的停留时间只需 12～15 天，但高温发酵要求料浆和发酵设备有加热、保温措施，对于设备工艺和材料要求较高，管理较复杂。

（2）pH 值

产酸菌适于在酸性条件下生长，其最佳 pH 值为 5.8；产甲烷菌则需在碱性条件下生长，当 pH<6.2 时，产甲烷菌就会失去活性。发酵过程中的酸度一般由脂肪酸的含量来决定，而碱度则由氨氮的含量决定。

（3）原料配比

这里的原料配比主要指的是原料中的碳、氮以及磷的含量。一般情况下厌氧发酵原料中最佳的碳氮比为 20∶1～30∶1，若碳氮比过高，就会使微生物的生长受到限制；但如果碳氮比过低，又会出现氨盐积累，抑制发酵过程。厌氧发酵对于磷含量的需求量大约为氮的1/5，如果磷元素不足同样会造成微生物的生长受到抑制，这时可以加入磷酸盐来保证微生物正常的代谢活动。

（4）添加剂和抑制物

在厌氧发酵过程中添加少量化学物质，有利于提高原料的利用率和产气量，促进发酵的进行。例如添加磷酸钙能提高沼气产量。但也有不少化学物质会抑制发酵的进行，当其浓度超过一定限制时，也会不同程度地抑制微生物的繁殖生长。

（5）物料混合均匀程度

原料的混合主要通过搅拌来完成，有效的搅拌可以增加物料与微生物接触的机会，并使系统内的物料以及温度分布均匀，保证发酵装置有较高的池容产气率，同时避免出现局部酸积累，也可使产生的气体迅速排出。对于流体或半流体状的物料可以采用机械搅拌、气体搅拌，泵循环搅拌等方法进行混合；而对于固体状态的物料，一般采用发酵气循环搅拌法或者机械混合搅拌法。

4. 厌氧发酵的产品

厌氧发酵的产品——沼气，是一种中热值的可燃气体，用途十分广泛。下面简单介绍几种沼气的应用。

①沼气作为燃料

沼气是一种很好的燃料，$1m^3$ 沼气的热量相当于 1kg 煤、0.5kg 汽油或 0.6kg 柴油的热量。利用沼气作为生活燃料，不仅清洁卫生、使用方便，而且其热效率较高，可节约时间，比较适用于偏远地区以及电力不足的地方。而沼气作为运输工具的功力燃料，则具有良好的抗暴性，同时尾气中无黑烟，对城市的空气污染小。

②沼气用于发电

沼气用作内燃机的燃料，通过燃烧膨胀做功产生原动力使发动机带动发电机进行发电。沼气发电的简要流程如下：

沼气→净化装置→贮气罐→内燃发动机→发电机→供电

沼气发电一般的形式有两种：一是单独利用沼气燃烧发电；二是与汽油或柴油混合燃烧发电。沼气发电的成本略高于火电，但远远低于油料发电的成本，是一种很好的能源利用的途径，但沼气中一般含有硫化氢，对于金属设备有较大的腐蚀作用，在进行发电设备的选择时应注意考虑设备的耐腐蚀性。

（3）沼气作为化工原料

沼气经过净化可得到纯净的甲烷，而甲烷是一种重要的化工原料，它可以在特殊的条件转化为甲醛、甲醇；在高温下可裂解成乙炔和氢气；在有催化剂、高温下与水反应还能生成氢气和一氧化碳。

沼气中的另一种主要成分二氧化碳也是一种重要的化工原料。沼气在利用前，可将二氧化碳分离出来，这不仅可以提高沼气的燃烧性能，而且还能用分离出的二氧化碳制成冷凝剂——干冰。

4.4 城市垃圾焚烧与热转化产品的回收

4.4.1 城市垃圾的焚烧

自 20 世纪 70 年代以来，垃圾的焚烧技术在发达国家得到了较快发展。而我国垃圾焚烧技术的研究起步于 20 世纪 80 年代中期，2011 年我国的城市垃圾焚烧处理量已达到 2599.3 万吨（数据来源于《我国工业固体废物处理利用行业 2012 年发展综述》）。将城市垃圾用焚烧法处理后，垃圾能实现减量化，节省用地，还可消灭各种病原体，将有毒有害物质转化为无害物。

焚烧法是高温分解和深度氧化的综合过程，是一种有效的对城市垃圾进行高温热化学处理的技术。通过焚烧可以使垃圾中的可燃物氧化分解，减少体积，去除毒物并回收能量，经焚烧处理后垃圾中的细菌和病毒能被彻底消灭，各种恶臭气体也在高温下分解。垃圾的焚烧的系统一般由以下几个子系统组成。

（1）垃圾接收及给料系统：垃圾经地磅称重后会自动录入计算机系统，垃圾输送车经垃圾接收大厅和垃圾卸料门后将垃圾卸入垃圾坑存储，最后由垃圾抓斗送到料斗进入垃圾炉焚烧。

（2）焚烧系统：即焚烧炉内的设备，主要包括炉床和燃烧室。垃圾可在炉床上翻转或燃烧，而燃烧室主要是为燃烧废气提供停留时间。将垃圾送入焚烧炉中后，垃圾在 800～1000℃高温条件下，其中的可燃成分与空气中的氧进行剧烈的化学反应，放出热量并转化成高温燃烧气体和少量性质稳定的惰性残渣。燃烧一般分为一次燃烧和二次燃烧。一次燃烧是燃烧的开始，主要是易燃的物料燃烧。一次燃烧过程中产生的可燃性气体以及颗粒态碳素等产物进入二次燃烧室，进行二次燃烧，此时主要是气态燃烧。

(3) 烟气净化系统：城市垃圾焚烧烟气的污染物可分为颗粒物（粉尘）、酸性气体（HCl、HF、SO_x、NO_x等）、重金属（汞、铬等）和有机剧毒性污染物（二噁英、呋喃等）四类。烟气的净化系统主要是通过控制温度尽量低，同时采用高效除尘器来除去烟气中的污染物，烟气净化工艺一般分为湿法、半干法和干法三种。

(4) 排渣系统：尽管经过焚烧后垃圾能够达到减量化、稳定化，但从质量比来看，仍然有10%～20%的灰渣以固体的形式存在。由于灰渣中可能含有重金属、未燃物等，所以不及时处理很可能会对环境造成影响。垃圾焚烧炉下排出的炉渣通常采用水冷，因此炉渣的水分含量较高，而50mm粒径以下的炉渣颗粒约占一半，可以采用除尘设备捕集这种粒径小、易吸湿附着的颗粒；锅炉室的电灰颗粒一般粒径较大，可以用重力或惯性力沉降进行去除。

(5) 热资源回收系统：热资源回收系统主要是焚烧余热利用系统。目前焚烧的余热一般通过能量再转换等形式加以回收利用，这样不仅可以满足焚烧厂自身设备运转的需要，还可以向外界提供热量和动力，取得一定的经济效益。焚烧余热利用的形式一般有直接热能利用、余热发电和热电连供三种。

城市垃圾的焚烧尽管可以很好地处理城市垃圾的占地、滋生病原菌等问题，但其建设投资较大，处理成本偏高，处理效果也易受垃圾成分和热值的影响。同时垃圾焚烧烟气中的二噁英是近几年来各国所普遍关心的问题，此类剧毒物质会影响空气质量，对环境造成很大危害。

4.4.2 热转化

固体废物的热转化就是在高温的条件下使固体废物中可回收利用的物质转化为能源的过程，主要包括焚烧、热解等技术，特别适合于有机固体废物（如城市垃圾）的资源化。本小节中将着重介绍热解技术。

1. 热解技术

(1) 热解原理

热解是指将有机物在无氧或缺氧条件下进行较热蒸馏，使有机物产生裂解，经冷凝后形成各种新的气体、液体和固体，从而提取燃料油、油脂和燃料气的过程。热解反应可用下列通式表示：

$$\text{有机固体废物}+\text{热量}\xrightarrow{\text{无氧或缺氧}}\text{可燃气}+\text{液态油}+\text{固体燃料}+\text{炉渣}$$

热解过程中，其中间产物主要存在两种变化趋势：一是由大分子变成小分子直至气体的裂解过程；另一种是由小分子聚合成较大分子的聚合过程。

(2) 热解产物

热解产物主要是可燃的低分子化合物，这些低分子化合物主要是燃料油或燃料气，便于贮存和进行远距离运输。

①热解产物的气态为可燃气体，主要包括氢气、甲烷、一氧化碳；

②热解产物的液相为液态油，主要以甲醇、丙醇、乙酸、乙醛等有机物及焦油、溶剂油为主；

③热解产物的固态主要为含纯碳和聚合高分子的含碳物。

一般情况下，固体废物的类型不同，热解反应的条件不同，都会使得热解的产物有所差异。但产物中可燃气量仍然是最大的，特别是温度较高的条件下，废物中的有机成分中

50%以上都转化成气态产物。

(3) 热解的影响要素

①温度：温度变化对产品产量、成分比例都有着较大的影响，是比较重要的控制参数。热解温度一般与气体的产量成正比，而各种液体物质和固体残渣均随分解温度的增加而相应减少。

②湿度：热解过程中湿度主要表现为影响产气的量和成分、影响热解的内部化学过程以及影响整个系统的能量平衡。保湿的时间长，分解的转化率就较高，热解也较为充分，但处理量相对较少。

③物料成分：一般情况下，物料中的有机成分比例越大，热值越高，可热解性就越好，产品的热值也较高，可回收性就会较好，产生的残渣量也比较少。

④反应时间：反应时间主要指反应物料完成反应在炉内停留的时间，它与物料的尺寸、物料的分子结构特性、反应温度、热解方式等有关，并且影响着热解产物的成分和总量。

4.5 固体废弃物的最终处置

根据目前世界各国的科学技术水平，无论采用任何先进的污染防治技术，都不可能把固体废物进行100%的回收利用，最终必定会残留一部分无法进行进一步处理和利用的废物。为了防治日益增多的各种固体废物对环境和人类健康造成的危害，就需要给这些废物提供一条最终出路，即解决固体废物的最终归宿问题——进行最终处置。

4.5.1 何为最终处置

固体废物的处置是指将固体废物经物理、化学、生物化学处理和回收利用后，最终置于符合环境保护场所或者设施中，不再对其进行回取或其他任何操作的过程，也称为最终处置或安全处置。最终处置是固体废物全面管理的最终环节，解决了固体废物的最终归宿问题。处置的目标是使固体废物最大限度地与生物圈隔离，以保证其中的有毒有害物质在现在和将来都不对人类及环境造成不可接受的危害。最终处置一般应满足以下一些基本要求：

(1) 固体废物的最终体积应尽量小（减容）；

(2) 固体废物本身已无较大危害性（无害）；

(3) 处置场所选择适宜、合理；

(4) 处置设施经济实用，并且保证安全；

(5) 封场后要定期对场地进行维护和监测，保持其稳定；

(6) 考虑固体废物处置场地的后续开发利用。

4.5.2 处置方法

1. 海洋处置

海洋处置主要分为：海洋倾倒和远洋焚烧，近些年，随着海洋环境的日益恶劣以及人们环保意识的普遍提高，海洋处置已经受到越来越多的限制。目前我国已经禁止了固体废物的海洋处置。

(1) 海洋倾倒

海洋倾倒利用了海洋的巨大环境容量，将固体废物直接倒入海洋中，以完成固体废物与人们生活环境的隔离。进行海洋倾倒时需根据相关法律选择合理的处置区域，倾倒前结合该区域的水质标准、地区特点、废物种类进行可行性分析、合理的方案设计以及建立后续的管理体系，以防止海洋被固体废物污染。

（2）远洋焚烧

远洋焚烧就是利用焚烧船将固体废物运至远洋位置区在船上进行废物的焚烧。远洋焚烧船上需设置特定的焚烧炉，其结构与所焚烧的对象有关，需进行专门设计。另外，对于固体废物焚烧后产生的废气需要经过净化系统和冷凝器，净化冷凝后产生的液体排入大海，而净化后的气体则直接排入大气中，焚烧后的残渣一般倾入海洋。

2. 陆地处置

陆地处置是目前较为常用的固体废物最终处置方法，一般包括土地填埋、土地耕作、深井灌注、永久储存和深层处置等几类，其中主要以土地填埋为主。

（1）土地填埋

土地填埋处置是一种按照工程理论和施工标准，对固体废物进行有效控制管理的综合性科学工程技术，它不再是传统意义上的堆放、填埋，从处置方式上而言，土地填埋已从堆、填、覆盖向包容、屏蔽隔离的工程贮存方向上发展，而且土地填埋的处置工艺简单，成本较低，适于处置多种类型的固体废物，同时填埋后的土地可以重新作为停车场、高尔夫球场等使用。目前，土地填埋已经成为固体废物最终处置的主要方法。

土地填埋的种类很多，按不同的标准可分为不同的类型。根据填埋地形特征可分为山间填埋、平地填埋和废矿坑填埋；根据填埋场地地质条件的不同可分为干式填埋、湿式填埋和干、湿式混合填埋；根据填埋场的状态可分为厌氧填埋、好氧填埋、准好氧填埋和保管型填埋；根据法律又可分为卫生填埋和安全填埋等。同时随着填埋种类的不同，其填埋场的构造和性能也有所不同，一般来说，填埋场主要包括：废弃物坝、雨水集排水系统（含浸出液体集排水系统、浸出液处理系统）、释放气处理系统、入场管理设施、入场道路、环境监测系统、飞散防止设施、防灾设施、管理办公室、隔离设施等。

卫生填埋是在土地处置场内按工程技术规范和卫生要求处置固体废弃物，即经过充填、推平、压实、覆土和再压实等操作过程，使废弃物得到最终处置，同时使废弃物对环境的危害降至最低限度，填埋场封场后可作别用，城市垃圾等一般固体废物可利用卫生填埋来进行处置。卫生填埋不仅操作简单、施工方便、费用低廉，同时还可回收甲烷气体，作为能源使用。目前在国内外卫生填埋得到了广泛的应用。

安全土地填埋是一种改进的卫生填埋方法，它主要是应用于危险废物的最终处置工作，对于防止填埋场产生二次污染的要求更为严格。

（2）土地耕作

土地耕作处理是将固体废物分散在现有的耕作土地上，通过土壤中存在的大量微生物的降解作用、表层土壤的离子交换和吸附、植物吸收、风化等作用对有机物和无机物进行处理的方法。该技术具有工艺简单、费用适宜、设备易于维护、对环境影响很小、能够改善土壤结构等优点。

土地耕作处置目前主要用于含盐量低、不含毒物、可生物降解的固体废物的处置。如施污泥、粉煤灰于农田中可以肥田，起到改良土壤和增产的作用。

（3）深井灌注

深井灌注处置是指把液体注入到地下与饮用水和矿脉层隔开的可渗性岩层内，从而达到使其与人类生活的环境相隔离的最终处置方法。其主要用于处置那些实践证明难于破坏、难于转化、不能采用其他方法处理或采用其他方法费用昂贵的废物。固体废物在进行深井灌注处置前需经液化处理，待废物形成真溶液或乳浊液后再进行深井灌注。

习题与思考题

1. 什么是固体废物的资源化?
2. 简述好氧堆肥的原理、影响因素与产品的应用。
3. 简单介绍厌氧发酵的工艺流程。
4. 城市垃圾焚烧的过程中应注意哪些影响因素?
5. 固体废物的最终处置有什么社会意义?
6. 介绍一种固体废物最终处置的方法。

第4篇　噪声及其他物理性污染控制

第1章　噪声污染控制

学　习　提　示

在本章要求学生简单了解噪声的来源及其危害，重点学习噪声的测量以及几种噪声的评价，熟悉如何进行噪声的防治。

学习重点：噪声的测量方法。

学习难点：噪声的评价标准。

从污染源的属性上来看，环境污染可以分为三大类型：物理性污染、化学性污染和生物性污染。其中物理性污染是指由物理因素引起的环境污染，如：噪声、放射性辐射、电磁辐射、光污染等。与化学污染和生物污染相比，物理性污染具有以下两个特点：第一，物理性污染大多数都是局部或区域的，只有极少数的（如温室效应）成为了全球性的；第二，物理性污染大多数都是即时性的，即污染源一旦消除，污染也同时消除，而且大多数物理性污染都是能通过物理学基本原理进行消减和消除的。

人类生活在声音的环境中，并且借助声音进行信息的传递、感情的交流。但是也有一些声音是我们不需要的，如睡眠时的吵闹声。从广义上来讲，凡是人们不需要的，使人厌烦并干扰人的正常生活、工作和休息的声音统称为噪声。噪声可能是由自然现象产生的，也可能是由人们活动形成的；可以是杂乱无章的宽带声音，也可以是节奏和谐的乐音。另外，噪声不仅取决于声音的物理性质，还与人的主观感觉密切相关，即使听到同样的声音，有些人会感到很喜欢，有些人却会感到厌恶。产业革命以来，各种机械设备的创造和使用，给人类带来了繁荣和进步，但同时也产生了越来越多而且越来越强的噪声。当噪声对人及周围环境造成不良影响时，就形成了噪声污染，通常所说的噪声污染是指人为造成的。

我国在《中华人民共和国环境噪声污染防治法》中把超过国家规定的环境噪声排放标准，并干扰他人正常生活、工作和学习的现象称为环境噪声污染。噪声污染与水污染、大气污染、固体废弃物污染同样被看成是世界范围内的主要环境问题之一，可见其造成的不良影响的严重性。

1.1　噪声的来源及危害

1.1.1　噪声的来源

噪声具有多种分类方式，按产生机理来划分，可分为机械噪声、空气动力性噪声和电磁性噪声；按其随时间的变化来划分，可分成稳态噪声和非稳态噪声；而按声源的机械特点可分为气体扰动产生的噪声、固体振动产生的噪声、液体撞击产生的噪声以及电磁作用产生的电磁噪声；按声音的频率可分为低频噪声（频率小于400Hz）、中频噪声（频率范围为400～1000Hz）及高频噪声（频率大于1000Hz）。

目前，使用较为广泛的分类方法为按污染源来源对环境噪声进行分类，其种类可分为工厂噪声（工业噪声）、交通噪声、施工噪声（建筑噪声）、社会生活噪声以及自然噪声五类。

1. 工业噪声

工业噪声主要是指工业生产劳动中产生的噪声，它的声级一般较高，影响较大。工业噪声主要来自各种动力机和工作机做功时产生的撞击、摩擦、喷射以及振动等产生的声响。一般电子工业和轻工业的噪声在90dB以下；纺织厂噪声在90～110dB之间；机械工业噪声约为80～100dB；凿岩机、大型球磨机的噪声达到120 dB；风铲、风铆、大型鼓风机的噪声在120dB以上。

2. 交通噪声

交通噪声主要包括机动车辆、船舶、地铁、火车、飞机等的噪声，由于这些噪声的噪声源是流动的，所以其干扰范围非常大。随着城乡车辆的增加，公路和铁路交通干线的增多，机车和机动车辆的噪声已成了交通噪声的元凶。一般公共汽车的噪声约为80dB，车速提高一倍噪声增长6～10dB；而电车喇叭大约有90～95dB，汽车喇叭大约有105～110dB。机动车辆数量的增加以及较大分贝的车辆噪声都使得交通噪声成为城市的主要噪声源，约占城市噪声的75%。

3. 建筑噪声

建筑噪声主要来源于建筑机械发出的噪声。建筑噪声的特点是强度较大，且多发生在人口密集地区，严重影响居民的休息与生活。特别是近年来城市建设迅速发展，道路建设、基础设施建设、城市建筑开发、旧城区改造，还有百姓家庭的室内装修，虽然每项施工都具有暂时性，但城建施工的总和加起来很大，所以就造成了城市建筑噪声的不断增加。

4. 社会噪声

社会噪声包括了人们的社会活动产生的噪声和家用电器发出的噪声。社会生活噪声主要指人们在商业交易、体育比赛、游行集会、娱乐场所等各种社会活动中产生的喧闹声，不过随着社会公民的文化水平逐年提高，这些公共场所产生的噪声已经有减少的趋势；而家庭中家用电器的噪声对人们的危害则越来越大。家庭中电视机、收录机所产生的噪声可达到60～80dB，洗衣机为42～70dB，电冰箱为34～50dB，这些设备的噪声级虽然不高，但由于和人们的日常生活联系密切，使人们在休息时得不到安静，尤为让人烦恼，并且极易引起邻里纠纷。

5. 自然噪声

自然噪声来源于自然现象，主要是指自然界存在的各种电磁波源。例如，火山爆发、地震、雪崩和滑坡等自然现象会产生空气声、地声（在地内传播）和水声（在水内传播），此外，自然界中还有潮汐声、雷声、瀑布声、风声、陨石进入大气层的轰声，以及动物发出的声音等，这些非人为活动产生的声音，都统称为自然界噪声。

1.1.2 噪声的危害

20世纪50年代后，噪声与污水、废气、固体废物并列为四大公害。噪声污染对人、动物、仪器仪表以及建筑物均可造成危害，其危害程度主要取决于噪声的频率、强度及暴露时间。

1. 噪声对人体健康以及生活的影响

(1) 噪声易损伤听觉器官

噪声对人体最直接的危害是听力损伤。人们在进入强噪声环境时，暴露一段时间，会感到双耳难受，甚至会出现头痛等感觉，而离开噪声环境到安静的场所休息一段时间，听力就会逐渐恢复正常，这种现象叫做暂时性听阈偏移，又称听觉疲劳。如果人们长期在强噪声环境下工作，听觉疲劳就不能得到及时恢复，且内耳器官会发生器质性病变，即形成永久性听阈偏移，又称噪声性耳聋。若人突然暴露于极其强烈的噪声环境中，听觉器官会发生急剧外伤，引起鼓膜破裂出血，最终可能使人耳完全失去听力，即出现暴震性耳聋。一般情况下，85dB 以下的噪声不至于危害听觉，而 85dB 以上的噪声则可能造成人们的听力损伤。

(2) 噪声会损坏人体的生理健康

噪声属于恶性刺激物，它通过听觉器官长期作用于人的大脑中枢神经系统，可使大脑皮层的兴奋和抑制失调，以致影响全身各个器官的健康，所以噪声除了对人的听力造成损伤外，还可能诱发多种疾病，给人体的生理健康带来危害。另外，由于噪声的作用，人们还易产生头痛、脑胀、耳鸣、失眠以及记忆力减退等神经衰弱症状，严重者甚至可能产生精神错乱，对于这种症状，药物治疗的疗效相对较差，而当人们脱离噪声环境时，上述相关症状就会开始明显好转。

噪声对视觉器官、内分泌机能及胎儿的正常发育等方面也会产生一定影响。如果孕妇长期处在超过 50dB 的噪声环境中，就会造成内分泌腺体功能紊乱，出现精神紧张、内分泌系统失调等症状，严重者还会导致胎儿缺氧缺血、胎儿畸形甚至流产。而高分贝噪声能损坏胎儿的听觉器官，致使大脑部分区域受到影响，造成儿童智力低下。

但在这里也必须指出，上述的一些健康问题也和个人的体质因素有着一定的关系，噪声污染是在一定程度上增加了患病的可能性，并不一定就是疾病的根本起因。

(3) 噪声干扰人们的休息和睡眠，影响交谈和思考，使工作效率降低

噪声会对人们正常的睡眠和休息造成很大影响，若人们在睡眠中受到了噪声的刺激，则极易出现多梦、惊醒、睡眠质量下降等问题，突然的噪声对睡眠的影响更是尤为突出。一般来说，40dB 的连续噪声可使 10%的人睡眠质量受到一定程度的影响，70dB 可影响 50%的人的睡眠；而突发的噪声在 40dB 时，可使 10%的人惊醒，当噪声达到 60dB 时，就可使 70%的人惊醒。

噪声还会干扰人们正常的谈话、工作和学习等过程。当人受到突然而至的一次噪声干扰，就要丧失 4 秒钟的思想集中。若噪声超过 85dB，就会使人感到心烦意乱，无法专心工作，导致工作效率降低，而随着噪声的增加，差错率会明显上升。由此可见，噪声会分散人的注意力，导致反应迟钝、容易疲劳、工作效率下降等问题（表 4-1-1)。

表 4-1-1　噪声对交谈的影响

噪声（dB）	主观反应	保证正常讲话距离（m）	通信质量
45	安静	10	很好
55	稍吵	3.5	好
65	吵	1.2	较困难
75	很吵	0.3	困难
85	太吵	0.1	不可能

2. 噪声对动物以及植物的影响

噪声不但会给人体健康带来危害，同时还会影响动、植物的生长以及健康状况。

(1) 噪声对动物的影响

① 噪声对动物行为的影响和声致痉挛

声致痉挛是指声音刺激在动物体（特别是啮齿类动物体）上诱发的一种生理上的肌肉失调的现象，是由声音引起的生理性癫痫，它与人类的癫痫及可能伴随发生的各种病征有类似之处。

动物在噪声场中会失去行为的控制能力，出现典型的声致痉挛现象，导致动物烦躁不安，失去常态。除了会导致声致痉挛，噪声还会给动物造成其他的生理异常，如有人给奶牛播放轻音乐后，牛奶的产量会大大增加，但同时强烈的噪声会使奶牛不再产奶。

②噪声对动物听觉和视觉的影响

当豚鼠暴露在一定分贝的噪声场中时，其耳廓对声音的反射能力可能会出现下降的现象。若暴露在噪声低于150dB的情况下，豚鼠耳廓反射能力的下降会在24h内逐渐恢复，但若暴露在150～160dB的噪声场中，豚鼠耳廓反射能力的下降或消失则很难恢复。在强噪声场中暴露后的豚鼠的中耳和卵圆窗膜都有不同程度的损伤，严重的甚至可以观察到鼓膜轻度出血和裂缝状损伤，在更强噪声的作用下，豚鼠鼓膜甚至会穿孔和出现槌骨柄损伤。另外，在噪声暴露时间不变的情况下，随着噪声声压级的不断增加，噪声造成豚鼠听力损失的程度会越来越严重。

除了对动物听力的损坏，噪声还会破坏动物的视觉。当动物暴露在150dB以上的低频噪声场中，会引起动物的眼部振动，造成明显的视觉模糊。

③噪声会引起动物的病变和死亡

同样以豚鼠为例，豚鼠在强噪声场中体温会明显升高，心电图和脑电图也都明显出现异常，而在强噪声场中脏器严重损伤的豚鼠在死亡前记录的脑电图表现为波律变慢，波幅趋于低平。经过强噪声的作用后，尽管豚鼠的外观并无异常状况，但相关研究人员通过解剖检查却发现，豚鼠几乎所有的内脏器官都受已经到损伤。

除了引起动物病变，强噪声还会引起动物的死亡。一般在强噪声场中，噪声的声压级越高，造成动物死亡的时间就越短。

(2) 噪声对植物的影响

噪声对植物的影响可以分为两类：一是噪声直接影响植物的生长，如噪声能促进果蔬的衰老进程，使植物的呼吸强度及内源乙烯释放量均有所提高；二是噪声间接地影响了植物的生长和繁殖，这种间接的影响主要是通过噪声改变了动物的一些行为而使得植物受到影响。

3. 噪声对仪器设备和建筑结构的影响

(1) 噪声对仪器设备的危害

噪声不仅影响着人们和动、植物，还会对一些仪器设备造成影响。特强噪声会损伤仪器设备，甚至会使仪器设备失效，而噪声对仪器设备的影响一般与噪声的强度、频率以及仪器设备本身的结构与安装方式等因素有关。当噪声级超过150dB时，就会严重损坏电阻、电容、晶体管等元件，当特强噪声作用于火箭、宇航器等机械结构时，由于受声频交变负载的反复作用，会使材料产生疲劳现象而断裂，这种现象叫做声疲劳，是严重影响材料投入使用的一种现象。

(2) 噪声对建筑物的危害

当噪声级超过140dB时，噪声就对轻型建筑开始有破坏作用。当超声速飞机在低空掠过时，在飞机头部和尾部会产生压力和密度突变，经地面反射后形成N形冲击波，传到地面时听起来像爆炸声，这种特殊的噪声叫做轰声。在轰声的作用下，建筑物会受到不同程度的破坏，如出现门窗损伤、玻璃破碎、墙壁开裂、抹灰震落、烟囱倒塌等现象。由于轰声衰减较慢，因此传播较远，影响范围也较广。此外，在建筑物附近反复使用空气锤、打桩或爆破时，也会导致建筑物的损伤。

1.2　噪声的测量

1.2.1　噪声测量的一般物理量度

1. 声压与声压级

声压是指声波的存在引起在弹性介质中压力的变化值。而有效声压是指一段时间内瞬时声压的均方根值，可表示为：

$$P=\sqrt{\frac{1}{T}\int_0^T p^2(t)\mathrm{d}t}$$

在实际应用中，若没有特别说明，声压P就是指有效声压。

而声压级则定义为：
$$L_P=10\lg\frac{p^2}{p_0^2}=20\lg\frac{p}{p_0}$$

式中　p——有效声压，Pa；

p_0——基准声压（人耳敏锐听觉能听到的1000Hz纯音最弱声压），$p_0=2\times10^{-5}$Pa。

声压级的单位是分贝或分贝尔（Decibel），记作dB，分贝没有量纲，只有一个比较指标，它不能代表声源本身的大小，只能表示所测的量与基准量比较的相对大小。

2. 声强和声强级

声强是指单位时间通过垂直于声波传播方向的单位面积的声能，记作I，单位为W/m²。声强I与声压p之间的关系可以表示为：

$$I=\frac{p^2}{\rho c}$$

式中　ρ——空气密度，kg/m³；

c——声速，m/s；

ρc——声特性阻抗，其大小随大气压力和温度而变化，Pa·s/m。

声强级的定义为：
$$L_I=10\lg\frac{I}{I_0}$$

式中　I——声强；

I_0——基准声强，取$I_0=10^{-12}$W/m²。

在常温常压下，声特性阻抗变化不太大。当取ρc=常数时，则有

$$L_I=10\lg\frac{I}{I_0}=10\lg\frac{p^2}{p_0^2}=20\lg\frac{p}{p_0}=L_P$$

通过上式可知，在应用中，可以通过测量声压级得到声强级。

3. 声功率与声功率级

声功率是指声源在单位时间内辐射出来的总声能量，记作W，单位为W。声功率级表示声源的辐射强度，衡量声源的发声能力。反映一个声源的大小特性主要是用声功率，而声功率的大小只与声源本身有关，与其所处的环境无关。声功率级的单位是Bels，1Bels=

10dB。它的定义为：

$$L_W = 10\lg\frac{W}{W_0}$$

式中 W——对应的声功率，W；

W_0——基准声功率，取 $W_0 = 10^{-12}$W。

4. 噪声的叠加

若两个独立的噪声源同时作用于一点，那么就产生了噪声的叠加。噪声叠加时，声能量可以代数相加。以两个噪声源为例，在空间的某一点两个噪声源的声强和声功率分别为 I_1、I_2 和 W_1、W_2，那么该点的总声强和总声功率分别为：

$$I_{总} = I_1 + I_2$$

$$W_{总} = W_1 + W_2$$

与声强和声功率略有不同，声压则不可以直接进行代数相加，但通过声压与声强的关系式可知声压的平方能直接相加。

1.2.2 噪声的测量方法

1. 城市区域噪声的测量

进行城市区域的噪声测量一般需进行以下步骤：

（1）准备仪器：噪声的测量仪器为精密声级计或普通声级计，声级计在使用前需按照规定进行校正，以保证测量数据的准确性。

（2）测量布点：测量点一般选择在室外，要求离任意的建筑物不小于 1m，传声器与地面的垂直距离不小于 1.2m。测量时可将测量的区域划分成等距离网格，以 500×500 的区域为例，网格数目一般应在 100 个以上，每个测量点均设置在网格中心，若测量点不易进行测量时，可移动至附近位置进行测量工作。

（3）测量条件：测量要选在无雨无风、天气晴朗的条件，风速一般不应超过 5.5m/s，测量时还应在传声器上加上风罩。在路边进行测量时，要注意避开车辆通过的时段。

（4）测量时间：一般分为昼间（6：00～22：00）和夜间（22：00～6：00）两个时间段。白天的测量一般选在 8：00～12：00 或 14：00～18：00，夜间一般选在 22：00～5：00，但随着地区和季节的不同，上述时间可以相应的变动。

（5）测量：测量时一般要求在每个测量点连续读出 100 个数据（噪声涨落较大时应读 200 个数据），来代表该点的噪声分布，白天和夜间需分别进行测量，测量时可进行周围声学环境的记录和分析。

（6）数据处理：噪声的数据处理一般利用统计噪声级或等效连续 A 声级进行处理，从而确定区域环境的噪声污染情况。

（7）评估方法：噪声测量采用的评价方法普遍为数据平均法和图表法。数据平均法是指将各测量点测量的数据进行算术平均运算，以得到的算术平均值代表某一区域的总噪声水平。图表法表示环境噪声测量的结果比较直观，一般是将整个区域的测量结果以 5dB 为一个等级，划分成若干个等级，然后用不同的颜色或者阴影线表示每一等级，绘制在区域的网格上，用于表示该区域的噪声污染分布（表 4-1-2）。

2. 城市交通噪声的测量

（1）测量布点：对于城市交通噪声测量的测量点一般选在两个交通路口之间的交通线上，距车行道约 20cm，离路口应大于 50cm，这样的点就可代表两个路口之间的该段道路的交通噪声。

表 4-1-2　等级颜色和阴影线表示方法

噪声带（dB）	颜色	阴影线
35 以下	浅绿色	小点，低密度
36～40	绿色	中点，中密度
41～45	深绿色	大点，大密度
46～50	黄色	垂直线，低密度
51～55	褐色	垂直线，中密度
56～60	橙色	垂直线，大密度
61～65	朱红色	交叉线，低密度
66～70	洋红色	交叉线，中密度
71～75	紫红色	交叉线，大密度
76～80	蓝色	宽条垂直线
81～85	深蓝色	全黑

（2）测量时间：对于测量时间一般白天的测量选在 8：00～12：00 或 14：00～16：00，夜间一般选在 23：00～5：00。具体时间同样可随着地区和季节的不同而变动。

（3）测量：在噪声测量时，一般每隔 5s 记一个瞬间 A 声级（慢响应），连续记录 220 个数据，测量的同时还应记录下交通流量（机动车）。将 200 个数据从小到大排列，规定第 20 个数是 L_{90}（下节将对该表示方法进行介绍），第 100 个数是 L_{50}，第 180 个数是 L_{10}，并计算出 L_{eq}，计算时应视交通噪声基本符合正态分布。

（4）数据处理：交通噪声测量时可将 L_{eq} 或 L_{10} 作为评价量，同样每个测量点的 L_{10} 按 5dB 划分为一个等级，以不同颜色或不同阴影线画出每段马路的噪声值，即可得到该区域的交通噪声污染分布图。

3. 工业企业噪声测量

（1）测量布点：对于工业企业厂区内噪声的测量一般分为两种情况，若车间内各处 A 声级波动小于 3dB，则只需在车间内选择 1～3 个测量点即可；若车间内各处 A 声级波动大于 3dB，则应按声级大小将车间分成若干区域，注意任意两区域的声级波动应大于或等于 3dB，同时每个区域内的声级波动必须小于 3dB，分好区域后，在每个区域内设置 1～3 个测量点。所有测量区域一定要包括所有员工经常工作或出入的范围。

（2）测量：测量工业企业噪声时，传声器的位置应在操作人员的耳朵位置，确定位置后人员可离开。厂区内噪声如为稳定噪声则测量 A 声级，如为不稳定噪声则需测量等效连续 A 声级或测量不同 A 声级下的暴露时间，用中心声级表示相应声级，可记录暴露时间于类似表 4-1-3 的表格中，并计算等效连续 A 声级。

表 4-1-3　工业企业噪声监测暴露时间记录表

暴露时间（min）／测点	中心声级 L_{Aeq}（dB）							L_{Aeq}（dB）
	80	85	90	95	100	105	110	
	78～82	83～87	88～92	93～97	98～102	103～107	108～112	

一般每个工作日以 8h 为基础，根据低于 78dB 的噪声不予考虑的条件，工业企业一天的等效连续 A 声级可由下式近似计算：

$$L_{eq}=80+10\lg\left[\frac{\sum_{i=1}^{n}10^{\frac{n-1}{2}}T_n}{480}\right]$$

式中 n——段数，可由上表中得出；

T_n——第 n 段声级一天内的暴露时间，min。

（3）测量条件：由于工业企业的噪声测量大部分是在车间内进行的，所以测量时应注意尽量避免电磁场、气流、温度、湿度等因素的影响。

4．建筑施工厂界的噪声测量

我国颁布的《建筑施工厂界环境噪声排放标准》（GB 12523－2011）中规定了城市建筑施工作业期间由施工产生的噪声的测量方法。

（1）测量布点：根据相关施工方案以及建筑图纸确定建筑施工场地的边界线，根据施工场地的作业方位和活动形式，确定噪声敏感建筑或区域方位。在场地边界线上选择距离敏感建筑或区域较近的点作为测量点，可根据具体情况确定测量点的数目。传声器高度处于离地面 1.2m 的噪声敏感处，如果有围墙等障碍物，一般传声器高度要高于障碍物。

（2）测量条件：测量仪器普遍采用积分声级计，测量可以分为昼间、夜间两部分，测量期间要求各施工机械正常运转。气候条件一般为无雪、无雨天气，当风速大于 1m/s 时，测量时要加上防风罩，风速大于 5m/s 时要停止测量。

（3）测量：建筑施工厂界噪声测量的参数一般为等效连续 A 声级，仪器动态特性为“快”响应，采样时间间隔不大于 1s。通常情况下，白天以 20min 的等效连续 A 声级表征该点的昼间噪声值，夜晚则以 8h 的等效连续 A 声级表征该点的噪声值。

5．机场周围飞机噪声测量

我国的《机场周围飞机噪声测量方法》（GB 9661—1988）适用于测量机场周围由于飞机起飞、降落而引起的噪声。包括精密测量和简易测量，精密测量需要作时间函数的频谱分析，而简易测量仅需经频率计权的测量。下面介绍一下简易测量。

（1）测量仪器：选择精度不低于 2 型的声级计或其他适当仪器，声级计的性能要符合相关标准的规定。

（2）传声器位置：传声器应放置在高于地面 1.2m 处并且开阔平坦的地方，距离其他可能的反射壁面 1m 以上，传声器的膜片应基本位于飞机标称飞行航线和测点所确定的平面内，注意避开变压器以及电线。

（3）测量条件：要求地面 10m 高处的风速不大于 5m/s，相对湿度在 30%～90%之间，以无雨、无雪天气为宜。

（4）测量：将使用的声级计接上声级记录器，读出 A 声级或 D 声级的最大值，并记录飞行时间、状态、机型等测量条件。在读取一次飞行过程的 A 声级最大值时一般用声级计的慢响应，但在飞机低空高速飞过或距离跑道较近时测量需用快响应。

6．机动车辆噪声测量

机动车辆包括各类汽车、摩托车等，由于机动车辆的噪声是流动的，所以其产生的影响较大，我国于 2002 年颁布的《汽车加速行驶车外噪声限值及测量方法》（GB 1495—2002）[替代《机动车辆允许噪声》（GB 1495—1979）] 规定了机动车辆外最大允许噪声及测量方法。机动车辆噪声是一个包括了各种性质噪声的综合性噪声，其主要噪声源有发动机、冷却系统、排气系统等。目前我国对于整车的噪声测量方法的大致分类如图4-1-1所示。

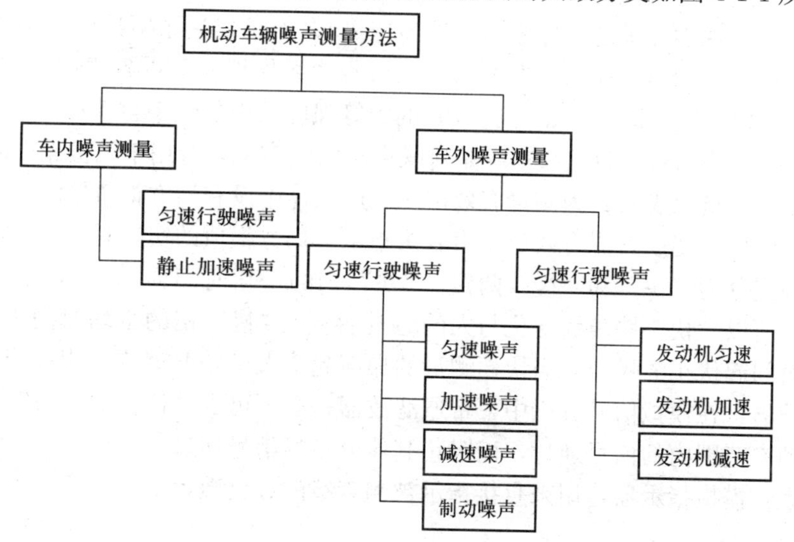

图4-1-1　机动车辆噪声测量方法

1.2.3　噪声的测量仪器

常用的噪声测量仪器主要有声级计、频谱分析仪、实时分析仪、声级记录仪、磁带记录器等，下面简单介绍一下几种测量仪器。

1. 声级计

声级计是根据国际标准和国家标准按照一定的频率计权和时间计权测量声压级的仪器，它是声学测量中最基本最常用的仪器，适用于室内噪声、环境保护、机器噪声、建筑噪声等各种噪声的测量，可测量总声压级和各种计权声级。其按测量精度分为普通声级计（±3dB）和精密声级计（±1dB）两种，普通声级计对传声器要求不高，动态范围和频响平直范围较窄，一般不与带通滤波器联用；精密声级计则对传声器要求较高，灵敏度好，稳定性也较优，可与带通滤波器联用。声级计主要由传声器、衰减器、放大器、计权网络、检波电路及指示表头等组成。图4-1-2为声级计的内部图示。

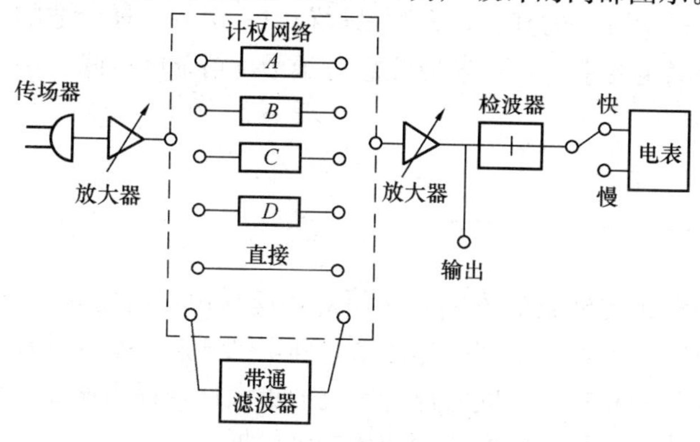

图4-1-2　声级计方框图

（1）传声器：又称为微音器或话筒，它是将声波信号转换为电信号的声电转换器件。主要分为电动式（用于普通声级计）、压电式（用于普通声级计）和电容式（常用于精密声级计）。它具有性能稳定、动态范围宽、频响平直、体积小等特点。

（2）放大器与衰减器：声音通过传声器后，输出的电压是很微弱的，故声级计内必须有放大系统，包括输入放大器和输出放大器；而衰减器则可以将大的信号衰减，以提高声级器的测量范围。

（3）计权网络：在声级计内设有一种能够模拟人耳的听觉特性、将电信号修正为与听感近似值的网络，这种网络称为计权网络，一般有A、B、C、D四种。通过计权网络测得的声压级已不再是客观物理量的声压级（线性声压级），而是经过了听感修正的声压级——计权声级，简称声级，如A、B、C、D声级。A计权声级模拟人耳对55dB以下低强度噪声的频率特性；B计权声级模拟了55dB到85dB的中等强度噪声的频率特性；C计权声级则模拟了高强度噪声的频率特性；D计权声级是对噪声参量的模拟，专用于飞机噪声的测量。

（4）检波器与指示表头：为测量有效声压，声级计中设有均方根值检波器，将输出放大器放大后的交流信号变成直流有效值，由表头指示。均方根值的实际时间，即仪器对噪声的平均时间，规定分为“快”和“慢”两档。“快”档的平均时间为0.27s，接近人耳听觉生理平均时间，所以“快”档声级变化与人的感觉协调。“慢”档的平均时间为1.05s。快档用于测量随时间起伏小的噪声，当快档测量的噪声起伏大于4dB时应换用慢档。

（5）滤波器：在模拟信号分析中，带通滤波器是必不可少的仪器，它的作用是只让滤波器所确定的频率范围内的信号通过，而阻止其他分量的信号通过。

（6）电表：模拟指示器，用来直接指示被测声级的分贝数。

2. 频率分析仪

频谱分析仪又称声频频谱仪，它是用来测量噪声频谱的仪器，基本组成与声级计相似，只是设置了完整的计权网络，即滤波器。它的基本工作原理就是利用滤波器将声频范围内的频率分成不同的频带进行测量。一般情况下，可用倍频程划分频带，但在对噪声进行更详细的频谱分析时可用1/3倍频程划分频带。

3. 实时分析仪

实时分析仪可以在短时间内即时地将声音的频线分析出来，显示出声音信号的A声级、总声级和频谱等信息，对于测量瞬时变化的声音非常方便。实时分析仪主要由测量放大器、倍频程滤波器、阴极射线管以及数字显示电路等部分组成。

4. 声级记录仪

声级记录仪可以将测量的噪声声频信号随时间的变化记录下来，从而对环境噪声做出准确的评价。它主要是将交变声频电信号进行对数转换，经过整流后将噪声的峰值、有效均根值和平均值表示出来。

噪声的测量是对噪声规范管理以及科学研究的基础，在测量过程中一定要选择合适的方法和仪器，并且注意测量时的条件是否满足要求，另外还应注意对于干扰情况的排除，尽量减少测量干扰。

1.3 噪声的评价和标准

1.3.1 噪声评价

为了正确评估环境噪声对社会活动和人体健康的影响，必须对环境噪声进行定量评价。环境噪声的评价是指通过严格的科学研究，确定一系列指标体系，确定已开发行动或建设项目发出的噪声对人群和生态环境影响的范围和程度，同时评价影响的重大性，提出避免、消除和减少其影响的措施，为开发行动或建设项目方案的优化选择提供依据。

噪声影响评价主要包括以下的内容：

（1）根据拟建项目多个方案的噪声预测结果和环境噪声标准，评述拟建项目各个方案在施工、运行阶段产生的噪声的影响程度、影响范围和超标状况（以敏感区域或敏感点为主）。

对项目建设前和预测得到的建设后的状况进行分析比较，判断影响的重大性，依据各个方案噪声影响的大小提出推荐方案；

（2）分析受噪声影响的人口分布（包括受超标和不超标噪声影响的人口分布）；

（3）分析拟建项目的噪声源和引起超标的主要噪声源或主要原因；

（4）分析拟建项目的选址、设备布置和设备选型的合理性，同时分析建设项目设计中已有的噪声防治对策的适应性和防治效果；

（5）为了使拟建项目的噪声达标，提出需要增加的、适用于该项目的噪声防治对策，并分析其经济、技术的可行性；

（6）提出针对该拟建项目的有关噪声污染管理、噪声监测和城市规划方面的建议。

1.3.2 噪声的评价量

噪声评价量的建立必须考虑到噪声对人们影响的特点。例如人耳对不同频率的噪声的主观反应并不相同；同样的噪声出现在夜间比出现在白天对人的影响更明显。噪声的评价量就是在研究了人对噪声反应的方方面面的不同特征而提出的，下面就简单介绍几种噪声的评价量。

1. 响度和响度级

当外界声振动传入人们的耳朵时，在人们的主观感觉上就形成了听觉上声音的强弱概念。人们习惯简单地用“响”与“不响”来描述声波的强度，但人耳对声波响度的感觉还与声波的频率有关，即相同声压级但频率不同的声音，人耳听起来也是不一样响的。为了定量地确定声音的轻或响的程度，通常采用响度级这一参量。

响度级的定义为：当某一频率的纯音与1000Hz的纯音听起来同样响时，这时1000Hz纯音的声压级就定义为该声音的响度级。响度级的符号为LN，单位为方（phon）。通过对各个频率的声音作试听比较，得出达到同样响度级时频率与声压级的关系曲线，称为等响曲线，如图4-1-3所示。图中最下面的一根曲线表示人耳刚能听到的声音，其响度级为零，称为听阈线，一般低于此曲线的声音人耳无法听到；图中最上面的曲线是痛觉的界限，称为痛阈线，超过此曲线的声音，人耳感觉到的是痛觉。在听阈和痛阈之间的声音是人耳的正常可听声范围。

响度级的方值，实质上仍是1000Hz声音声压级的分贝值。所不同的是，响度级的方值与其分贝值的差异随频率而变化。响度级仍是一种对数标度单位，并不能线性地表明不同响度级之间主观感觉上的轻响程度，也就是说，声音的响度级为80 phon并不意味着比40 phon响一倍。与主观感觉的轻响程度成正比的参量为响度，符号为N，单位为宋（sone）。其定义为正常听者判断一个声音比响度级为40phon参考声强响的倍数，规定响度级为40phon时响度为1sone。2sone的声音是1sone的2倍响。经实验得出，响度级每增加10 phon，响度增加一倍。响度与响度级的关系为：

$$L_N = 40 + 10\log_2 N \text{ (phon)}$$

$$N = 2^{0.1(L_N - 40)} \text{ (sone)}$$

2. 斯蒂文斯响度

多数实际声源产生的声波是宽频带噪声，并且不同的频率噪声之间还会产生掩蔽效应。斯蒂文斯（Stevens）和茨维克（Zwicker）针对这种复合声的响度注意到了掩蔽效应，得出如图4-1-4所示的等响度指数曲线，对带宽掩蔽效应考虑了计权因素，认为响度指数最大的频带贡献最大，而其他频带由于最大响度指数频带声音的掩蔽，它们对总响度的贡献应乘上

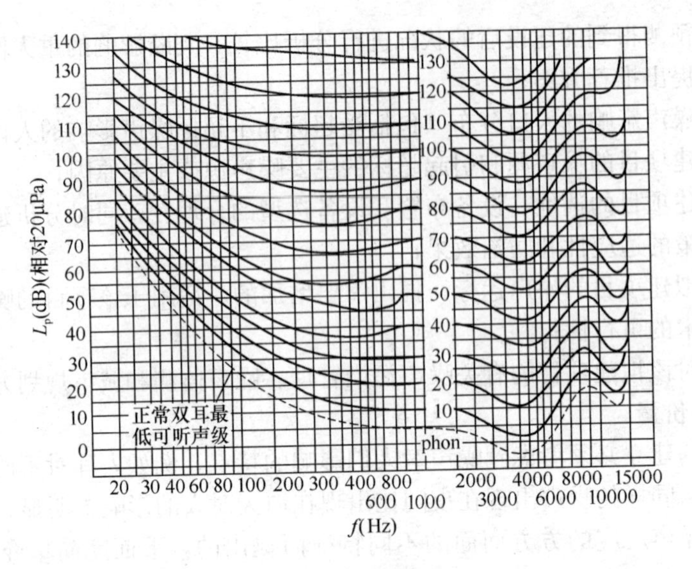

图 4-1-3 等响曲线

一个小于 1 的修正因子，修正因子和频带宽度的关系见表 4-1-4。

表 4-1-4 修正因子和频带宽度的关系

频带宽度	倍频带	1/2 倍频带	1/3 倍频带
修正因子	0.30	0.20	0.15

对于复合噪声，响度的计算方法分为以下几步：

（1）测出频带声压级（倍频带或 1/3 倍频带）；

（2）从斯蒂文斯等响度指数曲线图上查出各频带声压级对应的响度指数；

（3）找出响度指数中的最大值 S_m，将各频带响度指数总和中扣除最大值 S_m，再乘以相应的带宽修正因子 F，最后与 S_m 相加即为复合噪声的响度 S，用数学表达式可表示为：

$$S = S_m + F \cdot \left[\sum_{i=1}^{n} S_i - S_m \right] \quad (\text{sone})$$

求出总响度值后，就可以由斯蒂文斯等响度指数曲线图右侧的列线图求出此复合噪声的响度级值，或按下式计算得出响度级：

$$P = 40 + 10\ \lg_2 S \quad (\text{phon})$$

3. 计权声级和计权网络

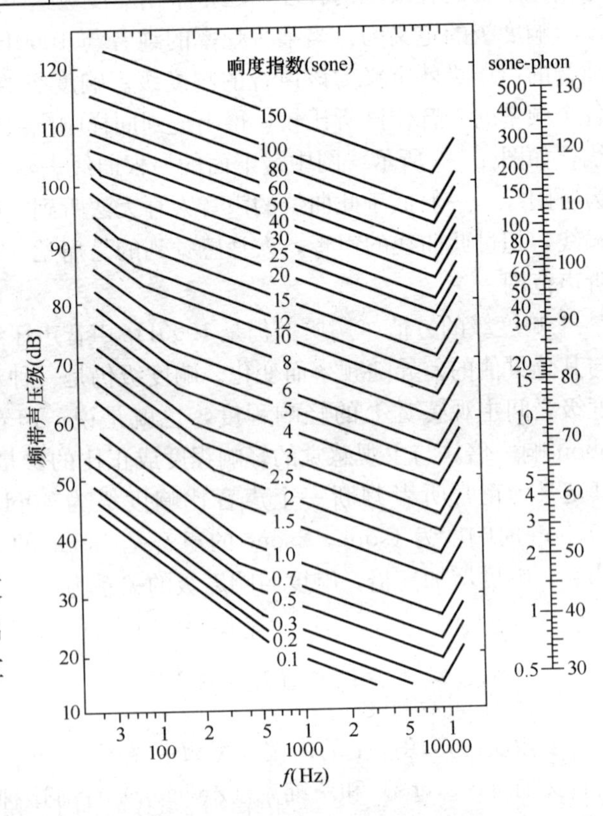

图 4-1-4 斯蒂文斯等响度指数曲线

由等响曲线可以看出，人耳对于不同频率的声波反应的敏感程度是不一样的。人耳对于高频声音，特别是频率在1000～5000Hz之间的声音比较敏感；而对于低频声音，特别是对100Hz以下的声音不敏感，即声压级相同的声音会因为频率的不同而产生不一样的主观感觉。为了使声音的客观量度和人耳的听觉主观感受近似取得一致，通常对不同频率声音的声压级经某一特定的加权修正后，再叠加计算可得到噪声总的声压级，此声压级称为计权声级。

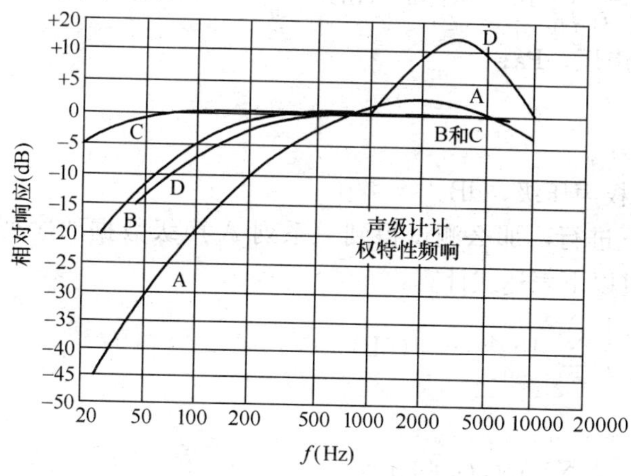

图 4-1-5　计权网络频率特性

计权网络是近似以人耳对纯音的响度级频率特性而设计的，通常采用的有A、B、C、D四种计权网络。图4-1-5所示的是国际电工委员会（IEC）规定的四种计权网络的频率响应的相对声压级曲线。其中A计权网络相当于40phon等响曲线的倒置；B计权网络相当于70 phon等响曲线的倒置；C计权网络相当于100phon等响曲线的倒置。目前A计权已被所有管理机构和工业部门的管理条例所普遍采用，成为最广泛应用的评价参量，而B、C计权已较少被采用，D计权网络常用于航空噪声的测量。表4-1-6列出了A计权响应与频率的关系，由噪声各频带的声压级和对应频带的A计权修正值，就可计算出噪声的A计权声级。

表 4-1-5　A计权响应与频率的关系（按1/3倍频程中心频率）

频率（Hz）	A计权修正（dB）	频率（Hz）	A计权修正（dB）
20	−50.5	630	−1.9
25	−44.7	800	−0.8
31.5	−39.4	1000	0
40	−34.6	1250	+0.6
50	−30.2	1600	+1.0
63	−26.2	2000	+1.2
80	−22.5	2500	+1.3
100	−19.1	3150	+1.2
125	−16.1	4000	+1.0
160	−13.4	5000	+0.5
200	−10.9	6300	−0.1
250	−8.6	8000	−1.1
315	−6.6	10000	−2.5
400	−4.8	12500	−4.3
500	−3.2	1600	−6.6

4. 等效连续A声级和昼夜等效声级

上部分讲到的A计权声级对于稳态的宽频带噪声是一种较好的评价方法，但对于一个声级起伏或不连续的噪声而言，A计权声级就无法准确地反映出噪声的状况。对于这种声级起伏或不连续的噪声，采用噪声能量按时间平均的方法来评价噪声对人的影响更为确切，因此有人提出了等效连续A声级评价参量。等效连续A声级又称为等能量A计权声级，它等效于在相同的时间间隔T内与不稳定噪声能量相等的连续稳定噪声的A声级，其符号为

$L_{Aeq,T}$或L_{eq}，数学表达式为：

$$L_{eq}=10\lg\left[\frac{1}{t_2-t_1}\int_{t_1}^{t_2}\left[\frac{P_A^2(t)}{P_0^2}\right]dt\right](dB)$$

或

$$L_{eq}=10\lg\left[\frac{1}{t_2-t_1}\int_{t_1}^{t_2}10^{0.1L_{PA}(t)}dt\right](dB)$$

式中 P_A（t）——噪声信号瞬时A计权声压，Pa；

P^0——基准声压，μPa；

t_2-t_1——测量时段T的间隔，s；

L_{PA}（t）——噪声信号的瞬时A计权声压级，dB。

如果测量是在同样的采样时间间隔下进行，那么测试得到一系列A声级数据的序列，则测量时段内的等效连续A声级也可通过以下表达式计算：

$$L_{eq}=10\lg\left[\frac{1}{T}\sum_{i=1}^{N}10^{0.1L_{Ai}}\tau_i\right](dB)$$

或

$$L_{eq}=10\lg\left[\frac{1}{N}\sum_{i=1}^{N}10^{0.1L_{Ai}}\right](dB)$$

式中 T——总的测量时段，s；

L_{Ai}——第i个A计权声级，dB；

τ_i——采样间隔时间，s；

N——测试的数据个数。

从等效连续A声级的定义中不难看出，对于连续的稳态噪声，等效连续A声级即等于所测得的A计权声级。等效连续A声级由于较为简单，易于理解，而且又与人的主观反应有较好的相关性，因而已成为许多国家的国内标准所采用的评价量。由于同样的噪声在白天和夜间对人的影响是不一样的，而等效连续A声级评价量并不能反应人对噪声主观反应的这一特点。为了考虑到噪声在夜间对人们干扰，规定在夜间测得的所有声级均加上10dB（A计权）作为修正值，再计算昼夜噪声能量的加权平均，由此构成了昼夜等效声级这一评价参量。昼夜等效声级用符号L_{dn}表示。昼夜等效声级主要是预计人们昼夜长期暴露在噪声环境中所受的影响。由上述规定，昼夜等效声级L_{dn}可表示为：

$$L_{dn}=10\lg\left[\frac{5}{8}\cdot10^{0.1L_d}+\frac{3}{8}\cdot10^{0.1(L_n+10)}\right](dB)$$

式中 L_d——昼间（07：00—22：00）测得的噪声能量平均A声级$L_{eq,d}$，dB；

L_n——夜间（22：00—07：00）测得的噪声能量平均A声级$L_{eq,h}$，dB。

对于昼夜等效声级公式中昼间和夜间的时段的选定，可以根据当地的情况作适当的调整，或根据当地政府的规定。

5. 累积百分数声级

在现实生活中人们会经常碰到非稳态噪声，上面介绍了可以采用等效连续A声级来反映噪声对人影响的大小，但噪声的随机起伏程度却没有表达出来。这种起伏可以用噪声出现的时间概率或累计概率来表示，目前普遍采用的评价量是累计百分数声级L_n。它表示在测量时间内噪声高于L_n声级所占的时间为n%。例如，L_{10}=80dB（A计权，以下所讲dB皆为A计权），表示在整个测量时间内，噪声级高于80dB的时间占10%，其余90%的时间内噪声级均低于 80dB。对于同一测量时段内的噪声级，按从大到小的顺序进行排列，就可以清楚地看出噪声涨落的变化程度。通常认为：L_{90} 相当于本底噪声级，L_{50} 相当于中值噪声级，L_{10} 相当于峰值噪声级。

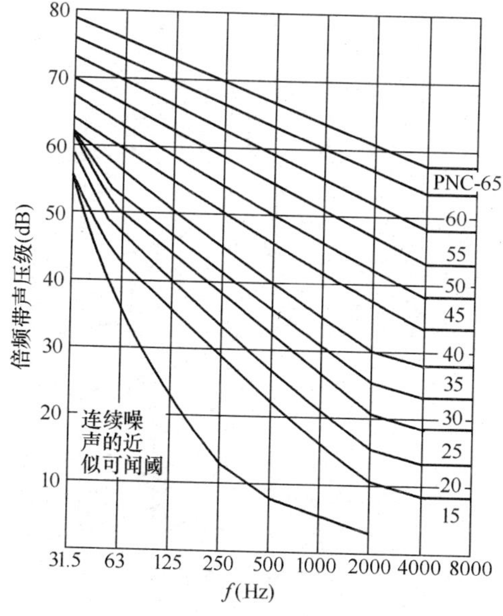

图 4-1-6　更佳噪声标准（PNC）曲线

目前，累计百分数声级一般只用于有较好正态分布的噪声评价中。对于统计特性符合正态分布的噪声，其累计百分数声级与等效连续 A 声级之间有近似关系：

$$L_{eq} \approx L_{50} + \frac{(L_{10} - L_{90})^2}{60}\ (\text{dB})$$

6. 更佳噪声标准（PNC）曲线和噪声评价数（NR）曲线

在评价噪声对室内语言及舒适度的影响时，以语言干扰级和响度级为基础，美国著名声学专家 Beranek 提出了噪声标准曲线，即 NC 曲线。当经实践使用发现 NC 曲线有些频率与实际情况有差异，经过修正后，提出了更佳噪声标准曲线，即 PNC 曲线（图 4-1-6）。将测得的噪声各倍频带的声压级与图中声压级相比较，就可得出各倍频带声压级所对应的 PNC 曲线号数，其中最大号数即为所测环境的噪声评价值。如果某环境中的噪声达到 PNC－35，则表明此环境中各个倍频带声压级均不超过 PNC－35 曲线上所对应的声压级。

PNC 曲线适用于室内活动场所稳态噪声的评价，以及有特别噪声环境要求的场所的设计。

对于室内噪声的评价除了可以用 PNC 曲线来评价外，也可以采用噪声评价数曲线，即 NR 评价曲线（图 4-1-7）。NR 评价曲线也可用于对外界噪声的评价。NR 评价曲线以 1kHz 倍频带声压级值作为噪声评价数 NR，其他 63～8000kHz 倍频带的声压级和 NR 的关系也可由下式计算：

$$L_{pi} \approx a + bNR_i$$

式中　L_{pi}——第 i 个频带声压级，dB；

a 和 b——不同倍频带中心频率的系数，具体取值见表 4-1-6。

表 4-1-6　不同中心频带系数 a 和 b

倍频带中心频率（Hz）	a	b
63	35.5	0.790
125	22.0	0.870
250	12.0	0.930
500	4.8	0.974
1000	0	1.000
2000	−3.5	1.015
4000	−6.1	1.025
8000	−8.0	1.030

求得NC值的具体方法是：

(1) 将测得的噪声的各倍频带声压级与噪声评价数曲线图上的曲线进行比较，得出各倍频带的NR_i值；

(2) 取其中的最大NR_m值（取整数）；

(3) 将最大值NR_m加上1即得所求环境的NR值。

7. 噪度和感觉噪声级

噪度是指与人们主观判断噪声的“吵闹”程度成比例的数值量，用N_a表示，单位为(noy)。另外，定义在中心频率为1kHz的倍频带上，声压级为40dB的噪声的噪度为1noy，即噪度为5noy的噪声听起来是噪度为1noy的噪声的5倍“吵闹”。

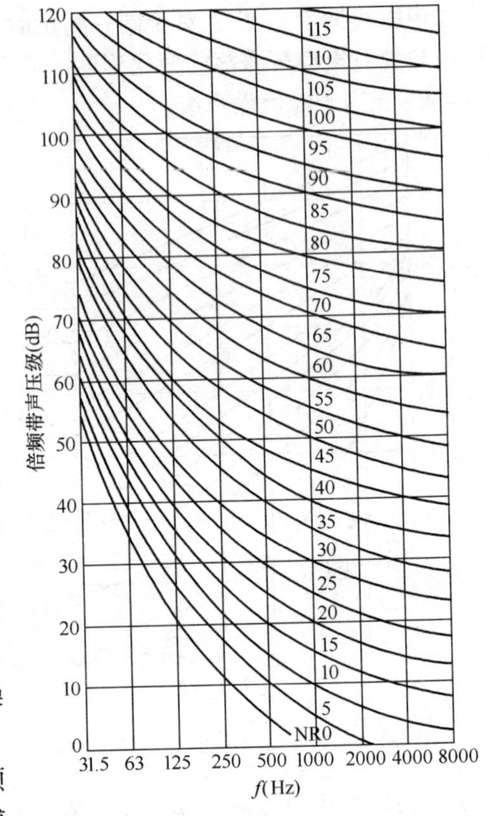

图4-1-7　噪声评价数(NC)曲线

克雷特(Kryter)根据反复的主观调查得出了类似于等响曲线的等感觉噪度曲线（图4-1-8），图中同一呐值曲线的感觉噪度是相同的。复合噪声总的感觉的噪度计算方法为：

(1) 根据各频带声压级（倍频带或1/3倍频带），从等感觉噪度曲线图中查出各频带对应的感觉噪度值；

(2) 找出感觉噪度值中的最大值N_m，将各频带噪度总和中扣除最大值N_m，再乘以相应的频带计权因子F，最后与N_m相加即得到复合噪声的响度N_a，用数学表达式可表示为：

$$N_a = N_m + F \cdot \left[\sum_{i=1}^{n} N_i - N_m \right] \text{(noy)}$$

式中　N_m——最大感觉噪度，noy；

F——频带计权因子，倍频程时为1，1/3倍频程时为0.5；

N_i——第i个频带的噪度，noy。

若将噪度转换成分贝指标，则称为感觉噪声级，用L_{PN}表示，单位为dB。它们之间可由等感觉噪度曲线图右侧的列线图转换，当感觉噪度呐值每增加1倍，感觉噪声级增加10dB，它们之间也可通过以下关系式换算：

$$L_{PN} = 40 + 10\log^2 N_a \text{ (dB)}$$

目前，感觉噪声级的应用比较普遍，但通过感觉噪度计算来计算感觉噪声级比较复杂，一般情况下在实际测量中常近似地由A计权声级加13dB求得，用公式表示为：

$$L_{PN} = L_A + 13 \text{ (dB)}$$

除了上述的噪声评价量，还有计权等效连续感觉噪声级L_{WECPN}、交通噪声指数、噪声污染级、噪声冲击指数、噪声掩蔽、语言清晰度指数和语言干扰级等几种噪声的评价量，感兴趣的同学可以自行学习。

1.3.3 噪声标准

环境噪声标准是为保护人群的健康和生存环境而对噪声容许范围所作的规定，其应具有

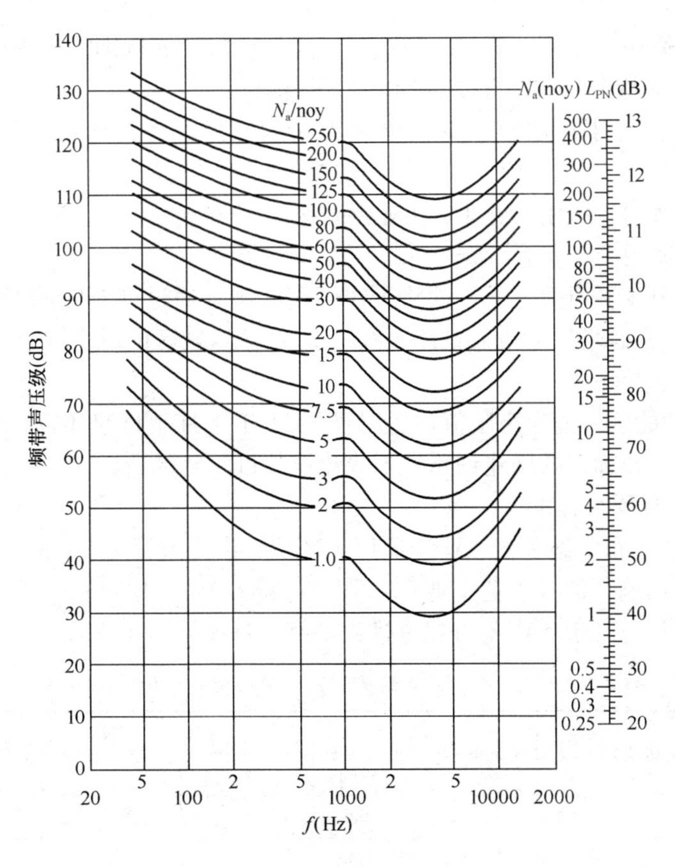

图 4-1-8　等感觉噪度曲线

先进性、科学性和现实性，同时应以保护人的听力、睡眠休息、交谈思考为制定的原则。目前，我国也已经颁布了《声环境质量标准》（GB 3096—2008）、《社会生活环境噪声排放标准》（GB 22337—2008）和《工业企业厂界环境噪声排放标准》（GB 12348—2008）等一系列相关法规。这些标准不仅与群众生产、生活密切相关，而且也是环境监测、执法人员进行噪声监管的重要依据。

1. 城市区域环境噪声标准

我国的《城市环境噪声标准》（GB 3096—1993）（该标准目前已经废止）在 1993 年正式颁布实施。目前正在施行的《声环境质量标准》（GB 3096—2008）中规定了城市五类区域的环境噪声的最高限值，具体见表 4-1-7。

表 4-1-7　城市五类区域环境噪声的最高限值（等效声级 L_{Aeq}） 单位：dB

类别	昼间	夜间
0 类	50	40
1 类	55	45
2 类	60	50
3 类	65	55
4 类（4a 类）	70	55
4 类（4b 类）	70	60

其中各类标准的适用区域为：

（1）0 类标准适用于疗养区、高级别墅区、高级宾馆区等特别需要安静的区域。位于城郊和乡村的这一类区域分别按严于 0 类标准 50dB 执行。

（2）1 类标准适用于以居住、文教机关为主的区域。乡村居住环境可参照执行该类标准。

（3）2 类标准适用于居住、商业、工业混杂区。

（4）3 类标准适用于工业区。

（5）4 类标准中在下列情况下，铁路干线两侧区域不通过列车时的环境背景噪声限值，4a 类标准执行：a. 穿越城区的既有铁路干线；b. 对穿越城区的既有铁路干线进行改建、扩建的铁路建设项目。

4b 类声环境功能区环境噪声限值，适用于 2011 年 1 月 1 日起环境影响评价文件通过审批的新建铁路（含新开廊道的增建铁路）干线建设项目两侧区域。

2. 工业企业厂界噪声标准

我国在 2008 年颁布实施了《工业企业厂界环境噪声排放标准》（GB 12348—2008），该标准代替了我国早前施行的《工业企业厂界噪声标准》（GB 12348—1990）。新施行的标准中规定了工业企业厂界环境噪声不得超过排放限值，具体见表 4-1-8。

表 4-1-8　工业企业厂界环境噪声排放限值　单位：dB（A）

厂界外声环境功能区类别	时段	
	昼间	夜间
0	50	40
1	55	45
2	60	50
3	65	55
4	70	55

注：夜间频繁突发的噪声（如排气噪声），其峰值不可超过 10dB；夜间偶然突发的噪声（如短促鸣笛声），其峰值不可超过 15dB。

3. 室内环境噪声允许标准

室内环境噪声允许标准保证了人们在室内的生活以及工作环境不受干扰，但是由于地区的差异，各国及地区的标准并不一致。在国际标准化组织（ISO）提出的环境噪声允许标准中规定：住宅区室内环境噪声的容许声级为 35～45dB，并可根据不同的时间、不同的地区等条件进行修正。我国的民用建筑内允许噪声声级见表 4-1-9。

表 4-1-9　我国民用建筑内允许噪声声级

建筑物类型	房间功能或要求	允许噪声声级 L_{pA}（dB）			
		特级	一级	二级	三级
医院	病房、休息室	—	40	45	50
	门诊室	—	55	55	60
	手术室	—	45	45	50
	测定室	—	25	25	30
住宅	卧室、书房	—	40	45	50
	起居室	—	45	50	50

续表

建筑物类型	房间功能或要求	允许噪声声级 L_{pA}（dB）			
		特级	一级	二级	三级
学 校	有特殊安静要求	—	40	—	—
	一般教室	—	—	50	—
	无特殊安静要求	—	—	—	55
旅 馆	客房	35	40	45	55
	会议室	40	45	50	50
	多用途大厅	40	45	50	—
	办公室	45	50	55	55
	餐厅、宴会厅	50	55	60	—

4. 汽车加速行驶车外噪声限值标准

随着我国经济的快速发展，汽车的保有量也在不断增加，同时产生的汽车噪声污染也就日益严重。为了有效控制汽车噪声的污染，我国于 2002 年颁布了《汽车加速行驶车外噪声限值及测量方法》（GB 1495—2002），该标准的噪声限值具体见表 4-1-10。

表 4-1-10　汽车加速行驶车外噪声限值　单位：dB

汽车分类	噪声限值	
	第一阶段 2002.10.1～2004.12.30 生产的汽车	第二阶段 2005.1.1 以后生产的汽车
M_1	77	74
M_2（GVM≤3.5t），或 N_1（GVM≤3.5t）		
GVM≤2t	78	76
2t<GVM≤3.5t	79	77
M_2（3.5t<GVM≤5t），或 M_3（GVM>5t）		
P<150kW	82	80
P≥150kW	85	83
N_2（3.5t<GVM≤12t），或 N_3（GVM>12t）		
P<75kW	83	81
75kW≤P<150kW	86	83
P≥150kW	88	84

注：1. M_1、M_2（GVM≤3.5t）和 N_1 类汽车装用直喷式柴油机时，其限值增加 1dB；

2. 对于越野汽车，其 GVM>2t 时，如果 P<150kW，其限值增加 1dB；如果 P≥150kW，其限值增加 2dB；

3. M_1 类汽车若其变速器前进挡多于四个，P>140kW，P/GVM 之比大于 75kW/t，并且用第三档测试时，其尾端出线的速度大于 61km/h，其限值增加 1dB。

5. 建筑施工场界环境噪声排放标准

我国于 2011 年颁布的《建筑施工场界环境噪声排放标准》（GB 12523－2011）中规定了建筑施工场界环境噪声的排放限值及测量方法，适用于周围有噪声敏感建筑物的建筑施工噪声排放的管理、评价及控制。噪声限值如表 4-1-11 所示。

表 4-1-11　建筑施工厂界噪声限值（等效声级 L_{Aeq}）单位：dB

施工阶段	主要噪声源	噪声限值	
		昼间	夜间
土石方	推土机、挖掘机、装卸机等	75	55
打桩	各种打桩机	85	禁止施工
结构	混凝土、振捣棒、电锯等	70	55
装修	升降机、吊车等	65	55

注：上述表中所列噪声值是指与敏感区域相应的建筑施工场地边界线处的限值，另外如有几个施工阶段同时进行，则以高噪声阶段的限值为准。

1.4　噪声的污染控制

对噪声污染进行控制，除了考虑人的因素之外，还须兼顾经济和技术上的可行性。因此，噪声的控制应采取综合措施，以噪声控制技术作为基本手段，同时行政管理以及合理规划也同样重要。

1.4.1　严格的行政管理

首先，需通过政府有关部门颁布的法令和规定来严格控制噪声。早在 1996 年，我国就制定和颁布了《中华人民共和国环境噪声污染防治法》，该法规为噪声污染的控制提供了法律依据，也为政府部门的管理工作提供了法律规范。目前，我国相关管理部门出台的其他部分法令、规定有：限制高噪声车辆的行使区域；在学校医院及办公机关等附近禁止车辆鸣笛；限制飞机起飞或降落的路线，使之远离居民区；颁布噪声限制标准，要求工厂或高噪声车间采取减噪措施；对各类机器、设备包括飞机或机动车辆等定出噪声指标等。

1.4.2　合理规划布局

通过合理地布局不同功能区的位置可以很好地控制噪声污染对于人们正常生活的影响。其基本原则是为了让居民区、学校、办公机关、疗养院和医院等要求低噪声的区域，尽量免除交通噪声、工业噪声和商业区噪声的干扰。为此，上述地区应与街道隔开一定距离，并设置隔声区，工厂和商业区也应远离这些地区。除此之外，合理的规划布局还有：在城市外环设置公路以减少市区内的车辆；长途汽车站尽量紧靠火车站以避免大量旅客往返于市内等。

1.4.3　采取噪声控制技术

充分的噪声控制，必须考虑噪声源、传音途径、受音者所组成的整个系统，所以控制噪声的措施可以针对上述三个部分或其中任何一个部分。

1. 噪声声源控制

通过声源控制以降低声源本身的噪声是治本的方法，只要噪声声源不出现，那么一切的噪声问题就不会出现，但是社会的发展和人们的日常生活、交流都离不开声音，而有声音就会有噪声，这是无法避免的。对于噪声声源的控制可以通过不同的噪声来源来分别实施。

（1）控制工业企业噪声声源

要求工业、企业严格贯彻执行《工业企业厂界环境噪声排放标准》，查处工业、企业噪声排放超标扰民的行为。加大噪声敏感建筑物集中区域内噪声排放超标污染源的关停力度，加强工业园区内的噪声污染防治，禁止高噪声污染项目入园区，彻底从源头减少工业噪声的产生。

（2）控制交通噪声声源

相关管理部门要全面落实《地面交通噪声污染防治技术政策》，在敏感区内的高架路、快速路、高速公路、城市轨道等道路两边应配套建设隔声屏障，严格实施禁鸣、限行、限速等措施。同时加快城市市区铁路道口平交改立交建设，逐步取消市区平面交叉道口，控制高铁在城市市区内运行的噪声污染，加强机场周边噪声污染防治工作，减少航空噪声。

（3）控制施工噪声声源

施工单位需严格执行《建筑施工场界环境噪声排放标准》，管理单位要积极查处施工噪声超过排放标准的行为。政府应依法限定施工作业时间，严格限制在敏感区内夜间进行产生噪声污染的施工作业，同时鼓励施工企业使用低噪声的施工设备及工艺。

（4）控制社会生活噪声声源

管理部门应以《社会生活环境噪声排放标准》为依据，严格控制加工、维修、餐饮、娱乐及其他商业、服务业的噪声污染。积极推行城市室内综合市场，取缔扰民的露天或马路市场，同时对室内装修进行严格管理，明确限制作业时间，严格控制在已竣工交付使用居民宅楼内进行产生噪声的装修作业。

2. 噪声传播途径控制

如果在噪声声源上的控制不能有效的实施或者实施方案不够经济合理，那么就需要从噪声的传播途径来加以控制噪声的影响。控制噪声的传播途径常用的技术有：吸声、隔声、消声等。

（1）吸声

吸声主要是利用吸声材料或吸收结构来完成吸收声能的过程。吸声材料大多是由多孔的材料制成的，如玻璃棉、矿渣棉、泡沫塑料、毛毡、吸声砖、木丝板和甘蔗板，吸声材料完成吸声的基本原理是：当声波通过它们时，会压缩吸声材料孔中的空气，使得孔中的空气与孔壁产生摩擦，最后就会由于摩擦损失而使声能吸收转变为热能，从而完成了对噪声的“吸收”。

（2）隔声

在许多情况下，可以把发声的物体或需要安静的场所封闭在一个空间中，使它与周围的环境隔绝，这种降低噪声的方法叫做隔声。典型的隔声措施有隔声罩、隔声室、隔声屏。

隔声罩一般由隔声材料、阻尼涂料和吸声层构成，选择 1～3mm 的钢板或较硬的木板作为隔声材料，之后在其上涂覆一定厚度的阻尼层（防止钢板产生共振），最后再加入吸声层，即完成隔声罩的制作。

隔声室一般是建在噪声声级比较高的工业作业厂房内，如在高噪声车间（如空压机站、柴油机试车车间、鼓风机房）中，需要一个比较安静的环境供职工谈话、打电话或休息，通常就是采用建立隔声室的方法来隔绝作业空间中的高噪声。

隔声屏主要是设立在在大车间或露天场合下用于隔离声源与人员集中的地方。如在居民稠密的公路、铁路两侧设置隔声堤、隔声墙等，在大型车间内设置活动的隔声屏可以有效地降低机器的高中频噪声，减少噪声对工作人员的干扰。

（3）消声

消声主要是利用消声器来降低噪声在空气中的传播，通常是用在气流噪声如风机声、通风管噪声、排气噪声的控制方面。消声器的种类主要包括：阻性消声器、抗性消声器、阻抗复合性消声器。

阻性消声器是指在管壁内贴上吸声材料的衬里，而使声波在管中传播时被逐渐吸收的一类消声器。它的优点是能在较宽的中高频范围内消声，特别是对刺耳的高频噪声有着显著的消声作用，缺点是阻性消声器比较不耐高温和气体侵蚀，容易损坏，同时它的消声频带较窄，对低频噪声的消声效果较差。

抗性消声器是根据声学滤波原理设计出来的，它主要是利用了消声器内声阻、声频、声质量的适当组合，从而可以显著地消除某些频段的噪声，如汽车、摩托车、内燃机的消声器就是抗性消声器。它的优点是具有良好的低中频噪声的消声功能，同时仪器结构简单、耐高温、耐气体侵蚀，不易损坏，缺点是该种消声器的消声频带同样比较窄，对于高频声波的消声效果差。

阻抗复合性消声器结合了上述两种消声器的优点，补充了两种消声器各自的不足，它的优点是消声量大，同时消声频率范围宽，因此阻抗复合性消声器得到较为广泛的应用。

3. 个人防护

当利用噪声声源消声、噪声传播途径控制等手段后，仍无法解决噪声的干扰时，人们可以进行一些个人防护措施以尽可能地降低噪声对人的侵扰。对个人的防护主要采取的方式是限制在噪声区的工作时间和在噪声区内佩戴防护装置，常用的个人防护装置有防声棉（蜡浸棉花）、耳塞、耳罩、帽盔等。

习题与思考题

1. 谈一谈你对于噪声污染的认识和看法。
2. 噪声的主要来源有哪几类？分别对其进行简单地介绍。
3. 噪声主要在哪些方面对我们的世界造成了影响？
4. 根据表 4-1-12 倍频带声级得出噪声评价 PNC 曲线的号数。

表 4-1-12　第 4 题表

中心频率（Hz）	31.5	63	125	250	500	1000	2000	4000
倍频带声压级（dB）	55	46	43	37	40	35	30	28
对应 PNC 号								

5. 噪声影响评价的主要内容包括哪些？目前我国现行的噪声标准有哪些？
6. 噪声的控制可以从几个方面入手？分别都可以采取哪些措施来控制噪声？

第 2 章　电磁辐射污染及防护

学　习　提　示

本章要求学生主要掌握电磁辐射污染的测量以及对其的控制，简单了解电磁污染的来源与其对环境和人类的危害。

学习重点：电磁辐射污染的控制。

学习难点：无

人类探索电磁辐射的应用始于 1831 年英国科学家法拉第发现电磁感应现象。如今，电磁辐射的利用已经深入到人类生产、生活的各个方面：无线通讯、卫星通讯、因特网使人们的活动空间得以充分延伸，超越了国家乃至地球的界限；短波与微波治疗、超高压输电网、变电站、电热毯、微波炉又使我们享受着生活的便捷。然而这一切的电子、电气设备的投入使用使得各种频率的、不同能量的电磁波充斥着地球的每一个角落乃至更加广阔的宇宙空间，不同波长和频率的电磁波无色无味、看不见、摸不着、穿透力强，令人防不胜防，它悄悄地侵蚀着人们的躯体，影响着人们的健康，引发了各种社会文明病。目前，电磁污染已成为当今危害人类健康的致病源之一。

2.1　电磁辐射的来源及危害

电磁辐射，又称电磁波。变化的电场与磁场交替地产生，由近及远，互相垂直（亦与自己的运动方向垂直），并以一定的速度在空间传播而且在传播过程中不断地向周围空间辐射能量，这种辐射的能量就称为电磁辐射。也可以说电磁辐射其实就是一个包括了广播频率（220～3600MHz）、电视频率（30～300MHz）和无线电频率（30MHz 以下）的广泛的波。

2.1.1　电磁辐射的来源

影响人类生活环境的电磁辐射根据其污染源大致可分为两大类：天然电磁辐射污染源和人为电磁辐射污染源。

1. 天然电磁污染源

天然的电磁辐射污染主要来自于地球的热辐射、太阳热辐射、宇宙射线、雷电等，它是由自然界的某些自然现象所引起的，在天然电磁辐射中，以雷电所产生的电磁辐射最为突出。由于自然界发生某些变化，常常在大气层中引起电荷的电离，发生电荷的蓄积，当达到一定程度时就会引起火花放电，火花放电的频率极宽，造成的影响可能也会较大。另外，如火山爆发、地震和太阳黑子活动引起的磁暴等也都会产生电磁干扰。除了对电器设备、飞机、建筑物等直接造成危害外，天然的电磁辐射对短波通讯的干扰特别严重，这也是电磁辐射污染的危害之一。

2. 人为电磁污染源

人为电磁辐射污染源主要产生于人工制造的若干系统，如：电子设备、电气装置等。人为电磁场源按频率的不同又可分为工频场源和射频场源。

工频场源：该场源频率从数十到数百赫兹不等，主要以大功率输电线路所产生的电磁污染为主，同时也包括了若干种放电型场源；

射频电磁辐射：该场源从 0.1～3000MHz，主要是由无线电广播、电视、微波通信等各种射频设备工作过程中所产生的电磁感应与电磁辐射，它的频率范围宽广，影响区域也较大，能危害近场区的工作人员。目前，射频电磁辐射已经成为电磁污染环境的主要因素。

就目前而言，环境中的电磁辐射主要来源于人为的电磁辐射污染源，天然电磁辐射污染源相比之下几乎可以忽略。

2.1.2 电磁辐射的危害

相关研究表明，电磁辐射危害的一般规律是：随着波长的缩短，电磁辐射对人体的作用明显加大。电磁辐射污染的危害主要包括了对人体健康的负面影响和对电器设备的干扰两大方面。

1. 电磁辐射对人体的危害

电磁辐射无色无味无形，可以穿透包括人体在内的多种物质。各种家用电器、办公自动化设备、移动通讯设备只要处于操作或使用状态，它的周围就会存在电磁辐射。高强度的电磁辐射多以热效应和非热效应两种方式作用于人体，其可使人体组织温度升高，导致身体发生机能性障碍和功能紊乱，严重时还会造成植物神经功能紊乱。同时电磁辐射还会损害中枢神经系统，头部长期受电磁辐射影响后，轻则引起失眠多梦、头痛头昏、疲劳无力、抑郁等神经衰弱症，重则会使大脑皮细胞活动能力减弱，造成脑损伤。

电磁辐射对人们的视觉系统也有一定的影响，长期处于污染下甚至可能导致白内障。除此之外，电磁辐射污染还会影响人体的循环、免疫系统，严重时还会诱发癌症，并加速人体癌细胞的增殖。

2. 电磁辐射对电器设备的危害

电磁辐射可能对正常运行的电子设备、仪器仪表造成电磁干扰，而一旦产生电磁干扰，就很有可能引发灾难性的后果。例如当飞机在空中飞行时，如果通讯和导航系统受到电磁干扰，就会导致其与基地失去联系，可能造成飞机事故；当舰船上使用的通信、导航或遇险呼救频率受到电磁干扰时，就会影响航海安全；而装有心脏起搏器的病人出入高电磁辐射的环境中，心脏起博器的正常使用就会受到影响。

除了上述两种危害，电磁辐射还对社会安全构成了一定威胁。电磁辐射可能引起火灾或爆炸事故，特别是高场强作用下金属与金属等材料摩擦时会发生打火现象，若此时周围有可燃性物质，还会引起燃烧或爆炸，从而对社会经济造成严重损失。

2.2 电磁辐射的测量

在电磁辐射的测量的过程中，应考虑一定的测量条件，比如，测量时的气候条件、测量高度、测量频率、测量时间等。一般选择的气候条件应符合待业标准和仪器标准中规定的使用条件，并且在测量记录表中注明环境温度和相对湿度；而测量高度一般离地面 1.7～2m 高度，也可根据不同目的，选择测量高度；可以将电场强度测量值＞50 dBμV/m 的频率作为测量频率；测量时间可以根据各地区环境不同而自行选择，间隔时间一般为每一小时测量一次。

对于电磁辐射测量的布点方法一般要分为典型辐射体环境测量布点和一般环境测量布点。比如对某个电视发射塔周围环境实施监测时，则以辐射为中心，按间隔 45°的八个方位为测量线，每条测量线上选取距场源分别为 30、50、100mm 等不同距离定点测量，测量范围根据实际情况确定；对整个城市电磁辐射测量时，根据城市测绘地图，将全区划分为 1×1km² 小方格，取方格中心为测量位置，测点应避开高层建筑物、树木、高压线以及金属结构，尽量选择空旷地方测试，同时允许对规定测点进行调整，而测点调整最大为方格边长的 1/4，并对特殊地区方格允许不进行测量，若需要对高层建筑进行测量，则应在各层阳台或室内选点测量。

进行电磁辐射测量的仪器一般分为非选频式辐射测量仪和选频式辐射测量仪。非选频式辐射测量仪是具有各向同性响应或有方向性探头的宽带辐射测量仪；而选频式辐射测量仪一般用于环境中低电平电场强度、电磁兼容、电磁干扰的测量，除场强仪（或称干扰场强仪）外，可用接收天线和频谱仪或测试接收机组成的测量系统经校准后，用于环境电磁辐射测量。表 4-2-1、表 4-2-2 列出了几种较为常用的非选频式辐射测量仪和选频式辐射测量仪。

表 4-2-1　常用的非选频式辐射测量仪

名　称	频　带	量　程	各向同性	探头类型
微波漏能仪	0.915～12.4GHz	0.005～30mW/cm²	无	热偶结点阵
微波辐射测量仪	1～10GHz	0.2～20mW/cm²	有	肖特基二极管偶极子
电磁辐射监测仪	0.5～1000MHz	1～1000V/m	有	偶极子
全向宽带近区场强仪	0.2～1000MHz	1～1000V/m	有	偶极子
宽带电磁场强计	E：0.1～3000MHz H：0.5～30MHz	E：0.5～1000V/m H：1～2000A/m	有	偶极子 环天线
辐射危害计	0.3～18GHz	0.1～200mW/cm²	有	热偶结点阵

表 4-2-2　常用的选频式辐射测量仪

名 称	频 带	量 程	注
干扰场强测量仪	10～150kHz	24～124dB	交直流两用
干扰场强测量仪	0.15～30MHz	28～132dB	交直流两用
干扰场强测量仪	28～500MHz	9～110dB	交直流两用
干扰场强测量仪	0.47～1GHz	27～120dB	交直流两用
干扰场强测量仪	0.5～30MHz	10～115dB	交直流两用
场强仪	2×10^{-8}～18GHz	1×10^{-8}～1V	NM—67 只能用交流

2.3　电磁辐射的控制

目前，关于电磁辐射对人体危害的研究已经经历了较长的时间，国内外多学者也都一致认为，电磁辐射对人体具有潜在的危险，而对于电磁辐射污染的控制则使得人们可以尽量减少来自电磁辐射污染的影响。

2.3.1　屏蔽技术

屏蔽是指采用一定的技术手段，将电磁辐射的作用和影响限制在所规定的空间内，防止其传播与扩散。屏蔽可分为两类：一是将污染源屏蔽起来，叫做主动场屏蔽；另一种称为被动场屏蔽，就是将指定的空间范围、设备或人屏蔽起来，使其不受周围电磁辐射的干扰。同时为了保证高效率的屏蔽作用，防止屏蔽体成为二次辐射源，屏蔽体应该能良好的接地。

目前，电磁屏蔽技术多采用金属板或金属网等导电性材料，做成封闭式的壳体将电磁辐射源罩起来或把人罩起来，此外还可以利用反射、吸收等技术来减少辐射源的泄漏以加强防护。

2.3.2 吸收技术

电磁屏蔽不能从根本上削弱、消除电磁波，只有使用电磁辐射吸收材料，把电磁能转化为其他形式的能量，才能消耗电磁辐射。采用吸收电磁辐射能量的材料进行防护是降低微波辐射的一项有效的措施，电磁辐射能量吸收材料的作用是吸收入射的电磁波，并将电磁能转换成热能损耗掉。能吸收电磁辐射能量的材料的种类很多，如加入了铁粉、石墨、木材和水等的材料以及各种塑料、橡胶、胶木、陶瓷等。

2.3.3 个人防护

电磁辐射的个人防护对于不同的电磁辐射污染源而言，其防护方法是不同的，但只要是能降低辐射源的辐射、达到国家标准的防护就可以使用。个人防护的主要对象是个体的微波作业人员，当工作需要操作人员必须进入微波辐射源的近场区作业时，必须采取个人防护措施，利用保护用品使辐射危害减至最小，以保护作业人员安全。个人防护措施主要有穿防护服、带防护头盔和防护眼镜等，这些个人防护装备同样也是应用了屏蔽、吸收等原理，用相应材料制成的。对于室内环境中的办公设备、家用电器和手机带来的电磁辐射危害，人们也应采取一些保护措施，如：电器摆放不能过于集中，在卧室中要尽量少放，甚至不放电器；电器使用时间不宜过长，尽量避免同时使用多台电器；对辐射较大的家用电器，可采用不锈钢纤维布做成罩子，或进行化学镀膜来反射和吸收阻隔电磁辐射；手机接通瞬间释放的电磁辐射最大，为此最好在手机响过一两秒或电话两次铃声间歇接听电话。

习题与思考题

1. 何为电磁辐射？它的来源有哪些？
2. 简单介绍什么是人为电磁污染源。
3. 简述电磁辐射污染的危害。
4. 在进行电磁辐射测量过程中，应注意哪些事项？
5. 查阅相关材料，介绍一种进行电磁辐射测量的仪器。
6. 简述几种有效的防治电磁辐射污染的手段。

第3章　放射性污染及防护

学　习　提　示

本章要求学生了解放射性污染的来源与其对环境和人类的危害，简单掌握放射性污染的特点以及对放射性污染的控制。

学习重点：放射性污染的特点。

学习难点：无

3.1　放射性污染的来源及危害

放射性是指某些元素自发放射射线的固有性质，它是宇宙中极为普遍的现象。在人类生存的地球上，放射性也是无所不在的，但是直到19世纪末20世纪初，科学的发展才使人们对放射性有了认识和了解：1895年伦琴发现X射线，这是人类首次发现放射性现象；1896年，法国物理学家贝可勒耳发现了放射性，并证实其不因一般物理、化学影响而发生变化，他由此获得1903年的诺贝尔物理学奖；1898年居里夫人发现放射性镭元素，极大地推动了放射性研究。

3.1.1　放射性污染的来源

放射性污染是指由于人类活动造成物料、人体、场所、环境介质表面或者内部出现超过国家标准的放射性物质或者射线。环境中的放射性主要有天然和人工两个来源。

1. 天然放射性污染的来源

环境中的天然放射性主要来自宇宙辐射、地球上固有元素的放射性，这种辐射通常称为天然本底辐射。宇宙射线是一种从宇宙太空中辐射到地球上的射线，进入大气层后与空气中的原子核发生碰撞，产生次级宇宙射线，其中部分射线的穿透本领很大，甚至能透入深水和地下；地球固有的放射性元素能散布到大气、水体和土壤中形成空气中存在的、地面水系中的、人体内的放射性物质，这种放射性物质的来源是不可避免的。研究天然本底辐射水平具有重要的实用价值和科学意义。

2. 人为放射性污染的来源

对公众造成自然条件下原本不存在的辐射的辐射源称为人工辐射源，放射污染的人工来源主要有以下几个方面：

（1）爆炸的沉淀物

在大气层中进行核试验时，爆炸的高温体放射性核素变为气态物质，伴随着爆炸产生的大量赤热气体、蒸汽升上天空，在上升过程中，随着与空气的不断混合、温度的逐渐降低，气态物就凝聚成了粒或附着在其他尘粒上，随着蘑菇状烟云扩散，这些颗粒最后都会回落到地面，沉降下来的颗粒就带有了放射性，称为放射性沉淀物（或沉降灰）。这些放射性沉降物除了落到爆区附近，还可随风扩散到更广泛的地区，造成对地表、海洋、人体及动植物的污染，细小的放射性颗粒甚至可到达平流层并随大气环流流动，经很长时间才能回落到对流层，造成全球性污染。即使是地下核试验，由于“冒顶”或其他事故，仍可造成如上的污染。由于放射性核素都有半衰期，因此这些核素在未完全衰变之前都会造成污染，其中核试验时产生的危害较大的^{90}锶、^{137}铯、^{131}碘和^{14}碳等，它们的半衰期都较长，污染的时间就会持续很长一段时间。

(2) 核工业过程的排放物

① 核燃料生产过程

主要包括铀矿的开采、冶炼、精制与加工过程。在这个过程中，排放的污染物主要有：由开采过程中产生的含有氡及氡的子体及放射性粉尘的废气；含有铀、镭、氡等放射性物质的废水；在冶炼过程中产生的低水平放射性废液及含镭、钍等多种放射性物质的固体废物；在加工、精制过程中产生的含镭、铀等的废液及含有化学烟雾和铀粒的废气等。

② 核反应堆运行过程

反应堆包括生产性反应堆及核电站反应堆等。在这个过程中产生了大量裂变产物，一般情况下裂变产物是被封闭在燃料元件盒内，因此正常运转时，反应堆排放的废水中主要污染物是被中子活化后所生成的放射性物质，排放的废气中主要污染物是裂变产物及中子活化产物。

③ 核燃料后处理过程

核燃料经使用后运到核燃料后续处理厂，经化学处理后提取铀和钚循环使用。在此过程中排出的废气中含有裂变产物，而排出的废水既有放射强度较低的废水，也有放射强度较高的废水，其中包含有半衰期长、毒性大的核素。因此燃料后处理过程是燃料循环中最重要的污染源。

(3) 医疗照射引起的放射性

随着现代医学的发展，辐射作为诊断、治疗的手段得到越来越广泛的应用，且随着医用辐射设备的增多，诊治的范围也在扩大。辐射方式除外照射方式外，还发展了内照射方式，如诊治肺癌等疾病，就需采用内照射方式，使射线集中照射病灶。但同时这也增加了操作人员和病人受到的辐照，因此医用射线已成为环境中的主要人工污染源。

(4) 其他方面的污染源

如果某些用于控制、分析、测试的设备使用了放射性物质，也会对职业操作人员产生辐射危害；而某些生活消费品中使用了放射性物质，如夜光表、彩色电视机等，同样会对消费者造成放射性污染；某些建筑材料如含铀、镭含量高的花岗岩和钢渣砖等，它们的使用也会增加室内的放射性污染。

3.1.2 放射性污染的危害

由于放射性射线具有很高的能量，对物质原子具有电子激发和电离效应，因此，核辐照会引起细胞内水分子的电离，改变细胞体系的物理化学性质，这一改变将引起生命高分子——蛋白质与核酸的化学性质的改变。如果这一改变进一步积累，就会造成组织、器官甚至个体水平的病变，放射性污染的这种危害称之为生物学效应。放射性的生物学效应包括有机体自身损害——躯体效应和遗传物质变化的遗传效应。

1. 躯体效应

放射性物质进入人体的途径主要有三种：呼吸道进入、消化道食入和皮肤或黏膜侵入，无论是以哪种途径，放射性物质进入人体后，都会选择性地定位在某个或某几个器官或组织内，被定位的器官称为紧要器官，将受到某种放射性的较多放射，损伤的可能性也较大。而人体受到射线过量照射所引起的疾病，称为放射性病，它一般分为急性和慢性两种。

急性放射性病由大剂量的急性辐射所引起，多为意外放射性事故或核爆炸所引起，这种疾病反应十分迅速，严重时甚至可以在几个小时内就夺走人们的生命。

慢性放射病主要是由于多次照射、长期积累所造成的。全身的慢性放射病通常与血液病相联系。同时局部慢性放射病的病变情况一般只在受照射部位逐渐加重。

放射性照射对人体最大危害就是这种危害具有远期的影响。辐射危害的远期影响主要是慢性放射病和长期小剂量照射对人体健康的影响，多属于随机效应。例如：因受放射性照射而诱发骨骼肿瘤、白血病、肺病、卵巢癌等恶性肿瘤，在人体内的潜伏期可长达10～20年之久。此外，人体受到放射线照射还会出现不育症、遗传疾病、寿命缩短等现象。

2. 遗传效应

辐射的遗传效应是由于生殖细胞受损伤造成的。生殖细胞是具有遗传性的细胞，而染色体是生物遗传变异的物质基础，它由蛋白质和DNA组成，由于电离辐射的作用会使DNA分子损伤，如果是生殖细胞中DNA受到了损伤，并且把这种损伤传给子孙后代，那么后代身上就可能出现某种程度的遗传疾病。

辐射的遗传效应最明显的表现是致畸和致突变。在现代许多的畸形儿中有部分就是由于放射性污染造成亲代生殖细胞染色体和DNA分子改变造成的。另外，许多生物变异也是因为接触了放射源而造成的。

放射性污染除了对人体造成较大的危害之外，还会对植物、动物等造成一定的影响。放射性物质进入土壤中就会抑制植物的生长，或者使得植物不能健康的生长，而放射性物质除了可以直接危害到动物的健康之外，还会通过动物食入被辐射的植物这一途径影响动物的健康，并且放射性污染对于动物的危害同样是长期的以及可遗传的。

3.2　放射性污染的特点

放射性污染不同于人类生存环境中的其他污染，该类污染一般具有以下特点：

(1) 放射性污染的危害具有持续性和长期性：放射性物质一旦产生或扩散到环境中，就会不断对周围发出放射线，永不停止。放射性物质只是遵循各种放射性核同位素的半衰期在固定速率下不断减少其活性，而且自然条件下的阳光、温度等无法改变放射性核同位素的放射性活度，人们也无法用任何化学或物理手段使放射性核同位素失去放射性，所有对于环境的危害时间长同时危害的程度减小速度较慢。

(2) 放射性污染对人类的作用有累积性：放射性污染主要是通过发射α、β、γ或中子射线来危害环境或人体健康，而α、β、γ、中子等辐射都属于致电离辐射，经过长期的深入研究，已经探明致电离辐射对于人（生物）危害的效果（剂量）具有明显的累积性。尽管人或生物体自身有一定对辐射伤害的修复功能，但这种修复功能极弱，不足以弥补放射性污染对人体产生的损害。所以即使是极少的放射性核同位素污染发出的很少的辐照剂量，如果该污染长期存在于人身边或人体内，就可能形成长期累积，进而形成慢性放射病，对人体造成严重危害。

(3) 公众感知性小：放射性污染既不像多数的化学污染有气味或颜色产生，也不像噪声振动、热、光等污染，公众可以直接感知其存在，放射性污染的辐射，哪怕强到直接致死的水平，人类的感官对其都无任何直接的感受，从而就不能有效地采取躲避防范行动，而只能继续受害，可以说，放射性污染是“杀人于无形”。

（4）处理难度大，处理技术复杂：放射性污染的处理一般需要特定的地区以及特定的人员进行，同时为了防止污染，在其处置地区的附近都不适宜有居住区或可耕地。另外，在对放射性物质进行处置时，要严格保证处理后的放射性物质具有很好的稳定性以及无害性，这就对处理技术提出了较高的要求，而且对于不同性质的放射性废物其处置方法还各有不同。最后，对于其中的工作人员要保证其身体健康，做到最好的防护措施，防止相关工作人员被放射性物质污染伤害。

3.3 放射性污染的控制

随着社会科技与经济的快速发展，放射性污染的问题已经得到越来越多的人的关注，政府部门也相应地做出了一些措施以防止放射性污染的扩散。而采取有效的方法控制住放射性污染不仅保护了我们生存的地球环境，同时也保证了我们的身体健康，避免被放射性污染伤害。

3.3.1 放射性物质的合理处置

加强对放射性物质的管理是控制放射性污染的必要措施。从技术控制手段来讲，放射性废物中的放射性物质，采用一般的物理、化学及生物的方法都不能将其消灭或破坏，只有通过放射性核素的自身衰变才能使放射性衰减到一定的水平，而许多放射性元素的半衰期十分长，并且衰变的产物又是新的放射性元素，所以放射性废物与其他废物相比在处理和处置上有许多不同之处，合理并且有效地对放射性物质进行处理，就可以很好地控制放射性污染的扩散。

放射性废物进行处置的总目标是确保废物中的有害物质对人类环境不产生危害。其基本方法是通过天然或人工屏障构成的多重屏障层以实现有害物质同生物圈的有效隔离。根据废物的种类、性质、放射性核素成分和比活度以及外形大小等可分为以下四种处置类型：

（1）扩散型处置法：在控制条件下将放射性物质排入环境中，此法适用于比活度低于法定限值的放射性废气或废水；

（2）管理型处置法：将废物填埋在距地表有一定深度的土层中，并在其上面覆盖植被，作出标记牌告，此法适用于不含铀元素的中、低放射性固体废物的处置；

（3）隔离型处置法：将废物置于深地质层或其他长期能与人类生物圈隔离的处所，以待其充分衰减，此法适用于数量少、比活度较高、含长寿命 α 核素的高放废物；

（4）再利用型处置法：将固体废物经过前述的去污处理，在不需任何安全防护的条件下可加以重复或再生利用，此法适用于极低放射性水平的固体废物。

放射性废物的处置与利用是相当复杂的问题，特别是高放射性废物的最终处置，目前在世界范围内还处于探索与研究中，尚无妥善的解决办法。

3.3.2 制定严格的相关法律法规

为了有效地进行核安全和辐射环境的监督管理，目前我国在学习和借鉴世界核先进国家的经验、结合我国基本国情后，制定和发布一系列核安全和辐射环境监督管理的条例、规定、导则和标准，初步建立了一套具有高起点的相关放射性污染的法律法规。

1960 年 2 月，我国发布了第一个放射卫生法规——《放射性工作卫生防护暂行规定》，并依据此法同时发布了《电离辐射的最大容许标准》、《放射性同位素工作的卫生防护细则》和《放射性工作人员的健康检查须知》三个配套标准；1964 年 1 月，我国发布了《放射性同位素工作卫生防护管理办法》（目前已失效）；1974 年 4 月 27 日我国发布了集管理法规和标准为一体的《放射防护规定》；1985年4月1日我国开始实施《放射卫生防护基本标准》（该标准已于2003年废止）；2002年7月1日我国发布了《放射工作卫生防护管理办法》（目前已失效）；2002年10月8日我国发布了《电离辐射防护与辐射源安全基本标准》（GB 18871—2002）；2003年10月1日我国开始施行《中华人民共和国放射性污染防治法》；2005年8月31日国务院第104次常务会议通过了《放射性同位素与射线装置安全和防护条例》，该条例于2005年12月1日起施行。目前，我国现已发布实施的辐射环境管理的专项、标准等计50多项。

3.3.3　了解相关放射性污染知识，自我防护

除了严格贯彻关于放射性污染控制及处置的相关法规，人们还应该更好地了解放射性污染，做好自我防护工作，尽量避免被放射性物质伤害。首先，在实际工作过程中人们应尽量远离放射源；其次，在有放射性物质的地区进行工作时一定要做好屏蔽防护，并依据射线的穿透性来采取相应的屏蔽措施；最后，在进行相关放射性物质的工作时，工作人员必须熟悉操作过程，尽量缩短操作时间，减少所受的辐射剂量。

习题与思考题

1. 什么是放射性污染？它有哪些来源？
2. 简单介绍一下原子核反应过程中放射的四种射线。
3. 放射性污染对人体具有哪些危害？
4. 放射性污染具有哪些特点？
5. 简述如何进行放射性污染的控制。
6. 简单介绍一种放射性固体废物的处置方法。

第 4 章　其他物理性污染及防治技术

学　习　提　示

本章要求学生了解两种物理性污染——振动污染以及光污染的来源和危害，简单掌握两种污染的防治技术。

学习重点：振动污染和光污染的概念。

学习难点：无

4.1　振动污染及防治技术

4.1.1　振动污染

振动是一种自然界和日常生产、生活中极为很普遍的运动形式，任何一个可以用时间的周期函数来描述的物理量，都称之为振动。所谓的振动污染就是振动超过了一定的界限，从而对人体的健康和设施产生损害，对人的生活和工作环境形成干扰，或使机器、设备和仪表不能正常工作。

振动污染一般具有主观性、局部性和瞬时性的特点。主观性是指振动污染是一种危害人体健康的感觉公害；局部性则指振动污染普遍情况下仅会涉及振动源临近的地区或空间；瞬时性是指振动污染是一种瞬时性的能量污染，它在环境中无残余污染物，不积累，随着振源的停止，污染即会消失。

振动污染的污染源一般分为自然振源和人为振源。自然振源主要包括了地震、火山爆发等一系列自然现象，自然振动带来的灾害是难以避免的，人们能做的只有加强预报，积极面对，尽可能地减少损失。

人为振源则主要分为以下四种：

(1) 工厂振动源：该类人为振源主要包括旋转机械、往复机械、传动轴系等，如锻压、铸造、切削等机械操作都是工厂振动源，工厂振动源的振级为 60～100dB，峰值频率则在 10～125Hz 范围内；

(2) 工程振动源：工程施工现场的振动源主要是打桩机、打夯机、水泥搅拌机、辗压设备、爆破作业以及各种大型运输机车等，它的振级一般为 60～100dB；

(3) 道路交通振动源：道路交通振动源又可以分为铁路振源和公路振源。铁路振源的频率一般在 20～80Hz 范围内，在离铁轨 30m 处的振动加速度级范围为 85～100dB，振动级范围在 75～90dB 内；而公路振源的频率一般在 2～160Hz 范围内，其中以 5～63Hz 的频率成分较为集中，振级则多在 65～90dB 范围内；

(4) 低频空气振动源：低频空气振动是指人耳可听见的 100Hz 左右的低频，如玻璃窗、门等产生的人耳难以听见的低频空气振动，这种振动多发生在工厂内。

另外，振动污染源按形式又可分为固定式单个振动源和集合振动源；按振动源的动态特征可分成稳态振动源、冲击振动源、无规则振动源和铁路振动源四类。

1. 振动污染的危害

(1) 振动对人体的危害

振动的生理影响主要是损伤人的机体，引起循环系统、呼吸系统、消化系统、神经系统、代谢系统、感官的各种病症，并且损伤脑、肺、心、消化器官、肝、肾、脊髓、关节等人体器官。瞬间剧烈的震动甚至会使内脏、血管位移，造成不同程度的皮肉青肿、骨折、器官破裂或脑震荡。

若长时间在振动强度大的环境中工作，相关人员很容易造成机械性损伤、交感神经紧张等情况，并引起振动病。所谓振动病，亦称晕动病，它是指由不同方向的振动加速度反复过度刺激前庭器官所引起的一系列急性反应症状。患者先会出现疲劳、出冷汗、面色苍白等症状，继之眩晕、恶心、呕吐，甚至血压下降、视物模糊、频繁呕吐，还可引起水电解质紊乱，少数严重反应者甚至出现休克。此外，振动与噪声同存时，甚至还会加重噪声对听力造成的损伤。

振动还对人们的心理产生一定的影响。当人们感受到振动时，心理上会产生不愉快、烦躁、不可忍受等各种反应，而除了振动感受器官能感受到振动外，有时人们也会通过看到电灯摇动或水面晃动、听到门和窗发出的声响来判断房屋在振动。

由于振动引起了人体的生理和心理上的变化，所以振动容易导致工作效率的降低，同时振动会使人反应滞后，妨碍肌肉运动，影响语言交谈，使复杂工作的错误率上升，同时振动还可使视力减退，使得用眼工作时所花费的时间有所加长。

(2) 振动对设备和建筑物的损害

工业生产中，机械设备运转发生的振动大多是有害的。振动会使机械设备本身疲劳或造成磨损，从而缩短机械设备的使用寿命，甚至会使机械设备中的构件发生刚度和强度破坏。对于机械加工机床而言，如果振动过大，可使加工精度降低影响产品质量。

振动通过地基传递到房屋等构建物上，会导致构建物损坏，其影响程度主要取决于振动的频率和强度。而地表的剧烈振动——地震则会导致建筑物直接坍塌，造成人民生命财产的损失。另外，由于共振的放大作用，尤其是其放大倍数范围可从数倍到数十倍，因此带来了更严重的振动破坏和危害。

4.1.2　振动污染的防治技术

在现实中，振动现象是不可避免的，因此为了减小和消除振动产生的危害，必须控制振动，振动控制与噪声控制类似，但更为复杂，具有不同的控制分类方法。任何的振动系统都可概括为振源、振动途径和受体三部分，并按照振源、振动途径（传递介质）、接受体这一途径进行传播，因此振动的控制主要是通过控制振源（消振）、切断振动的途径（隔振）和保护受体（阻振或吸振）来实现。

1. 控制振源——消振

消除或减弱振源是最彻底和最有效的减少振动污染的办法。就控制振动源来讲，可以通过改进振动设备的设计和提高制造加工装配精度、改善机器的平衡性能、改变扰动力的作用方向、增加机组的质量、在机器上安装动力吸振器等措施来使其振动减小，这是最有效的控制振动方法。

这里特别要强调的就是要控制共振现象的出现，因为当振动机械受到的扰动力频率与设备固有频率一致时，设备振动会变得更加厉害，甚至起到放大作用。而对于自然振源的振动系统，共振是最具破坏性的振动形式。

2. 切断振动途径——隔振

所谓隔振就是使振动传输不出去，以减小受控对象对振动源的响应，通常是通过在振动源与受控对象之间串一个子系统来实现隔振目的。

首先，为了隔振人们可以采用隔振元件。通常是在振动设备下安装隔振器，如隔振弹簧、橡胶垫，从而使设备和基础间的刚性连接变成弹性支撑。这种弹性减振可以分为积极隔振和消极隔振两类。积极隔振，又称主动隔振，它是指在机器与基础间安装弹性支承（隔振器），减少机器振动激振力向基础的传递量，迫使机器的振动得以有效隔离的方法，积极隔振降低了设备的扰动对周围环境的影响，同时减小了设备自身的振动；消极隔振，又称为被动隔振，它是指在仪器设备与基础之间安装弹性支承，即隔离器，从而减少基础振动对仪器设备的影响。

除了采用隔振元件，有效隔振的措施还有建立防振沟或隔墙。在振动波传播的方向挖沟，阻止振动的传播，这种沟就叫做“防振沟”。如果振动是以地面传播的表面波为主，那么采用防振沟的方法是十分有效的，而防振沟越深，隔振的效果就越好。不过目前防振沟还存在着施工和维护的困难，而且一旦出现积水就会影响其隔振效果。

另外，利用振动的传播随距离的增大而衰减这一现象也可以起到隔离振动的作用，一般情况下当基础距离为 4～20m 左右时，距离每增大一倍，振动则衰减 3～6dB；当基础距离大于 20m 时，距离每增大一倍，振动可以衰减 6dB 以上。但当振动有反射或折射边界层时，衰减的情况就变得十分复杂，不能简单而论了。

3. 保护受体——阻振和吸振

阻振是指在受控对象上附加阻尼器或阻尼元件，通过消耗能量使响应最小，也常用外加阻尼材料的方法来增大阻尼。阻尼可使沿着结构传递的振动能量衰减，还可以减弱共振频率附近的振动。阻尼材料主要是具有内损耗、内摩擦的材料，如沥青、软橡胶以及其他高分子涂料。吸振，主要是动力吸振是指在受控对象上附加一个子系统使某一频率的振动得到控制，也就是利用它产生的吸振力减小受控对象对振动源激励的响应。

另外，通过修改受控对象的动力学特性参数使振动满足预定的要求，也是可以减振的方式之一。

4.2 光污染及防治技术

4.2.1 光污染

光污染是一种新型的环境污染，它最早是于 20 世纪 30 年代由国际天文界提出的，他们认为光污染是城市室外照明使天空发亮造成对天文观测的负面的影响。后来英美等国称之为“干扰光”，在日本则称为“光害”。目前，国内外对于光污染并没有一个明确的定义，一般认为，光污染泛指影响自然环境，对人类正常生活、工作、休息和娱乐带来不利影响，损害人们观察物体的能力，引起人体不舒适感和损害人体健康的各种光。从波长 10nm～1mm 的光辐射，在不同的条件下都可能成为光污染源。广义上的光污染包括了一些可能对人的视觉环境和身体健康产生不良影响的事物，主要为生活中常见的书本纸张、墙面涂料的反光甚至是路边彩色广告的“光芒”亦可算在此列，可见光污染所包含的范围之广。

1. 光污染的分类及危害

依据不同的分类原则，光污染可以分为不同的类型，国际上一般将光污染分成三类，即白亮污染、人工白昼和彩光污染。

（1）白亮污染

白亮污染是指当太阳照射强烈时，城市里建筑物的玻璃幕墙、釉面砖墙、磨光大理石和各种涂料等装饰反射光线，明晃白亮、眩眼夺目。专家研究发现，长时间在白色光亮污染环境下工作和生活的人，视网膜和虹膜都会受到程度不同的损害，视力急剧下降，白内障的发病率高达 45%，另外白亮污染还使人头昏心烦，出现失眠、食欲下降、情绪低落、身体乏力等类似神经衰弱的症状，长时间在白亮污染的环境中还极易诱发一些疾病。

玻璃幕墙强烈的反射光进入附近居民楼房内，会破坏室内原有的良好气氛，也使得室温平均升高了 4～6℃，影响人们正常的生活，而有些玻璃幕墙是半圆形的，反射光汇聚还容易引起火灾。在烈日下驾车行驶的司机可能会出其不意地遭到玻璃幕墙反射光的突然袭击，眼睛受到强烈刺激，因而很容易诱发车祸。

（2）人工白昼

夜幕降临后，商场、酒店上的广告灯、霓虹灯闪烁夺目，令人眼花缭乱，有些强光束甚至会直冲云霄，使得夜晚如同白天一样，这就是所谓的人工白昼。在这样的“不夜城”里，人们夜晚难以入睡，扰乱了人体正常的生物钟，这样不仅不利于身体健康还直接导致了白天的工作效率低下。另外，人工白昼还会伤害鸟类和昆虫，强光可能破坏昆虫在夜间的正常繁殖过程，更严重的是昆虫和鸟类甚至可能被强光周围的高温烧死。

目前，很多大城市普遍过多地使用了色彩斑斓的灯光使天空太亮，犹如白昼，看不见了星星，影响了人们的天文观测、航空等工作，很多天文台都因此被迫停止了工作。据天文学统计，在夜晚天空不受光污染的情况下，可以看到的星星约为 7000 颗，而在路灯、背景灯、景观灯乱射的大城市里，只能看到大约 20～60 颗星星，可见人工白昼污染的严重性。

（3）彩光污染

舞厅、夜总会安装的黑光灯、旋转灯、荧光灯以及闪烁的彩色光源构成了彩光污染。据测定，黑光灯所产生的紫外线强度大大高于太阳光中的紫外线，且对人体的有害影响持续时间较长。人如果长期接受这种照射，可诱发流鼻血、脱牙、白内障，甚至导致白血病和其他癌变。彩色光源会让人眼花缭乱，它不仅对眼睛不利，而且会干扰大脑中枢神经，使人感到头晕目眩，进而出现恶心呕吐、失眠等症状。科学家最新研究表明，彩光污染不仅有损人的生理功能，而且对人的心理也有影响。“光谱光色度效应”测定显示，如以白色光的心理影响为 100，则蓝色光为 152，紫色光为 155，红色光为 158，黑色光最高到达 187。要是人们长期处在彩光灯的照射下，由于其心理积累效应，也会不同程度地引起倦怠无力、头晕、性欲减退、阳痿、月经不调、神经衰弱等身心方面的病症。

除了白亮污染、人工白昼和彩光污染之外，还有一些光污染也同样开始受到研究学者的关注，比如激光污染、红外线污染和紫外线污染。

激光污染也是光污染的一种特殊形式。由于激光具有方向性好、能量集中、颜色纯等特点，而且激光通过人眼晶状体的聚焦作用后，到达眼底时的光强度可增大几百至几万倍，所以激光对人眼有较大的伤害作用。激光光谱的一部分属于紫外和红外范围，会伤害眼结膜、虹膜和晶状体。功率很大的激光能危害人体深层组织和神经系统。近年来，激光在医学、生物学、环境监测、物理学、化学、天文学以及工业等多方面的应用日益广泛，激光污染愈来愈受到人们的重视。

红外线近年来在军事、人造卫星以及工业、卫生、科研等方面的应用日益广泛，因此红外线污染问题也随之产生。红外线是一种热辐射，它对人体可以造成高温伤害，较强的红外线可造成皮肤伤害，其情况与烫伤相似，最初是灼痛，然后就是造成了烧伤。而红外线对眼睛的伤害则可以分为几种不同的情况：波长为7500～13000埃的红外线对眼角膜的透过率较高，可造成眼底视网膜的伤害，而波长在13000埃以下的红外线能透到虹膜，造成虹膜伤害；波长19000埃以上的红外线几乎全部被角膜吸收，从而造成角膜烧伤（混浊、白斑）。

紫外线对人体而言主要是伤害人的眼角膜和皮肤。紫外线对角膜的伤害作用表现为一种叫做畏光眼炎的角膜白斑伤害，除了剧痛外，它还导致流泪、眼睑痉挛、眼结膜充血和睫状肌抽搐。而紫外线对皮肤的伤害作用则主要是会引起红斑和小水疱，严重时会使人体表皮坏死和脱皮。不同波长的紫外线对人体皮肤的效应是不同的，波长2800～3200埃和2500～2600埃的紫外线对皮肤的效应最强。

对于光污染的分类还有：以光污染的发生和造成影响的时间为分类标准，将光污染分为“昼光光污染”和“夜光光污染”，前文提到的白亮污染即属于昼光光污染，而人工白昼和彩光污染则属于夜光光污染；根据光污染所影响的范围的大小将光污染分为了室外视环境污染、室内视环境污染和局部视环境污染等。

4.2.2 光污染的防治技术

近年来，人们关注水污染、大气污染、噪声污染，并采取措施大力整治，但对光污染却重视不够。而对于光污染有效的防治可以很好地改善人们的生活环境，降低光污染对于人们正常生活的影响，同时减少光污染对于人们健康的伤害。光污染的防治技术主要有下列几个方面。

1. 加强城市的规划和管理，减少光污染的来源

要减少光污染这种都市新污染的危害，关键在于加强城市规划管理，合理布置光源。首先，企业、卫生、环保等部门一定要对光污染有清醒的认识，注意控制光污染的源头，加强对广告灯和霓虹灯的管理，对有红外线和紫外线污染的场所采取必要的安全防护措施。其次，政府应大力推广使用新型节能光源，调整或改善目前的照明系统。最后，应该鼓励科研人员在科学技术上探索有利于减少光污染的方法，同时教育人们科学地合理使用灯光，注意调整亮度，不可滥用光源，扩大光的污染。

2. 积极制定与光污染有关的技术规范和相应的法律法规

我国目前对光污染危害的认识还不是特别深刻，因此还没有这方面统一的标准。对于光污染这样一个不可测量的东西，由于没有相关明确法律的出台，而地方政策又有很多不够详细的地方，致使其在被引用的时候又会出现很多新的问题。目前，我国应加快对于光污染控制的相关标准以及法律的制定工作（表4-1-3）。

表4-1-3 目前我国有关光污染的法律法规

相关法律	相关条款
宪法	第26条规定：国家保护和改善生活环境和生态环境，防治污染和其他公害。
民法通则	第83条规定：不动产的相邻各方，应当按照有利生产、方便生活、团结互助、公平合理的精神，正确处理截水、排水、通风、采光等方面的相邻关系，给相邻方造成妨碍或者损失的，应当停止侵害，排除妨碍，赔偿损失。
物权法	第134条规定：不可称量物侵入的禁止：土地所有人或使用人，于他人的土地、建筑物或其他工作物有煤气、蒸汽、热气、臭气、烟气、灰屑、喧嚣、无线电波、光、振动及其他相类者侵入时，有权予以禁止。但其侵入轻微，或按土地、建筑物或其他工作物形状、地方习惯认为相当的除外。

3. 做好个人防护工作

光污染防治对于个体来说就是需要人们增加环保意识，注意个人保健。作为普通民众，要切记勿在光污染地带长时间滞留，若光线太强，房间可安装百叶窗或双层窗帘，根据光线强弱做相应的调节，而另一方面应全民动手，在建筑群周围栽树种花，广植草皮，以改善和调节采光环境。个人如果不能避免长期处于光污染的工作环境中，就应该考虑到防止光污染的问题，采用个人防护措施，把光污染的危害消除在萌芽状态。对于个人防护措施主要是戴防护镜、防护面罩，穿防护服等。对于已出现被光污染伤害症状的人应定期去医院作检查，及时发现病情，以防为主，防治结合。

光对环境的污染是实际存在的，但由于目前缺少相应的污染标准与立法，因而不能形成较完整的环境质量要求与防范措施。光污染虽未被列入环境防治范畴内，但它的危害已经显而易见，并在日益加重和蔓延。防治光污染已经是一项社会系统工程，因此，除了相关政府部门应做出一定举措外，人们在生活中也应注意防止各种光污染对健康的危害，避免过长时间接触光污染。

习题与思考题

1. 什么是振动污染？
2. 简述振动污染的危害。
3. 对于防治振动污染，我们可以采取哪些有效的措施？
4. 什么是光污染？光污染一般分为哪几类？
5. 简述光污染的危害。
6. 简单介绍如何进行有效的光污染防护？

参 考 文 献

[1] 胡筱敏. 环境学概论[M]. 武汉：华中科技大学出版社，2010.
[2] 林志鹏. 污水处理技术现状和展望[J]. 环境科研，2008，(6)：41-44.
[3] RAS M，GIRBAL-NEUHAUSER E，PAUL E，et al. Protein Extraction from Activated Sludge：an Analytical Ap-proach[J]. Water Reaearch，2008，42(8/9)：1867-1878.
[4] 崔静. 热碱水解提取污泥蛋白质的实验研究[J]. 环境工程学报，2009(10)：1889-1892.
[5] 罗琼. 亚临界水解法处理城市污泥及其栽培试验[J]. 中国土壤与肥料，2011(3)：62-67.
[6] 周磊. 污泥直接液化制取生物质油试验研究[J]. 可再生能源，2012，30(3)：69-72.
[7] 鲍立新，李激，蒋岚岚等. 城镇污水处理厂剩余污泥处理与处置技术探讨[J]. 中国给水排水，2012，28(13)：152-156.
[8] 于海力. 一种油田污水处理新方法——悬浮污泥过滤污水净化处理技术[J]. 自然灾害学报，2005，14(1)：161-164.
[9] 赵晓亮，魏宏斌，陈良才等. Fenton 试剂氧化法深度处理焦化废水的研究[J]. 中国给水排水，2010，26(3)：93-95.
[10] 中华人民共和国环境保护部，国家质量监督检验检疫总局. 环境空气质量标准(GB 3095—2012)[S]. 北京：中国环境科学出版社，2012.
[11] 中华人民共和国环境保护部，国家质量监督检验检疫总局. 锅炉大气污染物排放标准(GB 13271—2001)[S]. 北京：中国环境科学出版社，2002.
[12] 中华人民共和国环境保护部，国家质量监督检验检疫总局. 摩托车和轻便摩托车排气污染物排放限值及测量方法(双怠速法)(GB 14621—2011)[S]. 北京：中国环境科学出版社，2011.
[13] 中华人民共和国环境保护部，国家质量监督检验检疫总局. 火电厂大气污染物排放标准(GB 13223—2011)[S]. 北京：中国环境科学出版社，2012.
[14] 中华人民共和国环境保护部，国家质量监督检验检疫总局. 水泥厂大气污染物排放标准(GB 4915—2004)[S]. 北京：中国标准出版社，2004.
[15] 林肇信. 大气污染控制工程[M]. 北京：高等教育出版社，1995.
[16] 郝吉明. 大气污染控制工程(第二版)[M]. 北京：高等教育出版社，2002.
[17] 马广大等. 大气污染控制工程[M]. 北京：中国环境科学出版社，1984.
[18] 蒋展鹏. 环境工程学(第二版)[M]. 北京：高等教育出版社，2004.
[19] 马勇. 二氧化硫现状与控制分析[J]. 中国电力教育，2010(S1)：5-6.
[20] 孙燕，邢敏，董相均等. 新型吸收剂在湿法烟气脱硫中的应用[J]. 化工时刊，2012(07)：42-45.
[21] 胡小旭，王群敬，高新忠. 烟气氮氧化物治理技术的研究：2012 年全国地方机械工程学会学术年会[C]. 中国四川成都，2012.
[22] 王久文，杨洋. 概述含氮氧化物废气的治理技术[J]. 内蒙古科技与经济，2011(10)：

81-83.
[23] 陈君华，陈旺洁，斯倩倩. 挥发性有机化合物(VOCs)的控制技术[J]. 资治文摘(管理版)，2009(06)：186-187.
[24] 高宏俊. 有机废气治理技术的研究进展[J]. 资源节约与环保，2013(06)：148-149.
[25] 宁平. 固体废物处理与处置[M]. 北京：高等教育出版社，2006.
[26] 杨慧芬，张强. 固体废物资源化[M]. 北京：化学工业出版社，2004.
[27] 杨国清. 固体废弃物处理工程(第二版)[M]. 北京：科学出版社，2007.
[28] 李金惠，王伟，王洪涛. 城市生活垃圾规划和管理[M]. 北京：中国环境科学出版社，2007.
[29] 中国环境保护产业固体废物处理利用委员会. 我国工业固体废物处理利用行业2012年发展综述[J]. 中国环保产业，2013，4：13-18.
[30] 张小平. 固体废物污染控制工程(第二版)[M]. 北京：化学工业出版社，2010.
[31] 牛冬杰，魏云梅，赵有才. 城市固体废物管理[M]. 北京：中国城市出版社，2012.
[32] 李国建，赵爱华，张益. 城市垃圾处理工程(第二版)[M]. 北京：科学出版社，2011.
[33] 蒋展鹏. 环境工程学[M]. 北京：高等教育出版社，2004.
[34] 庄伟强. 固体废物处理与处置(第二版)[M]. 北京：化学工业出版社，2009.
[35] 孙绍峰，郝永利，许涓等. 解析《国家危险废物名录》[J]. 中国环境管理，2013，5(2)：46-48.
[36] 黄勇，王凯. 物理性污染控制技术[M]. 北京：中国石化出版社，2013.
[37] 全国声学标准化技术委员会，中国标准出版社第二编辑室. 噪声测量标准汇编(环境噪声)[M]. 北京：中国标准出版社，2007.
[38] 赵玉峰等. 现代环境中的电磁污染[M]. 北京：电子工业出版社，2003.
[39] 陈杰榕. 物理性污染控制[M]. 北京：高等教育出版社，2008.

我们提供

图书出版、图书广告宣传、企业/个人定向出版、设计业务、企业内刊等外包、代选代购图书、团体用书、会议、培训，其他深度合作等优质高效服务。

编辑部	宣传推广	出版咨询	图书销售	设计业务
010-88364778	010-68361706	010-68343948	010-88386906	010-68343948

邮箱：jccbs-zbs@163.com　　网址：www.jccbs.com.cn

发展出版传媒　服务经济建设

传播科技进步　满足社会需求